基于GPT-3、ChatGPT、GPT-4等Transformer架构的自然语言处理

[法]丹尼斯·罗斯曼(Denis Rothman) 著
叶伟民 译

清華大學出版社
北 京

图书在版编目(CIP)数据

基于 GPT-3、ChatGPT、GPT-4 等 Transformer 架构的自然语言处理/(法)丹尼斯·罗斯曼著；叶伟民译. —北京：清华大学出版社，2024.1（2024.6重印）

书名原文：Transformers for Natural Language Processing: Build, Train, and Fine-tune Deep Neural Network Architectures for NLP with Python, Hugging Face, and OpenAI's GPT-3, ChatGPT, and GPT-4, Second Editon

ISBN 978-7-302-64872-7

I. ①基…　II. ①丹…　②叶…　III. ①人工智能－应用－自然语言处理－研究　IV. ①TP391

中国国家版本馆 CIP 数据核字(2023)第 215136 号

责任编辑：王　军　韩宏志
封面设计：孔祥峰
版式设计：思创景点
责任校对：马遥遥
责任印制：丛怀宇

出版发行：清华大学出版社
网　　址：https://www.tup.com.cn，https://www.wqxuetang.com
地　　址：北京清华大学学研大厦 A 座　　邮　　编：100084
社 总 机：010-83470000　　邮　　购：010-62786544
投稿与读者服务：010-62776969，c-service@tup.tsinghua.edu.cn
质 量 反 馈：010-62772015，zhiliang@tup.tsinghua.edu.cn
印 装 者：北京同文印刷有限责任公司
经　　销：全国新华书店
开　　本：170mm×240mm　　印　　张：23.5　　字　　数：514 千字
版　　次：2024 年 1 月第 1 版　　印　　次：2024 年 6 月第 4 次印刷
定　　价：99.80 元

产品编号：100097-01

专家推荐

在不到 4 年的时间里，Transformer 模型以其强大的性能和创新的思想，迅速在 NLP 社区崭露头角，打破了过去 30 年的记录。BERT、T5 和 GPT 等模型现在已成为计算机视觉、语音识别、翻译、蛋白质测序、编码等各个领域中新应用的基础构件。因此，斯坦福大学最近提出了“基础模型”这个术语，用于定义基于巨型预训练 Transformer 的一系列大型语言模型。所有这些进步都归功于一些简单的想法。

本书可作为所有对 Transformer 工作原理感兴趣的人的参考书。作者在理论和实践两方面都做出了出色的工作，详细解释了如何逐步使用 Transformer。阅读完本书后，你将能使用这一最先进的技术集合来增强你的深度学习应用能力。本书在详细介绍 BERT、RoBERTa、T5 和 GPT-3 等流行模型前，先讲述了 Transformer 的架构以便为你的学习奠定坚实基础。本书还讲述了如何将 Transformer 应用于许多用例，如文本摘要、图像标注、问答、情感分析和假新闻分析等。

如果你对这些主题感兴趣，那么本书绝对是值得一读的。

——Antonio Gulli

Google 工程总监

作者简介

Denis Rothman 毕业于法国巴黎索邦大学和狄德罗大学，设计了首批获得专利的编码和嵌入系统，编写了首批获得专利的 AI 认知机器人和机器人。他的职业生涯始于为 Moët et Chandon 提供 NLP(自然语言处理)聊天机器人，并为空中客车公司(前身为 Aerospatiale)提供 AI 战术防御优化器。此后，Denis 为 IBM 和奢侈品牌开发了 AI 资源优化器，并最终发展为在全球范围内使用的 APS(高级规划和调度)解决方案。

致谢

我要感谢那些从一开始就信任我并分担持续创新风险的公司。还要感谢我的家人，他们一直相信我会成功。

审校者简介

George Mihaila 是北得克萨斯大学计算机科学系的在读博士生，他也在该校获得了计算机科学硕士学位。他在自己的祖国罗马尼亚获得了电气工程学士学位。

George 在 TCF 银行工作了 10 个月，在那里帮助建立了自动模型部署和监控的机器学习操作框架。他在 State Farm 实习期间担任数据科学家和机器学习工程师，在北得克萨斯大学高性能计算中心担任数据科学家和机器学习工程师。他在 NLP 领域工作了 5 年，其中最后 3 年使用了 Transformer 模型。他的研究兴趣是个性化对话生成。

George 是本书第 1 版的技术审校者。

George 目前正在攻读博士学位。

空闲时间 George 喜欢通过教程和文章分享他对最先进语言模型的理解，并帮助 NLP 领域的其他研究人员。

前　言

Transformer是自然语言理解(Natural Language Understanding，NLU)的游戏规则改变者，NLU是自然语言处理(Natural Language Processing，NLP)的一个子集。NLU已成为全球数字经济中AI的支柱之一。

Transformer模型标志着AI新时代的开始。语言基础已成为语言建模、聊天机器人、个人助理、问答、文本摘要、语音转文本、情绪分析、机器翻译等的支柱。社交网络正在取代实体接触，电子商务正在取代实体购物，数字报纸、流媒体正在取代实体剧院，远程文档咨询正在取代实体访问，远程工作正在取代现场办公，我们正在见证数百个领域的类似趋势。如果没有理解AI语言，社会上使用网络浏览器、流媒体服务和任何涉及语言的数字活动都将非常困难。我们的社会从物理信息到海量数字信息的范式转变迫使AI进入一个新时代。AI已经发展到数十亿级参数模型，以应对万亿级单词数据集的挑战。

Transformer架构具有革命性和颠覆性，它打破了过往RNN和CNN的主导地位。BERT和GPT模型放弃了循环网络层，使用自注意力机制取而代之。Transformer模型优于RNN和CNN。这是AI历史上划时代的重大变化。

Transformer编码器和解码器包含单独训练的注意力头(attention head)，并能使用GPU、TPU等尖端硬件进行并行化。注意力头可以使用GPU运行，从而为十亿级参数模型和即将出现的万亿级参数模型打开大门。OpenAI在一台具有10 000个GPU和285 000个CPU内核的超级计算机上训练出具有1750亿个参数的GPT-3 Transformer模型。

随着数据量的不断增长，训练AI模型需要的规模也越来越大。Transformer模型为参数驱动的AI开启了新时代。我们需要大量参数进行学习，才能学习到由数以亿计的单词组合的数据集。

Google BERT和OpenAI GPT-3等Transformer模型将AI提升到另一个层次。Transformer 可以执行数百项它们没有接受过训练的NLP任务。

Transformer还可通过将图像视为单词序列来学习图像分类和重构图像。本书将介绍尖端的计算机视觉Transformer，如Vision Transformer(ViT)、CLIP和DALL-E。

基础模型是指经过充分训练的、不需要微调即可执行数百项任务的Transformer模型。这种规模的基础模型是我们在这个海量信息时代所需的工具。

想想每天需要多少人来控制社交网络上发布的数十亿条消息的内容，以便在提取所包含的信息之前确定是否合法和合乎道德。

想想每天在网络上发布的数百万页文字需要多少人来翻译。或者想象一下，如果要人工对每分钟多达数百万条消息进行控制需要多少人力资源！

想想将每天在网络上发布的所有大量流媒体转换为文字需要多少人力资源。想想为不断出现的数十亿幅在线图像生成 AI 图像字幕需要多少人力资源。

本书将带领你开发代码和设计提示(这是一项控制 Transformer 模型行为的新的“编程”技能)。每一章都会使用 Python、PyTorch 和 TensorFlow 从头开始讲授语言理解的关键方面。

你将学习原始 Transformer、Google BERT、OpenAI GPT-3、T5 和其他几个模型的架构。最后一章将在前面 16 章所学知识的基础上，展示 ChatGPT 和 GPT-4 的增强能力。你将学会如何微调 Transformer，如何从头开始训练模型，如何使用强大的 API。Facebook、Google、Microsoft 和其他大型科技公司提供了大量数据集供我们探索。

你会密切关注市场上对语言理解的需求，例如媒体、社交媒体和研究论文等领域。在数百项 AI 任务中，我们需要总结大量的研究数据，为各个领域翻译文件，并出于伦理和法律原因扫描所有社交媒体帖子。

整本书将使用 Python、PyTorch 和 TensorFlow 进行实战。你将首先学习 AI 语言理解神经网络模型的要素，然后学习如何探索和实现 Transformer。

本书旨在为读者提供在这个颠覆性的 AI 时代中，有效开发语言理解关键方面所需的 Python 深度学习知识和工具，呈现成为工业 4.0 AI 专家所需要的新技能。

本书读者对象

本书并不介绍 Python 编程或机器学习概念，而是专注于机器学习的机器翻译、语音到文本、文本到语音、语言建模、问答和更多 NLP 领域。

本书读者对象包括：

- 熟悉 Python 编程的深度学习和 NLP 从业者。
- 数据分析师和数据科学家，他们希望了解 AI 语言理解，从而完成越来越多的语言驱动的功能。

本书内容

第 1 章“Transformer 模型介绍”从较高层次解释什么是 Transformer 模型。我们将研究 Transformer 生态系统和基础模型的特性。该章重点介绍许多可用的平台以及工业 4.0 AI 专家的发展历程。

第 2 章“Transformer 模型架构入门”通过回顾 NLP 的背景，讲述了循环神经网络(RNN)、长短期记忆网络(LSTM)和卷积神经网络(CNN)深度学习架构是如何演变为

Transformer 架构的。我们将通过 Google Research 和 Google Brain 的作者们独创的“注意力机制就是一切(Attention Is All You Need)”的方法来分析 Transformer 的架构。将描述 Transformer 的理论，并通过 Python 实践来讲解多头注意力子层是如何工作的。通过本章的学习，你将理解 Transformer 的原始架构，从而为后续章节探索 Transformer 多种变体和用法打下良好基础。

第 3 章“微调 BERT 模型”基于原始 Transformer 的架构进行扩展。BERT(Bidirectional Encoder Representations from Transformers)向你展示了一种理解 NLP 世界的新方式。与通过分析过去序列来预测未来序列不同，BERT 关注整个序列！首先介绍 BERT 架构的关键创新，然后通过在 Google Colab 笔记本中逐步执行每个步骤来微调一个 BERT 模型。与人类一样，BERT 可以学习任务并执行其他新任务，而不需要从头学习。

第 4 章“从头开始预训练 RoBERTa 模型”使用 Hugging Face PyTorch 模块从头构建一个 RoBERTa Transformer 模型。这个 Transformer 模型既类似于 BERT，又类似于 DistilBERT。首先，我们将使用自定义数据集从头训练一个词元分析器。然后将使用训练好的 Transformer 运行下游的掩码语言建模任务。

第 5 章“使用 Transformer 处理下游 NLP 任务”揭示了 Transformer 模型在下游 NLP 任务中的神奇之处。我们可以微调预训练 Transformer 模型以执行一系列 NLP 任务，如 BoolQ、CB、MultiRC、RTE、WiC 等在 GLUE 和 SuperGLUE 排行榜上占据主导地位的 NLP 任务。将介绍 Transformer 的评估过程、任务、数据集和评估指标。然后将使用 Hugging Face 的 Transformer 流水线处理一些下游任务。

第 6 章“机器翻译”讲述什么是机器翻译，并讨论如何从依赖人类翻译的基准转向使用机器翻译的方法，从而帮助读者理解如何构建机器翻译系统并进行进一步的研究和开发。然后，我们将预处理来自欧洲议会的 WMT 法英数据集。机器翻译需要精确的评估方法，这一章将讲述 BLEU 评分方法。最后，我们将使用 Trax 实现一个 Transformer 机器翻译模型。

第 7 章“GPT-3”探索了 OpenAI GPT-2 和 GPT-3 Transformer 的许多方面。首先研究 OpenAI GPT 模型的架构，解释 GPT-3 引擎。然后将运行一个 GPT-2 345M 参数模型，并与之交互生成文本。接着将讲述 GPT-3 playground 的实际应用，使用 GPT-3 模型运行 NLP 任务，并将结果与 GPT-2 进行比较。

第 8 章“文本摘要(以法律和财务文档为例)”介绍 T5 Transformer 模型的概念和架构。我们将使用 Hugging Face 初始化一个 T5 模型进行文本摘要。将使用 T5 模型汇总各种文本，然后探索应用于 Transformer 的迁移学习方法的优点和局限性。最后，将使用 GPT-3 将一些公司法律文本汇总为小学二年级学生都能看懂的文本。

第 9 章“数据集预处理和词元分析器”分析词元分析器的局限性，并介绍一些改进数据编码过程质量的方法。首先构建一个 Python 程序，调查为什么一些单词会被 Word2Vector 词元分析器省略或误解，讲述预训练词元分析器的局限性。然后我们改进了第 8 章 T5 模型生成的摘要，以展示词元化过程方法仍然有很大的改进空间。最后，将测试 GPT-3 语言理解能力的极限。

第 10 章“基于 BERT 的语义角色标注”探索 Transformer 如何学习理解文本内容。语义角色标注(SRL)对人类来说是一项具有挑战性的任务。Transformer 能够产生令人惊讶的结果。我们将使用 Google Colab 笔记本实现由 Allen AI 研究所设计的基于 BERT 的 Transformer 模型。还将使用该研究所的在线资源来可视化 SRL 的输出。最后将讲述 SRL 的局限性和适用范围。

第 11 章“使用 Transformer 进行问答”展示 Transformer 如何学习推理。Transformer 能够理解文本、故事，并进行推理。我们将看到如何通过添加 NER 和 SRL 来增强问答过程。我们将介绍如何设计并实现一个问题生成器；它可以用于训练 Transformer 模型，也可以单独使用来生成问题。

第 12 章“情绪分析”展示了 Transformer 如何改进情绪分析。我们将使用斯坦福情绪树库对复杂句子进行分析，然后挑战几个 Transformer 模型，看看是否能够理解序列的结构及其逻辑形式。我们将看到如何使用 Transformer 进行预测，并根据情绪分析的输出触发不同的行为。该章最后还列举一些使用 GPT-3 的案例。

第 13 章“使用 Transformer 分析假新闻”深入讲述假新闻这个热门话题，以及 Transformer 如何帮助我们理解每天在网络上看到的在线内容的不同观点。每天有数十亿条消息、帖子和文章通过社交媒体、网站和各种实时通信方式发布在网络上。我们将利用前几章介绍的技术来分析关于气候变化和枪支管控的辩论。我们将讨论在合理怀疑的基础上如何确定什么可以被视为假新闻，以及什么新闻仍然是主观的道德和伦理问题。

第 14 章“可解释 AI”通过可视化 Transformer 模型的活动来揭开 Transformer 模型的面纱。我们将使用 BertViz 来可视化注意力头，并使用语言可解释性工具(LIT)进行主成分分析(PCA)。最后将使用 LIME 通过字典学习来可视化 Transformer。

第 15 章“从 NLP 到计算机视觉”深入研究高级模型 Reformer 和 DeBERTa，并使用 Hugging Face 运行示例。Transformer 可将图像视作单词序列进行处理。该章还将研究各种视觉 Transformer 模型，如 ViT、CLIP 和 DALL-E；我们将使用计算机视觉任务测试它们，包括图像生成。

第 16 章“AI 助理”讲述了当工业 4.0(I4.0)达到成熟阶段时，我们将主要与 AI 助理(Copilot)一起工作。AI 助理主要基于提示工程，所以该章首先列举几个非正式/正式英语提示工程的示例，使用 GitHub Copilot 来辅助生成代码。然后讲述视觉 Transformer 如何帮助 NLP Transformer 可视化周围的世界。最后将创建一个基于 Transformer 的推荐系统，可将它应用于数字人和元宇宙中！

第 17 章“ChatGPT 和 GPT-4”在前几章的基础上，探索了 OpenAI 最先进的 Transformer 模型 ChatGPT 和 GPT-4。将使用 ChatGPT 建立对话式 AI，并学习如何使用可解释 AI 解释 Transformer 的输出。将探索 GPT-4，并使用提示编写一个 k-means 聚类程序。还将介绍一个高级用例。最后将使用 DALL-E 2 来创建和生成图像的变体。

附录 A“Transformer 模型术语”讲述 Transformer 的高层结构(从堆叠和子层到注意力头)。

附录 B“Transformer 模型的硬件约束”比较了使用 CPU 和 GPU 运行 Transformer 的性能。我们将看到为什么 Transformer 和 GPU 是完美的绝配，并通过使用 Google Colab CPU、Google Colab 免费版 GPU 和 Google Colab 专业版 GPU 来测试得出的结论。

附录 C“使用 GPT-2 进行文本补全”详细讲述如何使用第 7 章讲述的 GPT-2 进行通用文本补全。

附录 D“使用自定义数据集训练 GPT-2 模型”补充了第 7 章的内容，通过使用自定义数据集构建和训练一个 GPT-2 模型，并使用自定义文本与其进行交互。

附录 E“练习题答案”提供每章末尾练习题的答案。

如何阅读本书

本书大部分程序都使用 Google Colab 笔记本。你只需要一个免费的 Google Gmail 账户，就可以使用 Google Colab 的免费 VM 运行这些笔记本。不过对于某些教学性程序，你需要在你的计算机上安装 Python 来运行。

请花时间阅读第 2 章和附录 A。第 2 章讲述了原始 Transformer，该模型是使用附录 A 讲述的构建模块构建而成的，第 2 章和附录 A 的这些基础知识将在整本书都会用到。如果你觉得这些基础知识难以理解，可以先阅读后面的章节。当通过阅读后续章节对 Transformer 更加熟悉后，再回头阅读第 2 章。

可以在阅读每章后，考虑如何为客户实现 Transformer，或者如何利用它们的新颖机理在你的职业生涯中取得进步。

在线资源

本书的代码、附录 A～D、各章练习题的答案(附录 E)等在线资源，可通过扫描本书封底的二维码下载。另外，读者可扫描封底二维码来下载彩图。

参考资料

将各章的参考资料汇集在一个文档中，读者可扫描封底二维码来下载该文档。

目　　录

——以下资源可扫描封底二维码下载——

第 1 章 Transformer模型介绍

Transformer 是工业化、同质化的后深度学习模型，其设计目标是能够在高性能计算机(超级计算机)上以并行方式进行计算。通过同质化，一个 Transformer 模型可以执行各种任务，而不需要微调。Transformer 使用数十亿参数在数十亿条原始未标注数据上进行自监督学习。

这些后深度学习架构称为基础模型。基础模型 Transformer 是始于 2015 年的第四次工业革命的一部分(通过机器-机器自动化将万物互联)。工业 4.0(I4.0)的 AI，特别是自然语言处理(NLP)已经远远超越了过往时代，颠覆了以往的开发范式。

在不到五年的时间里，AI 已经通过高效的云服务提供 API，将大量用户无缝衔接到其各自的软件系统中。许多情况下，通过下载库进行开发这种老旧范式只适用于教学性练习。

工业 4.0 的项目经理通过访问 OpenAI 的云平台、注册、获取 API 密钥，只需要几分钟就能开始工作。用户可以马上输入文本，指定 NLP 任务，并获得 GPT-3 Transformer 引擎发送的回答。通过 GPT-3 Codex，用户不需要先学习大量的编程知识就能编写应用程序。并因此诞生了一项基于 Transformer 模型的新技能——提示工程。

但是，有时 GPT-3 模型可能不适合特定任务。这时候项目经理、顾问或程序员可能希望使用 Google AI、Amazon Web Services(AWS)、Allen AI 研究所或 Hugging Face 提供的其他系统。

项目经理应该选择在本地实施，还是应该直接在 Google Cloud、Microsoft Azure 或 AWS 上实施？开发团队应该选择 Hugging Face、Google Trax、OpenAI 还是 AllenNLP？AI 专家或数据科学家应该使用不需要额外 AI 开发工作的 API 吗？

答案是你需要考虑以上所有选项并有所准备。因为你不知道未来的雇主、客户或用户可能想要或指定什么。因此，你必须做好准备以适应将来出现的任何需求。本书并未讲述市场上存在的所有解决方案。但是，我认为本书为读者提供了足够的解决方案以适应工业 4.0 时代 AI 驱动的 NLP 挑战。

本章先从较高层面解释什么是 Transformer，然后解释灵活理解 Transformer 各种实现方法的重要性。市场上提供的 API 和自动化数量众多，使得平台、框架、库和语言的定义变得模糊不清。

最后，本章介绍了在 AI 助理(Copilot)技术不断进步的背景下，工业 4.0 AI 专家的技能要求。

在开始探索本书中描述的各种 Transformer 模型实现之前，我们需要先讲清楚一些关键概念。

本章涵盖以下主题：

- 第四次工业革命(工业 4.0)
- 基础模型的范式变革
- 一项新技能——提示工程
- Transformer 的背景
- 实施 Transformer 的难点
- 颠覆性的 Transformer 模型 API
- 选择 Transformer 库的难点
- 选择 Transformer 模型的难点
- 工业 4.0 AI 专家的技能要求
- AI 助理

我们首先讲述 Transformer 的生态系统。

1.1 Transformer 的生态系统

Transformer 模型带来一种崭新的范式变化，以至于需要一个新名称来描述：基础模型。斯坦福大学为此创建了基础模型研究中心(CRFM)。2021 年 8 月，CRFM 发表了一篇由100 多名科学家和专业人士撰写的200多页的论文(详见本书末尾“参考资料”)：On the Opportunities and Risks of Foundation Models。

基础模型并非由学术界创建，而是由大型科技公司创建。例如，Google 发明了 Transformer 模型，从而推出了 Google BERT。Microsoft 与 OpenAI 合作开发了 GPT-3。

大型科技公司不得不找到更好的模型来应对流入数据中心的 PB 级数据的指数增长。这就是 Transformer 模型的诞生背景。

接下来先讲解工业 4.0，以了解为什么需要工业化 AI 模型。

1.1.1 工业 4.0

第一次工业革命实现了机械化。第二次工业革命催生了电力、电话和飞机。第三次工业革命(信息技术革命)带来了数字化。

第四次工业革命(或称工业 4.0)催生了万物互联：机器、机器人、可连接设备、自动驾驶汽车、智能手机、通过社交媒体收集数据的爬虫等。

数百万台机器和机器人每天生成数十亿条数据记录：图像、声音、文字和事件，如图 1.1 所示。

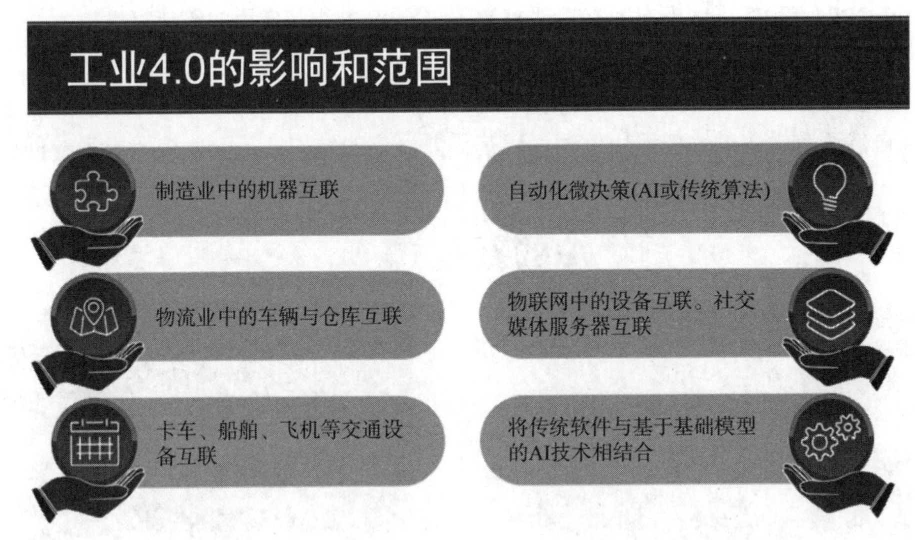

图 1.1　工业 4.0 的范围

因此工业 4.0 依靠不需要大规模人工干预的智能算法来处理数据并做出决策，以应对规模空前的数据量。

因此大型科技公司需要一个 AI 模型就能处理各种任务，而这些任务过往是需要用不同的算法单独处理的。这些就是 Transformer 模型的诞生背景。

1.1.2　基础模型

Transformer 模型有两个显著特点：高度的同质化和令人惊叹的新特性。同质化使得可以使用一个模型来执行各种各样的任务。新特性改变了 AI 解决任务的方式，变成了先在超级计算机上训练 10 亿参数的基础模型，然后去发掘基础模型的能力和应用。

这种范式变革令基础模型成为如图 1.2 所示的后深度学习生态系统的基础核心。

基础模型虽然采用了创新架构，但它们是建立在传统 AI 基础之上的。因此，AI 专家的技能要求越来越广！

当前的 Transformer 模型生态系统不同于 AI 的以往任何演变，可以总结为四个特点。

- 模型架构

Transformer 模型是工业级的。模型的层是相同的，并且专门针对并行处理进行设计。我们将在第 2 章详细介绍 Transformer 的架构。

- 数据

大型科技公司拥有人类历史上最庞大的数据源。数据起源于第三次工业革命(信息技术革命)，并在工业 4.0 的推动下扩大到令人难以想象的规模。

- 计算能力

大型科技公司拥有前所未有的计算能力。例如，GPT-3 的训练速度约为 50 PetaFLOPS，而 Google 现在拥有超过 80 PetaFLOPS 的领域专用超级计算机。

- 提示工程(prompt engineering)

高度训练的 Transformer 可以根据以自然语言输入的提示来执行任务。虽然提示是以自然语言输入的，但所用的词汇还是需要一定的结构，从而使提示成为一种元语言。

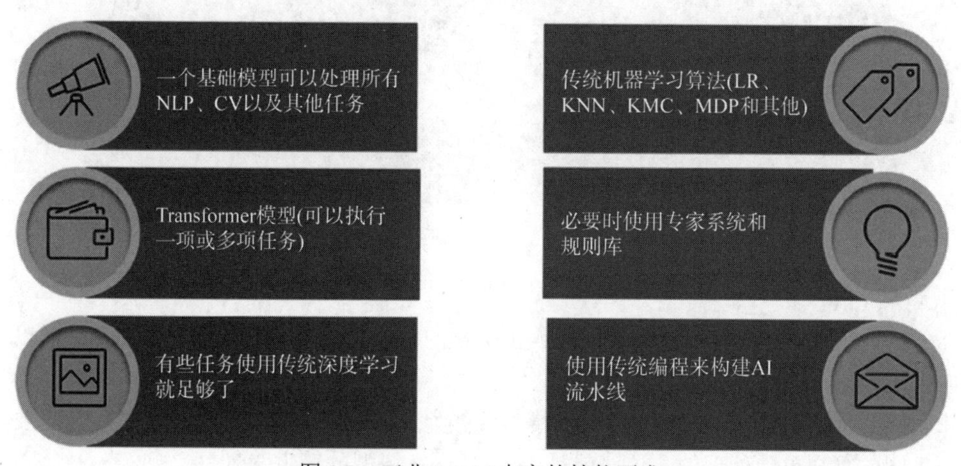

图 1.2 工业 4.0 AI 专家的技能要求

并非所有 Transformer 模型都可以称为基础模型。基础模型是指在超级计算机上用数十亿个参数对数十亿条数据进行训练得出的 Transformer 模型。这种模型不需要进一步微调即可执行各种任务。我们可以看到，基础模型的规模是前所未有的。这些经过大量训练的模型通常称为引擎。按照这个定义，只有 GPT-3、Google BERT 和少数 Transformer 引擎有资格称为基础模型。

本书后面提到的基础模型一般指 OpenAI GPT-3 或 Google BERT 模型。这是因为 GPT-3 和 Google BERT 在超级计算机上进行了大量训练。其他模型由于算力和数据不足，虽然有趣且有效，但用途有限，其同质化水平未能满足基础模型的定义。

接下来列举一个示例，演示基础模型如何改变我们的编程方式。

编程将成为 NLP 的一个子领域？

Chen et al. (2021)于 2021 年 8 月发表了一篇关于 Codex 的重磅论文。Codex 是一个可将自然语言转换为程序源代码的 GPT-3 模型。Codex 使用了 5400 万个公开的 GitHub

代码存储库进行训练。Codex 可以根据自然语言生成程序源代码，正如我们将在第 16 章所看到的那样。

这么一说，编程将变成从自然语言到程序源代码语言的翻译任务了？

编程将成为 GPT-3 引擎的一个 NLP 任务？

在回答这些问题之前，我们先看一个实例。

注意，Codex 是一种随机算法，因此对元语言要求很高。如果没有认真设计出正确的提示，则可能无法生成预期的内容。

我在试验 Codex 时创建了一些提示。注意，这个例子只是为了让人们了解 Codex 是如何工作的，纯粹出于教学目的，所以这些提示不一定适用于实际工作。

我的提示是：

- “generate a random distribution of 200 integers between 1 and 100” in Python(用 Python 生成 200 个整数(1～100)的随机分布)
- “plot the data using matplotlib”(使用 matplotlib 绘制数据)
- “create a k-means clustering model with 3 centroids and fit the model”(创建具有 3 个质心的 k 均值聚类模型并拟合模型)
- “print the cluster labels”(打印聚类标注)
- “plot the clusters”(绘制聚类图)
- “plot the clusters with centroids”(基于质心绘制聚类)

Codex 能自动将以上自然元语言提示翻译成 Python 代码！

注意，Codex 是一个随机模型，因此如果你按照以上自然语言试验，生成的代码可能与下文不同。

Codex 最终自动生成如下的 Python 代码，可供复制和测试：

```
import numpy as np
import matplotlib.pyplot as plt
from sklearn.cluster import KMeans
from sklearn.datasets.samples_generator import make_blobs

# generate random data
np.random.seed(0)
X, y = make_blobs(n_samples=200, centers=3, n_features=2, cluster_std=2,
random_state=0)

# plot the data
plt.scatter(X[:, 0], X[:, 1], s=50)
plt.show()

# create the k-means model
kmeans = KMeans(n_clusters=3, random_state=0)

# fit the model to the data
kmeans.fit(X)
```

```
# print the cluster labels
print(kmeans.labels_)

#plot the clusters
plt.scatter(X[:, 0], X[:, 1], c=kmeans.labels_, cmap='rainbow')
plt.show()

# plot the clusters with centroids
plt.scatter(X[:, 0], X[:, 1], c=kmeans.labels_, cmap='rainbow')
plt.scatter(kmeans.cluster_centers_[:, 0], kmeans.cluster_centers_[:, 1],
c='black', s=100, alpha=0.5)
plt.show()
```

可以复制粘贴以上代码进行测试。你会发现以上代码是有效的。你也可以试试用Codex生成JavaScript代码。

GitHub Copilot现在可以与一些Microsoft开发工具一起使用，我们将在第16章讲述更多。如果你学习了提示工程元语言，你将能够在未来几年内缩短开发时间。

未来随着GitHub Copilot的发展，很可能最终用户只需要掌握提示工程元语言，就可以创建原型或完成编程小任务。

我们将在第16章看到Codex在AI未来中的位置。

现在聊聊AI专家的光明未来。

AI专家的未来

基础模型的社会影响不容小觑。提示工程已成为AI专家所需的技能。然而，AI专家的未来不仅仅限于Transformer模型。AI和数据科学在工业4.0中会有重叠。

AI专家还是需要使用传统AI、物联网、边缘计算等技术的机器-机器算法，还是需要使用传统算法来设计和开发机器人、服务器及各种设备之间的连接。

因此，本书不仅限于快速工程，还包括成为“工业4.0 AI专家”所需的各种设计技能。

提示工程是AI专家必须学习的设计技能的一个子集。在本书中，我将未来的AI专家称为“工业4.0 AI专家”。

现在让我们大致了解一下Transformer如何优化NLP模型。

1.2 使用Transformer优化NLP模型

几十年来，循环神经网络(RNN)和LSTM一直将神经网络应用于NLP序列模型。然而，当面对长序列和大量参数时，循环神经网络因为其局限性而无法进行很好的处理。从而导致目前最先进的Transformer模型占据主导地位。

本节将简要介绍NLP的背景，从而引出Transformer模型，我们将在第2章对其进行更详细的描述。这里我们先直观地了解一下Transformer模型中注意力头(attention head)的工作原理，它在 NLP 中取代了 RNN。

Transformer 模型的核心概念可以简单地概括为混合词元。NLP 模型首先将词序列转换为词元(token)。RNN 通过循环函数分析词元。而 Transformer 模型不是按顺序分析词元，而是将每个词元与序列中的其他词元相关联，如图 1.3 所示。

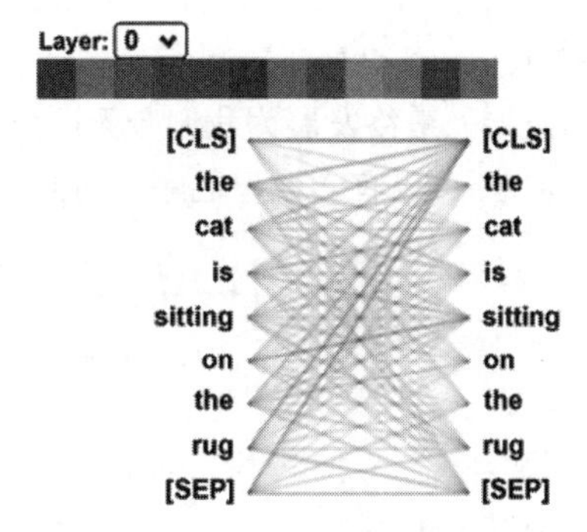

图 1.3　Transformer 模型中一层的注意力头

我们将在第 2 章详细介绍注意力头。目前，图 1.3 的要点是序列中的每个单词(词元)与序列中的所有其他单词相关。这种模型为工业 4.0 的 NLP 打开了大门。

这里简要介绍一下 Transformer 的背景。

Transformer 的背景

在过去 100 多年里，许多伟大的思想家致力于序列模式和语言建模。基于这些，机器逐渐学会了如何预测可能的词序列。这些伟人的壮举需要一整本书才能列举完。

因此在这个简短的一节里，我只能与你分享一些我最喜欢的研究者，他们为 Transformer 的到来奠定了基础。

20 世纪初，安德烈・马尔可夫(Andrey Markov)引入了随机值的概念，并创建了随机过程的理论。在 AI 中，我们将其称为马尔可夫决策过程(MDP)、马尔可夫链和马尔可夫过程。马尔可夫表明，只使用过去的元素就可以预测链、序列的下一个元素。他将这种方法应用于一个包含数千个字母的数据集，利用过去的序列来预测句子的下一个字母。记住，当时还没有计算机，但他提出了这个今天仍在 AI 领域中使用的理论。

1948 年，克劳德・香农(Claude Shannon)的《通信的数学理论》出版。克劳德・香农为基于源编码器、发射器和接收器或语义解码器的通信模型奠定了基础。他创造了我们今天所知的信息论。

1950 年，艾伦・图灵(Alan Turing)发表了他的重要文章《计算机与智能》。艾伦・图灵在这篇文章中基于二战期间成功解密德国消息的图灵机，对机器智能进行了讲述。这些德国消息由一系列单词和数字组成。

在 1954 年，乔治敦-IBM(Georgetown-IBM)实验室使用计算机通过一个规则系统将俄语句子翻译成英语。规则系统是一个运行一系列规则、用于分析语言结构的程序。即使在今天，规则系统依旧经常使用。然而在某些情况下，机器智能可通过自动学习模式来取代规则列表，以处理数十亿种语言组合。

AI 这个词最早是由约翰・麦卡锡(John McCarthy)在 1956 年提出的，从那时起，人们确定了机器是可以学习的。

1982 年，约翰・霍普菲尔德(John Hopfield)提出一种称为霍普菲尔德网络或关联神经网络的 RNN。约翰·霍普菲尔德受到 W.A. Little 的启发，后者在 1974 年写了《大脑中持久状态的存在》一书，为持续至今几十年的学习过程奠定了理论基础。RNN 不断发展，最终发展为我们今天所熟知的形式 LSTM。

RNN 可以有效地记忆序列的持久状态，如图 1.4 所示。

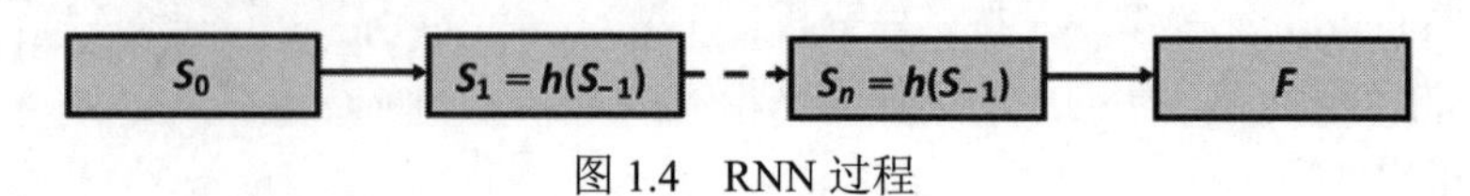

图 1.4　RNN 过程

每个状态 S_n 捕获 S_{n-1} 的信息。网络末端的函数 F 将执行一个操作：转导、建模或任何其他类型的基于序列的任务。

到了 20 世纪 80 年代，Yann LeCun 设计了多功能的卷积神经网络(CNN)。他将 CNN 应用于文本序列(也适用于序列转换和建模)。CNN 还基于 W.A. Little 提出的持久状态，逐层处理信息。然后到了 20 世纪 90 年代，经过数年的工作总结，Yann LeCun 制作出 LeNet-5，这催生了我们今天所知道的许多 CNN 模型。然而，在处理冗长而复杂的序列中的长期依赖关系时，CNN 原本高效的架构遇到瓶颈，达到了极限。

为突破 CNN 的极限，注意力的概念诞生了：注意力不仅关注序列中的最后一个词元，还关注其他词元。人们开始将注意力添加到 RNN 和 CNN 模型中。

之后，如果需要分析更长的序列则需要增加计算机算力，AI 开发者将使用更强大的机器，并找到优化梯度的方法。

研究人员对序列-序列模型继续进行研究，但结果并未达到预期。

似乎没有其他办法可以取得更多进展。就这样过了 30 年。然后到了 2017 年，工业化的最先进的 Transformer 出现了，它带来了注意力头子层等更多功能。RNN 不再是序列建模的先决条件了。

在深入研究原始 Transformer 的架构(我们将在第 2 章介绍)之前，先从高层面开始介绍我们应该使用的软件资源的范式变化。

1.3　我们应该使用哪些资源

工业 4.0 AI 模糊了云平台、框架、库、语言和模型之间的界限。Transformer 虽然是一门新技术，但是生态系统的范围之广和数量之多却令人惊叹。Google Cloud 提供了可直接使用的 Transformer 模型。

OpenAI 提供了一个几乎不需要编程的 Transformer API。Hugging Face 提供了模型云服务，而且模型数量还十分多。

本章将本书中将要实现的一些 Transformer 生态系统进行高层次的分析。

在 NLP 中，选择使用哪种资源来实现 Transformer 模型非常重要。这关系到项目的生存问题。想象一下在现实生活中的面试或演示。想象一下你正在与未来的雇主、你当前的雇主、你的团队或客户交谈。

例如，如果你只会使用 Hugging Face。在面试时，你可能遇到这样一个负面反馈：很抱歉，我们在这类项目中使用的是 Google Trax，而不是 Hugging Face。你会使用 Google Trax 吗？如果你不会，那么面试可能会失败。

同样的问题也可能出现在专门使用 Google Trax 的情况下。你只会 Google Trax，但可能遇到一个希望使用 OpenAI GPT-3 引擎和 API 而不需要编程的面试官。如果你专门使用 OpenAI GPT-3 引擎和 API 而不会编程，你可能遇到一个更喜欢 Hugging Face 的 AutoML API 的项目经理或客户。最糟糕的情况是，对方接受了你的解决方案，但实际上你的方案并不适用于该项目的 NLP 任务。

要记住的关键概念是，如果你只关注你喜欢的解决方案，很可能在某个时刻会和船一起沉没。

你应该随着市场变化和项目需要而选择和学习适合的解决方案，而不是根据你个人喜好去选择解决方案。

本书并不旨在解释市场上存在的每个 Transformer 解决方案。相反，本书旨在详细解释 Transformer 生态系统，让你能够灵活适应在 NLP 项目中遇到的任何情况。

本节将介绍你将面临的一些挑战。我们先从 API 开始。

1.3.1 Transformer 4.0 无缝 API 的崛起

我们现在已经进入 AI 的工业化时代。Microsoft、Google、Amazon AWS 和 IBM 等公司提供了任何个人或中小企业都无法超越的 AI 服务。在训练 Transformer 模型和其他 AI 模型方面，科技巨头拥有价值百万美元的超级计算机和海量数据集。

大型科技巨头拥有广泛的企业客户群体，这些客户已经在使用它们的云服务。因此，将 Transformer API 添加到现有的云架构中所需的工作量比其他解决方案要少。

一个小公司甚至个人都可通过 API 访问最强大的 Transformer 模型，几乎不需要在开发上投入任何资金。一个实习生可在几天内实现 API。对于这样简单的实现，不需要成为工程师或拥有博士学位就能启动 AI 项目。

例如，OpenAI 平台现在提供了一种基于 SaaS(软件即服务)的 API，可以使用市场上一些最有效的 Transformer 模型。

OpenAI 的 Transformer 模型非常高效和接近人类，以至于当前的政策要求潜在用户填写申请表才能使用。不过当申请通过后，用户就可访问 NLP 的世界了！

OpenAI 的 API 的简洁性让用户感到惊讶：

(1) 一键获取 API 密钥

(2) 导入 OpenAI

(3) 通过提示输入你想要处理的任何 NLP 任务

(4) 你将收到由一段词元组成的回答结果

就这么简单！欢迎来到第四次工业革命和 AI 4.0 时代！

专注于纯代码解决方案的工业 3.0 程序员将演变为具有跨学科思维的工业 4.0 程序员。

工业 4.0 程序员将学习如何设计方法来向 Transformer 模型展示我们期望的内容，而不是像 3.0 开发者那样直观地告诉它该做什么。我们将在第 7 章通过 GPT-2 和 GPT-3 模型来探索这种新方法。

AllenNLP 为 Transformer 提供了免费使用的在线教学界面。AllenNLP 还提供了一个可以安装在 Jupyter 笔记本中的库。例如，假设要实现指代消解(Coreference resolution)。我们可从在线运行一个示例开始。

指代消解任务是指找到一个代词具体所指的实体，我们以图 1.5 的句子为例进行说明。

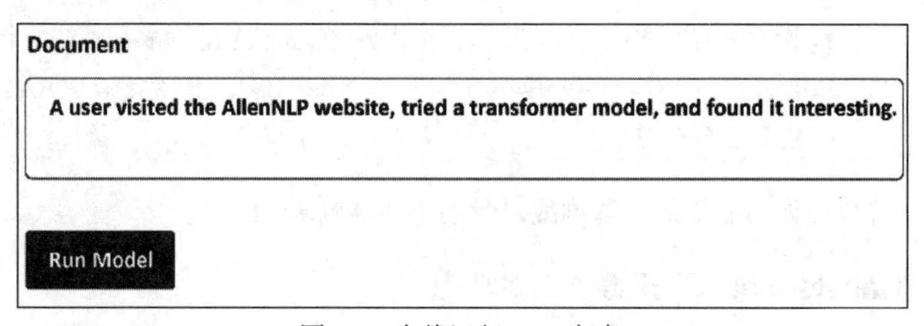

图 1.5　在线运行 NLP 任务

it 这个词可以指代 website 或 transformer model。在本例中，类 BERT 模型决定将 it 链接到 transformer model。单击 Run Model 按钮后，AllenNLP 将给出如图 1.6 所示的格式化输出。

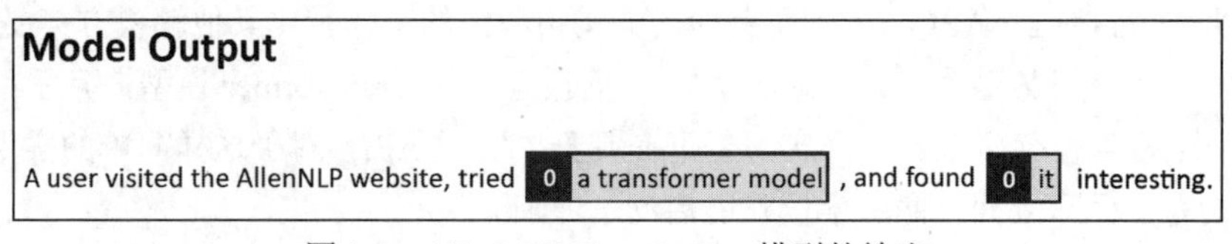

图 1.6　AllenNLP Transformer 模型的输出

可以在 https://demo.allennlp.org/coreference-resolution 运行以上示例。注意，Transformer 模型会不断更新，所以你可能得到不同的结果。

尽管 API 可以满足许多需求，但它们也有局限性。一个多功能的 API 可能在所有任务中表现得相当不错，但对于特定 NLP 任务来说可能不够好。例如使用 Transformer 进行翻译表现经常不好。这种情况下，一个工业 4.0 的程序员、顾问或项目经理将不得不往更底层的方向走，例如使用即用型 API 驱动库。

1.3.2　选择即用型 API 驱动库

除了上节提到的 OpenAI 之外，还有很多即用型 API 驱动库，如 Google Trax。Google Trax 的使用也很简单，只需要几行代码即可在 Google Colab 中安装和运行。可以选择免费或付费的 Google Colab 服务。我们可以获取源代码，微调模型，甚至在自己的服务器或 Google 云上进行训练。因此，这些即用型 API 驱动库令使用现成的 API 定制一个用于翻译任务的 Transformer 模型变得可行。

我们将在第 6 章详细讲解 Google 在翻译方面的最新发展，并应用 Google Trax。

像 OpenAI 这样的 API 只需要很少的代码，而像 Google Trax 这样的库所需要的代码量会更多一些。这两种方法都表明，AI 4.0 API 需要在 API 的编辑器端编写更多代码，但在实现 Transformer 时所需要的工作量很少。

使用 Transformer 的最著名的在线应用程序之一是 Google 翻译。我们可以在线或通过 API 使用 Google 翻译。

让我们尝试使用 Google 翻译将一个需要指代消解的句子从英语翻译成法语。

Google 翻译似乎解决了指代消解的问题，但法语中的“transformateur”一词是指电子设备。因为 Transformer 这个词是法语中的新词。可见一个 AI 专家可能需要具备特定项目的语言和语言学技能。这种情况下，不需要太多的代码量。但该项目可能需要在请求翻译之前对输入进行清理(这点可能需要写很多代码)。

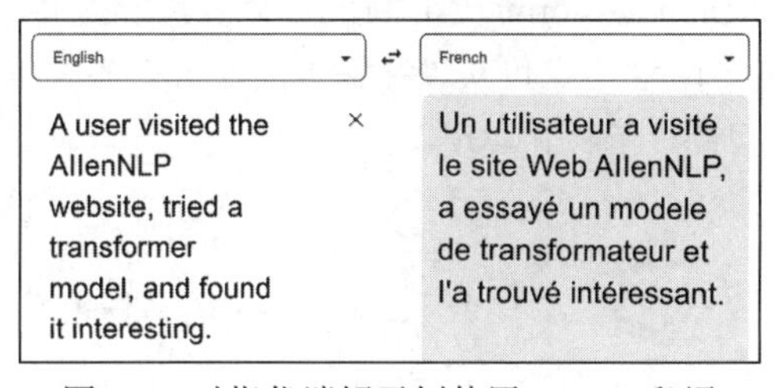

图 1.7　对指代消解示例使用 Google 翻译

这个例子表明，你可能需要与语言学家合作或者获得语言学技能来处理输入上下文。此外，在对输入进行清理的环节，可能需要进行大量的开发工作。

此外，我们需要写一点代码来调用 Google 翻译。或者还可能需要找到一个能够满足特定翻译需求的 Transformer 模型，如 BERT、T5 或其他将在本书中介绍的模型。

然而选择一个模型并非一件容易的事情。

1.3.3　选择 Transformer 模型

大型科技公司主导着 NLP 市场。仅 Google、Facebook 和 Microsoft 每天就运行着数十亿个 NLP 例程，这些例程反过来又提升了它们的 AI 模型，使模型有了无与伦比的能力。这些巨头现在对外提供各种 Transformer 模型(而且是排名靠前的基础模型)。

然而，一些较小的公司也进入了庞大的 NLP 市场。Hugging Face 现在也提供免费或付费的服务。对于 Hugging Face 来说，要达到 Google 研究实验室和 Microsoft 对 OpenAI 数十亿美元的资助所获得的性能将是一个挑战。基础模型的起点是 GPT-3 或 Google BERT 等在超级计算机上经过充分训练的 Transformer。

Hugging Face 选择了不同的方向，为任务提供了广泛和海量的 Transformer 模型，从而提供了灵活性；这种理念很有趣。除了提供了灵活的模型之外，Hugging Face 还提供了高级和开发者可控的 API。本书将用几章的篇幅详细讲述 Hugging Face。

除此之外，还有 OpenAI。OpenAI 专注于全球最强大的几个 Transformer 引擎，它们可以在许多 NLP 任务上达到人类水平。我们将在第 7 章展示 OpenAI GPT-3 引擎的强大能力。

以上这些策略经常相互冲突，但给我们提供了各种实施选项。最后我们必须介绍一下工业 4.0 AI 专家角色的技能要求。

1.3.4 工业 4.0 AI 专家的技能要求

工业 4.0 万物互联。机器直接与其他机器进行通信。由 AI 驱动的物联网信号触发自动化决策，不需要人为干预。NLP 算法发送自动化报告、摘要、电子邮件、广告等。

AI 专家将不得不适应这个越来越自动化的新时代，包括 Transformer 模型的实现。AI 专家的技能需要重新定义。如果我们按照从上到下的顺序列出一个 AI 专家需要完成的 Transformer NLP 任务，会发现一些高级任务对于 AI 专家来说几乎不需要写代码。一个 AI 专家可从以往繁重的细节任务脱身而出成为一个 AI 大师，从高层面提供设计思路、解释和实现。

对于 Transformer 的具体定义因生态系统而异。

让我们来看几个例子。

- API：使用 OpenAI API 来实现 AI 系统不需要 AI 程序员。只需要一个网页设计师设计和创建表单，然后由语言学家或领域专家写好提示，最后输入文本。在这种系统中，AI 专家需要具备语言技能，以展示和告诉 GPT-3 引擎具体如何完成任务，例如如何定义输入的上下文。这种新任务被称为提示工程 (prompt engineering)。提示工程师在 AI 领域有很光明的前途！
- 库：使用 Google Trax 库来实现 AI 系统需要一定的编程工作，即如何使用现成的模型。AI 专家除了要精通语言学和 NLP 任务之外，还需要处理数据集和输出。
- 训练和微调：使用 Hugging Face 来实现 AI 系统需要完成一些编程工作，即调用 API 和库。这种情况下，训练、微调模型和找到正确的超参数将需要 AI 专家的专业知识。
- 开发级技能：在一些项目中，如第 9 章所述，词元分析器和数据集可能不匹配。这种情况下，能够与语言学家合作的 AI 程序员可以发挥关键作用。

最后值得一提的是，NLP AI 的最新发展——AI 助理正在颠覆 AI 开发生态系统。

- GPT-3 Transformer 目前嵌入了多个 Microsoft Azure 应用程序，如 GitHub

Copilot。正如本章 1.1.2 节“基础模型”介绍的那样，Codex 是我们将在第 16 章研究的另一个例子。

- 我们不能直接访问嵌入式 Transformer 模型；该模型可以提供自动开发支持，如自动生成代码。
- AI 助理对于终端用户来说是无感透明的，在辅助文本补全方面是无缝的。

要想直接访问 GPT-3 引擎，你首先需要创建一个 OpenAI 账户。然后可以使用 API 或直接在 OpenAI 用户界面中运行示例。

我们将在第 16 章探索 AI 助理。

综上所述，一个工业 4.0AI 专家的技能要求包括灵活性、跨学科知识。本书将为 AI 专家提供各种 Transformer 生态系统，以适应市场的新范式。

现在是时候总结本章了，第 2 章将深入讲述原始 Transformer 的迷人架构。

1.4　本章小结

第四次工业革命(或称工业 4.0)迫使 AI 进行更深的演化。第三次工业革命是数字化革命。而第四次工业革命则建立在数字革命的基础上，将万物互联。自动化流程正在取代人类在包括 NLP 在内的关键领域中的决策。

RNN 存在一些局限性，这些局限性在快节奏的现代世界中阻碍了自动化 NLP 任务的进展。Transformer 解决了这一问题，从而在摘要、翻译和各种 NLP 任务上帮助企业应对工业 4.0 的挑战。

因此，工业 4.0(I4.0)催生了一个 AI 产业化的时代。平台、框架、语言和模型概念的演变对于工业 4.0 开发者来说是一个挑战。基础模型通过提供同质模型来弥合第三次工业革命和第四次工业革命之间的差距，这些模型不需要进一步训练或微调即可执行各种任务。

然后我们讲述了一些资源，包括像 AllenNLP 这样的网站提供了不需要安装的教学性质的 NLP 任务供你学习，同时提供了在自定义程序中实现 Transformer 模型的资源。OpenAI 提供了一个 API，只需要几行代码就可以运行强大的 GPT-3 引擎。Google Trax 提供了一个端到端的库，Hugging Face 提供了很多 Transformer 模型和实现。我们将在本书介绍这些生态系统。

工业 4.0 是一次很大的变革，与以往的 AI 相比，需要具备更广泛的技能集。例如，项目经理可以要求网页设计师创建一个界面，使其可以与 OpenAI 的 API 进行交互来实施 Transformer。或者，在需要时，项目经理还可以要求 AI 专家下载 Google Trax 或 Hugging Face，使用定制的 Transformer 模型来完整地开发一个项目。

工业 4.0 对程序员来说是一次改变游戏规则的机会，他们的技能要求将扩展并需要更多的设计而不仅是编程。此外，AI 助理能够帮助我们编程。这些新的技能集是一个挑战，但也开启了新的令人兴奋的视野。

下一章将开始介绍原始 Transformer 的架构。

1.5 练习题

1. 我们仍处于第三次工业革命中。(对|错)
2. 第四次工业革命将实现万物互联。(对|错)
3. 工业 4.0 程序员有时不需要进行 AI 开发。(对|错)
4. 工业 4.0 程序员可能不得不从头开始实施 Transformer。(对|错)
5. 没必要学习多个 Transformer 生态系统，只学习一个(例如 Hugging Face)就足够了。(对|错)
6. 即用型 Transformer API 可以满足所有需求。(对|错)
7. 公司会接受开发商最了解的 Transformer 生态系统。(对|错)
8. 云 Transformer 已成为主流。(对|错)
9. Transformer 项目可以在笔记本电脑上运行。(对|错)
10. 对工业 4.0 AI 专家的灵活性要求会更高。(对|错)

第 2 章

Transformer模型架构入门

语言是人类交流的精髓。如果没有形成语言的单词序列，文明将永远不会诞生。我们的日常生活依赖于 NLP 将语言数字化：搜索引擎、电子邮件、社交网络、帖子、推文、智能手机短信、翻译、网页、流媒体网站上的语音转文本、热线服务上的文本转语音以及其他日常功能。

第 1 章解释了由于 RNN 的局限性，Transformer 云 AI 接管了相当一部分设计和开发。因此工业 4.0 开发者需要了解原始 Transformer 的架构以及基于其上的多个 Transformer 生态系统。

2017 年 12 月，Google Brain 和 Google Research 发表了开创性的“Attention is All You Need”论文(Vaswani et al.)。Transformer 诞生了。Transformer 的性能优于以往最先进的 NLP 模型。Transformer 的训练速度比以往的架构更快，并获得了更高的评估结果。因此 Transformer 成了 NLP 的关键组成部分。

Transformer 的注意力头(attention head)思想完全抛弃了循环神经网络。本章中，我们将打开 Vaswani et al. 2017 论文描述的Transformer模型的发动机盖，讲解Transformer模型架构的主要组件。我们将探索迷人的注意力世界，并讲解 Transformer 的关键组件。

本章涵盖以下主题：

- Transformer 的架构
- Transformer 的自注意力机制
- 编码器堆叠和解码器堆叠
- 将输入输出嵌入
- 位置编码
- 自注意力
- 多头注意力层
- 掩码多头注意力层
- 残差连接
- 规范化
- 前馈神经网络
- 预测

接下来我们开始深入了解原始 Transformer 模型的架构。

2.1 Transformer 的崛起：注意力就是一切

Vaswani et al. (2017)发表了他们的开创性论文“Attention is All You Need”。该论文相关的工作是在 Google Research 和 Google Brain 进行的。在本书中，我将把“Attention is All You Need”论文中描述的模型称为“原始 Transformer 模型”。

附录 A 讲解了 Transformer 模型引入的一些新术语。

本节我们将讲解原始 Transformer 模型的架构。然后接下来的各节将详细讲解模型每个组件内部的内容。

原始 Transformer 模型使用了 6 层堆叠。第 l 层的输出是第 l+1 层的输入，直到做出预测的最终层。图 2.1 的左侧是一个 6 层的编码器堆叠，右侧是一个 6 层的解码器堆叠。

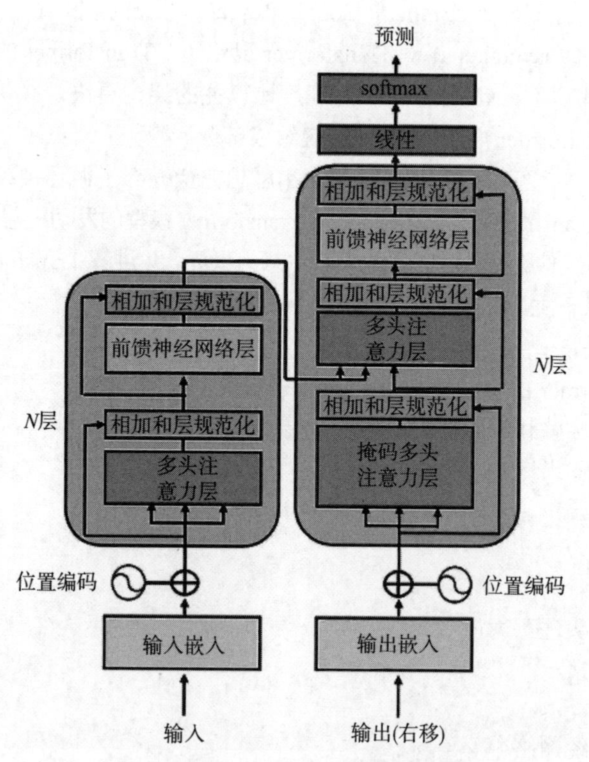

图 2.1　原始 Transformer 模型的架构

从图中的箭头可以看到，输入进入左侧的编码器，穿过多头自注意力子层以及前馈神经网络子层，然后其目标输出进入右侧解码器的多头注意力子层和前馈神经网络子层。我们马上发现图 2.1 并没有 RNN、LSTM 的循环结构。是的，Transformer 完全抛弃了循环结构。

注意力已经取代了随着两个单词的距离增加而需要增加参数的循环函数。注意力机制是“单词到单词”的操作。实际上是词元(token)到词元的操作，但为了更容易解释，我们简化到“单词到单词”层面。注意力机制将找出每个单词与序列中所有单词的相关性(包括与单词本身)。以下面的句子为例：

```
The cat sat on the mat.
```

注意力将对单词向量进行点积操作以得出一个单词与所有单词的最强关系，包括与自身的关系(“cat”和“cat”)。

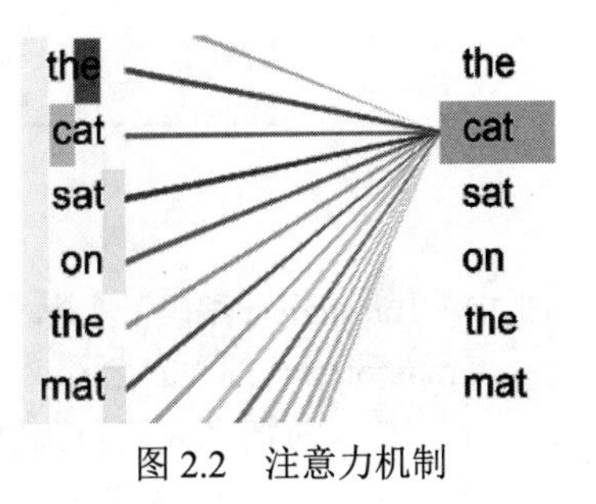

图 2.2　注意力机制

与过往算法相比，注意力机制更深入地挖掘单词之间的关系，从而产生更好的结果，如图 2.2 所示。

与过往不能并行处理的算法相比，原始 Transformer 模型在每个注意力子层并行运行 8 个注意力机制，以加快运算速度。我们将在下一节“编码器堆叠”介绍此架构。这个机制称为“多头注意力”，具有如下优点：

- 对序列进行更广泛和深入的分析
- 实现并行化，减少训练时间
- 每个注意力头从不同视角学习同一输入序列

除了使用注意力机制取代了循环结构之外，Transformer 还有其他几个创新特性，它们与注意力机制一样重要，接下来将详细讲述。

现在我们已经从较高层面讲解了 Transformer 结构。接下来我们将深入了解 Transformer 的每个组件。先从编码器开始。

2.1.1　编码器堆叠

原始 Transformer 模型的编码器和解码器都是由 N 层堆叠而成。编码器堆叠的每层都具有如图 2.3 所示的结构。

原始 Transformer 模型的编码器由结构相同的 6 层堆叠而成(N=6)。每层以这两个子层为主：一个多头注意力子层和一个前馈神经网络子层。

不知道你是否注意到，在架构图里面，每个主要子层(对应下面公式的 Sublayer(x))周围都有一条指向层规范化的残差连接。这些连接将子层的未处理输入 x 传给层规范

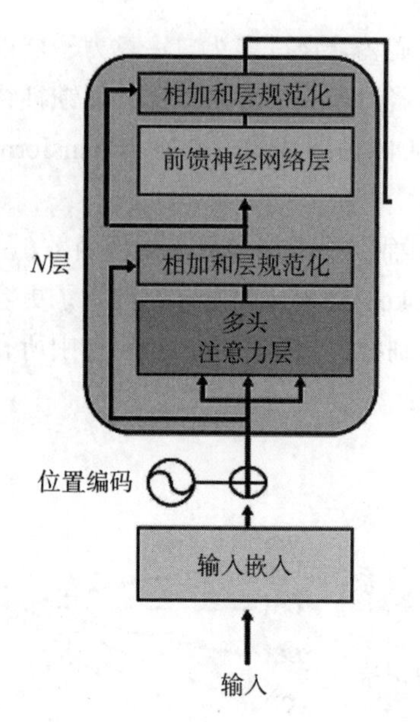

图 2.3　Transformer 编码器堆叠的每层结构

化函数。这样可以确保位置编码等关键信息不会在中途丢失。每层的规范化输出为：

$$\text{LayerNormalization}\ (x + \text{Sublayer}(x))$$

尽管编码器每一层的结构是相同的，但每一层的细节与前一层并不完全相同。

例如，嵌入子层仅存在堆叠的第 1 层。其他 5 层并不包含嵌入子层，从而保证了编码输入在所有层中都是稳定的。

此外，多头注意力机制虽然从第 1 层到第 6 层都执行相同的函数，但它们所执行的任务并不相同。每层先从前一层学习，然后从不同角度探索序列中词元的相关性。就像我们在玩填字游戏时不停探索字母和单词的相关性来找出正确答案一样。

Transformer 的设计者引入一个非常有效的约束，模型每个子层的输出都有一个恒定的维度，包括嵌入层和残差连接。该维度表示为 d_{model}；在原始 Transformer 模型中，$d_{\text{model}} = 512$，可以根据你的实际情况设置为另一个值。

这种设计很强大。几乎所有的关键操作都是点积操作。因此，保持恒定的维度可以减少要计算的操作次数，减少机器工作量，并且更容易跟踪通过模型传输的信息。

至此，我们已经展示了编码器的全局视图。接下来将深入讲解每个子层和机制。

我们先从嵌入子层开始。

输入嵌入

输入嵌入子层将输入词元转换为维度 $d_{\text{model}} = 512$ 的特征向量。输入嵌入子层依旧使用传统的结构，如图 2.4 所示。

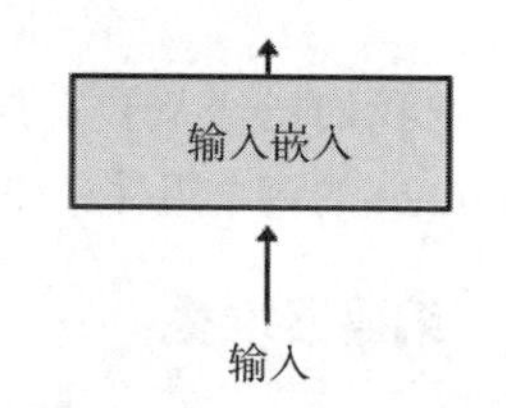

图 2.4　Transformer 的输入嵌入子层

嵌入子层的工作方式与其他标准模型类似，通过词元分析器(tokenizer)将句子拆分为词元。词元化方法包括 BPE、WordPiece 和 SentencePiece。原始 Transformer 使用 BPE，但后来的其他模型使用其他方法。

每种词元化方法略有不同，但其目标是相似的。这里以任意一种词元化方法对 Transformer is an innovative NLP model! 进行词元化，将得到如下结果：

```
['the', 'transform', 'er', 'is', 'an', 'innovative', 'n', 'l', 'p',
'model', '!']
```

你会注意到，该词元分析器先将字符串规范化为小写，然后将其截断为一个个子部分。嵌入后，将得到如下的整数表示形式：

```
text = "The cat slept on the couch.It was too tired to get up."
tokenized text= [1996, 4937, 7771, 2006, 1996, 6411, 1012, 2009, 2001,
2205, 5458, 2000, 2131, 2039, 1012]
```

至此，词元化部分完成了。我们得到了词元化之后的文本。

可用于嵌入子层的词元化方法有很多，这里以 Google 在 2013 年推出的 Word2Vec 嵌入方法的 skip-gram 架构为例进行说明。skip-gram 将专注于单词窗口中的中心词并分析其上下文单词。例如，我们将窗口设为两步，word(i)为窗口的中心词，skip-gram 模型将分析 word(i-2)、word(i-1)、word(i+1)和 word(i+2)。然后滑动窗口并重复该过程。skip-gram 模型通常包含一个输入层、权重、一个隐藏层和一个包含词元化后单词嵌入的输出。

假设我们需要对以下句子进行嵌入：

```
The black cat sat on the couch and the brown dog slept on the rug.
```

我们将专注于两个词， black 和 brown。这两个词的嵌入向量应该是相似的。

如前所述，我们需要为每个单词生成 $d_{model} = 512$ 的向量，我们先从 black 开始。

```
black=[[-0.01206071 0.11632373 0.06206119 0.01403395 0.09541149
0.10695464 0.02560172 0.00185677 -0.04284821 0.06146432 0.09466285
0.04642421 0.08680347 0.05684567 -0.00717266 -0.03163519 0.03292002
-0.11397766 0.01304929 0.01964396 0.01902409 0.02831945 0.05870414
0.03390711 -0.06204525 0.06173197 -0.08613958 -0.04654748 0.02728105
-0.07830904
 …
0.04340003 -0.13192849 -0.00945092 -0.00835463 -0.06487109 0.05862355
-0.03407936 -0.00059001 -0.01640179 0.04123065
-0.04756588 0.08812257 0.00200338 -0.0931043 -0.03507337 0.02153351
-0.02621627 -0.02492662 -0.05771535 -0.01164199
-0.03879078 -0.05506947 0.01693138 -0.04124579 -0.03779858
-0.01950983 -0.05398201 0.07582296 0.00038318 -0.04639162
-0.06819214 0.01366171 0.01411388 0.00853774 0.02183574
-0.03016279 -0.03184025 -0.04273562]]
```

现在我们已经使用 512 维表示 black 这个词了。可以换成其他嵌入方法，也可以调整 d_{model} 的维数。

然后同样用 512 维表示 brown 这个词。

```
brown=[[ 1.35794589e-02 -2.18823571e-02 1.34526128e-02 6.74355254e-02
   1.04376070e-01 1.09921647e-02 -5.46298288e-02 -1.18385479e-02
   4.41223830e-02 -1.84863899e-02 -6.84073642e-02 3.21860164e-02
   4.09143828e-02 -2.74433400e-02 -2.47369967e-02 7.74542615e-02
   9.80964210e-03 2.94299088e-02 2.93895267e-02 -3.29437815e-02
…
   7.20389187e-02 1.57317147e-02 -3.10291946e-02 -5.51304631e-02
```

```
-7.03861639e-02 7.40829483e-02 1.04319192e-02 -2.01565702e-03
2.43322570e-02 1.92969330e-02 2.57341694e-02 -1.13280728e-01
8.45847875e-02 4.90090018e-03 5.33546880e-02 -2.31553353e-02
3.87288055e-05 3.31782512e-02 -4.00604047e-02 -1.02028981e-01
3.49597558e-02 -1.71501152e-02 3.55573371e-02 -1.77437533e-02
-5.94457164e-02 2.21221056e-02 9.73121971e-02 -4.90022525e-02]]
```

接下来我们将验证这两个词的嵌入，我们可以使用余弦相似度来查看 black 和 brown 这两个单词的嵌入是否相似。

余弦相似度的原理是使用欧几里得范数(L2 范数)在单位球面创建向量。而这两个向量点之间的余弦则是我们正在比较的向量的点积。有关余弦相似度理论的更多信息，可通过 https://scikit-learn.org/stable/modules/metrics.html#cosine-similarity，查阅 scikit-learn 的文档以及许多其他资料。

在我们的示例中，black 的向量与 brown 的向量之间的余弦相似度为：

```
osine_similarity(black, brown)= [[0.9998901]]
```

可见 skip-gram 产生了两个彼此接近的向量。它检测到 black 和 brown 是字典里 color 的子集。

编码器堆叠的后续子层不会从头开始。它们将基于以上示例所提供的信息开始。

但是，我们仍然缺少大量信息，例如没有单词在序列中的位置信息。

对此，Transformer 的设计者提出了另一个创新点：位置编码。

接下来我们看看位置编码是如何工作的。

位置编码

我们之所以需要 Transformer 这个位置编码函数，是因为我们不知道单词在序列中的位置，如图 2.5 所示。

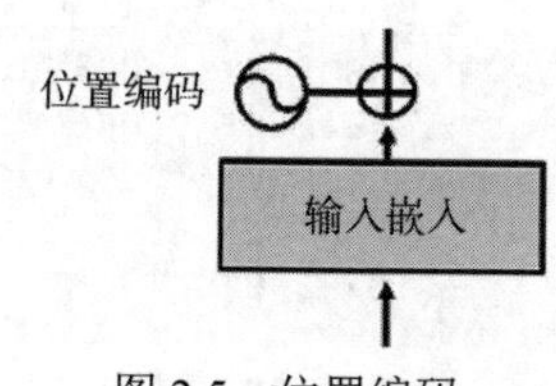

图 2.5　位置编码

单独创建位置向量这个方法是不可行的，因为会给 Transformer 的训练带来很高的成本，从而影响训练速度，并使注意力子层过于复杂。位置编码这个想法是把位置编码值添加到输入嵌入中，而不是使用单独的位置向量来描述词元在序列中的位置。

原始 Transformer 模型只有一个包含词嵌入和位置编码的向量。我们将在第 15 章讲述更多信息。

Transformer 期望位置编码函数输出的每个向量都有尺寸 $d_{\text{model}} = 512$(或者其他常量值)。

回到前面嵌入子层使用的句子，可看到 black 和 brown 可能在语义上相似，但在句子中相距甚远：

```
The black cat sat on the couch and the brown dog slept on the rug.
```

其中单词 black 位于位置 2，pos=2，单词 brown 位于位置 10，pos=10。

我们的问题是找到一种方法为每个单词的嵌入添加值，从而让 Transformer 拥有词元的位置信息。现在我们需要找到一种方法将 black 和 brown 的位置信息添加到 $d_{\text{model}} = 512$ 维度中。

位置编码的实现方法有很多种。本节将重点介绍 Transformer 的设计者通过单位球面求正弦值和余弦值来表示位置编码的巧妙方法，通过这种方法取值不但有用而且成本较小。

论文所采用的具体求正弦值和余弦值的公式如下：

$$\text{PE}_{(\text{pos}\ 2i)} = \sin\left(\frac{\text{pos}}{10000^{\frac{2i}{d_{\text{model}}}}}\right)$$

$$\text{PE}_{(\text{pos}2i+1)} = \cos\left(\frac{\text{pos}}{10000^{\frac{2i}{d_{\text{model}}}}}\right)$$

以上两个公式的 i 是从嵌入向量的开头(即 i=0)开始，然后以维度尺寸的常量(即 i=511)结束。这意味着正弦函数将应用于偶数，余弦函数将应用于奇数。不过有些方法采用了不同的方式。例如正弦函数应用于 $i \in [0,255]$，余弦函数应用于 $i \in [256,512]$。两种方式产生的结果都是类似的。

本节我们将按照论文所采用的方式计算正弦和余弦值。具体的 Python 伪代码如下(使用 pe[0][i]来编码位置 pos)：

```
def positional_encoding(pos,pe):
for i in range(0, 512,2):
         pe[0][i] = math.sin(pos / (10000 ** ((2 * i)/d_model)))
         pe[0][i+1] = math.cos(pos / (10000 ** ((2 * i)/d_model)))
return pe
```

Google Brain Trax、Hugging Face 等组织已将单词嵌入和位置编码部分封装成现成的库了。因此，你不需要使用我在本节共享的代码。但是，如果你想深入研究我的代码，可在 Google Colab 打开 positional_encoding.ipynb 笔记本和 GitHub 配套代码库中 chapter02 目录下的 text.txt 文件进行研究。

也许你对以上正弦函数的图表感兴趣，我们以 pos =2 为例。

如图 2.6 所示，打开 Google，在搜索框输入如下内容：

```
plot y=sin(2/10000^(2*x/512))
```

回车提交请求。

图 2.6 使用 Google 绘图

你将获得如图 2.7 所示的图。

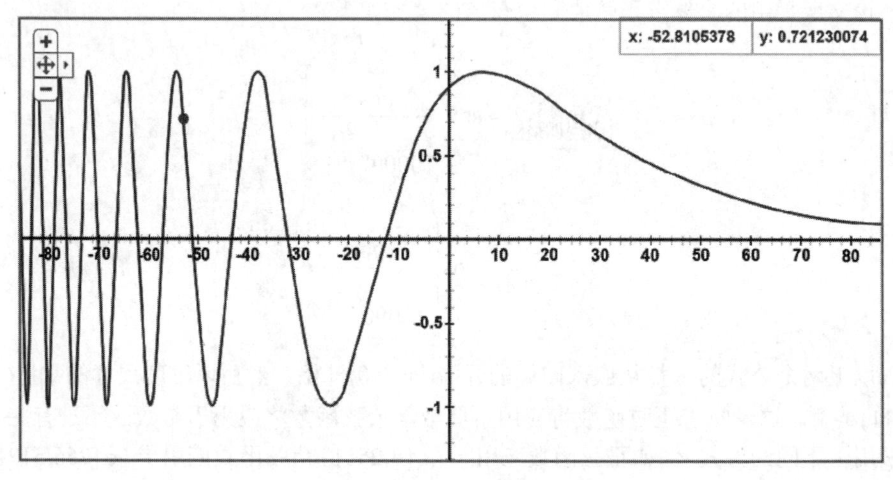

图 2.7 结果图

我们回到本节所解析的句子，可看到 black 位于位置 pos=2，brown 位于位置 pos=10：

```
The black cat sat on the couch and the brown dog slept on the rug.
```

先应用 pos=2 的正弦和余弦函数，得到如下 size=512 的位置编码向量：

```
PE(2)=
[[ 9.09297407e-01 -4.16146845e-01 9.58144367e-01 -2.86285430e-01
   9.87046242e-01 -1.60435960e-01 9.99164224e-01 -4.08766568e-02
   9.97479975e-01 7.09482506e-02 9.84703004e-01 1.74241230e-01
   9.63226616e-01 2.68690288e-01 9.35118318e-01 3.54335666e-01
   9.02130723e-01 4.31462824e-01 8.65725577e-01 5.00518918e-01
   8.27103794e-01 5.62049210e-01 7.87237823e-01 6.16649508e-01
   7.46903539e-01 6.64932430e-01 7.06710517e-01 7.07502782e-01
…
   5.47683925e-08 1.00000000e+00 5.09659337e-08 1.00000000e+00
   4.74274735e-08 1.00000000e+00 4.41346799e-08 1.00000000e+00
   4.10704999e-08 1.00000000e+00 3.82190599e-08 1.00000000e+00
   3.55655878e-08 1.00000000e+00 3.30963417e-08 1.00000000e+00
   3.07985317e-08 1.00000000e+00 2.86602511e-08 1.00000000e+00
   2.66704294e-08 1.00000000e+00 2.48187551e-08 1.00000000e+00
   2.30956392e-08 1.00000000e+00 2.14921574e-08 1.00000000e+00]]
```

然后应用 pos=10 的正弦和余弦函数，得到如下 size=512 的位置编码向量：

```
PE(10)=
[[-5.44021130e-01 -8.39071512e-01 1.18776485e-01 -9.92920995e-01
   6.92634165e-01 -7.21289039e-01 9.79174793e-01 -2.03019097e-01
   9.37632740e-01 3.47627431e-01 6.40478015e-01 7.67976522e-01
   2.09077001e-01 9.77899194e-01 -2.37917677e-01 9.71285343e-01
   -6.12936735e-01 7.90131986e-01 -8.67519796e-01 4.97402608e-01
   -9.87655997e-01 1.56638563e-01 -9.83699203e-01 -1.79821849e-01
   …
   2.73841977e-07 1.00000000e+00 2.54829672e-07 1.00000000e+00
   2.37137371e-07 1.00000000e+00 2.20673414e-07 1.00000000e+00
   2.05352507e-07 1.00000000e+00 1.91095296e-07 1.00000000e+00
   1.77827943e-07 1.00000000e+00 1.65481708e-07 1.00000000e+00
   1.53992659e-07 1.00000000e+00 1.43301250e-07 1.00000000e+00
   1.33352145e-07 1.00000000e+00 1.24093773e-07 1.00000000e+00
   1.15478201e-07 1.00000000e+00 1.07460785e-07 1.00000000e+00]]
```

好了！现在我们已将位置信息编码完毕。接下来看看我们的工作带来了什么变化，我们的工作是否有意义。

先对位置信息求余弦相似度：

```
cosine_similarity(pos(2), pos(10))= [[0.8600013]]
```

与直接求 black 和 brown 两个单词的余弦相似度对比，我们发现是不同的：

```
cosine_similarity(black, brown)= [[0.9998901]]
```

我们看到，基于位置编码的余弦相似度低于基于单词嵌入的余弦相似度。

是的，位置编码将这两个单词拆开了，体现出这两个单词在句子中相距甚远，我们的工作是有意义的。需要注意，单词嵌入的值会因用于训练它们的语料库而有所不同。接下来的问题是如何将位置编码添加到单词嵌入向量中。

将位置编码添加进嵌入向量

Transformer 的设计者找到了一种简单方法，具体如下。

以 black 为例，我们先获取其嵌入，将其命名为 y_1 = black，然后将其与通过位置编码函数获得的位置向量 pe(2) 相加，得出输入单词 black 的最终位置编码 pc(black)：

$$\text{pc(black)} = y_1 + \text{pe}(2)$$

这个解决方案很简单。图 2.8 显示了位置编码。但是如果原样采用，当 pe(2)的值比 y_1 大很多的时候，可能会把 y_1 淹没，导致丢失嵌入信息。

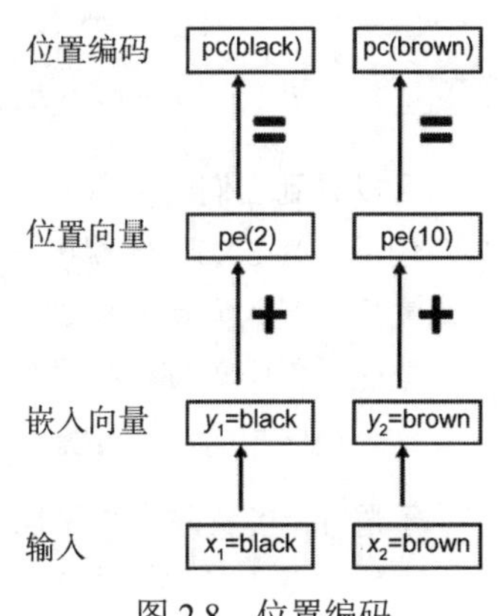

图 2.8　位置编码

所以我们需要加大 y_1，以避免嵌入信息丢失，从而保证可在后续层中有效地使用。

加大 y_1 的方法有很多，这里介绍其中的一种：

$$y_1{}^{*}\text{math.sqrt()d\_model}$$

原理介绍完毕，现在我们进入 Python 伪代码环节。与上一节伪代码相比，我们加入了上面的公式：

```
for i in range(0, 512,2):
          pe[0][i] = math.sin(pos / (10000 ** ((2 * i)/d_model)))
          pc[0][i] = (y[0][i]*math.sqrt(d_model))+ pe[0][i]

          pe[0][i+1] = math.cos(pos / (10000 ** ((2 * i)/d_model)))
          pc[0][i+1] = (y[0][i+1]*math.sqrt(d_model))+ pe[0][i+1]
```

得到以下结果，即 $d_{\text{model}} = 512$ 的最终位置编码向量：

```
pc(black)=
[[ 9.09297407e-01 -4.16146845e-01 9.58144367e-01 -2.86285430e-01
   9.87046242e-01 -1.60435960e-01 9.99164224e-01 -4.08766568e-02
   …
   4.74274735e-08 1.00000000e+00 4.41346799e-08 1.00000000e+00
    4.10704999e-08 1.00000000e+00 3.82190599e-08 1.00000000e+00
    2.66704294e-08 1.00000000e+00 2.48187551e-08 1.00000000e+00
    2.30956392e-08 1.00000000e+00 2.14921574e-08 1.00000000e+00]]
```

然后对单词 brown 和序列中的其他单词执行同样的操作。

最后将余弦相似度函数应用于 black 和 brown 的最终位置编码向量：

```
cosine_similarity(pc(black), pc(brown))= [[0.9627094]]
```

接下来通过目前讲过的这三种余弦相似度来更清楚地讲解位置编码过程。

先列出应用于单词 black 和 brown 三种状态的余弦相似度结果：

```
[[0.99987495]] word similarity
[[0.8600013]] positional encoding vector similarity
[[0.9627094]] final positional encoding similarity
```

可以看到它们的嵌入相似度很高，为 0.99。基于位置(位置 2 和 10)的编码向量相似度较低，为 0.86，体现出这两个单词相距甚远。

最后将嵌入向量与位置编码向量相加。我们看到，余弦相似度达到 0.96。

至此，每个单词的位置编码包含了初始单词嵌入信息和位置编码值。

这个最终位置编码信息将传递给多头注意力子层。

子层 1：多头注意力子层

多头注意力子层包含 8 个注意力头(详见附录 A)，然后进行层规范化。层规范化将向多头注意力子层的输出添加残差连接，并将其规范化。

本节首先讲述多头注意力子层的架构，然后列举一个使用 Python 代码的多头注意力的示例，最后讲述层规范化。

图 2.9 显示了多头注意力子层的架构。

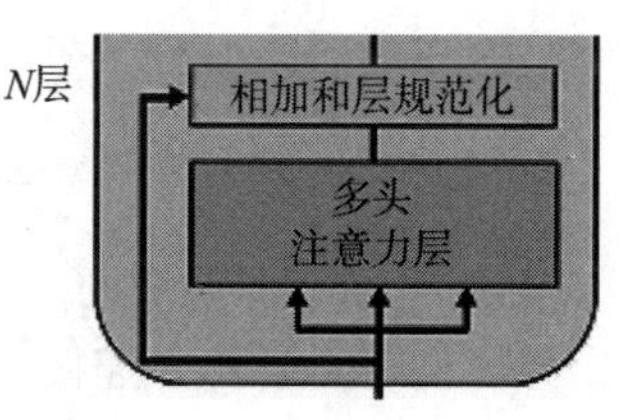

图 2.9　多头注意力子层

多头注意力子层的架构

编码器堆叠第一层的多注意力子层的输入是一个向量，即前述的包含每个单词嵌入和位置编码信息的向量。堆叠的下一层不会再重复这些操作。

输入序列中每个单词 x_n 的向量维度为 $d_{\text{model}} = 512$：

$$\text{pe}(x_n) = [d_1 = 9.09297407\text{e}'01, d_2 = -4.16146845\text{e}'01, .., d_{512} = 1.00000000\text{e}+00]$$

至此，每个单词 x_n 的表示已变成一个 512 维的向量。

对于给定的输入序列，每个单词都会与其他所有单词进行匹配。模型通过比较每个单词与其他单词的相关性，判断是否与其他单词有紧密的联系。

以下面的句子为例，模型将计算每个单词与序列中的其他单词(如 cat 和 rug)之间的相关性：

```
Sequence =The cat sat on the rug and it was dry-cleaned.
```

该模型将进行训练以找出一个单词是否与 cat 和 rug 有关。可通过使用 $d_{\text{model}}= 512$ 维度来训练模型。注意，这种训练将需要大量计算。

但是，每分析一次 d_{model}，我们只能得到一个观点。如果不能并行计算，我们需要相当多的计算时间来找到所有观点。

有一种更好的方法是将每个单词的 $d_{\text{model}} = 512$ 维分成 8 块(即 d_k=64 维)。

然后，可并行运行 8 个“头”以加快训练速度，并获得 8 个不同的、体现了每个单词与另一个单词关系的表示子空间，如图 2.10 所示。

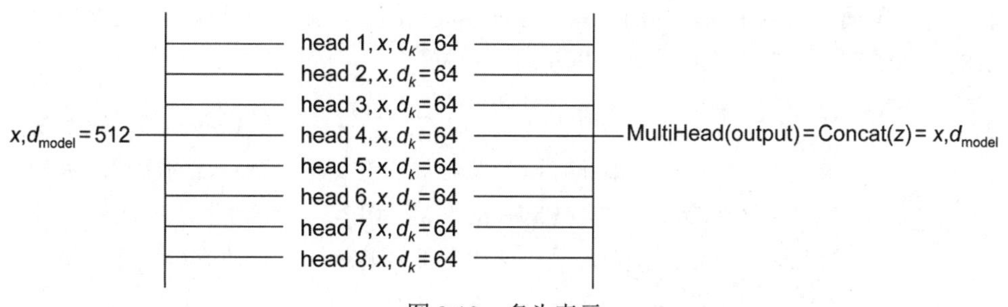

图 2.10　多头表示

可看到现在有 8 个头并行运行。一个头可能计算单词与 cat 的相关性，一个头可能计算单词与 rug 的相关性，还有一个头可能计算单词与 dry-cleaned 的相关性。

每个头的输出是一个形状为 $x * d_k$ 的矩阵 $\boldsymbol{Z}_i$。多头注意力的输出 $\boldsymbol{Z}$ 具体定义为：

$$\boldsymbol{Z}=\left(\boldsymbol{Z}_0,\boldsymbol{Z}_1,\boldsymbol{Z}_2,\boldsymbol{Z}_3,\boldsymbol{Z}_4,\boldsymbol{Z}_5,\boldsymbol{Z}_6,\boldsymbol{Z}_7\right)$$

然而，多头注意力子层的输出不能是一系列维度，而必须是 $xm * d_{\text{model}}$ 中的一行。所以我们还需要将 $\boldsymbol{Z}$ 连接起来。

因此需要在多头注意力子层结束之前，将 $\boldsymbol{Z}$ 的元素连接起来：

$$\text{MultiHead(output)}=\text{Concat}\left(\boldsymbol{Z}_0,\boldsymbol{Z}_1,\boldsymbol{Z}_2,\boldsymbol{Z}_3,\boldsymbol{Z}_4,\boldsymbol{Z}_5,\boldsymbol{Z}_6,\boldsymbol{Z}_7\right)=x,d_{\text{model}}$$

注意，每个头都被连接成维度为 $d_{\text{model}}=512$ 的 z。多头层的输出需要遵循原始 Transformer 模型的约束。

在注意力机制的每个头 h_n 内部，“词”矩阵有三种表示形式：

- 维度为 $d_q=64$ 的 Query 矩阵($\boldsymbol{Q}$)，它寻找其他“词”矩阵的所有 key-value 对。
- 维数为 $d_k=64$ 的 Key 矩阵($\boldsymbol{K}$)，将对其进行训练以获得一个注意力值。
- 维度为 $d_v=64$ 的 Value 矩阵($\boldsymbol{V}$)，将对其进行训练以获得另一个注意力值。

原始 Transformer 模型中，所使用的注意力是“缩放点积注意力”，具体表示为以下等式，$\boldsymbol{Q}$、$\boldsymbol{K}$ 和 $\boldsymbol{V}$ 为前面提到的矩阵：

$$\text{Attention}(\boldsymbol{Q},\boldsymbol{K},\boldsymbol{V})=\text{softmax}\left(\frac{\boldsymbol{Q}\boldsymbol{K}^{\mathrm{T}}}{\sqrt{d_k}}\right)\boldsymbol{V}$$

通过计算 Query 矩阵 $\boldsymbol{Q}$ 与 Key 矩阵 $\boldsymbol{K}$ 的缩放点积，然后经过 softmax 函数，我们可以得到每个头的注意力值。由于所有矩阵的维度相同，在经过缩放点积计算后，每个头得到了注意力值，因此它们的输出 $\boldsymbol{Z}$ 也具有相同的维度。这使得将 8 个头的输出连接在一起变得相对简单。通过将这 8 个头的输出连接成一个大的矩阵 $\boldsymbol{Z}$，我们得到了整个多头注意力机制的最终输出。

综上所述，我们可以看到，这种方式的好处是可以同时处理不同的注意力信息，每个头关注不同的方面，通过并行计算加快了训练速度，从而提供了更丰富的信息来表示每个单词与其他单词之间的关系。通过连接头的输出，我们可以得到更全面和准确的表示子空间，以进一步处理和理解序列数据。

以上所有参数，包括层数、头、d_{model}、d_k 和 Transformer 的其他变量都是可以修改的，因此可以修改它们来调试出适合自己的模型。本章介绍的这些参数值都是 Vaswani et al. 2017 论文中的原始 Transformer 模型的参数值。在修改原始架构或探索其他人设计的原始模型的变体之前，了解原始架构和这些值至关重要。

Google Brain Trax、OpenAI 和 Hugging Face 等提供了现成的库和模型，我们将在本书后面讲解它们。

但是本章将不使用这些现成的库和模型，而是深入讲解 Transformer 模型的底层原理，因此将编写具体 Python 代码来实现刚才讲过的架构，并可视化展示它们。

我们将使用最基本的 Python 代码(只使用 numpy 和 softmax 函数)分 10 个步骤来讲述注意力机制的关键方面。

记住，工业 4.0 时代的程序员需要了解同一算法在多种架构下的实现。

我们先从步骤 1“表示输入”开始。

步骤 1：表示输入

将 Multi_Head_Attention_Sub_Layer.ipynb 保存到你的 Google 云端硬盘(你需要先拥有 Gmail 账户)，然后用 Google Colab 笔记本打开它。该完整代码可以在配套的 GitHub 代码存储库的 chapter02 目录中找到。

如前所述，为深入讲解 Transformer 模型的底层原理，我们将不使用现成的库，而使用最基本的 Python 代码(只使用 numpy 和 softmax 函数)来讲解：

```
import numpy as np
from scipy.special import softmax
```

我们先将注意力机制的输入从 d_{model} =512 缩小到 d_{model} =4，这样更容易可视化和理解。

x 包含 3 个输入，每个输入有 4 个维度，而不是 512：

```
print("Step 1: Input : 3 inputs, d_model=4")
x =np.array([[1.0, 0.0, 1.0, 0.0],  # Input 1
             [0.0, 2.0, 0.0, 2.0],  # Input 2
             [1.0, 1.0, 1.0, 1.0]]) # Input 3
print(x)
```

输出展示我们有 3 个 d_{model} =4 的向量：

```
Step 1: Input : 3 inputs, d_model=4
[[1. 0. 1. 0.]
 [0. 2. 0. 2.]
 [1. 1. 1. 1.]]
```

至此，我们模型的步骤 1 已经完成，如图 2.11 所示。

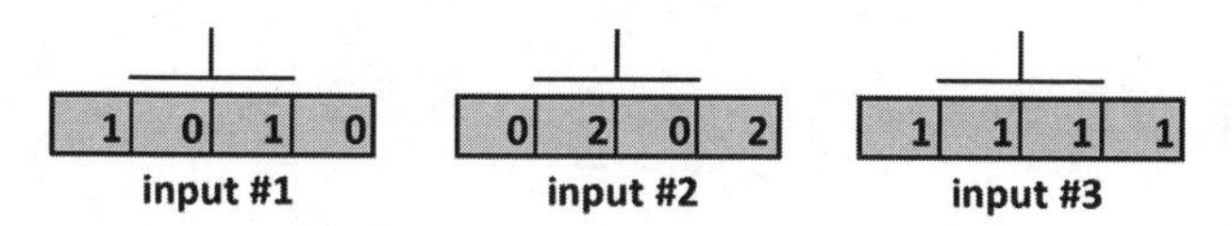

图 2.11　多头注意力子层的输入

接下来将权重矩阵添加到模型中。

步骤 2：初始化权重矩阵

每个输入有 3 个权重矩阵：

- ***Qw*** 用于训练 Query
- ***Kw*** 用于训练 Key
- ***Vw*** 用于训练 Value

这 3 个权重矩阵将应用于此模型中的所有输入。

Vaswani et al. 2017 论文所用的权重矩阵的维度为 d_k =64。这里为了更容易可视化和理解，将矩阵缩小到 d_k=3。

本示例所采用的尺寸和形状都是任意的，目的是更容易可视化和理解注意力机制的整个过程。

先初始化 Query 权重矩阵：

```
print("Step 2: weights 3 dimensions x d_model=4")
print("w_query")
w_query =np.array([[1, 0, 1],
                   [1, 0, 0],
                   [0, 0, 1],
                   [0, 1, 1]])
print(w_query)
```

Query 权重矩阵输出如下：

```
w_query
[[1 0 1]
 [1 0 0]
 [0 0 1]
 [0 1 1]]
```

然后初始化 Key 权重矩阵：

```
print("w_key")
w_key =np.array([[0, 0, 1],
                 [1, 1, 0],
                 [0, 1, 0],
                 [1, 1, 0]])
                print(w_key)
```

Key 权重矩阵输出如下：

```
w_key
[[0 0 1]
 [1 1 0]
 [0 1 0]
 [1 1 0]]
```

最后我们初始化 Value 权重矩阵：

```
print("w_value")
w_value = np.array([[0, 2, 0],
                    [0, 3, 0],
                    [1, 0, 3],
                    [1, 1, 0]])
print(w_value)
```

Value 权重矩阵输出如下：

```
w_value
[[0 2 0]
 [0 3 0]
 [1 0 3]
 [1 1 0]]
```

至此，模型的步骤 2 已经完成，如图 2.12 所示。

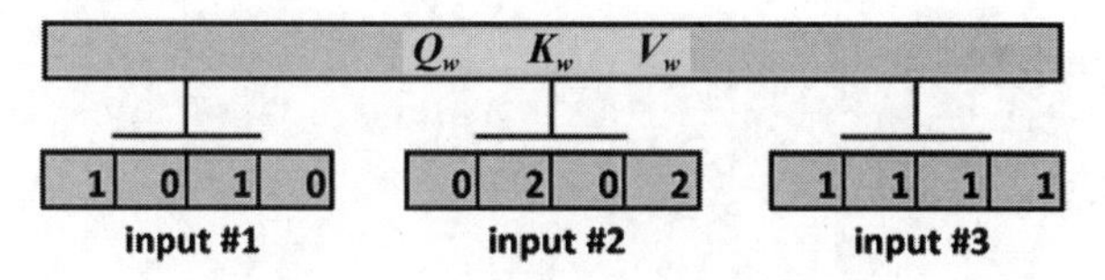

图 2.12　添加到模型中的权重矩阵

接下来将权重矩阵乘以输入向量以获得 $\boldsymbol{Q}$、$\boldsymbol{K}$ 和 $\boldsymbol{V}$。

步骤 3：将输入向量乘以权重矩阵以获得 $\boldsymbol{Q}$、$\boldsymbol{K}$ 和 $\boldsymbol{V}$

现在，我们将输入向量乘以权重矩阵，以获得每个输入的 $\boldsymbol{Q}$(Query)、$\boldsymbol{K}$(key)和 $\boldsymbol{V}$(Value)向量。

在此模型中，将假设所有输入都有一个 w_query、w_key 和 w_value 权重矩阵。

首先将输入向量乘以 w_query 权重矩阵：

```
print("Step 3: Matrix multiplication to obtain Q,K,V")
print("Query: x * w_query")
Q=np.matmul(x,w_query)
print(Q)
```

输出为 $\boldsymbol{Q}_1$= [1, 0, 2]、$\boldsymbol{Q}_2$= [2, 2, 2]和 $\boldsymbol{Q}_3$= [2, 1, 3]的向量：

```
Step 3: Matrix multiplication to obtain Q,K,V
Query: x * w_query
[[1. 0. 2.]
 [2. 2. 2.]
 [2. 1. 3.]]
```

现在将输入向量乘以 w_key 权重矩阵：

```
print("Key: x * w_key")
K=np.matmul(x,w_key)
print(K)
```

我们得到 $\boldsymbol{K}_1$= [0, 1, 1]、$\boldsymbol{K}_2$= [4, 4, 0]和 $\boldsymbol{K}_3$ = [2, 3, 1]的向量：

```
Key: x * w_key
[[0. 1. 1.]
 [4. 4. 0.]
 [2. 3. 1.]]
```

最后，将输入向量乘以 w_value 权重矩阵：

```
print("Value: x * w_value")
V=np.matmul(x,w_value)
print(V)
```

我们得到 $\boldsymbol{V}_1$= [1, 2, 3]、$\boldsymbol{V}_2$ = [2, 8, 0]和 $\boldsymbol{V}_3$= [2, 6, 3]的向量：

```
Value: x * w_value
[[1. 2. 3.]
 [2. 8. 0.]
 [2. 6. 3.]]
```

至此，我们模型的步骤 3 已经完成，如图 2.13 所示。

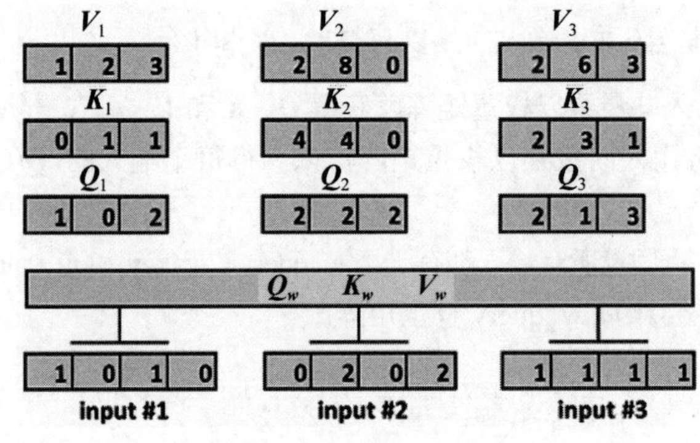

图 2.13　生成 $\boldsymbol{Q}$、$\boldsymbol{K}$ 和 $\boldsymbol{V}$

现在我们已经有了计算注意力分数所需的 $\boldsymbol{Q}$、$\boldsymbol{K}$ 和 $\boldsymbol{V}$ 值，接下来将计算注意力分数。

步骤 4：计算中间注意力分数

本章将按照原始 Transformer 的等式来计算注意力分数：

$$\text{Attention}(\boldsymbol{Q},\boldsymbol{K},\boldsymbol{V})=\text{softmax}\left(\frac{\boldsymbol{Q}\boldsymbol{K}^{\mathrm{T}}}{\sqrt{d_k}}\right)\boldsymbol{V}$$

我们一步一步来，步骤 4 先计算 $\boldsymbol{Q}$ 和 $\boldsymbol{K}$：

$$\left(\frac{QK^{\mathrm{T}}}{\sqrt{d_k}}\right)$$

这里我们将 $\sqrt{d_k}=\sqrt{3}\approx 1.73$ 取整为 1，然后代入等式的 $\boldsymbol{Q}$ 和 $\boldsymbol{K}$ 部分：

```
print("Step 4: Scaled Attention Scores")
k_d=1 #square root of k_d=3 rounded down to 1 for this example
attention_scores = (Q @ K.transpose())/k_d
print(attention_scores)
```

最终得出中间结果：

```
Step 4: Scaled Attention Scores
[[ 2. 4. 4.]
 [ 4. 16. 12.]
 [ 4. 12. 10.]]
```

至此，我们模型的步骤 4 已经完成，如图 2.14 所示。

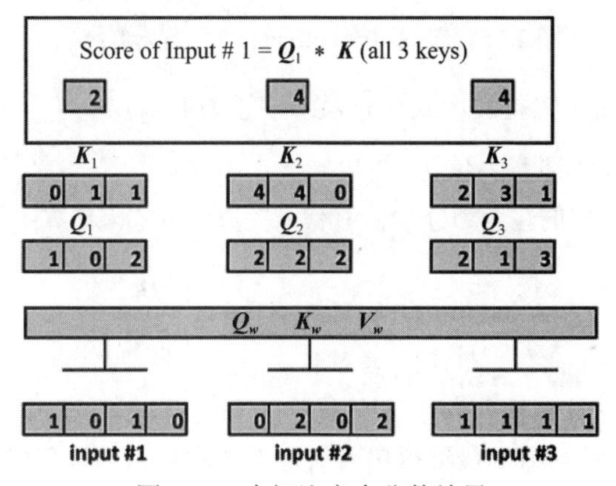

图 2.14 中间注意力分数结果

接下来我们将对这一步得到的中间注意力分数应用 softmax 函数，以得到每个向量缩放后的 softmax 注意力分数。

步骤 5：每个向量的缩放 softmax 注意力分数

现在对每个中间注意力分数应用 softmax 函数：

```
print("Step 5: Scaled softmax attention_scores for each vector")
attention_scores[0]=softmax(attention_scores[0])
attention_scores[1]=softmax(attention_scores[1])
attention_scores[2]=softmax(attention_scores[2])
print(attention_scores[0])
print(attention_scores[1])
print(attention_scores[2])
```

最终我们获得了每个向量的缩放 softmax 注意力分数：

```
Step 5: Scaled softmax attention_scores for each vector
[0.06337894 0.46831053 0.46831053]
[6.03366485e-06 9.82007865e-01 1.79861014e-02]
[2.95387223e-04 8.80536902e-01 1.19167711e-01]
```

至此，我们模型的步骤 5 已经完成，如图 2.15 所示。

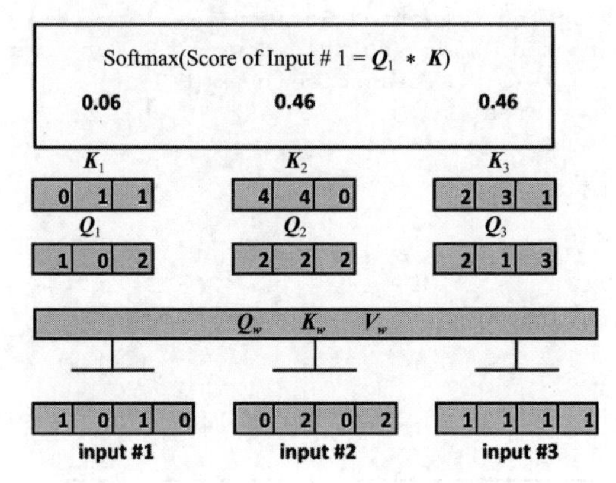

图 2.15　向量缩放 softmax 注意力分数结果

接下来我们将使用完整的等式计算最终注意力值。

步骤 6：计算最终注意力值

现在将前面计算出的注意力分数和 $\boldsymbol{V}$ 代入完整的等式来计算出最终注意力值：

$$\text{Attention}(\boldsymbol{Q},\boldsymbol{K},\boldsymbol{V}) = \text{softmax}\left(\frac{\boldsymbol{Q}\boldsymbol{K}^{\mathrm{T}}}{\sqrt{d_k}}\right)\boldsymbol{V}$$

我们在步骤 6 先计算输入向量 $\boldsymbol{x}_1$ 的最终注意力值，然后在步骤 7 计算其他两个输入向量 $\boldsymbol{x}_2$ 和 $\boldsymbol{x}_3$ 的注意力值，最终得出所有向量的注意力值以形成整个输入矩阵。

为了获得 $\boldsymbol{x}_1$ 的注意力($\boldsymbol{Q}$，$\boldsymbol{K}$，$\boldsymbol{V}$)，将中间注意力分数逐个与三个值向量相乘，以深入了解等式的内部原理：

```
print("Step 6: attention value obtained by score1/k_d * V")
print(V[0])
print(V[1])
print(V[2])
print("Attention 1")
attention1=attention_scores[0].reshape(-1,1)
attention1=attention_scores[0][0]*V[0]
print(attention1)

print("Attention 2")
attention2=attention_scores[0][1]*V[1]
print(attention2)

print("Attention 3")
attention3=attention_scores[0][2]*V[2]
```

```
print(attention3)

Step 6: attention value obtained by score1/k_d * V
[1. 2. 3.]
[2. 8. 0.]
[2. 6. 3.]

Attention 1
[0.06337894 0.12675788 0.19013681]
Attention 2
[0.93662106 3.74648425 0. ]
Attention 3
[0.93662106 2.80986319 1.40493159]
```

至此，我们模型的步骤 6 已经完成，如图 2.16 所示。

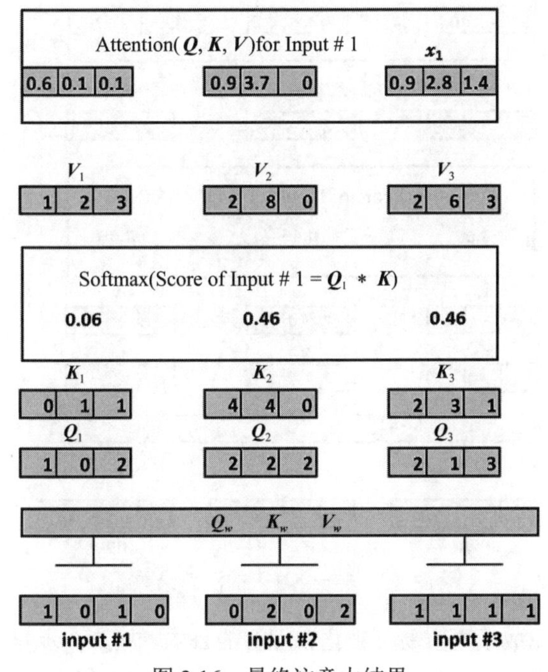

图 2.16　最终注意力结果

接下来将计算其他两个输入向量 x_2 和 x_3 的注意力值，并将所有输入向量的注意力值相加以形成整个输入矩阵。

步骤 7：将所有输入向量的注意力值相加

现在将计算其他两个输入向量 x_2 和 x_3 的注意力值，并将所有输入向量的注意力值相加以形成整个输入矩阵：

```
print("Step 7: summed the results to create the first line of the output
matrix")
attention_input1=attention1+attention2+attention3
```

```
print(attention_input1)
```

输出将是整个输出矩阵，其中第一行为输入 #1：

```
Step 7: summed the results to create the first line of the output matrix
[1.93662106 6.68310531 1.59506841]]
```

第二行为输入#2，以此类推。

最终得出如图 2.17 所示的结果。

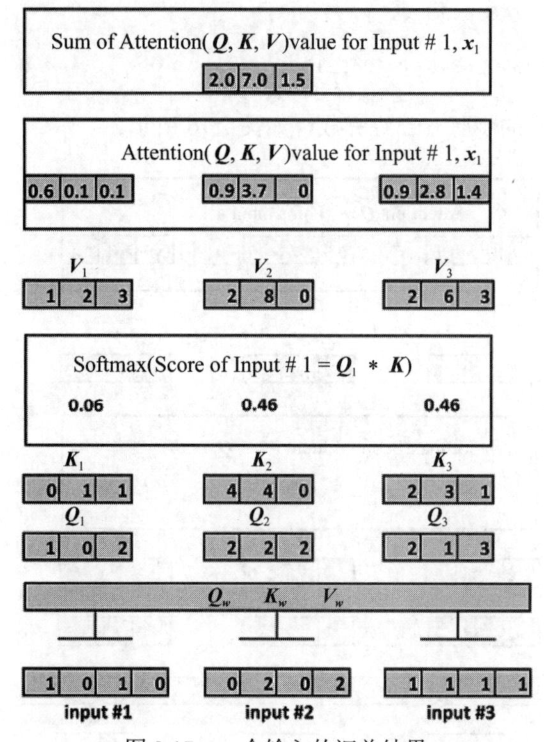

图 2.17 一个输入的汇总结果

现在我们已经完成了更容易可视化和理解的目的，从第 8 步开始，我们将示例扩大到全部维度。如前所述，我们把 d_{model}=512 分成 8 个注意力头，即 d_{model}=64。

步骤 8：在 512 维度重复步骤 1～7

我们把 d_{model}=512 分成 8 个注意力头，即 d_{model}=64，然后重复步骤 1～7：

```
print("Step 8: Step 1 to 7 for inputs 1 to 3")
#We assume we have 3 results with learned weights (they were not trained
in this example)
#We assume we are implementing the original Transformer paper.We will have
3 results of 64 dimensions each
attention_head1=np.random.random((3, 64))
print(attention_head1)
```

以下输出是 z_0 的模拟结果，它表示注意力头 1(d_{model} = 64 维)的 3 个输出向量：

```
Step 8: Step 1 to 7 for inputs 1 to 3
[[0.31982626 0.99175996…(61 squeezed values)…0.16233212]
 [0.99584327 0.55528662…(61 squeezed values)…0.70160307]
 [0.14811583 0.50875291…(61 squeezed values)…0.83141355]]
```

运行笔记本时，结果会有所不同，因为我们使用了随机函数。

现在已经得出一个注意力头值，接下来将计算所有 8 个注意力头。

步骤 9：得出注意力头的输出

可用如下代码计算所有 8 个注意力头：

```
print("Step 9: We assume we have trained the 8 heads of the attention
sublayer")
z0h1=np.random.random((3, 64))
z1h2=np.random.random((3, 64))
z2h3=np.random.random((3, 64))
z3h4=np.random.random((3, 64))
z4h5=np.random.random((3, 64))
z5h6=np.random.random((3, 64))
z6h7=np.random.random((3, 64))
z7h8=np.random.random((3, 64))
print("shape of one head",z0h1.shape,"dimension of 8 heads",64*8)
```

然后展示每个注意力头和 8 个注意力头加起来的形状：

```
Step 9: We assume we have trained the 8 heads of the attention sublayer
shape of one head (3, 64) dimension of 8 heads 512
```

现在构成矩阵 $\boldsymbol{Z}$ 的所有 8 个子矩阵我们都拥有了：

$$\boldsymbol{Z}=\left(\boldsymbol{Z}_0,\boldsymbol{Z}_1,\boldsymbol{Z}_2,\boldsymbol{Z}_3,\boldsymbol{Z}_4,\boldsymbol{Z}_5,\boldsymbol{Z}_6,\boldsymbol{Z}_7\right)$$

接下来将所有注意力头的输出串联在一起，以得出最终输出。

步骤 10：将所有注意力头的输出串联在一起

将按以下等式把所有注意力头的输出串联在一起，以得出最终输出：

$$\text{MultiHead (Output)}=\text{Concat}\left(\boldsymbol{Z}_0,\boldsymbol{Z}_i,\boldsymbol{Z}_2,\boldsymbol{Z}_3,\boldsymbol{Z}_4,\boldsymbol{Z}_5,\boldsymbol{Z}_6,\boldsymbol{Z}_7\right)\boldsymbol{W}^0=\boldsymbol{x},\boldsymbol{d}_{\text{model}}$$

注意，上述等式里面的 $\boldsymbol{W}^0$ 也是经过训练得出的权重矩阵。这里，假设已经训练得出 $\boldsymbol{W}^0$。

然后我们将 $\boldsymbol{Z}_0$ 到 $\boldsymbol{Z}_7$ 串联在一起：

```
print("Step 10: Concantenation of heads 1 to 8 to obtain the original
8x64=512 ouput dimension of the model")
output_attention=np.hstack((z0h1,z1h2,z2h3,z3h4,z4h5,z5h6,z6h7,z7h8))
print(output_attention)
```

最终得出 $\boldsymbol{Z}$：

```
Step 10: Concatenation of heads 1 to 8 to obtain the original 8x64=512
output dimension of the model
[[0.65218495 0.11961095 0.9555153 ... 0.48399266 0.80186221 0.16486792]
 [0.95510952 0.29918492 0.7010377 ... 0.20682832 0.4123836 0.90879359]
 [0.20211378 0.86541746 0.01557758 ... 0.69449636 0.02458972 0.889699 ]]
```

图 2.18 是 $\boldsymbol{Z}$ 的可视化结果。

Z_0	Z_1	Z_2	Z_3	Z_4	Z_5	Z_6	Z_7

图 2.18 多头注意力层的输出

整个串联原理示意图如图 2.19 所示。

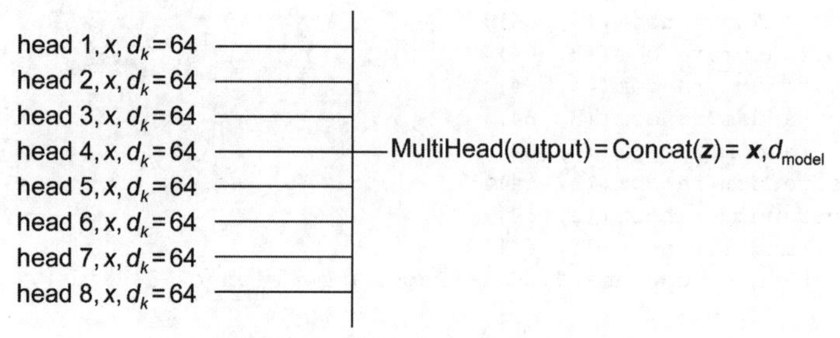

图 2.19 8 个注意力头的串联原理示意图

接下来将对注意力子层进行层后规范化。

层后规范化

我们将按照图 2.20 对每个注意力子层进行层后规范化(Post-layer normalization)。

如图所示，层后规范化由两部分组成：相加函数和层规范化函数。相加函数是一个残差连接。残余连接的目的是确保关键信息不会丢失(避免梯度消失或爆炸)。层后规范化可描述成以下等式：

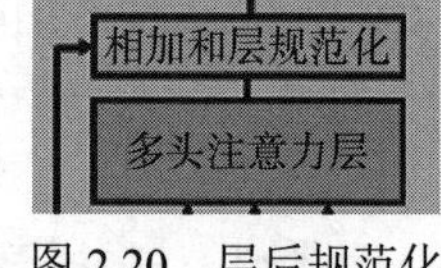

图 2.20 层后规范化

$$\text{LayerNormalization}\ (x + \text{Sublayer}(x))$$

Sublayer(x)表示子层本身。x 表示输入步骤中可用的信息。

其中将 x 与 Sublayer(x)相加得到向量 $\boldsymbol{v}$，并将 $\boldsymbol{v}$ 做为层规范化函数的输入。在 Transformer 中，每个输入和输出的维度 d_{model} 被规范化为 512。无论是输入还是输出，都会经过维度为 512 的线性变换，这样可使整个模型的处理过程保持一致。

层规范化方法有很多种，且适合每个模型的方法都不一样。这里只介绍其中一个版本：

$$\text{LayerNormalization}(\boldsymbol{v}) = \gamma \frac{\boldsymbol{v} - \boldsymbol{\mu}}{\boldsymbol{\sigma}} + \boldsymbol{\beta}$$

等式中的变量如下：

- $\boldsymbol{\mu}$ 为维度为 d 的 $\boldsymbol{v}$ 的均值，计算公式为：

$$\boldsymbol{\mu} = \frac{1}{d}\sum_{d}^{k=1}\boldsymbol{v}_k$$

- $\boldsymbol{\sigma}$ 为维度为 d 的 $\boldsymbol{v}$ 的标准差，计算公式为：

$$\boldsymbol{\sigma}^2 = \frac{1}{d}\sum_{d}^{k=1}(\boldsymbol{v}_{k-\mu})$$

- γ 为缩放参数。
- $\boldsymbol{\beta}$ 是偏置向量。

这个版本的 LayerNormalization($\boldsymbol{v}$)展示了许多层后规范化方法的基本思想。然后下一个子层将对这个层后规范化的输出进行处理。在原始 Transformer 模型，下一个子层是一个前馈神经网络。

子层 2：前馈神经网络子层

如前所述，前馈神经网络(FFN)的输入是相加和层规范化的输出，维度为 d_{model}=512。

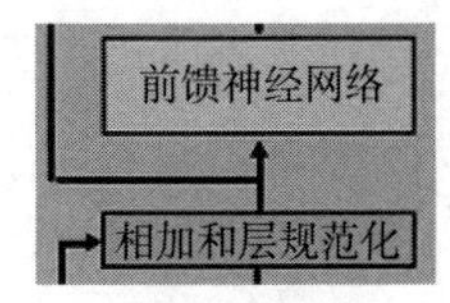

图 2.21　前馈神经网络子层

FFN 子层可以描述如下：

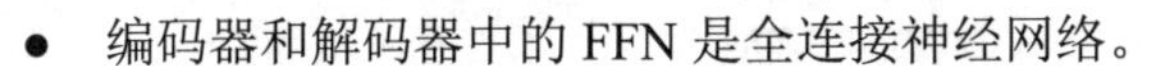

- 编码器和解码器中的 FFN 是全连接神经网络。
- FFN 是逐位置处理的，每个位置的数据都单独进行相同的处理。
- FFN 包含两个隐藏层，并应用 ReLU 激活函数。
- FFN 的输入和输出维度都为 d_{model}=512，但内部隐藏层的维度更大，为 d_{ff}=2048。
- 可将 FFN 视为使用大小为 1 的卷积核进行两次卷积操作。

综上所述，可得出以下等式：

$$\text{FFN}(x) = \max\left(0, xW_1 + b_1\right)W_2 + b_2$$

FFN 的输出会再进行层后规范化(上一节已讲述)。然后，输出将被发送到编码器堆叠的下一层和解码器堆叠的多头注意力层中。接下来将介绍解码器堆叠。

2.1.2　解码器堆叠

Transformer 模型的解码器部分与编码器部分一样，都使用相同的层堆叠而成。解码器堆叠的每一层都具有如图 2.22 所示的结构。

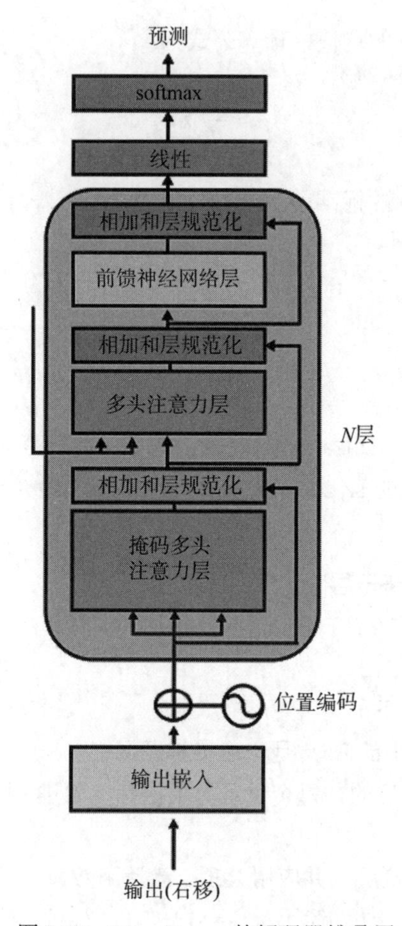

图 2.22 Transformer 的解码器堆叠层

解码器堆叠与 Transformer 模型编码器堆叠一样，都有 N=6 层。每层包含三个子层：掩码多头注意力层、多头注意力层和全连接前馈神经网络层。

这里最重要的是掩码多头注意力层。在这个子层中，给定位置后续的单词都会被掩码，这样 Transformer 就不会看到序列的后续部分，只能基于前面部分进行推理。也可以这么说，在该模型中，它无法看到未来的序列部分。

与编码器堆叠一样，这三个子层也有一个残差连接 Sublayer(x)：

$$\text{LayerNormalization}\ (x + \text{Sublayer}(x))$$

与编码器堆叠一样，解码器堆叠的每个子层的输出都有一个恒定的维度 d_{model}。

至此，我们可以看到，Transformer 的设计者努力将编码器和解码器堆叠设计成对称的。

解码器每个子层的结构和功能类似于编码器。因此在本节中，我们将只关注解码器和编码器之间的区别。如果你需要了解相同部分，可以参考 2.1.1 节的相关内容。

输出嵌入和位置编码

解码器子层的结构与编码器子层基本相同。输出嵌入层和位置编码函数与编码器堆叠相同。

Vaswani et al. 2017 论文提到，Transformer 起源于机器翻译。以英语翻译为法语为例，则输出为一个法语句子：

```
Output=Le chat noir était assis sur le canapé et le chien marron dormait
sur le tapis
```

输入则为英文原文：

```
Input=The black cat sat on the couch and the brown dog slept on the rug.
```

其中输出单词会经过词嵌入层和位置编码函数，就像编码器堆叠第一层那样。

接下来我们看一下解码器堆叠中多头注意力层的具体特性。

注意力层

Transformer 是一个自回归模型。它使用前面的输出序列作为附加输入。解码器的多头注意力层使用与编码器相同的过程。但是因为掩码了后续部分，掩码多头注意力子层 1 仅能将注意力应用于当前位置之前的位置(包括当前位置)。后续部分的单词对 Transformer 是不可见的，从而迫使它学习如何预测。

与编码器类似，在掩码多头注意力子层 1 之后，会进行层后规范化处理。

同样，多头注意力子层 2 也只关注当前位置之前的位置，以避免看到它必须预测的序列。

通过在点积注意力操作期间考虑编码器($\boldsymbol{K}$, $\boldsymbol{V}$)，多头注意力子层 2 从编码器中获取信息。通过在点积注意力操作期间考虑子层 1($\boldsymbol{Q}$)，该子层还从掩码多头注意力子层 1 获取信息。因此，解码器使用了编码器的训练信息。可将解码器的多头自注意力子层的输入定义为：

$$\text{Input\_Attention} = (\text{Output\_decoder\_sub\_layer} - 1(\boldsymbol{Q}), \text{Output\_encoder\_layer}(\boldsymbol{K}, \boldsymbol{V}))$$

与编码器类似，在掩码多头注意力子层 1 之后，会进行层后规范化处理。

然后我们将进入 FFN 子层、后规范化层和线性层。

FFN 子层、后规范化层和线性层

解码器堆叠的 FFN 子层、后规范化层和线性层与编码器堆叠具有同样的结构和功能。

Transformer 每次只生成一个元素的输出序列：

$$\text{Output sequence} = \left(y_1, y_2, \ldots y_n\right)$$

线性层使用一个线性函数生成一个输出序列，该函数根据模型而异，但不会偏离

以下的标准方法：

$$y = w * x + b$$

w 和 b 都是可学习的参数。

因此，线性层将生成序列的下一个可能元素，然后 softmax 函数将其转换为一个概率元素。

最后，与编码器堆叠一样，解码器层将从第 l 层转到第 l+1 层，一直到 N=6 层 Transformer 堆叠的顶层。

接下来我们讲述一下原始 Transformer 是如何训练的，以及所获得的性能。

2.2 训练和性能

原始 Transformer 是在一个 450 万个句子对的英语-德语数据集和一个 3600 万个句子对的英语-法语数据集上训练的。

这些数据集来自 Workshops on Machine Translation(WMT)，如果你想了解 WMT 数据集，可通过以下链接访问：http://www.statmt.org/wmt14/。

原始 Transformer 基础版本需要在具备 8 块 NVIDIA P100 GPU 的机器上进行 100 000 步的训练，长达 12 小时。而大型版本则需要进行 300 000 步的训练，长达 3.5 天。

原始 Transformer 模型在 WMT 英法翻译数据集上取得了 BLEU 分数为 41.8 的优异结果。BLEU 是双语评估替补(Bilingual Evaluation Understudy)的简写，是一种评估机器翻译结果质量的算法。

Google Research 和 Google Brain 团队应用了优化策略来提高 Transformer 的性能。例如，使用了 Adam 优化器，学习率首先通过线性率进行预热，并在之后逐渐降低。

还应用了不同类型的正则化技术，如残差 dropout 和其他 dropout，用于嵌入的求和。此外，Transformer 还应用了标注平滑化，避免过拟合和过度自信的独热输出。它还引入了不那么准确的评估，以迫使模型进行更多、更好的训练。

还有好几种 Transformer 模型的变体和用法，我们将在后续章节中介绍它们。

最后，在结束本章之前，让我们感受一下 Hugging Face 等即用型 Transformer 模型的简洁性。

2.3 Hugging Face 的 Transformer 模型

本章前面的所有内容都可以浓缩成一个即用型 Transformer 模型。

通过 Hugging Face，只需要三行代码即可实现机器翻译！

使用 Google Colab 打开 Multi_Head_Attention_Sub_Layer.ipynb。将 notebook 保存

到 Google Drive 中(这步需要你先拥有 Gmail 账号)。然后转到最后两个单元格。

我们首先要安装 Hugging Face transformers 库：

```
!pip -q install transformers
```

第一行代码用于导入包含多种 Transformer 用法的 Hugging Face pipeline：

```
#@title Retrieve pipeline of modules and choose English to French
translation
from transformers import pipeline
```

第二行代码生成用于将英语翻译成法语的 Hugging Face pipeline 实例。第三行代码将英文句子输入 translator 实例：

```
translator = pipeline("translation_en_to_fr")
#One line of code!
print(translator("It is easy to translate languages with transformers",
max_length=40))
```

瞧！只需要三行代码，我们就能得到机器翻译结果：

```
[{'translation_text': 'Il est facile de traduire des langues à l'aide de
transformateurs.'}]
```

至此,我们看到了使用 Hugging Face 即用型模型可以十分简单地使用 Transformer 架构。

2.4　本章小结

本章首先研究了 Transformer 架构可以揭示的惊人的长距离依赖性。Transformer 可以前所未有的方式将书面和口头序列转化为有意义的表示形式，这在自然语言理解(NLU)的历史上是空前的。

Transformer 在两个维度(转换的扩展性和实现的简单性)将 AI 推进到前所未有的水平。

我们还介绍了一种大胆的方法，即从转换问题和序列建模中删除 RNN、LSTM 来构建 Transformer 架构。编码器和解码器对维度的标准化以及对称设计使得可以无缝地将一个子层衔接到另一个子层。

我们看到，除了移除循环网络之外，Transformer 还引入了并行化，以减少了训练时间。我们还介绍了其他创新，如位置编码和掩码多头注意力。

原始 Transformer 灵活的架构为其他许多创新变体提供了基础，为更强大的转换问题和语言建模开辟了道路。

在接下来的章节中，我们将讲述原始模型的更多变体，同时将更深入地介绍

Transformer 架构的一些方面。

Transformer 的出现标志着新一代即用型 AI 模型的开始。例如，通过 Hugging Face 和 Google Brain，只需要几行代码即可实现 AI 用例。

下一章中我们将介绍原始 Transformer 模型中一种强大的变体——BERT。

2.5 练习题

1. NLP 转导可以对文本表示进行编码和解码。(对|错)
2. 自然语言理解(NLU)是自然语言处理(NLP)的一个子集。(对|错)
3. 语言建模算法根据输入序列生成可能的单词序列。(对|错)
4. Transformer 是带有 CNN 层的定制 LSTM。(对|错)
5. Transformer 不包含 LSTM 或 CNN 层。(对|错)
6. 注意力机制检查序列中的所有词元，而不仅是最后一个词元。(对|错)
7. Transformer 使用位置向量，而不是位置编码。(对|错)
8. Transformer 包含一个前馈神经网络。(对|错)
9. Transformer 解码器的掩码多头注意力组件能够防止算法解析当前序列的后续部分。(对|错)
10. Transformer 可以比 LSTM 更好地分析长距离依赖性。(对|错)

第 3 章 微调BERT模型

第 2 章介绍了原始 Transformer 架构的构建模块。可以将原始 Transformer 想象成用乐高积木搭建的模型。构建集包含编码器、解码器、嵌入层、位置编码方法、多头注意力层、掩码多头注意力层、层后规范化、前馈子层和线性输出层等积木。

这些积木有各种尺寸和形式。可以使用相同的积木搭建出不同结构的模型！一些结构只需要一些积木。有些结构需要额外添加更多积木(组件)。

BERT 在 Transformer 构建套件中添加了一个新组件：双向多头注意力子层。当我们人类在理解一个句子时遇到问题时，我们不只是看过去的单词。BERT 和我们一样，同时会查看同一句子中的所有单词。

本章将首先介绍来自 Transformer 双向编码器表示(Bidirectional Encoder Representations from Transformers，简称 BERT)的架构。BERT 的方式比较新颖，它只使用了 Transformer 编码器部分，而没有使用解码器部分。

然后，我们将微调一个预训练 BERT 模型。将使用 Hugging Face 的预训练模型，然后在 NLP 任务上进行微调。

本章涵盖以下主题：

- BERT 简介
- BERT 的架构
- BERT 两步框架简介
- 准备预训练环境
- 定义预训练编码器层
- 定义微调
- 下游多任务处理
- 构建一个微调 BERT 模型
- 加载可接受性判断数据集
- 防止模型对填充词元进行注意力计算
- BERT 模型配置
- 度量微调模型的性能

我们首先讲述一下 BERT 的架构。

3.1 BERT 的架构

BERT 将双向注意力机制引入 Transformer 模型中。引入双向注意力机制需要对原始 Transformer 模型进行许多改变。

本节将不重复讲述第 2 章讲过的内容。如果你感兴趣，可以随时查阅第 2 章。本节将重点介绍 BERT 模型对原始 Transformer 模型所做的改变。

我们将围绕 BERT: Pre-training of Deep Bidirectional Transformers for Language Understanding 这篇论文进行讲述。本章将首先讲述编码器堆叠，然后准备预训练输入环境，最后将描述 BERT 的两步框架：预训练和微调。

我们先讲述编码器堆叠。

编码器堆叠

BERT沿用原始Transformer模型的第一块积木是编码器层。如第 2 章所述，编码器层如图 3.1 所示。

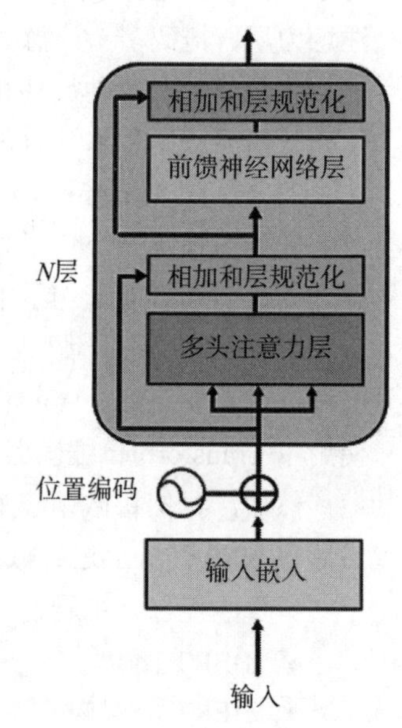

图 3.1 编码器层

BERT 模型没有使用解码器层。BERT 模型具有编码器堆叠，但没有解码器堆叠。掩码词元(隐藏要预测的词元)部分位于编码器的注意力层中，稍后将详细讲述。

原始 Transformer 的堆叠共有 N=6 层。原始 Transformer 的尺寸数为 $d_{\text{model}} = 512$。原始 Transformer 的注意力头数量为 A=8。原始 Transformer 注意力头的维度为：

$$d_k = \frac{d_{\text{model}}}{A} = \frac{512}{8} = 64$$

BERT 编码器层比原始 Transformer 模型大。

BERT 模型有两个版本，Base 和 Large，其中：

- $\text{BERT}_{\text{BASE}}$ 的堆叠包含 N=12 个编码器层。$d_{\text{model}} = 768$，也可以像 BERT 论文一样描述为 H=768。多头注意力子层包含 A=12 个头。每个注意力头 Z_A 的尺寸与原始 Transformer 模型相同，都为 64：

$$d_k = \frac{d_{\text{model}}}{A} = \frac{768}{12} = 64$$

- 然后将这 12 个多注意力头的输出串联在一起：

$$\text{output\_multi-head\_attention} = \{z_0, z_1, z_2, \ldots, z_{11}\}$$

- $\text{BERT}_{\text{LARGE}}$ 的堆叠包含 N= 24 个编码器层。$d_{\text{model}} = 1024$。多头注意力子层包

含 A=16 个头。每个注意力头 Z_A 的尺寸与原始 Transformer 模型相同，都为 64：

$$d_k = \frac{d_{\text{model}}}{A} = \frac{1024}{16} = 64$$

- 然后将这 16 个多注意力头的输出串联在一起：

$$\text{output\_multi-head\_attention} = \{z_0, z_1, z_2, \ldots, z_{15}\}$$

原始 Transformer、$\text{BERT}_{\text{BASE}}$、$\text{BERT}_{\text{LARGE}}$ 模型等可以总结成图 3.2。

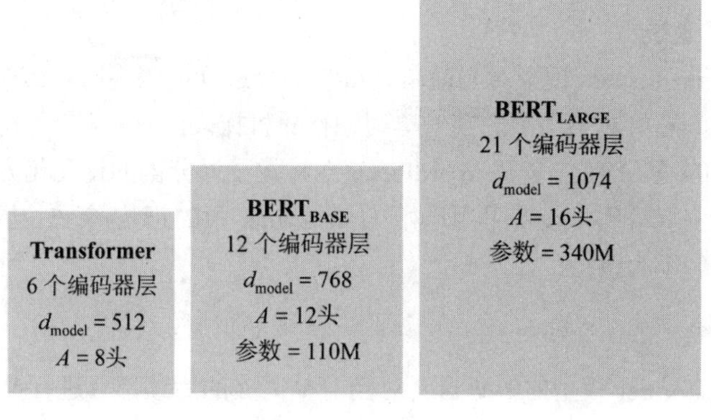

图 3.2　Transformer 模型

BERT 模型不仅包含以上两个版本，它有很多变体。

尺寸和维度在 BERT 预训练中起着至关重要的作用。BERT 模型就像人类。BERT 模型通过更多的记忆(维度)和更多的知识(数据)来生成更好的结果。尺寸和维度越大，预训练大型 Transformer 模型就越能更好地处理下游 NLP 任务。

现在我们转到第一个子层，讲述 BERT 模型中的输入嵌入和位置编码部分。

准备预训练环境

BERT 模型没有解码器层堆叠。因此没有掩码多头注意力子层。BERT 设计者认为，对序列后续部分进行掩码会阻碍注意力过程。

掩码多头注意力层会对当前位置之后的所有词元进行掩码。以下面的句子为例：

```
The cat sat on it because it was a nice rug.
```

假设当前位置为单词 it，那么编码器的输入则为：

```
The cat sat on it<masked sequence>
```

这种方法的目的是防止模型看到它应该预测的输出。

但是这种方法有个缺点，模型无法学习到很多东西。例如要想知道 it 指的是什么，我们需要看完整个句子才能看到 rug 这个词，才能弄清楚 it 指的是 rug。

于是 BERT 的作者在想：为什么不换一种方法进行预测？

BERT 的作者提出了双向注意力，即一个注意力头从左到右，另一个注意力头从右到左注意所有单词。这样就可以解决掩码多头注意力层的缺点了。

BERT 模型通过两项任务进行训练。第一个是掩码语言建模(Masked Language Modeling，MLM)。第二个是下一句预测(Next Sentence Prediction，NSP)。

我们先从掩码语言建模开始。

掩码语言建模

与原始 Transformer 模型对当前单词后续部分进行掩码不同，BERT 改为对句子进行双向分析，随机对句子中的某一单词进行随机掩码。

值得注意的是，BERT 使用 WordPiece(一种按子词分割的词元化方法)。BERT 通过学习来得到位置编码，没有采用原始 Transformer 中的正弦-余弦位置编码方法。

以下面的句子为例：

```
The cat sat on it because it was a nice rug.
```

原始 Transformer 模型的解码器会对当前单词 it 的后续部分进行掩码：

```
The cat sat on it <masked sequence>.
```

而 BERT 编码器则是随机掩码一个词元进行预测：

```
The cat sat on it [MASK] it was a nice rug.
```

这样多注意力子层就可以看到整个序列，运行自注意力过程，然后预测被掩码的词元。

为了让模型训练更长时间以产生更好的结果，BERT 采用多种方法对词元进行掩码，其中包括以下三种方式。

- 在 10%的数据集中，为让模型面临一些意外情况，会以意想不到的方式选择不对一个词元进行掩码。通常情况下，BERT 输入文本序列中的每个词元都会被掩码，即用特殊的[MASK]词元替换。但这种情况下，作者采取了一种策略，即在某些样本中故意选择不掩码任何词元，从而引入一些随机性和变化性。这样的处理方式有助于提高模型的稳健性和泛化能力，使其在真实场景中表现更好。具体例子体现为：

  ```
  The cat sat on it [because] it was a nice rug.
  ```

- 在 10%的数据集中，为让模型面临一些意外情况，会以意想不到的方式选择将一个词元替换为随机词元。通常情况下，BERT 中输入文本序列中的每个词元都是原始文本中的真实词汇或子词。然而，这种情况下，作者故意采取了一种策略，即在某些样本中将其中一个词元替换为随机的虚构词元，而非保留真实的词汇或子词。这样的处理方式可引入一些噪声和变化，促使模型在处理未知或异常情况时更加稳健。具体例子体现为：

```
The cat sat on it [often] it was a nice rug
```

- 在 80%的数据集中，随机对一个词元进行掩码。具体例子体现为：

```
The cat sat on it [MASK] it was a nice rug.
```

这种大胆方法避免了过拟合，并迫使模型更高效地训练。

训练 BERT 方法还有下一句预测。

下一句预测

训练 BERT 的第二种方法是**下一句预测(NSP)**。**NSP** 是指输入将包含两个句子。在 50%的情况下，第二个句子是文档的实际第二个句子。在另外 50%的情况下，第二个句子是随机选择的，与第一个句子没有关系。

在这种方法中，会添加了两个新词元：

- [CLS]词元。[CLS]是一个二分类词元，用于添加到第一个句子的开头，用于预测第二个句子是否跟随第一个句子。正样本通常是从数据集中取出的连续句子对。负样本是使用来自不同文档的句子创建的。
- [SEP]词元。[SEP]是一个分隔符词元，用于添加到每个句子的结尾。

例如，我们从书中取出一对连续句子：

```
The cat slept on the rug. It likes sleeping all day.
```

这两个句子将添加以上两个词元，变成：

```
[CLS] the cat slept on the rug [SEP] it likes sleep ##ing all day[SEP]
```

然后需要把位置编码信息添加进来。

图 3.3 展示了整个嵌入过程的结果。

输入嵌入是通过对词元嵌入、句段(句子、短语、单词)嵌入和位置编码嵌入求和获得的。

整个过程可以总结如下：

- 使用 WordPiece 对句子进行词元化。
- 使用[MASK]词元随机替换句子中的单词。
- 在序列的开头插入[CLS]分类词元，以用于分类目的。
- 在序列的两个句子结尾插入[SEP]词元。

- 句子嵌入是在词嵌入的基础上添加的，因此句子 A 和句子 B 具有不同的句子嵌入值。
- 位置编码采用了可学习方法。BERT 没有采用原始 Transformer 中的正弦-余弦位置编码方法。

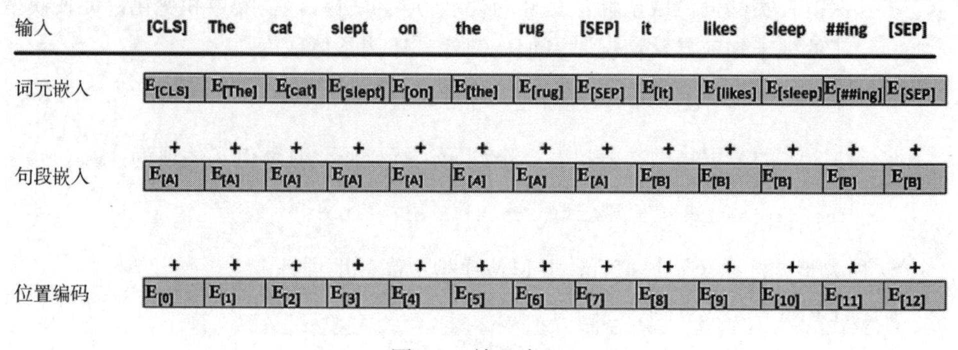

图 3.3 输入嵌入

还有一些关键特性：

- BERT 在其多头注意力子层中使用双向注意力，从而开启了学习和理解词元之间关系的广阔空间。
- BERT 引入了无监督嵌入，对未标注文本进行预训练。无监督迫使模型在多头注意力学习过程中更努力地思考。从而令 BERT 学习语言的构建方式，并将这种知识应用于下游任务，而不需要每次都进行预训练。
- BERT 还使用了监督学习。

接下来我们看看是如何预训练和微调 BERT 模型的。

预训练和微调 BERT 模型

BERT 框架有两步。第一步是预训练，第二步是微调，如图 3.4 所示。

训练一个 Transformer 模型可能需要数小时甚至数天。设计架构和参数以及选择合适的数据集来训练一个 Transformer 模型需要相当长的时间。

预训练是 BERT 框架的第一步，可以分为以下两个子步骤。

- 定义模型的架构：层数、头数、尺寸和模型的其他构建块
- 使用 MLM 和 NSP 任务训练模型

BERT 框架的第二步是微调，也可以分为两个子步骤。

- 使用预训练 BERT 模型的训练参数初始化用于下游任务的模型。
- 针对下游任务微调参数，BERT 论文里面的下游任务包括识别文本蕴涵(Recognizing Textual Entailment，RTE)、问答(SQuAD v1.1、SQuAD v2.0)和对抗生成情境(Situations With Adversarial Generations，SWAG)。

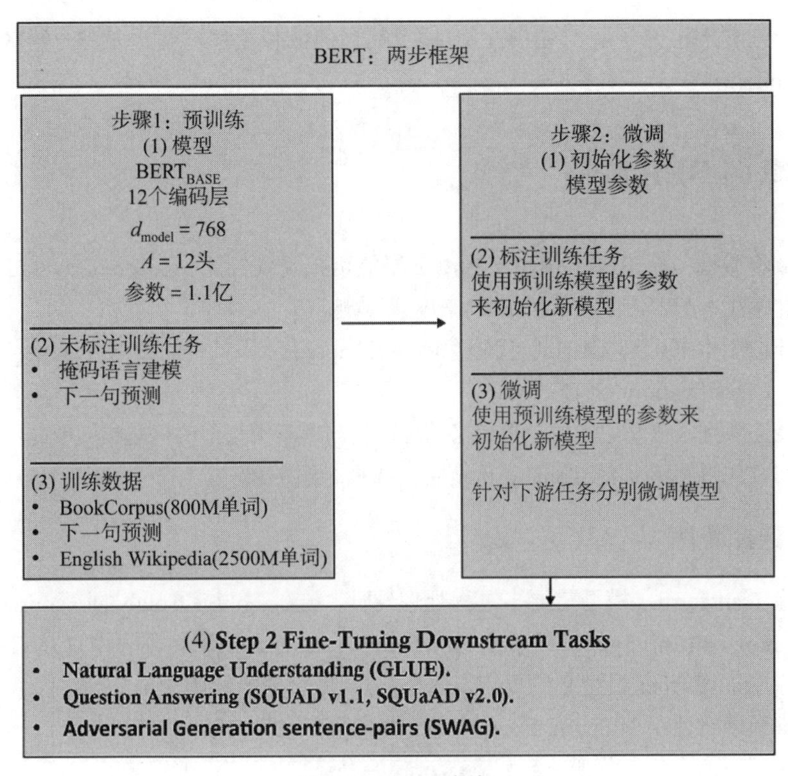

图 3.4　BERT 框架

本节介绍了微调 BERT 模型所需的信息。在接下来的章节中，我们将更深入地讲述本节中提出的主题：

- 第 4 章将通过 15 个步骤从头开始预训练一个类似 BERT 的模型。我们甚至会编译数据，训练一个词元分析器，然后训练模型。该章首先介绍 BERT 的特定构建块，然后对现有模型进行微调。
- 第 5 章将介绍许多下游任务，探索 GLUE、SQuAD v1.1、SquAD、SWAG 和其他几个 NLP 评估数据集。将运行几个下游 Transformer 模型来说明关键任务。该章的目标是微调下游模型。
- 第 7 章将介绍 OpenAI GPT-2 和 GPT-3 Transformer 的架构和使用。$\text{BERT}_{\text{BASE}}$ 被认为接近 OpenAI GPT，以表明它产生了更好的性能。然而，OpenAI Transformer 模型也在不断发展！我们将看到它们如何达到超人类 NLP 水平。

本章将要构建的 BERT 模型将在**语言可接受性语料库**(The Corpus of Linguistic Acceptability，CoLA)上进行训练。下游任务取自这篇论文：Neural Network Acceptability Judgments；论文的作者是 Alex Warstadt、Amanpreet Singh 和 Samuel R. Bowman。

我们将微调一个 BERT 模型，该模型将确定句子的语法可接受性。经过微调的模型将获得一定程度的语言能力。

至此，我们已经了解了 BERT 架构及其预训练和微调框架。现在开始微调一个 BERT model。

3.2 微调 BERT

本节将微调一个 BERT 模型来预测下游的可接受性判断(Acceptability Judgments)任务，并使用马修斯相关系数(MCC)来度量预测。

打开位于本书配套 GitHub 代码存储库 Chapter03 目录中的 BERT_Fine_Tuning_Sentence_Classification_GPU.ipynb。

你会注意到，该笔记本每个单元格的标题也与本章中每节的标题相同或非常接近。

我们首先讲述为训练 Transformer 模型选择合适的硬件。

3.2.1 选择硬件

训练 Transformer 模型需要多进程处理硬件。转到 Google Colab 的 Runtime 菜单，选择 **Change runtime type**，然后在 **Hardware Accelerator** 下拉列表中选择 **GPU**。

训练 Transformer 模型必须要用 GPU。详细信息请参阅附录 B。

本章程序将使用 Hugging Face 相关模块，接下来先安装这些模块。

3.2.2 安装使用 BERT 模型必需的 Hugging Face PyTorch 接口

Hugging Face 提供了一个漂亮的 BERT 模型。Hugging Face 开发了一个名为 PreTrainedModel 的基类。通过此类，我们可从预训练模型中加载模型。

Hugging Face 对 TensorFlow 和 PyTorch 都提供了相关模块。我建议程序员对这两种环境都要了解。优秀的 AI 研究团队会使用其中的一个或两个环境。

接下来我们将安装本章所需的 Hugging Face 相关模块，如下所示：

```
#@title Installing the Hugging Face PyTorch Interface for Bert
!pip install -q transformers
```

如果已安装相关模块，以上代码将展示已安装消息，否则将安装相关模块。

接下来将导入程序所需的其他模块。

3.2.3 导入模块

先导入所需的预训练相关模块，包括用于词元化的 BertTokenizer、用于配置 BERT 模型的 BertConfig，还有 Adam 优化器(AdamW)，以及序列分类模块(BertFo-SequenceClassification)：

```
#@title Importing the modules
import torch
```

```
import torch.nn as nn
from torch.utils.data import TensorDataset, DataLoader, RandomSampler,
SequentialSampler
from sklearn.model_selection import train_test_split
from transformers import BertTokenizer, BertConfig
from transformers import AdamW, BertForSequenceClassification, get_linear_
schedule_with_warmup
```

然后导入一个很不错的进度条模块 tqdm:

```
from tqdm import tqdm, trange
```

最后导入常用的标准 Python 模块:

```
import pandas as pd
import io
import numpy as np
import matplotlib.pyplot as plt
```

如果一切顺利，将不会展示任何消息，因为 Google Colab 已在我们使用的 VM 上预装了这些模块。

3.2.4 指定 Torch 使用 CUDA

接下来将指定 Torch 使用 CUDA，以使用 NVIDIA 卡的并行计算能力:

```
#@title Harware verification and device attribution
device = torch.device("cuda" if torch.cuda.is_available() else "cpu")
!nvidia-smi
```

输出可能因 Google Colab 配置而异。更多信息请参阅附录 B。

接下来将加载数据集。

3.2.5 加载数据集

现在将根据 Warstadt et al. 2018 论文加载 CoLA。

GLUE(通用语言理解评估)将语言可接受性视为 NLP 的首要任务。第 5 章将介绍 Transformer 必须执行的关键任务，以证明其有效性。

我们将通过笔记本中的以下单元格来自动下载必需的文件:

```
import os
!curl -L https://raw.githubusercontent.com/Denis2054/Transformers-for-
NLP-2nd-Edition/master/Chapter03/in_domain_train.tsv --output "in_domain_
train.tsv"

!curl -L https://raw.githubusercontent.com/Denis2054/Transformers-for-
NLP-2nd-Edition/master/Chapter03/out_of_domain_dev.tsv --output "out_of_
domain_dev.tsv"
```

执行完毕后，你应该在文件管理器中看到它们，如图 3.5 所示。

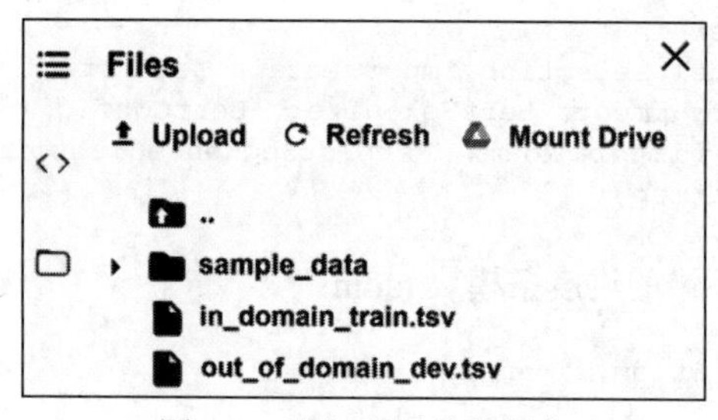

图 3.5　我们要用的数据集

然后加载数据集：

```
#@title Loading the Dataset
#source of dataset : https://nyu-mll.github.io/CoLA/
df = pd.read_csv("in_domain_train.tsv", delimiter='\t', header=None,
names=['sentence_source', 'label', 'label_notes', 'sentence'])
df.shape
```

输出将展示我们导入的数据集的形状：

```
(8551, 4)
```

然后将随机抽样 10 个样本，以可视化序列，并确定可接受性判断任务是否有意义：

```
df.sample(10)
```

	sentence_source	Label	label_notes	sentence
1742	r-67	1	NaN	they said that tom would n't pay up , but pay…
937	bc01	1	NaN	although he likes cabbage too , fred likes egg…
5655	c_13	1	NaN	wendy 's mother country is iceland .
500	bc01	0	*	john is wanted to win .
4596	ks08	1	NaN	i did n't find any bugs in my bed .
7412	sks13	1	NaN	the girl he met at the departmental party will...
8456	ad03	0	*	peter is the old pigs .
744	bc01	0	*	frank promised the men all to leave .
5420	b_73	0	*	i 've seen as much of a coward as frank .
5749	c_13	1	NaN	we drove all the way to buenos aires .

输出将随机展示标注数据集中的 10 行，因为是随机抽样，所以每次运行的结果可能有所不同。

可以看到数据集中的数据包含了以下四列(即.tsv 文件中四个用制表符分隔的列)。

- 第 1 列：句子来源(用编号表示)
- 第 2 列：标注(0 = 不可接受，1 = 可接受)
- 第 3 列：作者的标注
- 第 4 列：要分类的句子

可在文件管理器中打开.tsv 文件以浏览数据集中的样本。接下来我们将处理BERT模型的数据。

3.2.6 创建句子、标注列表以及添加[CLS]和[SEP]词元

程序现在将按照前面“准备预训练环境”一节所述来创建句子：

```
#@ Creating sentence, label lists and adding Bert tokens
sentences = df.sentence.values
# Adding CLS and SEP tokens at the beginning and end of each sentence for
BERT
sentences = ["[CLS] " + sentence + " [SEP]" for sentence in sentences]
labels = df.label.values
```

现在我们已经添加了[CLS]和[SEP]词元。

接下来将激活词元分析器(tokenizer)。

3.2.7 激活 BERT 词元分析器

本节将初始化一个预训练 BERT 词元分析器。与从头开始训练一个词元分析器相比，这节省很多时间。

我们选择了一个不区分大小写的词元分析器，激活它，并展示对第一个句子词元化之后的结果：

```
#@title Activating the BERT Tokenizer
tokenizer = BertTokenizer.from_pretrained('bert-base-uncased', do_lower_
case=True)
tokenized_texts = [tokenizer.tokenize(sent) for sent in sentences]
print ("Tokenize the first sentence:")
print (tokenized_texts[0])
```

可以看到，输出包含了[CLS]分类词元和[SEP]序列分割词元：

```
Tokenize the first sentence:
['[CLS]', 'our', 'friends', 'wo', 'n', "'", 't', 'buy', 'this',
'analysis', ',', 'let', 'alone', 'the', 'next', 'one', 'we', 'propose',
'.', '[SEP]']
```

接下来将处理数据。

3.2.8 处理数据

对 BERT 模型进行微调之前，我们需要将数据集中的句子进行填充，补齐到统一的长度。考虑到数据集中的句子都很短，将这个统一最大长度设置为 128：

```
#@title Processing the data
# Set the maximum sequence length. The longest sequence in our training
set is 47, but we'll leave room on the end anyway.
# In the original paper, the authors used a length of 512.
MAX_LEN = 128
# Use the BERT tokenizer to convert the tokens to their index numbers in
the BERT vocabulary
input_ids = [tokenizer.convert_tokens_to_ids(x) for x in tokenized_texts]
# Pad our input tokens
input_ids = pad_sequences(input_ids, maxlen=MAX_LEN, dtype="long",
truncating="post", padding="post")
```

现在已经处理完数据，接下来将防止模型对填充词元进行注意力计算。

3.2.9 防止模型对填充词元进行注意力计算

我们在前面的步骤中对序列进行了填充补齐。但是我们希望防止模型对这些填充的词元进行注意力计算！

首先创建一个空的 attention_masks 列表，用于存储每个序列的注意力掩码。然后，对于输入序列(input_ids)中的每个序列(seq)，我们遍历其中的每个词元。

针对每个词元，我们判断其索引是否大于 0。如果大于 0，则将对应位置的掩码值设置为 1，表示该词元是有效词元。如果等于 0，则将对应位置的掩码值设置为 0，表示该词元是填充词元。

最终得到的 attention_masks 列表中的每个元素都是一个与对应输入序列长度相同的列表，其中每个位置的掩码值表示该位置的词元是否有效(1 表示有效，0 表示填充)。

通过使用注意力掩码，可确保在模型的注意力计算中，只有真实的词元会被考虑，而填充词元则被忽略。这样可提高计算效率，并减少模型学习无用信息的概率。

```
#@title Create attention masks
attention_masks = []
# Create a mask of 1s for each token followed by 0s for padding
for seq in input_ids:
  seq_mask = [float(i>0) for i in seq]
  attention_masks.append(seq_mask)
```

接下来将拆分数据。

3.2.10 将数据拆分为训练集和验证集

将通过以下代码按标准过程将数据拆分为训练集和验证集：

```
#@title Splitting data into train and validation sets
# Use train_test_split to split our data into train and validation sets
```

```
for training
train_inputs, validation_inputs, train_labels, validation_labels = train_
test_split(input_ids, labels, random_state=2018, test_size=0.1)
train_masks, validation_masks, _, _ = train_test_split(attention_masks,
input_ids,random_state=2018, test_size=0.1)
```

现在已将数据拆分完毕，但是还需要转换为 torch 所支持的格式。

3.2.11 将所有数据转换为 torch 张量

微调模型需要使用 torch 张量，所以我们需要将数据转换为 torch 张量：

```
#@title Converting all the data into torch tensors
# Torch tensors are the required datatype for our model
train_inputs = torch.tensor(train_inputs)
validation_inputs = torch.tensor(validation_inputs)
train_labels = torch.tensor(train_labels)
validation_labels = torch.tensor(validation_labels)
train_masks = torch.tensor(train_masks)
validation_masks = torch.tensor(validation_masks)
```

现在已经转换完毕。接下来我们需要创建一个迭代器。

3.2.12 选择批量大小并创建迭代器

如果一股脑地将所有数据都喂进机器，会导致机器因为内存不足而崩溃。所以需要将数据一批一批地喂给机器。这里将把批量大小(batch size)设置为 32 并创建迭代器。然后将迭代器与 torch 的 DataLoader 相结合，以批量训练大量数据集，以免导致机器因为内存不足而崩溃：

```
#@title Selecting a Batch Size and Creating and Iterator
# Select a batch size for training. For fine-tuning BERT on a specific
task, the authors recommend a batch size of 16 or 32
batch_size = 32
# Create an iterator of our data with torch DataLoader. This helps save on
memory during training because, unlike a for loop,
# with an iterator the entire dataset does not need to be loaded into
memory
train_data = TensorDataset(train_inputs, train_masks, train_labels)
train_sampler = RandomSampler(train_data)
train_dataloader = DataLoader(train_data, sampler=train_sampler, batch_
size=batch_size)
validation_data = TensorDataset(validation_inputs, validation_masks,
validation_labels)
validation_sampler = SequentialSampler(validation_data)
validation_dataloader = DataLoader(validation_data, sampler=validation_
sampler, batch_size=batch_size)
```

现在已将数据处理和设置完毕。我们可以加载和配置 BERT 模型了。

3.2.13 BERT 模型配置

这里我们初始化一个不区分大小写的 BERT 配置：

```
#@title BERT Model Configuration
# Initializing a BERT bert-base-uncased style configuration
#@title Transformer Installation
try:
  import transformers
except:
  print("Installing transformers")
  !pip -qq install transformers

from transformers import BertModel, BertConfig
configuration = BertConfig()
# Initializing a model from the bert-base-uncased style configuration
model = BertModel(configuration)
# Accessing the model configuration
configuration = model.config
print(configuration)
```

输出将展示类似于以下内容的 Hugging Face 主要参数(因为库会经常更新，所以参数有可能会有所不同)：

```
BertConfig {
  "attention_probs_dropout_prob": 0.1,
  "hidden_act": "gelu",
  "hidden_dropout_prob": 0.1,
  "hidden_size": 768,
  "initializer_range": 0.02,
  "intermediate_size": 3072,
  "layer_norm_eps": 1e-12,
  "max_position_embeddings": 512,
  "model_type": "bert",
  "num_attention_heads": 12,
  "num_hidden_layers": 12,
  "pad_token_id": 0,
  "type_vocab_size": 2,
  "vocab_size": 30522
}
```

下面将讲解这些主要参数。

- attention_probs_dropout_prob：对注意力概率应用的 dropout 率，这里设置为 0.1。
- hidden_act：编码器中的非线性激活函数，这里使用 gelu。gelu 是高斯误差线性单位(Gaussian Error Linear Units)激活函数的简称，它对输入按幅度加权，使其成为非线性。
- hidden_dropout_prob：应用于全连接层的 dropout 概率。嵌入、编码器和汇聚器层中都有全连接。输出不总是对序列内容的良好反映。汇聚隐藏状态的序列可改善输出序列。这里设置为 0.1。

- hidden_size：编码器层的维度，也是汇聚层的维度，这里设置为 768。
- initializer_range：初始化权重矩阵时的标准偏差值，这里设置为 0.02。
- intermediate_size：编码器前馈层的维度，这里设置为 3072。
- layer_norm_eps：是层规范化层的 epsilon 值，这里设置为 1e-12。
- max_position_embeddings：模型使用的最大长度，这里设置为 512。
- model_type：模型的名称，这里设置为 bert。
- num_attention_heads：注意力头数，这里设置为 12。
- num_hidden_layers：层数，这里设置为 12。
- pad_token_id：使用 0 作为填充词元的 ID，以避免对填充词元进行训练。
- type_vocab_size：token_type_ids 的大小用于标识序列。例如，“the dog[SEP] The cat.[SEP]”可用词元 ID [0,0,0,1,1,1]表示。
- vocab_size：模型用于表示 input_ids 的不同词元数量。换句话说，这是模型可以识别和处理的不同词元或单词的总数。在训练过程中，模型会根据给定的词表将文本输入转换为对应的词元序列，其中包含的词元数量是 vocab_size。通过使用这个词表，模型能够理解和表示更广泛的语言特征。这里设置为 30522。

讲解完这些参数后，接下来将加载预训练模型。

3.2.14 加载 Hugging Face BERT uncased base 模型

现在加载预训练 BERT 模型：

```
#@title Loading the Hugging Face Bert uncased base model
model =
BertForSequenceClassification.from_pretrained("bert-base-uncased",
num_labels=2)
model = nn.DataParallel(model)
model.to(device)
```

现在我们定义好了模型，定义好了并行处理，并将模型发送到设备上。关于设备的更多信息，请参阅附录 B。

如有必要，可进一步训练此预训练模型。也可以详细研究模型架构和可视化每个子层的参数，如下面的摘录所示：

```
BertForSequenceClassification(
  (bert): BertModel(
    (embeddings): BertEmbeddings(
     (word_embeddings): Embedding(30522, 768, padding_idx=0)
     (position_embeddings): Embedding(512, 768)
     (token_type_embeddings): Embedding(2, 768)
     (LayerNorm): BertLayerNorm()
     (dropout): Dropout(p=0.1, inplace=False)
```

```
    )
    (encoder): BertEncoder(
      (layer): ModuleList(
        (0): BertLayer(
          (attention): BertAttention(
            (self): BertSelfAttention(
              (query): Linear(in_features=768, out_features=768,
bias=True)
              (key): Linear(in_features=768, out_features=768, bias=True)
              (value): Linear(in_features=768, out_features=768,
bias=True)
              (dropout): Dropout(p=0.1, inplace=False)
              )
              (output): BertSelfOutput(
                (dense): Linear(in_features=768, out_features=768,
bias=True)
              (LayerNorm): BertLayerNorm()
              (dropout): Dropout(p=0.1, inplace=False)
            )
          )
          (intermediate): BertIntermediate(
            (dense): Linear(in_features=768, out_features=3072, bias=True)
          )
          (output): BertOutput(
              (dense): Linear(in_features=3072, out_features=768, bias=True)
              (LayerNorm): BertLayerNorm()
              (dropout): Dropout(p=0.1, inplace=False)
          )
        )
        (1): BertLayer(
          (attention): BertAttention(
            (self): BertSelfAttention(
              (query): Linear(in_features=768, out_features=768,
bias=True)
            (key): Linear(in_features=768, out_features=768, bias=True)
            (value): Linear(in_features=768, out_features=768,
bias=True)
            (dropout): Dropout(p=0.1, inplace=False)
          )
          (output): BertSelfOutput(
            (dense): Linear(in_features=768, out_features=768,
bias=True)
            (LayerNorm): BertLayerNorm()
            (dropout): Dropout(p=0.1, inplace=False)
          )
        )
        (intermediate): BertIntermediate(
        (dense): Linear(in_features=768, out_features=3072, bias=True)
      )
      (output): BertOutput(
        (dense): Linear(in_features=3072, out_features=768, bias=True)
        (LayerNorm): BertLayerNorm()
        (dropout): Dropout(p=0.1, inplace=False)
      )
    )
```

接下来分析优化器的主要参数。

3.2.15　优化器分组参数

现在将为模型的参数初始化优化器。在进行模型微调的过程中，首先需要初始化预训练模型已学到的参数值。

微调一个预训练模型时，通常会使用之前在大规模数据上训练好的模型作为初始模型。这些预训练模型已通过大量数据和计算资源进行了训练，学到了很多有用的特征表示和参数权重。因此，我们希望在微调过程中保留这些已经学到的参数值，而不是重新随机初始化它们。

所以，程序会使用预训练模型的参数值来初始化优化器，以便在微调过程中更好地利用这些已经学到的参数。这样可以加快模型收敛速度并提高微调效果：

```
##@title Optimizer Grouped Parameters
#This code is taken from:
# https://github.com/huggingface/transformers/
blob/5bfcd0485ece086ebcbed2d008813037968a9e58/examples/run_glue.py#L102
# Don't apply weight decay to any parameters whose names include these
tokens.
# (Here, the BERT doesn't have 'gamma' or 'beta' parameters, only 'bias'
terms)
param_optimizer = list(model.named_parameters())
no_decay = ['bias', 'LayerNorm.weight']
# Separate the 'weight' parameters from the 'bias' parameters.
# - For the 'weight' parameters, this specifies a 'weight_decay_rate' of
0.01.
# - For the 'bias' parameters, the 'weight_decay_rate' is 0.0.
optimizer_grouped_parameters = [
    # Filter for all parameters which *don't* include 'bias', 'gamma',
'beta'.
    {'params': [p for n, p in param_optimizer if not any(nd in n for nd in
no_decay)],
    'weight_decay_rate': 0.1},

    # Filter for parameters which *do* include those.
    {'params': [p for n, p in param_optimizer if any(nd in n for nd in
no_decay)],
    'weight_decay_rate': 0.0}
]
# Note - 'optimizer_grouped_parameters' only includes the parameter
values, not the names.
```

现在参数已经准备好并进行了清理。接下来我们设置训练循环的超参数。

3.2.16　训练循环的超参数

训练循环中的超参数非常重要，尽管它们看起来可能无害。例如，Adam 优化器会激活权重衰减并经历一个预热阶段。

学习率(lr)和预热率(warmup)应该在优化阶段的早期设置为一个非常小的值，在一定迭代次数后逐渐增加。这样可以避免出现过大的梯度和超调问题，以更好地优化模型目标。

有些研究人员认为，层规范化之前的子层输出级别的梯度不需要预热率。这个问题需要多次实验才能解决。

我们将使用 BERT 版本的 Adam 优化器——BertAdam：

```
#@title The Hyperparameters for the Training Loop
optimizer = BertAdam(optimizer_grouped_parameters,
                     lr=2e-5,
                     warmup=.1)
```

我们还添加了一个度量准确率的函数，用于将预测结果与标注进行比较：

```
#Creating the Accuracy Measurement Function
# Function to calculate the accuracy of our predictions vs labels
def flat_accuracy(preds, labels):
   pred_flat = np.argmax(preds, axis=1).flatten()
   labels_flat = labels.flatten()
   return np.sum(pred_flat == labels_flat) / len(labels_flat)
```

现在数据已准备就绪，参数已准备就绪。是时候激活训练循环了！

3.2.17 训练循环

我们的训练循环将遵循标准的学习过程。轮数(epochs)设置为 4，并将绘制损失和准确率的度量值。训练循环使用 dataloader 来加载和训练批量。我们将对训练过程进行度量和评估。

首先初始化 train_loss_set(用于存储损失和准确率的数值，以便后续绘图)。然后开始训练每一轮，并运行标准的训练循环，如下所示：

```
#@title The Training Loop
t = []
# Store our loss and accuracy for plotting
train_loss_set = []
# Number of training epochs (authors recommend between 2 and 4)
epochs = 4
# trange is a tqdm wrapper around the normal python range
for _ in trange(epochs, desc="Epoch"):
…./…
   tmp_eval_accuracy = flat_accuracy(logits, label_ids)

   eval_accuracy += tmp_eval_accuracy
   nb_eval_steps += 1
print("Validation Accuracy: {}".format(eval_accuracy/nb_eval_steps))
```

输出展示了每一轮的信息，这些信息使用了 trange 包装器实现，例如_ in trange(epochs, desc="Epoch")：

```
***output***
Epoch: 0%|              | 0/4 [00:00<?, ?it/s]
Train loss: 0.5381132976395461
Epoch: 25%|             | 1/4 [07:54<23:43, 474.47s/it]
Validation Accuracy: 0.788966049382716
Train loss: 0.315329696132929
Epoch: 50%|             | 2/4 [15:49<15:49, 474.55s/it]
Validation Accuracy: 0.836033950617284
Train loss: 0.1474070605354314
Epoch: 75%|             | 3/4 [23:43<07:54, 474.53s/it]
Validation Accuracy: 0.814429012345679
Train loss: 0.07655430570461196
Epoch: 100%|            | 4/4 [31:38<00:00, 474.58s/it]
Validation Accuracy: 0.810570987654321
```

注意，Transformer 模型正在迅速发展，且可能出现弃用消息甚至错误。Hugging Face 也不例外，当出现这种情况时，我们需要相应地更新代码。

模型已训练完毕。现在我们可以展示训练的评估状况。

3.2.18　对训练进行评估

如上一步所述，损失和准确率的数值使用了 train_loss_set 存储。

现在可通过以下代码将 train_loss_set 绘制成图表：

```
#@title Training Evaluation
plt.figure(figsize=(15,8))
plt.title("Training loss")
plt.xlabel("Batch")
plt.ylabel("Loss")
plt.plot(train_loss_set)
plt.show()
```

输出的图表如图 3.6 所示，展示出训练过程进展顺利且有效。

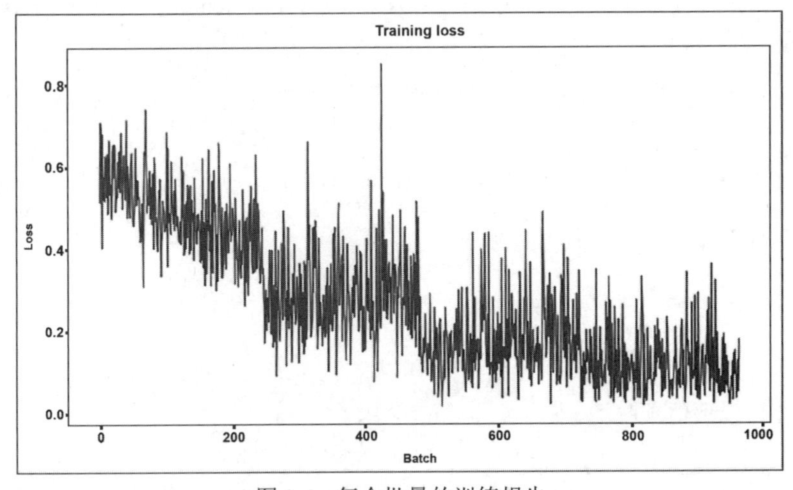

图 3.6　每个批量的训练损失

至此模型已微调完毕。现在我们可以进行预测。

3.2.19 使用测试数据集进行预测和评估

我们使用了 in_domain_train.tsv 数据集训练 BERT 下游模型。现在我们将使用基于留出法[1]分出的测试数据集 out_of_domain_dev.tsv 文件进行预测。我们的目标是预测句子在语法上是否正确。

以下代码展示了测试数据准备过程：

```
#@title Predicting and Evaluating Using the Holdout Dataset
df = pd.read_csv("out_of_domain_dev.tsv", delimiter='\t', header=None,
names=['sentence_source', 'label', 'label_notes', 'sentence'])
# Create sentence and label lists
sentences = df.sentence.values
# We need to add special tokens at the beginning and end of each sentence
for BERT to work properly
sentences = ["[CLS] " + sentence + " [SEP]" for sentence in sentences]
labels = df.label.values
tokenized_texts = [tokenizer.tokenize(sent) for sent in sentences]
.../...
```

然后将使用 dataloader 进行批量预测：

```
# Predict
for batch in prediction_dataloader:
  # Add batch to GPU
  batch = tuple(t.to(device) for t in batch)
  # Unpack the inputs from our dataloader
  b_input_ids, b_input_mask, b_labels = batch
  # Telling the model not to compute or store gradients, saving memory and
speeding up prediction
  with torch.no_grad():
    # Forward pass, calculate logit predictions
    logits = model(b_input_ids, token_type_ids=None, attention_mask=b_
input_mask)
```

然后将 logits 和预测标注从 GPU 移到 CPU：

```
# Move logits and labels to CPU
logits = logits['logits'].detach().cpu().numpy()
label_ids = b_labels.to('cpu').numpy()
```

然后保存预测标注及其真实标注：

```
# Store predictions and true labels
predictions.append(logits)
true_labels.append(label_ids)
```

现在可以评估预测了。

1 译者注：留出法(Hold-out)指将整个数据集分为训练集和测试集两部分。

3.2.20　使用马修斯相关系数进行评估

马修斯相关系数(Matthews Correlation Coefficient，MCC)最初设计用于度量二分类任务的质量，且可以修改为多分类相关系数。对于每个预测，可以进行四个概率的二分类任务：

- TP = 真阳性
- TN = 真阴性
- FP = 假阳性
- FN = 假阴性

1975 年，生物化学家 Brian W. Matthews 根据前辈的 phi 函数的灵感设计了 MCC。从那以后，它衍生出很多个版本，这里采用以下版本：

$$\mathrm{MCC} = \frac{\mathrm{TP} \times \mathrm{TN} - \mathrm{FP} \times \mathrm{FN}}{\sqrt{(\mathrm{TP}+\mathrm{FP})(\mathrm{TP}+\mathrm{FN})(\mathrm{TN}+\mathrm{FP})(\mathrm{TN}+\mathrm{FN})}}$$

MCC 的取值范围在-1 到+1 之间。+1 表示最大的正预测值，-1 表示逆向预测，0 表示平均随机预测。

GLUE 使用 MCC 评估语言可接受性。

可从 sklearn.metrics 导入 MCC：

```
#@title Evaluating Using Matthew's Correlation Coefficient
# Import and evaluate each test batch using Matthew's correlation
coefficient
from sklearn.metrics import matthews_corrcoef
```

先创建一个预测集合：

```
matthews_set = []
```

计算并将 MCC 值存储到 matthews_set：

```
for i in range(len(true_labels)):
  matthews = matthews_corrcoef(true_labels[i],
                   np.argmax(predictions[i], axis=1).flatten())
  matthews_set.append(matthews)
```

由于库和模块版本的变化，可能看到一些弃用消息。最终分数将基于整个测试集，但现在我们先来看看每个批量的分数，以了解度量指标在批量之间的变化情况。

3.2.21　各批量的分数

先查看各个批量的分数：

```
#@title Score of Individual Batches
matthews_set
```

输出按预期生成介于-1 和+1 之间的 MCC 值：

```
[0.049286405809014416,
-0.2548235957188128,
0.4732058754737091,
0.30508307783296046,
0.3567530340063379,
0.8050112948805689,
0.23329882422520506,
0.47519096331149147,
0.4364357804719848,
0.4700159919404217,
0.7679476477883045,
0.8320502943378436,
0.5807564950208268,
0.5897435897435898,
0.38461538461538464,
0.5716350506349809,
0.0]
```

几乎所有的 MCC 值都是正的，这是个好消息。接下来我们看看整个数据集的评估。

3.2.22 整个数据集的马修斯评估

MCC 是评估分类模型的一种实用方法。

现在将聚合整个数据集的真实值：

```
#@title Matthew's Evaluation on the Whole Dataset
# Flatten the predictions and true values for aggregate Matthew's
evaluation on the whole dataset
flat_predictions = [item for sublist in predictions for item in sublist]
flat_predictions = np.argmax(flat_predictions, axis=1).flatten()
flat_true_labels = [item for sublist in true_labels for item in sublist]
matthews_corrcoef(flat_true_labels, flat_predictions)
```

MCC 生成介于-1 和+1 之间的相关值。+1 表示最大的正预测值，-1 表示逆向预测，0 表示平均随机预测。本例中 MCC 为正，这表明模型与数据集之间存在相关性：

```
0.45439842471680725
```

至此，整个 BERT 训练框架讲述完毕。

3.3 本章小结

BERT 将双向注意力机制引入 Transformer 模型中。原始 Transformer 模型从左到右预测序列并掩码序列后续部分的词元来训练模型，这种方法具有严重的局限性；如果被掩码的部分刚好有我们正在寻找的含义，则模型将产生错误。BERT 采用了不同的方法，同时处理序列的所有词元。

我们讲解了 BERT 的架构，它只使用了编码器堆叠，而没有使用解码器部分。BERT 框架由两步组成。框架的第一步是预训练模型。第二步是微调。这里为可接受性判断下游任务构建了一个微调 BERT 模型。然后讲解了整个微调过程的所有阶段，包括加载数据集、加载模型预训练必要模块、训练模型、度量性能。

与从头开始训练模型相比，微调预训练模型所需的机器资源更少。微调得出的模型可以执行各种 NLP 任务。本章只将微调得出的模型用于一个 NLP 任务，就已经获得很不错的成绩。在现实工作中，基于 BERT 微调的预训练模型在多种 NLP 任务中表现良好。

特别是在第 7 章，我们将提到 OpenAI 的 GPT3 模型已经达到了零样本水平，几乎不需要微调。

本章微调了一个 BERT 模型。第 4 章将更深入地研究 BERT 框架，并从头开始构建一个类似 BERT 的预训练模型。

3.4 练习题

1. BERT 是 Bidirectional Encoder Representations from Transformers 的缩写。(对|错)
2. BERT 框架由两步组成。第 1 步是预训练。第 2 步是微调。(对|错)
3. 微调 BERT 模型意味着从头开始训练参数。(对|错)
4. BERT 仅使用所有下游任务进行预训练。(对|错)
5. BERT 使用掩码语言建模(MLM)进行预训练。(对|错)
6. BERT 使用下一句预测(NSP)进行预训练。(对|错)
7. BERT 使用数学函数进行预训练。(对|错)
8. 问答任务是一项下游任务。(对|错)
9. BERT 预训练模型不需要词元化。(对|错)
10. 微调 BERT 模型比预训练花费的时间更少。(对|错)

第 4 章 从头开始预训练RoBERTa模型

本章将从头开始构建一个 RoBERTa 模型。将沿用上一章 BERT 模型用过的 Transformer 结构套件。不过本章将不再使用预训练词元分析器或模型。将通过 15 个步骤从头构建一个 RoBERTa 模型。

我们将使用前几章所讲的 Transformer 知识构建一个模型，该模型可以逐步对掩码词元进行语言建模。第 2 章介绍了原始 Transformer 的构建块。第 3 章微调了一个 BERT 预训练模型。

本章将重点介绍如何使用 Hugging Face 库从头开始构建一个预训练 Transformer 模型。该模型称为 KantaiBERT。

该模型首先加载 Immanuel Kant 的部分书籍。我们将讲述如何获取数据，如何创建自己的数据集。

然后从头开始训练自己的词元分析器。我们将得到词表和索引文件，然后会在后面的预训练过程中使用这些内容。

然后将处理数据集、初始化训练器并训练模型。

最后将使用 KantaiBERT 执行实验性的下游语言建模任务，并使用 Immanuel Kant 的逻辑来预测被掩码的单词。

在本章结束时，你将知道如何从头开始构建 Transformer 模型。你将拥有足够的 Transformer 知识，以应对使用其他强大的预训练 Transformer(如 GPT-3 引擎)的工业 4.0 挑战，这些 Transformer 需要的不仅是开发技能，而且需要对底层原理的理解。本章是第 7 章的准备章节。

本章涵盖以下主题：

- RoBERTa 和 DistilBERT 类模型
- 如何从头开始训练词元分析器
- 字节级 BPE 编码
- 将训练得到的词元分析器保存为文件
- 为预训练过程重新加载词元分析器
- 从头开始初始化 RoBERTa 模型

- 讲述模型的配置
- 讲述模型的 8000 万个参数
- 为训练器构建数据集
- 初始化训练器
- 预训练模型
- 保存模型
- 将模型应用于**掩码语言建模(MLM)**下游任务

第一步是描述我们将要构建的 Transformer 模型。

4.1 训练词元分析器和预训练 Transformer

本章将使用 Hugging Face 为 BERT 类模型提供的构建块来训练一个名为 KantaiBERT 的 Transformer 模型。关于这些构建块的理论基础我们已经在第 3 章介绍过了。

先使用前几章讲述的知识来描述 KantaiBERT。

KantaiBERT 属于 RoBERTa，RoBERTa 全称 Robustly Optimized BERT Pretraining Approach，是一种基于 BERT 架构构建的模型。

正如我们在第 3 章看到过的，原始 BERT 模型基于原始 Transformer 模型做了一些创新。而 RoBERTa 又在预训练过程做了一些创新以提高 Transformer 在下游任务中的性能。例如，它没有使用 WordPiece 词元化，而是再下沉一个层级，到了字节级，使用了**字节对编码(BPE)**词元化方法。这种方法为众多 BERT 和类 BERT 模型铺平了道路。

本章的 KantaiBERT 与 BERT 一样，将使用**掩码语言建模(MLM)**进行训练。MLM 是一种通过掩码序列中的单词进行语言建模的技术。Transformer 模型将通过 MLM 训练以预测被掩码的单词。

KantaiBERT 是一个小型模型，它具有 6 层、12 个头、8400 万个参数。8400 万个参数看起来很多，但这些参数分布在 12 个头上，因此导致 KantaiBERT 成为一个较小的模型。模型较小能让预训练体验顺利进行，允许方便地实时查看每个步骤，而不需要等待数小时才能看到结果。

KantaiBERT 与 DistilBERT 模型类似，也具有相同的 6 层和 12 个头的架构。DistilBERT 是 BERT 的蒸馏版本。DistilBERT 中的 Distil 是蒸馏的意思，顾名思义，DistilBERT 包含的参数比 RoBERTa 模型少。因此，它的运行速度要快得多，但结果比 RoBERTa 模型准确一些。

我们知道模型越大性能越出色。但是，如果你想在智能手机上运行模型怎么办？小型化一直是技术发展的一个关键路线。Transformer 在实施过程中有时必须遵循这一规则。使用 BERT 蒸馏版本的 Hugging Face 方法在这一方向迈出了一大步。使用更少参数或其他类似的方法进行蒸馏，是将预训练最佳效果与许多下游任务的需求相结合的巧妙方式。

展示所有可能的架构从而让读者选择适合自己的架构这点非常重要，其中包括在智能手机上运行小模型。在这方面，通过现成的 API 在智能手机上运行服务将是 Transformer 未来的一个方向，正如我们将在第 7 章所看到的那样。

如前所述，KantaiBERT 将实现一个字节级的字节对编码词元分析器，类似于 GPT-2 使用的那个。还将使用 RoBERTa 所使用的特殊词元。与之不同的是，BERT 模型最常使用 WordPiece 词元分析器。

我们将使用自定义数据集、训练词元分析器、训练 Transformer 模型，然后保存它，并使用 MLM 示例运行它。

现在从头开始构建 KantaiBERT。

4.2 从头开始构建 KantaiBERT

我们将通过 15 个步骤从头开始构建 KantaiBERT，并使用 MLM 示例运行它。

打开位于本书配套 GitHub 代码存储库 Chapter04 目录中的 KantaiBERT.ipynb。

你会注意到，该笔记本每个单元格的标题也与本章每节的标题相同或非常接近。我们先从加载数据集开始。

4.2.1 步骤 1：加载数据集

其实 AI 社区有很多即用型数据集，从而提供了一种客观的方式来训练和比较 Transformer。我们将在第 5 章介绍几个这方面的数据集。但是，本章旨在了解 Transformer 的训练过程，这些 Transformer 可以实时运行，而不需要等待数小时才能获得结果。

所以本章将不使用即用型数据集，而是选择启蒙时代的缩影——德国哲学家 Immanuel Kant(1724—1804)的作品。

我们将从古腾堡项目(Project Gutenberg，https://www.gutenberg.org)下载 Immanuel Kant 的作品。古腾堡项目提供了大量的、免费的、可以文本格式下载的电子书。可使用该项目中的图书创建自己的数据集。

我把 Immanuel Kant 以下三本书汇编成一个文本文件并命名为 kant.txt：

- The Critique of Pure Reason
- The Critique of Practical Reason
- Fundamental Principles of the Metaphysic of Morals

需要注意，kant.txt 仅提供一个小型的训练数据集以训练本章的 Transformer 模型。因此该数据及结果仅用于实验用途。对于现实工作中的项目，这样的数据量是不够的，例如对于现实工作中的项目，我就会使用 Immanuel Kant、Rene Descartes、Pascal、

Leibnitz 等人的所有作品。

kant.txt 文件包含了如下的图书原始文本：

```
…For it is in reality vain to profess _indifference_ in regard to such
inquiries, the object of which cannot be indifferent to humanity.
```

该数据集将通过 KantaiBERT.ipynb 的“Step 1: Loading the Dataset”单元格从 GitHub 自动下载。

此外，你还可以通过 Google Colab 文件管理器从 chapter04 目录中加载 kant.txt。

```
#@title Step 1: Loading the Dataset
#1.Load kant.txt using the Colab file manager
#2.Downloading the file from GitHub
!curl -L https://raw.githubusercontent.com/Denis2054/Transformers-for-NLP-
2nd-Edition/master/Chapter04/kant.txt --output "kant.txt"
```

下载或加载完 kant.txt 后，可在 Google Colab 文件管理器看到它，如图 4.1 所示。

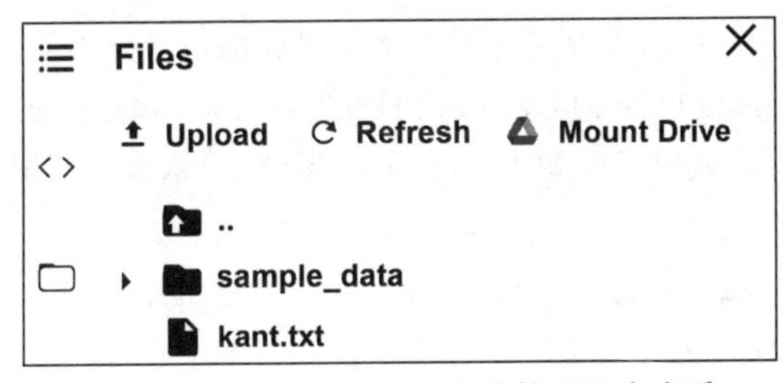

图 4.1　在 Google Colab 文件管理器中查看

注意，重启 VM 后，Google Colab 会删除这些内容。

现在我们已经定义和加载了数据集。

请不要在没有 kant.txt 文件的情况下运行后续单元格。必须先加载训练数据才能执行后面的一切。

接下来将安装 Hugging Face transformers 库。

4.2.2　步骤 2：安装 Hugging Face transformers 库

我们需要安装 Hugging Face transformers 库和词元分析器，但在 Google Colab VM 的这个实例中，我们不需要 TensorFlow，所以先卸载 TensorFlow 然后安装 Hugging Face transformers 库和词元分析器：

```
#@title Step 2:Installing Hugging Face Transformers
# We won't need TensorFlow here
!pip uninstall -y tensorflow
# Install 'transformers' from master
```

```
!pip install git+https://github.com/huggingface/transformers
!pip list | grep -E 'transformers|tokenizers'
# transformers version at notebook update --- 2.9.1
# tokenizers version at notebook update --- 0.7.0
```

输出将展示我们安装的版本：

```
Successfully built transformers
tokenizers                  0.7.0
transformers                2.10.0
```

Transformer 版本正以相当快的速度发展。因此当你阅读本书时，你所运行的版本可能有所不同，因此会与以上结果展示的不一样。

接下来将训练词元分析器。

4.2.3 步骤 3：训练词元分析器

本节我们将不使用预训练词元分析器(其实我们可以使用现成的、预训练的 GPT-2 词元分析器)。但是，本章要介绍一下如何训练词元分析器。

我们将使用 Hugging Face 的 ByteLevelBPETokenizer()基于 kant.txt 进行训练。BPE 词元分析器会将字符串或单词分解为子字符串或子词。这么做有很多优点，这里只列举两个主要优点：

- 将单词拆分为最小组件并合并为具有统计意义的组合是 BPE 词元分析器的一个优点，字词覆盖范围更广。通过将单词拆分为子词词元和更小的子词部分，词元分析器可涵盖更多词汇。由于许多语言中存在复杂的单词形态变化和派生关系，将单词拆分为子词单元可以更好地处理这些情况。例如，在英语中，smaller 和 smallest 经过拆分和合并后可以表示为 small、er 和 est。这种拆分方式允许词元分析器捕捉不同单词形式之间的共享部分，从而更好地处理单词的词干和词形变化。BPE 词元分析器还可将单词拆分为子词单元以提供更多语义信息。例如，sm 和 all 作为子词单元分别表示了 small 这个单词中的两个重要部分。这种细粒度的划分有助于模型更好地理解和处理单词的含义和上下文。
- 在使用 WordPiece 编码的情况下，如果在训练过程中某个子词没有在词表中出现过，它将被替换为 unk_token(未知词元)。由于 BPE 词元分析器会根据统计信息合并子词，因此原本被标记为未知词元的子词可能被更常见的组合所代替。这样可减少未知词元的数量，提高模型的处理效率和性能。

本章中，我们将使用以下参数训练词元分析器。

- files=path：数据集的路径。
- vocab_size=52_000：词元分析器词表的大小。
- min_frequency=2：最小频率阈值。

- special_tokens=[]：特殊词元列表。

本章的特殊词元列表如下。

- <s>：开始词元。
- <pad>：填充词元。
- </s>：结束词元。
- <unk>：未知词元。
- <mask>：用于语言建模的掩码词元。

现在开始训练词元分析器。

先讲解一下原理，取一个句子中间的以下两个单词：

```
...the tokenizer...
```

然后对字符串进行词元化：

```
'Ġthe', 'Ġtoken', 'izer',
```

字符串现在被词元化为带有 Ġ(空格)信息的词元。

然后将它们替换为索引，如表 4.1 所示。

表 4.1　三个词元的索引

'Ġthe'	'Ġtoken'	'izer'
150	5430	4712

整个词元分析器训练代码如下：

```
#@title Step 3: Training a Tokenizer
%%time
from pathlib import Path
from tokenizers import ByteLevelBPETokenizer
paths = [str(x) for x in Path(".").glob("**/*.txt")]
# Initialize a tokenizer
tokenizer = ByteLevelBPETokenizer()
# Customize training
tokenizer.train(files=paths, vocab_size=52_000, min_frequency=2, special_
tokens=[
    "<s>",
    "<pad>",
    "</s>",
    "<unk>",
    "<mask>",
])
```

最后词元分析器将输出训练所需的时间：

```
CPU times: user 14.8 s, sys: 14.2 s, total: 29 s
Wall time: 7.72 s
```

现在词元分析器已经训练完毕，接下来将保存词元化的结果。

4.2.4 步骤 4：将词元化结果保存到磁盘上

词元分析器在训练时将生成两个文件。

- merges.txt，包含子字符串词元化后的结果。
- vocab.json，包含子字符串词元化后的索引。

首先创建 KantaiBERT 目录，然后将这两个文件保存到该目录下：

```
#@title Step 4: Saving the files to disk
import os
token_dir = '/content/KantaiBERT'
if not os.path.exists(token_dir):
  os.makedirs(token_dir)
tokenizer.save_model('KantaiBERT')
```

然后程序输出显示两个文件已经保存：

```
['KantaiBERT/vocab.json', 'KantaiBERT/merges.txt']
```

现在应该可在文件管理器中看到这两个文件，如图 4.2 所示。

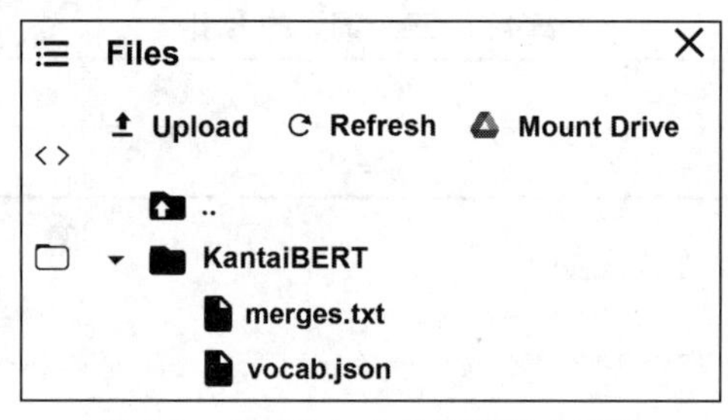

图 4.2 在 Colab 文件管理器中查看

本章示例中的这两个文件很小。所以可双击它们以查看内容。可以看到，merges.txt 包含子字符串词元化后的结果：

```
#version: 0.2 - Trained by 'huggingface/tokenizers'
Ġ t
h e
Ġ a
o n
i n
Ġ o
Ġt he
r e
i t
Ġo f
```

vocab.json 包含了子字符串词元化后的索引：

```
[…,"Ġthink":955,"preme":956,"ĠE":957,"Ġout":958,"Ġdut":959,
"aly":960,"Ġexp":961,…]
```

至此，词元分析器已经训练和保存好了，可以使用了。

4.2.5　步骤 5：加载预训练词元分析器文件

现在加载刚才训练好的词元分析器文件：

```
#@title Step 5 Loading the Trained Tokenizer Files
from tokenizers.implementations import ByteLevelBPETokenizer
from tokenizers.processors import BertProcessing
tokenizer = ByteLevelBPETokenizer(
    "./KantaiBERT/vocab.json",
    "./KantaiBERT/merges.txt",
)
```

然后使用词元分析器对序列进行编码：

```
tokenizer.encode("The Critique of Pure Reason.").tokens
```

The Critique of Pure Reason 将变成：

```
['The', 'ĠCritique', 'Ġof', 'ĠPure', 'ĠReason', '.']
```

还可以看看该序列的词元数量：

```
tokenizer.encode("The Critique of Pure Reason.")
```

输出展示该序列有 6 个词元：

```
Encoding(num_tokens=6, attributes=[ids, type_ids, tokens, offsets,
attention_mask, special_tokens_mask, overflowing])
```

然后添加开始和结束词元：

```
tokenizer._tokenizer.post_processor = BertProcessing(
    ("</s>", tokenizer.token_to_id("</s>")),
    ("<s>", tokenizer.token_to_id("<s>")),
)
tokenizer.enable_truncation(max_length=512)
```

再对序列进行编码：

```
tokenizer.encode("The Critique of Pure Reason.")
```

输出展示我们现在有 8 个词元：

```
Encoding(num_tokens=8, attributes=[ids, type_ids, tokens, offsets,
attention_mask, special_tokens_mask, overflowing])
```

然后可以看看后处理之后的序列具体包括哪些词元：

```
tokenizer.encode("The Critique of Pure Reason.").tokens
```

输出显示已添加了开始和结束词元，这两个词元令词元数量从 6 增长到 8：

```
tokenizer.encode("The Critique of Pure Reason.").tokens
```

现在我们已经准备好一切，可以开始训练了。现在先检查一下训练用机器的系统信息。

4.2.6 步骤 6：检查训练用机器的配置：GPU 和 CUDA

要以最快的速度训练 KantaiBERT，需要使用图形处理单元(GPU)。

我们先运行一个命令来查看是否存在 NVIDIA GPU 卡：

```
#@title Step 6: Checking Resource Constraints: GPU and NVIDIA
!nvidia-smi
```

输出显示卡上的信息和版本，如图 4.3 所示。

```
+-----------------------------------------------------------------------------+
| NVIDIA-SMI 440.82       Driver Version: 418.67       CUDA Version: 10.1     |
|-------------------------------+----------------------+----------------------+
| GPU  Name        Persistence-M| Bus-Id        Disp.A | Volatile Uncorr. ECC |
| Fan  Temp  Perf  Pwr:Usage/Cap|         Memory-Usage | GPU-Util  Compute M. |
|===============================+======================+======================|
|   0  Tesla K80           Off  | 00000000:00:04.0 Off |                    0 |
| N/A   49C    PO    63W / 149W |   9707MiB / 11441MiB |      0%      Default |
+-------------------------------+----------------------+----------------------+

+-----------------------------------------------------------------------------+
| Processes:                                                       GPU Memory |
|  GPU       PID   Type   Process name                             Usage      |
|=============================================================================|
+-----------------------------------------------------------------------------+
```

图 4.3 NVIDIA卡上的信息

输出可能因每个 Google Colab VM 配置而异。

然后检查是否正确配置了 PyTorch 从而能够调用 CUDA：

```
#@title Checking that PyTorch Sees CUDA
import torch
torch.cuda.is_available()
```

结果应为 True：

```
True
```

CUDA 是 Compute UnifiedDevice Architecture 的简称。NVIDIA 开发 CUDA 的目的是利用其 GPU 的并行计算能力。

关于 NVIDIA GPU 和 CUDA 的更多信息，请参阅附录 B。

接下来将定义模型的配置。

4.2.7　步骤 7：定义模型的配置

我们将使用与 DistilBERT Transformer 相同数量的层和头来预训练 RoBERTa 类型的 Transformer 模型。将词表大小设置为 52 000，包含 12 个注意力头和 6 层：

```
#@title Step 7: Defining the configuration of the Model
from transformers import RobertaConfig
config = RobertaConfig(
    vocab_size=52_000,
    max_position_embeddings=514,
    num_attention_heads=12,
    num_hidden_layers=6,
    type_vocab_size=1,
)
```

步骤 9 将更详细地讲述该配置。

首先要为我们的模型重新加载词元分析器。

4.2.8　步骤 8：为 Transformer 模型加载词元分析器

将使用 RobertaTokenizer.from_pretained()加载我们前面准备好的词元分析器：

```
#@title Step 8: Re-creating the Tokenizer in Transformers
from transformers import RobertaTokenizer
tokenizer = RobertaTokenizer.from_pretrained("./KantaiBERT", max_
length=512)
```

现在我们已经加载了预训练词元分析器，接下来从头开始初始化一个 RoBERTa 模型。

4.2.9　步骤 9：从头开始初始化模型

本节将从头初始化模型并检查模型的大小。

首先导入一个用于语言建模的 RoBERTa 掩码模型：

```
#@title Step 9: Initializing a Model From Scratch
from transformers import RobertaForMaskedLM
```

然后使用步骤 7 的配置进行初始化：

```
model = RobertaForMaskedLM(config=config)
```

可通过以下代码打印模型：

```
print(model)
```

此后我们可以看到它是一个有 6 个层和 12 个头的 BERT 模型。

```
RobertaForMaskedLM(
  (roberta): RobertaModel(
    (embeddings): RobertaEmbeddings(
      (word_embeddings): Embedding(52000, 768, padding_idx=1)
      (position_embeddings): Embedding(514, 768, padding_idx=1)
      (token_type_embeddings): Embedding(1, 768)
      (LayerNorm): LayerNorm((768,), eps=1e-12, elementwise_affine=True)
      (dropout): Dropout(p=0.1, inplace=False)
    )
    (encoder): BertEncoder(
      (layer): ModuleList(
        (0): BertLayer(
          (attention): BertAttention(
          (self): BertSelfAttention(
            (query): Linear(in_features=768, out_features=768,
bias=True)
            (key): Linear(in_features=768, out_features=768, bias=True)
            (value): Linear(in_features=768, out_features=768,
bias=True)
            (dropout): Dropout(p=0.1, inplace=False)
          )
          (output): BertSelfOutput(
            (dense): Linear(in_features=768, out_features=768,
bias=True)
            (LayerNorm): LayerNorm((768,), eps=1e-12, elementwise_
affine=True)
            (dropout): Dropout(p=0.1, inplace=False)
          )
        )
      (intermediate): BertIntermediate(
        (dense): Linear(in_features=768, out_features=3072, bias=True)
      )
      (output): BertOutput(
        (dense): Linear(in_features=3072, out_features=768, bias=True)
        (LayerNorm): LayerNorm((768,), eps=1e-12, elementwise_
affine=True)
        (dropout): Dropout(p=0.1, inplace=False)
      )
    )
.../...
```

在继续之前，请花一些时间浏览以上详细信息，从而能更深入地了解模型内部。

从以上的描述我们能够体会到 Transformer 模型架构的乐高积木理念。

接下来讲述一下参数。

探索参数

我们的模型很小，只包含 84095008 个参数。

可以查看一下它的大小，对于不同的 Transformer 模型，结果可能会不同：

```
print(model.num_parameters())
```

输出将展示参数的数量：

```
84095008
```

现在我们看一看参数。首先将参数存储在 LP 中并计算参数列表的长度：

```
#@title Exploring the Parameters
LP=list(model.parameters())
lp=len(LP)
print(lp)
```

输出显示有 108 个矩阵和向量，不同 Transformer 模型的结果可能有所不同：

```
108
```

然后我们遍历这 108 个矩阵和向量，并打印其详细信息：

```
for p in range(0,lp):
  print(LP[p])
```

输出将展示所有参数：

```
Parameter containing:
tensor([[-0.0175, -0.0210, -0.0334, ..., 0.0054, -0.0113, 0.0183],
        [ 0.0020, -0.0354, -0.0221, ..., 0.0220, -0.0060, -0.0032],
        [ 0.0001, -0.0002, 0.0036, ..., -0.0265, -0.0057, -0.0352],
        ...,
        [-0.0125, -0.0418, 0.0190, ..., -0.0069, 0.0175, -0.0308],
        [ 0.0072, -0.0131, 0.0069, ..., 0.0002, -0.0234, 0.0042],
        [ 0.0008, 0.0281, 0.0168, ..., -0.0113, -0.0075, 0.0014]],
        requires_grad=True)
```

请花一些时间浏览以上详细信息，从而能够更深入地了解模型构建过程。

参数数量是通过获取模型中的所有参数并将它们相加计算得出的，包括：

- 词表大小(52000)×维度(768)
- 向量的大小为 1×768
- 其他许多维度

你会注意到 d_{model}=768。模型有 12 个头。因此，每个头的 d_k 尺寸为 $d_k = \frac{d_{\text{model}}}{12} = 64$，这再次体现了 Transformer 乐高积木理念。

接下来我们讲述一下如何计算模型的参数数量，以及如何得出 84095008 这个结果。

如果将鼠标悬停在笔记本的 LP 上，我们将看到 torch 张量的一些形状信息，如图 4.4 所示。

list: LP

[Parameter with shape torch.Size([52000, 768]), Parameter with shape torch.Size([514, 768]), Parameter with shape torch.Size([1, 768]), Parameter with shape torch.Size([768]), Parameter with shape torch.Size([768]), ...] (108 items total)

图 4.4 LP

注意，这些数字可能会因 Transformer 模型而异。

我们将更进一步计算每个张量的参数数量。首先初始化一个名为 np 的参数计数器，然后遍历参数列表中的元素数(lp，本例为 108)：

```
#@title Counting the parameters
np=0
for p in range(0,lp):#number of tensors
```

这里的参数包括不同大小的矩阵和向量；例如：

- 768×768
- 768×1
- 768

可以看到，有些参数是二维的，有些是一维的。

查看列表 LP[p]中的参数 p 是否二维的一种简单方法是执行以下操作：

```
PL2=True
try:
  L2=len(LP[p][0])  #check if 2D
except:
  L2=1              #not 2D but 1D
  PL2=False
```

如果参数有两个维度，则其第二个维度将为 L2>0 且 PL2=True(意为 2 dimensions=True)。如果参数只有一个维度，则其第二个维度将为 L2=1 且 PL2=False(意为 2 dimensions= False)。

L1 表示参数第一个维度的大小。L3 表示参数的尺寸：

```
L1=len(LP[p])
L3=L1*L2
```

现在我们在循环的每一步对参数进行相加：

```
np+=L3             # number of parameters per tensor
```

我们将获得参数的总和，但也想确切地看到 Transformer 模型的参数数量是如何计算得出的：

```
  if PL2==True:
```

```
    print(p,L1,L2,L3)     # displaying the sizes of the parameters
  if PL2==False:
    print(p,L1,L3)        # displaying the sizes of the parameters
print(np)                 # total number of parameters
```

注意，如果参数只有一个维度，即 PL2=False，那么我们只展示第一个尺寸。

输出一个列表，展示如何计算模型中所有张量的参数数量：

```
0 52000 768 39936000
1 514 768 394752
2 1 768 768
3 768 768
4 768 768
5 768 768 589824
6 768 768
7 768 768 589824
8 768 768
9 768 768 589824
10 768 768
```

最后在列表末尾展示 RoBERTa 模型的参数总数：

```
84,095,008
```

参数数量可能因所用库的版本而异。

我们现在确切地知道 Transformer 模型中的参数数量代表什么。请花几分钟时间复习并查看配置的输出、参数的内容以及参数的大小。你现在应该对 Transformer 模型构建块有了精确的认识。

接下来开始构建数据集。

4.2.10 步骤 10：构建数据集

接下来将逐行加载数据集，以生成用于批量训练的样本，其中 block_size=128 用于限制样本的长度：

```
#@title Step 10: Building the Dataset
%%time
from transformers import LineByLineTextDataset
dataset = LineByLineTextDataset(
    tokenizer=tokenizer,
    file_path="./kant.txt",
    block_size=128,
)
```

输出展示，Hugging Face 投入大量资源来优化处理数据所需的时间：

```
CPU times: user 8.48 s, sys: 234 ms, total: 8.71 s
Wall time: 3.88 s
```

Wall time(处理器处于活动状态的实际时间)得到优化。

接下来将创建一个数据整理器来创建用于反向传播的对象。

4.2.11 步骤 11：定义数据整理器

我们需要在初始化训练器之前运行数据整理器(data collator)。数据整理器将从数据集中获取样本并将它们整理成批。结果是类似字典的对象。

通过设置 mlm=True 来指定我们希望使用 MLM 进行训练。

通过设置 mlm_probability=0.15 来指定词元掩码的百分比。

现在使用 data_collator 初始化词元分析器、激活 MLM，并将词元掩码的比例设置为 0.15：

```
#@title Step 11: Defining a Data Collator
from transformers import DataCollatorForLanguageModeling
data_collator = DataCollatorForLanguageModeling(
    tokenizer=tokenizer, mlm=True, mlm_probability=0.15
)
```

接下来将初始化训练器。

4.2.12 步骤 12：初始化训练器

至此，初始化训练器所需的信息全部准备好了。数据集已经词元化并加载。模型已经构建起来了。数据整理器也创建了。

现在我们可以开始初始化训练器了。出于教学目的，我们将快速训练模型。因此轮数(epoch)将设置为 1。此时 GPU 就派上用场了，因为我们可以共享批量并以多进程方式处理训练任务。

```
#@title Step 12: Initializing the Trainer
from transformers import Trainer, TrainingArguments
training_args = TrainingArguments(
   output_dir="./KantaiBERT",
   overwrite_output_dir=True,
   num_train_epochs=1,
   per_device_train_batch_size=64,
   save_steps=10_000,
   save_total_limit=2,
)
trainer = Trainer(
    model=model,
    args=training_args,
    data_collator=data_collator,
    train_dataset=dataset,
)
```

现在一切都准备好了，我们可以开始训练模型了。

4.2.13　步骤 13：预训练模型

一切都准备好了。我们使用一行代码启动训练器：

```
#@title Step 13: Pre-training the Model
%%time
trainer.train()
```

输出实时展示训练过程，展示损失、学习率、轮数和步骤。

```
Epoch: 100%
1/1 [17:59<00:00, 1079.91s/it]
Iteration: 100%
2672/2672 [17:59<00:00, 2.47it/s]
{"loss": 5.6455852394104005, "learning_rate": 4.06437125748503e-05,
"epoch": 0.18712574850299402, "step": 500}
{"loss": 4.940259679794312, "learning_rate": 3.12874251497006e-05,
"epoch": 0.37425149700598803, "step": 1000}
{"loss": 4.639936000347137, "learning_rate": 2.1931137724550898e-05,
"epoch": 0.561377245508982, "step": 1500}
{"loss": 4.361462069988251, "learning_rate": 1.2574850299401197e-05,
"epoch": 0.7485029940119761, "step": 2000}
{"loss": 4.228510192394257, "learning_rate": 3.218562874251497e-06,
"epoch": 0.9356287425149701, "step": 2500}
CPU times: user 11min 36s, sys: 6min 25s, total: 18min 2s
Wall time: 17min 59s
TrainOutput(global_step=2672, training_loss=4.7226536670130885)
```

至此，模型已经训练完毕。接下来需要保存工作。

4.2.14　步骤 14：将最终模型(+词元分析器+配置)保存到磁盘

现在将保存模型和配置：

```
#@title Step 14: Saving the Final Model(+tokenizer + config) to disk
trainer.save_model("./KantaiBERT")
```

单击文件管理器中的 Refresh，应展示如图 4.5 所示的信息。

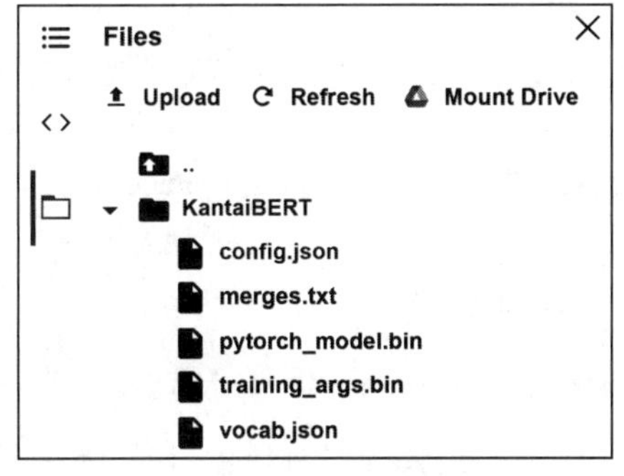

图 4.5　Colab 文件管理器

现在应该可在文件管理器中看到 config.json、pytorh_model.bin 和 training_args.bin。其中 merges.txt 和 vocab.json 是前述的预训练词元化结果文件。

至此，我们从头开始构建了一个模型。接下来导入流水线(pipeline)，以使用预训练模型和词元分析器执行语言建模任务。

4.2.15 步骤 15：使用 FillMaskPipeline 进行语言建模

现在将导入 fill-mask 流水线来执行语言建模任务。将使用预训练模型和词元分析器来执行 MLM：

```
#@title Step 15: Language Modeling with the FillMaskPipeline
from transformers import pipeline
fill_mask = pipeline(
    "fill-mask",
    model="./KantaiBERT",
    tokenizer="./KantaiBERT"
)
```

现在可以要求模型像 Immanuel Kant 一样思考：

```
fill_mask("Human thinking involves human <mask>.")
```

每次运行的结果可能会不一样，因为我们使用有限的数据从头开始预训练模型。但是，观察运行的结果将是一件很有意义的事情，因为能够领悟语言建模概念。

```
[{'score': 0.022831793874502182,
  'sequence': '<s> Human thinking involves human reason.</s>',
  'token': 393},
 {'score': 0.011635891161859035,
  'sequence': '<s> Human thinking involves human object.</s>',
  'token': 394},
 {'score': 0.010641072876751423,
  'sequence': '<s> Human thinking involves human priori.</s>',
  'token': 575},
 {'score': 0.009517930448055267,
  'sequence': '<s> Human thinking involves human conception.</s>',
  'token': 418},
 {'score': 0.00923212617635727,
  'sequence': '<s> Human thinking involves human experience.</s>',
  'token': 531}]
```

注意，每次运行的结果可能不同，且 Hugging Face 每次更新其模型后，结果可能也会不同。

不过，我们经常会看到以下输出：

```
Human thinking involves human reason
```

这个输出结果很像 Immanuel Kant 的风格！虽然本章的目标是了解如何训练 Transformer。

注意，这些结果是实验性的，在训练过程中可能发生变化。因此每次再次训练模型后，它们都会不同。

如果想把模型训练得更好，还需要来自 *Age of Enlightenment* 其他思想家的更多数据。

但是这个模型已经完成了目标：表明我们可创建数据集，为特定类型的复杂语言建模任务训练 Transformer。

感谢 Transformer，我们开创了 AI 的新时代！

4.3 后续步骤

至此，你已经从头开始训练了一个 Transformer 模型。现在可以花点时间想想可利用你刚学到的知识在个人或公司环境中做些什么。可为特定任务创建一个数据集并从头开始训练一个模型。请使用你感兴趣的领域或公司项目来尝试 Transformer 结构套件的魅力吧！

制作出自己喜欢的模型后，可将其与 Hugging Face 社区分享。模型将展示在 Hugging Face 模型页面上：https://huggingface.co/models。

具体信息可以参考以下文档：https://huggingface.co/transformers/model_sharing.html。

还可下载 Hugging Face 社区分享的模型，从而为你的个人和专业产品获得新思路。

4.4 本章小结

本章使用 Hugging Face 提供的构建块从头开始构建 KantaiBERT(一个类似 RoBERTa 的 Transformer 模型)。

我们首先使用 Immanuel Kant 部分作品创建一个自定义的数据集。可以加载现有数据集或创建自己的数据集，具体取决于你的目的。我们看到，使用自定义数据集可以深入了解 Transformer 模型的思维方式。然而，这种实验方法有其局限性。如果用于现实工作中，我们需要更大的数据集来训练模型。

我们将使用 kant.txt 数据集训练一个词元分析器，将训练的结果 merges.txt 和 vocab.json 保存到磁盘上。然后设计一个数据整理器来处理批量训练以进行反向传播。训练器初始化完后，我们详细介绍了 RoBERTa 模型的参数，再训练和保存模型。

最后加载所保存的模型，并执行下游语言建模任务。该任务的目标是用 Immanuel Kant 的逻辑来预测被掩码的单词。

现在，可对现有或自定义数据集进行试验，以查看获得的结果。可与 Hugging Face 社区分享模型。Transformer 是数据驱动的。可利用这一点来发现使用 Transformer 的新方法。

至此，你已经掌握了第 7 章的准备知识，我们将在第 7 章带你进入未来的 AI 世界。下一章我们将使用 Transformer 处理下游 NLP 任务。

4.5 练习题

1. RoBERTa 使用字节级 BPE 编码词元分析器。(对|错)
2. 使用 Hugging Face 词元分析器将生成 merges.txt 和 vocab.json 文件。(对|错)
3. RoBERTa 不会使用词元类型的 ID。(对|错)
4. DistilBERT 有 6 层和 12 个头。(对|错)
5. 具有 8000 万个参数的 Transformer 模型是一个很大的模型。(对|错)
6. 我们无法训练词元分析器。(对|错)
7. 类 BERT 模型有 6 个解码器层。(对|错)
8. 掩码语言建模(MLM)预测句子中掩码词元所包含的单词。(对|错)
9. 类 BERT 模型没有自注意力子层。(对|错)
10. 数据整理器有助于反向传播。(对|错)

第 5 章

使用Transformer处理下游NLP任务

当我们使用预训练模型并观察它们执行下游 NLU(自然语言理解)任务时，可领会到 Transformer 的强大。预训练和微调 Transformer 模型需要花费大量时间和精力，但是当我们看到数百万参数 Transformer 模型在一系列 NLU 任务上运行效果极佳时，就体会到这种努力是值得的。

首先，你将了解到 Transformer 追求超越人类基准。人类基准表示人类在 NLU 任务上的表现。人类从小就学会了转导，并迅速发展出归纳思维。我们人类用感官直接感知世界。机器智能完全依赖于我们转录成单词的感知来理解语言。

然后，我们将看到如何度量 Transformer 的性能。度量 NLP(自然语言处理)任务很简单：将模型的预测结果与真实答案进行比较，从而得到一个准确率分数。这个准确率分数可以采用不同的形式，具体取决于基准任务和数据集。SuperGLUE 就是一个很好的例子，它是 Google DeepMind、Facebook AI、纽约大学、华盛顿大学和其他大学共同努力为度量 NLP 性能所设定的高标准。

最后，我们将讲述几个下游任务，例如标准情绪树库(SST-2)、语言可接受性和 Winograd 模式。

Transformer 正迅速将 NLP 提升到一个新水平，因为它在各大权威机构制定的基准测试任务上优于其他模型。还会陆续出现和发展出更优秀的 Transformer 架构变种。

本章涵盖以下主题：

- 机器与人类智能在转导和感知方面的应用
- NLP 转导和感知过程
- 度量 Transformer 性能与人工基准
- 度量方法(准确率、*F*1 分数和 MCC)
- 基准任务和数据集
- SuperGLUE 下游任务

- CoLA 的语言可接受性
- 使用 SST-2 进行情绪分析
- Winograd 模式

我们首先了解人类和机器如何表示语言。

5.1 Transformer 的转导与感知

自动化机器学习(AutoML)的出现，意味着自动化云 AI 平台中的 API，深刻改变了每个 AI 专家的职位描述。例如，Google Vertex 认为 AutoML 能将 ML 所需的开发工作减少 80%。这意味着任何人都可通过即用型系统实现 ML。这是否意味着程序员的工作量减少了 80%？我不这么认为。我认为工业 4.0 的 AI 专家会从底层工作释放出来去做更高层面的工作。

工业 4.0 的 NLP AI 专家虽然在源代码上的投入会更少，但是需要在知识上投入更多，才能成为团队里的 AI 大师。

Transformer 拥有将知识应用于它们没有学过的任务的独特能力。例如，BERT Transformer 通过序列到序列和掩码语言建模来获取基础语言能力。然后，不需要从头开始学习，只需要对 BERT Transformer 进行微调，就可以执行下游任务。

本节将做一个思想实验。我们将使用 Transformer 的示意图来表示人类和机器是如何使用语言来理解信息的。机器理解信息的方式与人类不同，但也可以达到非常有效的结果。

图 5.1 是一个用 Transformer 架构层和子层设计的思想实验，展示了人与机器理解信息的相似性。现在我们逐一讲述 Transformer 模型的学习过程：

在我们的示例中，为简化起见，N=2 表示具有两个层。这两层足以表明，人类的知识是代代相传积累的。机器只能使用我们给予它们的知识。机器使用我们的输出作为输入。

5.1.1 人类智能栈

在图 5.1 的左侧，我们可以看到人类的输入是所感知的原始事件，输出是语言。首先用感官来感知事件，就像孩子咿呀学语一样，输出开始是嘟囔，语无伦次，然后渐渐变成结构化语言。

对于人类来说，通过反复试错不断摸索进行转导。转导意味着我们采用感知到的结构并用模式表示它们。先对往事进行反思，然后进行归纳。我们的归纳依赖于转导质量。

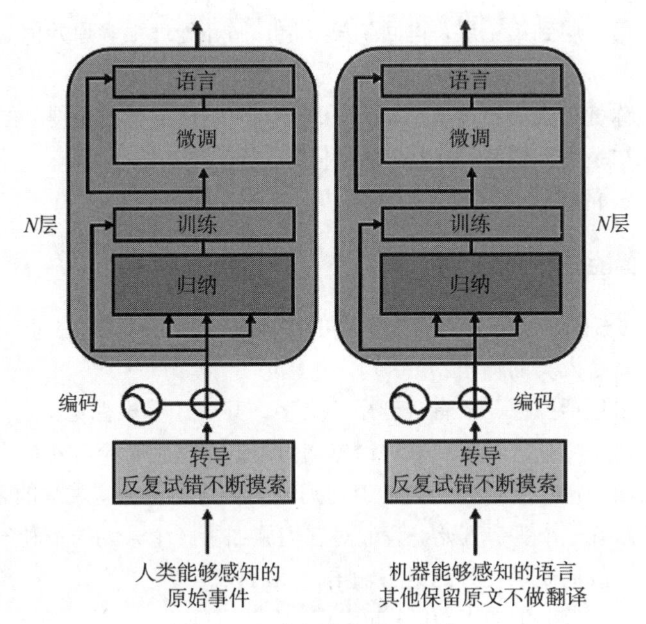

图 5.1　人类方法和 ML 方法

例如，小时候，我们经常被迫在午后小睡一会。著名的儿童心理学家让·皮亚杰发现，这可能导致一些孩子说，“我还没有午睡，所以现在不是下午”。孩子看到这两个事件，通过转导在它们之间建立联系，然后进行推断以进行概括和归纳。

首先，人类通过转导识别出这些模式，并通过归纳将这些模式泛化。我们经过反复试错和不断摸索的训练，了解到许多事件是相关的：

训练出的相关事件 ={日出-天亮，日落-天黑，乌云密布-下雨，蓝天-出太阳，食物-好事，烧火-温暖，下雪-寒冷}

随着时间的推移，我们已经训练成可以理解数百万个相关事件。新一代人类不必从头开始。他们只需要在前几代人的基础上进行微调即可处理许多任务。例如，长辈教导“火会烧到你”。孩子就可将这个知识微调到任何形式的“火”：蜡烛、野火、火山以及任何一种“火烧”形式。

最后，人类将他们所知道的或预测的一切转录成书面语言。第 0 层的输出诞生了。

对人类来说，下一层，即第 1 层的输入，是大量经过训练和微调的知识。最重要的是，人类感知到大量事件，然后通过子层对事件以及先前转录的知识进行转导、归纳、训练和微调。

其中许多事件源于气味、情绪、情景、经历以及使人类与众不同的一切。计算机无权访问个人标识，而人类对每个人的同质方式都有各自的感知。

机器通过大量异构的非个人数据获取我们给它的东西。机器的目标是执行一项通用的、高效的任务。而人类的目标与个人相关。

人类将从第 0 层到第 1 层，再回到第 0 层，循环处理很多原始信息和从上一层转导过来的信息。

结果令人称赞！人类不需要从头开始学习(训练)母语就能获得总结能力。人类可以利用预训练知识进行调整(微调)来总结任务。

Transformer 的过程阶段与人类相同，但方法不同。

5.1.2 机器智能栈

在图 5.1 的右侧，我们可以看到机器的输入是语言形式的二手信息。机器分析语言的唯一输入就是人类的输出。

人类的输出包括图像、语音、音乐、文字。其中计算机视觉识别是处理图像的，不包含语言的语法特征，不在本书讨论范围内。语音识别将声音转换为单词，从而把问题转化为书面语言。对音乐的模式识别则无法转化为用文字表达的客观概念。

可见，机器从一个劣势开始。我们对它们施加了一个人为的不利条件。机器必须依赖我们随机生成的质量良好的语言输出，然后：

- 进行转导，将语言序列中一起出现的所有词元(子词)连接在一起。
- 基于这些转导进行归纳。
- 基于词元训练这些归纳，以得出产生词元的模式。

讲到这里我们先停一下，看看注意力子层是如何产生有效归纳的：

- Transformer 模型不再使用以前基于循环递归的学习操作，而使用自注意力来增强模型的视野。
- 在这一点上，注意力子层比人类有优势：它们可处理数百万个示例进行归纳性思维操作。
- 像我们一样，它们通过转导和归纳找到序列中的模式。
- 它们使用存储在模型中的参数来记忆这些模式。

机器利用其与人类不同的能力理解语言：大量的数据量、出色的 NLP Transformer 算法和计算机能力。由于它们对语言的深刻理解，它们已经可以执行数百种它们没有遇到过的任务。

Transformer 和人类一样，通过数量有限的任务获得语言理解能力。像人类一样，它们通过转导检测连接，然后通过归纳操作将其概括和泛化。

当 Transformer 模型到达机器智能的微调子层时，它会像人类一样做出反应。它不会从头开始训练以执行新任务。像人类一样，将其视为下游任务，只需要微调。如果它需要学习如何回答问题，它不会从头开始学习一门语言。Transformer 模型只需要像人类一样微调其参数。

至此，我们看到 Transformer 模型在学习方式上与人类有所不同。从依赖人类转录的感知开始，它们就处于劣势。然而，它们可通过庞大的计算能力以及大量数据来达到甚至超越普通人的水平。

接下来我们看看如何度量 Transformer 性能与人类基准。

5.2　Transformer 性能与人类基准

与人类一样，Transformer 可通过继承预训练模型的特性来执行下游任务。预训练模型通过参数提供架构和语言表示。

Transformer 首先在关键任务上进行训练得出预训练模型，以获得对语言的通用知识。然后在下游任务进行训练，微调出模型。并非每个 Transformer 模型都使用相同的任务进行预训练。理论上，所有任务都可用于预训练或微调。

但每个 NLP 模型都需要用标准、统一的方法来评估其性能。

本节将首先介绍一些关键的度量方法。然后将介绍一些主要的基准测试任务和数据集。

我们先从一些关键指标开始。

5.2.1　评估模型性能的度量指标

如果一个通用度量系统没有使用标准、通用、统一的度量指标，就无法公正、有效、令人信服地将一个 Transformer 模型与另一个 Transformer 模型(或任何其他 NLP 模型)进行比较。

本节将分析 GLUE 和 SuperGLUE 使用的三种度量评分方法。

准确率分数

无论你使用哪种变体，准确率分数都是一个很实用的评估指标。score 函数为每个结果计算一个简单的 true 或 false 值。这里的 true 或 false 值指对于给定样本集合的子集 $samples_i$，模型的输出 $\hat{y}$ 与正确的预测值 y 是否匹配。基本函数定义如下：

$$\text{Accuracy}(y,\hat{y})=\frac{1}{n_{\text{samples}}}\sum_{i=0}^{n_{\text{samples}}-1}1\left(\hat{y}_i=y_i\right)$$

如果结果是正确的，则分数为 1，如果错误则为 0。

接下来我们看看更灵活的 $F1$ 分数。

***F*1 分数**

$F1$ 分数是一种更灵活的方法，在处理类别分布不平衡的数据集方面很有帮助。

$F1$ 分数使用查准率(precision)和查全率(recall)的加权值，是查准率和查全率的加权平均值：

$$F1\text{分数}=2*(\text{查准率} * \text{查全率}) / (\text{查准率} +\text{查全率})$$

在上式中，真阳性(TP)、假阳性(FP)和假阴性(FN)被插入查准率和查全率的等式中：

$$P = \frac{\text{TP}}{\text{TP} + \text{FP}}$$

$$R = \frac{\text{TP}}{\text{TP} + \text{TN}}$$

因此，$F1$ 分数可看作查准率(P)和查全率(R)的调和平均值(算术平均值的倒数)：

$$F1\text{分数} = 2 \times \frac{P \times R}{P + R}$$

接下来我们复习一下 MCC 方法。

马修斯相关系数(MCC)

在第 3 章中，我们已经讲述和使用过 MCC。MCC 通过真阳性(TP)、真阴性(TN)、假阳性(FP)、假阴性(FN)来计算度量值。

MCC 可用下式概括：

$$\frac{\text{TP} \times \text{TN} - \text{FP} \times \text{FN}}{\sqrt{(\text{TP} + \text{FP})(\text{TP} + \text{FN})(\text{TN} + \text{FP})(\text{TN} + \text{FN})}}$$

MCC 为二分类模型提供了一个优秀的度量指标，即使类别不平衡。

至此，我们已经对如何将一个 Transformer 模型的结果与其他 Transformer 模型或 NLP 模型进行比较有一个很好的思路了。

讲完了度量指标，接下来分析基准任务和数据集。

5.2.2 基准任务和数据集

要证明一个 Transformer 模型已达到最先进的性能水平，需要三个先决条件：

- 模型
- 数据集驱动型任务
- 上一节所述的度量指标

我们将从 SuperGLUE 基准开始讲解 Transformer 模型的评估过程。

从 GLUE 到 SuperGLUE

SuperGLUE 基准由 Wang et al. (2019)在其论文中设计并公开。此前，Wang et al. (2019)就已经设计了通用语言理解评估(GLUE)基准。

GLUE 基准测试的目的是展示 NLU 模型只有能够应用于多种任务才能发挥其实用性。为实现这个目标，GLUE 使用了较小的数据集，旨在激励 NLU 模型解决一系列不同的任务。通过这些任务的综合考察，可以评估模型在多领域、多任务上的表现能力。GLUE 基准测试旨在提供一个全面的评估框架，以帮助研究人员和开发者比较不同 NLU 模型的性能。

然而，随着 Transformer 的发展，NLU 模型的性能开始超过普通人类水平，这可从 GLUE 排行榜(截至 2021 年 12 月)看出。GLUE 排行榜(https://gluebenchmark.com/leaderboard)展示了 NLU 人才的显著成就，目前除了保留了一些以前的 RNN / CNN 模型，主要都是突破性的 Transformer 模型。

图 5.2 是排行榜(2021 年 12 月)部分摘录，展示了当时最领先的模型和 GLUE 人类基准的排名。

Rank	Name	Model	URL	Score
1	Microsoft Alexander v-team	Turing NLR v5		91.2
2	ERNIE Team - Baidu	ERNIE	↗	91.1
3	AliceMind & DIRL	StructBERT + CLEVER	↗	91.0
4	liangzhu ge	DEBERTa + CLEVER		90.9
5	DeBERTa Team - Microsoft	DeBERTa / TuringNLR	↗	90.8
6	HFL iFLYTEK	MacALBERT + DKM		90.7
17	GLUE Human Baselines	GLUE Human Baselines	↗	87.1

图 5.2　GLUE 排行榜——2021 年 12 月

注意，该排行榜会不断涌现新模型，并且模型和人类基准排名会不断变化。图 5.2 的排名摘录只是为了让我们了解 Transformer 带我们走了多远！

我们首先注意到在 GLUE 中，人类基准并未处于领先地位，这表明 NLU 模型在 GLUE 任务上已经超过了非专家人类。人类基准代表我们人类可以实现的目标。AI 现在能够超越普通人类了。2021 年 12 月，人类基准仅排在第 17 位。这是一个问题。如果没有一个可以超越的标准，就很难四处寻找基准数据集来改进模型。

于是 Wang et al. (2019)设计了更高的人类基准标准——SuperGLUE。

更高的人类基准标准

Wang et al. (2019)认识到 GLUE 的局限性，因此加入了更难的 NLU 任务设计了 SuperGLUE。

2020 年 12 月的 SuperGLUE 排行榜(https://super.gluebenchmark.com/leaderboard)如图 5.3 所示，SuperGLUE 人类基准标准排名第 1。

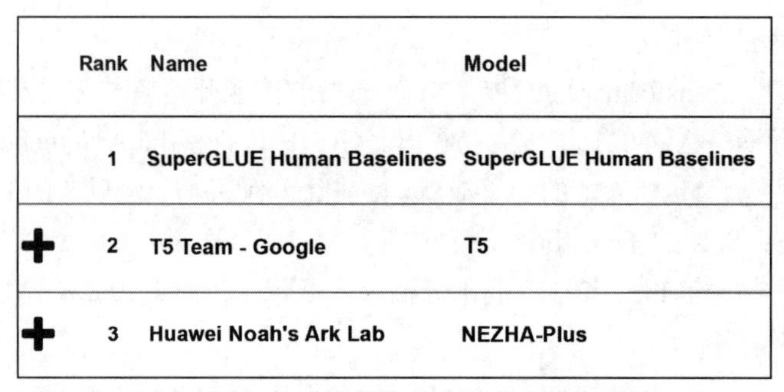

	Rank	Name	Model
	1	SuperGLUE Human Baselines	SuperGLUE Human Baselines
+	2	T5 Team - Google	T5
+	3	Huawei Noah's Ark Lab	NEZHA-Plus

图 5.3　SuperGLUE 排行榜——2020 年 12 月

然而，SuperGLUE 排行榜随着更好的 NLU 模型诞生而变化。2021 年，Transformer 模型已经超过人类基准标准。2021 年 12 月，人类基准标准已跌至第 5 名，如图 5.4 所示。

Rank	Name	Model	URL	Score
1	Microsoft Alexander v-team	Turing NLR v5		90.9
2	ERNIE Team - Baidu	ERNIE 3.0		90.6
3	Zirui Wang	T5 + UDG, Single Model (Google Brain		90.4
4	DeBERTa Team - Microsoft	DeBERTa / TuringNLRv4		90.3
5	SuperGLUE Human Baselines	SuperGLUE Human Baselines		89.8

图 5.4　SuperGLUE排行榜——2021 年 12 月

随着更先进的模型诞生，AI 算法排名将不断变化。通过这些排名我们了解到争夺 NLP 最高地位的战争有多么激烈！

接下来我们详细讲解一下 SuperGLUE 评估过程是如何进行的。

SuperGLUE 评估过程

Wang et al. (2019)为 SuperGLUE 基准选择了八项任务。这些任务的选择标准比 GLUE 更严格。例如，任务不仅要能够理解文本，还要能够推理。推理水平虽然尚未达到顶级人类专家的水平，但性能水平足以完成许多人工任务。

图 5.5 列出了一些 SuperGLUE 任务。

SuperGLUE Tasks

Name	Identifier	Download	More Info	Metric
Broadcoverage Diagnostics	AX-b			Matthew's Corr
CommitmentBank	CB			Avg. F1 / Accuracy
Choice of Plausible Alternatives	COPA			Accuracy
Multi-Sentence Reading Comprehension	MultiRC			F1a / EM
Recognaing Textual Entailment	RTE			Accuracy
Words in Context	WiC			Accuracy
The Winograd Schema Challenge	WSC			Accuracy
BoolQ	BoolQ			Accuracy
Reading Comprehension with Commonsense Reasoning	ReCoRD			F1 / Accuracy
Winogender Schema Diagnostics	AX-g			Gender Parity / Accuracy

DOWNLOAD ALL DATA

图 5.5　SuperGLUE 任务

以上任务列表的详细信息参见 https://super.gluebenchmark.com/tasks。

任务列表中每一行表示：

- Name 是预训练模型微调的下游任务的名称。
- Identifier 是 Name 的缩写或简写版本。
- Download 是数据集的下载链接。
- More Info 是设计数据集驱动任务的团队的论文或网站链接，据此可查阅更多信息。
- Metric 是用于评估模型的度量指标。

SuperGLUE 提供了以上任务的说明、软件、数据集以及描述待解决问题的论文或网站。当一个团队完成以上任务并且成绩好到足以进入排行榜后，将展示如图 5.6 所示的结果。

Score	BoolQ	CB	COPA	MultiRC	ReCoRD	RTE	WiC	WSC	AX-b	AX-g
89.8	89.0	95.8/98.9	100.0	81.8/51.9	91.7/91.3	93.6	80.0	100.0	76.6	99.3/99.7

图 5.6　SuperGLUE 任务分数

可以看到，图 5.6 展示了该队伍的总分和以上八项任务对应的分数。

现在以 Wang et al. (2019)论文中表 6 提到的 COPA(Choice of Plausible Answers，

选择合理答案)任务为例进行说明。

第一步是阅读 Roemmele et al.(2011)撰写的杰出论文。简而言之，目标是让 NLU 模型展示其机器思维(当然不是人类思维)的潜力。在本例中，Transformer 必须为问题选择最合理的答案。数据集提供了一个前提，Transformer 模型必须找到最合理的答案。

下面列举一个例子。

前提：我敲了邻居的门。

问题：会发生什么结果？

备选答案 1：邻居邀请我进家。

备选答案 2：邻居不在家。

这个问题人类也需要一两秒钟才能回答，这表明它需要一些常识性的机器思维。在这方面，COPA.zip 是一个可直接从 SuperGLUE 任务页下载的即用型数据集。其所配有的度量指标使基准竞赛的所有参与者的过程公平可靠。

我们可以看到，一些 Transformer 模型正在接近 COPA 人类基准(图 5.7)，而且以所有任务的综合评分来看，人类基准开始落后，掉到第 5 名了。

Rank	Name	Model	URL	Score	COPA
1	Microsoft Alexander v-team	Turing NLR v5		90.9	98.2
2	ERNIE Team - Baidu	ERNIE 3.0		90.6	97.4
3	Zirui Wang	T5 + UDG, Single Model (Google Brain)		90.4	98.0
4	DeBERTa Team - Microsoft	DeBERTa / TuringNLRv4		90.3	98.4
5	SuperGLUE Human Baselines	SuperGLUE Human Baselines		89.8	100.0

图 5.7　COPA 的 SuperGLUE 结果

尽管看起来不可思议，但 Transformer 在很短时间内就登上了排行榜头部！而这仅仅是个开始。几乎每个月都有新的 Transformer 模型出现！

至此，我们已经介绍完了 COPA。接下来分析其他七个 SuperGLUE 基准测试任务。

5.2.3　定义 SuperGLUE 基准任务

一项任务可用作生成训练模型的预训练任务，也可用作另一个模型进行微调的下游任务。SuperGLUE 的目标是展示给定的 NLU 模型能通过微调来执行多个不同的下游任务。多任务模型证明了 Transformer 模型具有思考能力。

Transformer 模型具有强大的能力，可以使用预训练模型来执行多项任务，并通过微调将其应用于下游任务。原始 Transformer 模型和其变种目前在 GLUE 和 SuperGLUE 任务中处于领先地位。我们将继续介绍人类基准难以超越的 SuperGLUE 下游任务。

上一节我们介绍了 COPA。本节将介绍 Wang et al.(2019)在其论文表 2 提到的其他七项任务。

我们先从 BoolQ 任务开始。

BoolQ

BoolQ 任务要求回答一个布尔型问题，即只能回答“是”或“否”。SuperGLUE 基准测试中包含了 15942 个自然语言的真实样本作为数据集。这些样本是从现实世界中获取的，而不是人工构建的。这意味着这些样本反映了真实语言使用中的各种情况和变化。这样的数据集能够更好地评估模型在真实场景中的性能和适应能力。通过使用这些自然出现的样本进行训练和测试，可以更准确地评估模型在处理复杂语言任务时的能力。以下是摘自训练集 train.jsonl 的第 3 个样本，其中包括一个段落、一个问题和答案(true)：

```
{"question": "is windows movie maker part of windows essentials"
"passage": "Windows Movie Maker -- Windows Movie Maker (formerly known as
Windows Live Movie Maker in Windows 7) is a discontinued video editing
software by Microsoft. It is a part of Windows Essentials software suite
and offers the ability to create and edit videos as well as to publish
them on OneDrive, Facebook, Vimeo, YouTube, and Flickr.", "idx": 2,
"label": true}
```

BoolQ 所配套的数据集可能会随时间而变化，但基本概念保持不变。

接下来，我们看看 **Commitment Bank**，这是一项人类和机器都需要集中注意力的任务。

Commitment Bank (CB)

Commitment Bank(CB)是一项艰巨的任务。我们要求 Transformer 模型阅读一个前提，然后检查建立在该前提上的假设。例如，假设将确认前提是否与之矛盾。然后，Transformer 模型必须将假设标注为中性、蕴涵或与前提矛盾。

该数据集包含了自然话语对话。

以下是摘自训练数据集 train.jsonl 的第 77 个样本，展示了 CB 任务的困难之处：

```
{"premise": "The Susweca. It means ''dragonfly'' in Sioux, you know. Did I
ever tell you that's where Paul and I met?"
"hypothesis": "Susweca is where she and Paul met,"
"label": "entailment", "idx": 77}
```

接下来我们看看多句阅读理解。

多句阅读理解(MultiRC)

多句阅读理解(Multi-Sentence Reading Comprehension，**MultiRC**)要求模型阅读文本并从几个可能的选项中进行选择。这项任务对人类和机器来说都不简单。该模型以文本、多个问题以及每个问题的可能答案(带有 0(false)或 1(true)标注)呈现。

以下是摘自训练数据集 train.jsonl 的第 2 个样本：

```
"Text": "text": "The rally took place on October 17, the shooting on
February 29. Again, standard filmmaking techniques are interpreted as
smooth distortion: \"Moore works by depriving you of context and guiding
your mind to fill the vacuum -- with completely false ideas. It is
brilliantly, if unethically, done.\" As noted above, the \"from my cold
dead hands\" part is simply Moore's way to introduce Heston. Did anyone
but Moore's critics view it as anything else? He certainly does not
\"attribute it to a speech where it was not uttered\" and, as noted above,
doing so twice would make no sense whatsoever if Moore was the mastermind
deceiver that his critics claim he is. Concerning the Georgetown Hoya
interview where Heston was asked about Rolland, you write: \"There is
no indication that [Heston] recognized Kayla Rolland's case.\" This is
naive to the extreme -- Heston would not be president of the NRA if he
was not kept up to date on the most prominent cases of gun violence.
Even if he did not respond to that part of the interview, he certainly
knew about the case at that point. Regarding the NRA website excerpt
about the case and the highlighting of the phrase \"48 hours after Kayla
Rolland is pronounced dead\": This is one valid criticism, but far from
the deliberate distortion you make it out to be; rather, it is an example
for how the facts can sometimes be easy to miss with Moore's fast pace
editing. The reason the sentence is highlighted is not to deceive the
viewer into believing that Heston hurried to Flint to immediately hold a
rally there (as will become quite obvious), but simply to highlight the
first mention of the name \"Kayla Rolland\" in the text, which is in this
paragraph. "
```

该样本包含四个问题。出于演示目的，我们将只研究其中的两个。模型必须预测正确的标注。注意，模型被要求只能从该文本中获取信息：

```
"question": "When was Kayla Rolland shot?"
"answers":
[{"text": "February 17", "idx": 168, "label": 0},
{"text": "February 29", "idx": 169, "label": 1},
{"text": "October 29", "idx": 170, "label": 0},
{"text": "October 17", "idx": 171, "label": 0},
{"text": "February 17", "idx": 172, "label": 0}], "idx": 26},

{"question": "Who was president of the NRA on February 29?",
"answers": [{"text": "Charleton Heston", "idx": 173, "label": 1},
{"text": "Moore", "idx": 174, "label": 0},
{"text": "George Hoya", "idx": 175, "label": 0},
{"text": "Rolland", "idx": 176, "label": 0},
{"text": "Hoya", "idx": 177, "label": 0}, {"text": "Kayla", "idx": 178,
"label": 0}], "idx": 27},
```

此时，我们对单个微调的预训练模型在这些困难的下游任务中的表现感到钦佩。接下来我们看看阅读理解任务。

使用常识推理数据集进行阅读理解(ReCoRD)

使用常识推理数据集进行阅读理解(Reading Comprehension with Commonsense

Reasoning Dataset，ReCoRD)是另一项具有挑战性的任务。数据集包含来自 70 000 多篇新闻文章的 120 000 多个查询。Transformer 必须使用常识推理来解答问题。

我们从训练数据集 train.jsonl 抽取一个样本：

```
"source": "Daily mail"
A passage contains the text and indications as to where the entities are
located.
A passage begins with the text:
"passage": {
   "text": "A Peruvian tribe once revered by the Inca's for their
fierce hunting skills and formidable warriors are clinging on to their
traditional existence in the coca growing valleys of South America,
sharing their land with drug traffickers, rebels and illegal loggers.
Ashaninka Indians are the largest group of indigenous people in the
mountainous nation's Amazon region, but their settlements are so sparse
that they now make up less than one per cent of Peru's 30 million
population. Ever since they battled rival tribes for territory and food
during native rule in the rainforests of South America, the Ashaninka
have rarely known peace.\n@highlight\nThe Ashaninka tribe once shared
the Amazon with the like of the Incas hundreds of years ago\n@highlight\n
They have been forced to share their land after years of conflict forced
rebels and drug dealers into the forest\n@highlight\n. Despite settling
in valleys rich with valuable coca, they live a poor pre-industrial
existence",
```

然后得出如下实体：

```
"entities": [{"start": 2,"end": 9}, …,"start": 711,"end": 715}]
```

最后模型必须通过找到占位符(@placeholder)的正确值来回答 query：

```
{"query": "Innocence of youth: Many of the @placeholder's younger
generations have turned their backs on tribal life and moved to the
cities where living conditions are better",
"answers":[{"start":263,"end":271,"text":"Ashaninka"},{"start":601,
"end":609,"text":"Ashaninka"},{"start":651,"end":659,"text":"Ashaninka"}],
"idx":9}],"idx":3}
```

接下来我们处理下一项任务，识别文本蕴涵(RTE)。

识别文本蕴涵(RTE)

对于识别文本蕴涵(Recognizing Textual Entailment，RTE)，Transformer 模型需要读取前提文本(premise)，并对假设文本(hypothesis)进行分析，然后预测蕴涵关系的标注。

以下是摘自训练数据集 train.jsonl 的第 19 个样本：

```
{"premise": "U.S. crude settled $1.32 lower at $42.83 a barrel.",
"hypothesis": "Crude the light American lowered to the closing 1.32
dollars, to 42.83 dollars the barrel.", "label": "not_entailment", >"idx":
19}
```

可见 RTE 需要理解和逻辑能力。接下来我们看看“上下文中的单词”任务。

上下文中的单词(WiC)

上下文中的单词(WiC)和接下来的 Winograd 任务用于测试模型处理含糊不清的词语的能力。在 WiC 中，多任务 Transformer 需要分析两个句子，并确定目标词在这两个句子中是否具有相同的含义。

我们以训练数据集 train.jsonl 的第 1 个样本为例。

首先指定目标词：

```
"word": "place"
```

然后模型阅读包含目标单词的两个句子：

```
  "sentence1": "Do you want to come over to my place later?",
  "sentence2": "A political system with no place for the less prominent
groups."
```

在 train.jsonl 文件中，我们可以找到样本的索引、标注的值以及目标词在句子 1 和句子 2 中的位置(start1、end1、start2、end2)：

```
"idx": 0,
"label": false,
"start1": 31,
"start2": 27,
"end1": 36,
"end2": 32,
```

完成这项艰巨的任务后，Transformer 模型必须面对 Winograd 任务。

Winograd 模式挑战(WSC)

Winograd 模式挑战(Winograd schema challenge，WSC)任务以 Terry Winograd 命名。如果 Transformer 训练得很好，它应该能够解决消解问题。

数据集中的句子涉及代词，且这些代词在性别上存在微小的差异。换句话说，这些句子可能使用男性代词和女性代词来指代不同的实体或角色。通过这个任务，我们需要判断代词与哪个实体(职业或参与者)存在共指关系。这样的微小性别差异可以引发指代消解问题，对于 NLP 来说是一项具有挑战性的任务。

然而，带有自注意力的 Transformer 架构是完成这项任务的理想选择。

数据集中的每个句子包含一个职业、一个参与者和一个代词。需要解决的问题是确定代词是与职业还是与参与者具有指代关系。

我们从训练数据集 train.jsonl 中抽取一个样本。

模型将读取样本文本，然后预测 it 是否指代 the cup：

```
{"text": >"I poured water from the bottle into the cup until it was
full.",
The WSC ask the model to find the target pronoun token number 10 starting
at 0:
```

```
"target": {"span2_index": 10,
Then it asks the model to determine if "it" refers to "the cup" or not:
"span1_index": 7,
"span1_text": "the cup",
"span2_text": "it"},
For sample index #4, the label is true:
"idx": 4, "label": true}
```

至此，我们已经完成了 SuperGLUE 的一些主要任务。除此之外，还有其他许多任务。

但是，一旦你了解了 Transformer 的架构和基准任务的机制，你将能迅速适应任何模型和基准测试。

接下来我们讲述一些下游任务。

5.3 执行下游任务

本节通过执行下游任务来深入研究 Transformer 的工作原理。下游任务有很多，我们将在本节执行其中的几个。当你了解了一些任务的执行过程后，你将能很快理解所有这些任务。毕竟，所有这些任务的人类基准是我们！

下游任务是指从预训练 Transformer 模型继承模型和参数的微调任务。

因此，在下游任务中，我们从预训练模型的角度来看待任务的执行过程。这意味着，根据模型的不同，如果任务没有用于预训练模型，该任务就是下游任务。在本节中，我们将把所有任务都视为下游任务，因为我们没有对它们进行预训练。

模型在不断发展，数据库、基准方法、准确率度量方法和排行榜标准也会不断发展。但是，通过本章下游任务所反映的人类思想结构将保持不变。

我们先从 CoLA 开始。

5.3.1 语言学可接受性语料库(CoLA)

语言可接受性语料库(Corpus of Linguistic Acceptability，CoLA)是 GLUE 的一项任务，可参见 https://gluebenchmark.com/tasks。该任务包含数千条带有语法可接受性注解的英文句子样本。

Alex Warstadt et al.(2019)论文里的目标是评估 NLP 模型对句子的语言可接受性进行判断的能力。NLP 模型被预期能对句子进行分类。

这些句子被标注为合乎语法或不合乎语法。如果句子不合乎语法，则标注为 0；如果句子合乎语法，则标注为 1。例如：

- 对于句子“we yelled ourselves hoarse.”，分类结果为 1。
- 对于句子“we yelled ourselves.”，分类结果为 0。

可以查看第 3 章的 BERT_Fine_Tuning_Sentence_Classification_GPU.ipynb，以查

看在 CoLA 数据集上微调的 BERT 模型。使用 CoLA 数据的方式如下：

```
#@title Loading the Dataset
#source of dataset : https://nyu-mll.github.io/CoLA/
df = pd.read_csv("in_domain_train.tsv", delimiter='\t', header=None,
names=['sentence_source', 'label', 'label_notes', 'sentence'])
df.shape
```

然后我们加载一个预训练 BERT 模型：

```
#@title Loading the Hugging Face Bert Uncased Base Model
model = BertForSequenceClassification.from_pretrained("bert-base-uncased",
num_labels=2)
```

最后，我们使用 MCC 度量，我们在第 3 章讲述过 MCC。

如有必要，可回顾第 3 章相关部分了解 MCC 的数学描述，并重新运行源代码。

一个句子在语法上可能是不可接受的，但仍然传达了一种情绪。情绪分析可为机器增加一定程度的共情能力。

5.3.2 斯坦福情绪树库(SST-2)

斯坦福情绪树库(Stanford Sentiment TreeBank，SST-2)包含电影评论数据。本节将讲述 SST-2 二分类任务。尽管 SST-2 最初用于进行二分类(正面或负面)，但这些数据集实际上可对情绪进行更广泛的分类，从 0(表示负面情绪)到 n(表示正面情绪)。

Socher et al. (2013)在论文中将情绪分析的范围扩展到除简单的正面-负面分类之外的更多类别。他们提出了一种多标注情绪分类的方法，可将文本分类为不同的情绪类别，使得情绪分析更加细致和精确。第 12 章将讲述 SST-2 多标注情绪分类。

本节将使用 Hugging Face transformers pipeline 运行从 SST 中获取的样本，以演示二分类。

打开 Transformer_tasks.ipynb 并运行以下单元格；可以看到，该单元格包含来自 SST 的正面和负面电影评论：

```
#@title SST-2 Binary Classification
from transformers import pipeline
nlp = pipeline("sentiment-analysis")
print(nlp("If you sometimes like to go to the movies to have fun , Wasabi
is a good place to start."),"If you sometimes like to go to the movies to
have fun , Wasabi is a good place to start.")
print(nlp("Effective but too-tepid biopic."),"Effective but too-tepid
biopic.")
```

我们可以看到，输出是准确的：

```
[{'label': 'POSITIVE', 'score': 0.999825656414032}] If you sometimes like
to go to the movies to have fun , Wasabi is a good place to start .
[{'label': 'NEGATIVE', 'score': 0.9974064230918884}] Effective but tootepid
biopic.
```

SST-2 任务使用准确率指标进行评估。

至此，对序列情绪进行分类已经讲述完毕。接下来我们看看序列中的两个句子是不是释义(paraphrase)关系。释义句指的是在不改变句子含义的前提下，用不同的词或短语重新表达相同的意思。通过判断两个句子是否为释义关系，可评估它们之间的语义相似度和等价性。在自然语言处理中，判断两个句子是不是释义句对于许多任务(如问答系统、信息检索等)都非常重要。

5.3.3　Microsoft 研究释义语料库(MRPC)

Microsoft 研究释义语料库(Microsoft Research Paraphrase Corpus，MRPC)是 GLUE 的一项任务，包含从网络来源获取的句子对。每对句子都经过人工注解，以指示这对句子是否基于两个紧密相关的属性并且等价：

- 释义等价
- 语义等价

我们将使用 Hugging Face BERT 模型来运行一个样本。打开 Transformer_tasks.ipynb 并转到以下单元格，然后运行从 MRPC 提取的样本：

```
#@title Sequence Classification : paraphrase classification
from transformers import AutoTokenizer,
TFAutoModelForSequenceClassification
import tensorflow as tf
tokenizer = AutoTokenizer.from_pretrained("bert-base-cased-finetunedmrpc")
model = TFAutoModelForSequenceClassification.from_pretrained("bert-
basecased-finetuned-mrpc")
classes = ["not paraphrase", "is paraphrase"]
sequence_A = "The DVD-CCA then appealed to the state Supreme Court."
sequence_B = "The DVD CCA appealed that decision to the U.S. Supreme
Court."
paraphrase = tokenizer.encode_plus(sequence_A, sequence_B, return_
tensors="tf")
paraphrase_classification_logits = model(paraphrase)[0]
paraphrase_results = tf.nn.softmax(paraphrase_classification_logits,
axis=1).numpy()[0]
print(sequence_B, "should be a paraphrase")
for i in range(len(classes)):
    print(f"{classes[i]}: {round(paraphrase_results[i] * 100)}%")
```

输出是准确的，但你可能会收到警告消息，指出需要对模型进行更多的下游训练：

```
The DVD CCA appealed that decision to the U.S. Supreme Court. should be a
paraphrase
not paraphrase: 8.0%
is paraphrase: 92.0%
```

MRPC 任务使用 *F*1/准确率分数方法进行度量。

接下来我们讲述 Winograd 模式。

5.3.4 Winograd 模式

本章前面讲述过 Winograd 模式，不过所用的训练集是英文的。

那么如果我们要求 Transformer 模型解决英语-法语翻译中的代词性别问题呢？在法语中，名词具有不同的性别(阴性或阳性)，而这种性别会影响名词周围的其他单词(如冠词、形容词等)的拼写和变化。具体来说，对于同一个名词，其阴性和阳性形式可能有不同的拼写方式。这意味着将英语句子翻译成法语，且涉及具有性别的名词时，Transformer 模型需要正确选择相应的法语形式以保持语法和语义的准确性。

下面的句子中包含一个代词 it，而这个代词可以指代前文提到的 car(汽车)或 garage(车库)。问题是，Transformer 模型能否准确地理解并消除这个代词的歧义，即准确地确定 it 指代的是 car 还是 garage？

打开 Transformer_tasks.ipynb，转到#Winograd 单元格，然后运行示例：

```
#@title Winograd
from transformers import pipeline
translator = pipeline("translation_en_to_fr")
print(translator("The car could not go in the garage because it was too
big.", max_length=40))
```

翻译很完美：

```
[{'translation_text': "La voiture ne pouvait pas aller dans le garage
parce qu'elle était trop grosse."}]
```

Transformer 检测到代词 it 所指的是 car 这个词，而 car 是阴性形式。阴性形式适用于 it 和形容词 big。

在法语中，elle 表示阴性，对应于英文中的 it。如果是阳性形式，则应使用 il 表示。

grosse 是翻译为 big 的阴性形式；如果是阳性形式，则应使用 gros。

至此，我们给 Transformer 提供了一个复杂的 Winograd 模式问题，它给出了正确答案。

除了本书介绍的内容，还有很多数据集驱动的 NLU 任务。

5.4 本章小结

本章分析了人类语言表示过程与机器智能执行转导方式之间的差异。我们看到，Transformer 必须依靠我们以书面语言表达的极其复杂的思维过程的输出。语言仍然是表达大量信息的最精确方式。机器没有感官，必须将语音转换为文本才能从原始数据集中提取含义。

然后，我们讲述了如何度量多任务 Transformer 的性能。Transformer 为下游任务获得顶级结果的能力在 NLP 历史上是独一无二的。我们讲述了艰巨的 SuperGLUE 任务，也看到了 Transformer 能够很好地执行这些任务从而在 GLUE 和 SuperGLUE 排行榜上名列前茅。

BoolQ、CB、WiC 和我们涵盖的其他许多任务绝不容易处理，即使由人类来处理也是如此。我们以几个下游任务为例，展示了 Transformer 模型的强大。

Transformer 已经通过优于以前的 NLU 架构证明了价值。为了说明实现下游微调任务是多么简单，我们使用 Hugging Face 的 Transformer pipeline 在 Google Colab 笔记本运行了几项任务。

在 Winograd 模式中，我们赋予了 Transformer 一个困难的任务，即在英语-法语翻译中解决 Winograd 歧义问题。

下一章我们将进一步讲解机器翻译任务，并使用 Trax 构建机器翻译模型。

5.5 练习题

1. 机器智能使用与人类相同的数据进行预测。(对|错)
2. 对于 NLP 模型，SuperGLUE 比 GLUE 更糟糕。(对|错)
3. BoolQ 期望一个二进制答案。(对|错)
4. WiC 意为上下文中的单词。(对|错)
5. 识别文本蕴涵(RTE)检测一个序列是否包含另一个序列。(对|错)
6. Winograd 模式预测动词拼写是否正确。(对|错)
7. Transformer 模型现在处于 GLUE 和 SuperGLUE 的顶部。(对|错)
8. 人类基准标准不会永远占据榜首。SuperGLUE 也只能提高 Transformer 模型超越人类基准标准的难度而已。(对|错)
9. Transformer 模型永远不会超过 SuperGLUE 人类基准标准。(对|错)
10. Transformer 模型的变体优于 RNN 和 CNN 模型。(对|错)

第6章 机器翻译

人类具有序列转导能力，能将一个表示转移到另一个对象。我们可以很容易地想象一个序列的心理表征。例如有人说“花园里的花很漂亮”，我们可以很容易地在脑海中想象出一个鲜花盛开的花园。我们能够想象出花园的图像，尽管我们可能从未见过那个花园。我们甚至可以想象出鸟儿的啁啾声和鲜花芬芳扑鼻的香味。

与人类不同，机器必须从头开始学习数字表示的转导。传统的循环或卷积方法产生了不错的结果，但尚未达到很高的BLEU翻译评估分数。

而Transformer模型的自注意力这一创新提高了机器智能的分析能力。通过自注意力，语言A中的序列在尝试将其翻译成语言B之前就已经充分表示了B。自注意力机制令机器获得了更高的BLEU分数。

那篇著名的、开创性的*Attention Is All You Need*论文获得了英语-德语和英语-法语翻译当时的最佳成绩。从那以后，后续各种Transformer模型又提高了BLEU分数。

至此，本书已经介绍了Transformer的基本方面：Transformer的架构，从头开始训练RoBERTa模型，对BERT进行微调，评估微调后的BERT。我们也了解到通过在一些下游任务使用Transformer模型来验证模型的性能和适用性，深入理解了Transformer在不同任务上的应用。

本章将分三部分介绍机器翻译。首先讲述什么是机器翻译，然后将对WMT (Workshop on Machine Translation，机器翻译研讨会)数据集进行预处理，最后将讲述机器翻译是如何运行的。

本章涵盖以下主题：

- 机器翻译简介
- 人类转导和翻译
- 机器转导和翻译
- 对WMT数据集进行预处理
- 使用BLEU评估机器翻译
- 几何评估
- Chencherry平滑

- 介绍 Google 翻译的 API
- 使用 Trax 实现英语-德语机器翻译

我们首先了解什么是机器翻译。

6.1　什么是机器翻译

那篇著名的、开创性的 *Attention Is All You Need* 论文就是以解决机器翻译这一最棘手的 NLP 问题而开篇的。当时对于我们这些人机智能设计师来说，机器翻译的人工基准似乎遥不可及。但这篇论文里的原始 Transformer 架构却取得了当时最先进的 BLEU 结果。

所以本节将介绍什么是机器翻译。机器翻译是通过机器转导和输出来复制人类翻译的流程，如图 6.1 所示。

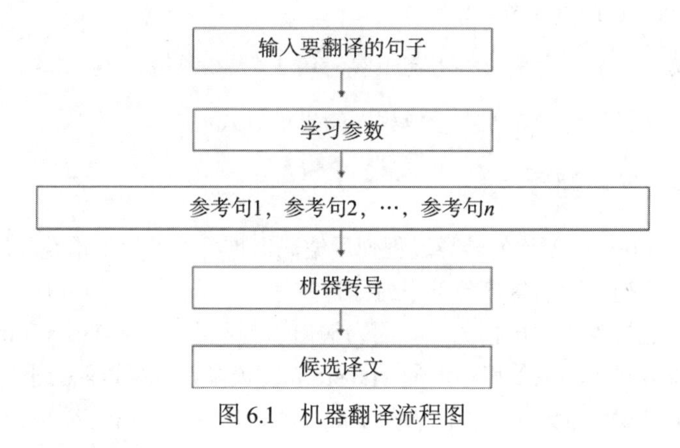

图 6.1　机器翻译流程图

图中的大概思路是让机器执行以下操作：

- 输入要翻译的句子
- 通过数以亿计的参数了解单词之间的关系
- 了解单词相互指代的多种方式
- 使用机器转导将学习的参数传输到新序列
- 为单词或序列选择候选译文

整个流程总是从要翻译源语言 A 的信号开始，然后以包含语言 B 译文的输出结束。中间计算过程涉及转导。

6.1.1　人类转导和翻译

例如，欧洲议会的一位人类口译员不会逐字翻译一个句子。逐字翻译通常没有意义，因为它们缺乏正确的语法结构，且由于忽视了每个词的上下文，无法产生正确的翻译。

人类的转导是将语言 A 中的一个句子转化为对该句子意义的认知表示。例如欧洲议会的口译员(口头翻译)或笔译员(书面翻译)只会将语言 A 的句子转导为语言 B 对该句子的解释。

我们将口译员或笔译员在语言 B 中完成的译文称为参考句。

讲到这里，你是否注意到图 6.1 中描述的机器翻译流程中的那几个参考句？

在现实生活中，人类译员不会多次将句子 A 翻译成句子 B，而只会翻译一次。然而，在现实生活中可能有多个译员翻译了句子 A。例如，可以找到《Montaigne 散文集》多个版本的翻译。如果你从法语原版中取出一个句子 A，就会发现有好几个版本的句子 B，这些版本将被标注为参考句 1～*n*。

如果有一天你去欧洲议会，可能会注意到口译员只会连续工作有限的时间，如两小时。然后由另一个口译员接替工作。每个口译员都有不同的风格，就像作家有不同的风格一样。因此源语言中的句子 A 可能会被同一个人在一天中多次重复，但会被翻译成多个版本的句子 B(参考句)：

$$参考=\{参考句\ 1,参考句\ 2, \ldots ,参考句\ n\}$$

机器应该能找到一种与人类翻译相同的思维方式。

6.1.2 机器转导和翻译

原始 Transformer 架构的转导过程使用编码器堆叠、解码器堆叠和所有模型参数来表示参考句序列。我们将该输出序列称为参考。

为什么不直接说“输出预测”？因为输出预测不止一种。Transformer 和人类一样，如果训练方式不同或使用不同的 Transformer 模型，结果可能会不同！

我们立即意识到，人类转导的人类基准，也就是语言序列的表示，是相当具有挑战性的。然而机器在这方面已经取得了很大的进展。

只有对机器翻译进行评估才能证明 NLP 的进步。为确定一个解决方案是否优于另一个解决方案，每个 NLP 挑战者、实验室或组织都必须参考相同的数据集，以确保比较是有效的。

接下来我们介绍一下 WMT 数据集。

6.2 对 WMT 数据集进行预处理

Vaswani 论文中介绍了原始 Transformer 架构在 WMT 2014 英语到德语翻译任务和 WMT 2014 英语到法语翻译任务方面的成就。原始 Transformer 架构获得了当时最优秀的 BLEU 分数。6.3 节将详细介绍 BLEU 分数。

WMT 2014 数据集包含几个欧洲语言。其中一个来自欧洲议会平行语料库第 7 版。

我们将使用来自欧洲议会会议平行语料库 1996—2011 年版本的 French-English 数据集(https://www.statmt.org/europarl/v7/fr-en.tgz)。

下载并提取后，我们将对这两个平行语料文件进行预处理：

- europarl-v7.fr-en.en
- europarl-v7.fr-en.fr

我们将加载、清除和减小语料库的大小。

现在开始对原始数据进行预处理。

6.2.1　对原始数据进行预处理

本节将对 europarl-v7.fr-en.en 和 europarl-v7.fr-en.fr 进行预处理。

打开本书配套源代码 chapter06 目录中的 read.py。我们需要先确认 europarl-v7.fr-en.en 和 europarl-v7.fr-en.fr 文件与 read.py 位于同一目录。

使用标准的 Python 函数和 pickle 来转储序列化输出：

```
import pickle
from pickle import dump
```

定义一个函数，将文件加载到内存中：

```
# load doc into memory
def load_doc(filename):
        # open the file as read only
        file = open(filename, mode='rt', encoding='utf-8')
        # read all text
        text = file.read()
        # close the file
        file.close()
        return text
```

将加载的文档拆分为句子：

```
# split a loaded document into sentences
def to_sentences(doc):
        return doc.strip().split('\n')
```

检索最短句子和最长句子的长度：

```
# shortest and longest sentence lengths
def sentence_lengths(sentences):
        lengths = [len(s.split()) for s in sentences]
        return min(lengths), max(lengths)
```

我们需要清理导入的句子行，以避免对无用和嘈杂的词元进行训练。这些行将被规范化，按空格进行词元化，并转换为小写。然后删除里面的标点符号、不可打印字符、数字词元。最后将清理后的结果存储为字符串。

我们将以上整个过程写成一个函数：

```
# clean lines
import re
import string
import unicodedata
def clean_lines(lines):
        cleaned = list()
        # prepare regex for char filtering
        re_print = re.compile('[^%s]' % re.escape(string.printable))
        # prepare translation table for removing punctuation
        table = str.maketrans('', '', string.punctuation)
        for line in lines:
             # normalize unicode characters
             line = unicodedata.normalize('NFD', line).encode('ascii',
'ignore')
               line = line.decode('UTF-8')
               # tokenize on white space
               line = line.split()
               # convert to lower case
               line = [word.lower() for word in line]
               # remove punctuation from each token
               line = [word.translate(table) for word in line]
               # remove non-printable chars form each token
               line = [re_print.sub('', w) for w in line]
               # remove tokens with numbers in them
               line = [word for word in line if word.isalpha()]
               # store as string
               cleaned.append(' '.join(line))
        return cleaned
```

然后加载英文数据并调用上面这个函数进行清理：

```
# load English data
filename = 'europarl-v7.fr-en.en'
doc = load_doc(filename)
sentences = to_sentences(doc)
minlen, maxlen = sentence_lengths(sentences)
print('English data: sentences=%d, min=%d, max=%d' % (len(sentences),
minlen, maxlen))
cleanf=clean_lines(sentences)
```

现在已对数据集完成了主要的清理工作，我们将使用 pickle 将其转储到名为 English.pkl 的序列化文件中：

```
filename = 'English.pkl'
outfile = open(filename,'wb')
pickle.dump(cleanf,outfile)
outfile.close()
print(filename," saved")
```

输出将展示关键的统计信息，并确认已经保存了 English.pkl：

```
English data: sentences=2007723, min=0, max=668
English.pkl saved
```

然后对法语数据重复相同的过程，并将其转储到名为 French.pkl 的序列化文件中：

```
# load French data
filename = 'europarl-v7.fr-en.fr'
doc = load_doc(filename)
sentences = to_sentences(doc)
minlen, maxlen = sentence_lengths(sentences)
print('French data: sentences=%d, min=%d, max=%d' % (len(sentences),
minlen, maxlen))
cleanf=clean_lines(sentences)
filename = 'French.pkl'
outfile = open(filename,'wb')
pickle.dump(cleanf,outfile)
outfile.close()
print(filename," saved")
```

输出将展示关键的统计信息，并确认已经保存了 French.pkl：

```
French data: sentences=2007723, min=0, max=693
French.pkl saved
```

至此，预处理的主要部分已经完成。但我们仍然需要确保数据集没有包含嘈杂和令人困惑的词元。

6.2.2　完成剩余的预处理工作

现在，在与read.py相同的目录中打开read_clean.py。我们将完成剩余的预处理工作，并在预处理完成之后保存它们：

```
from pickle import load
from pickle import dump
from collections import Counter

# load a clean dataset
def load_clean_sentences(filename):
      return load(open(filename, 'rb'))

# save a list of clean sentences to file
def save_clean_sentences(sentences, filename):
      dump(sentences, open(filename, 'wb'))
      print('Saved: %s' % filename)
```

我们将设计一个函数，该函数将创建一个词汇计数器。其作用是计算一个单词在我们将要解析的序列中使用了多少次。例如，如果一个单词在包含 200 万行的数据集中只使用了一次，就没必要浪费宝贵的 GPU 资源来学习它。整个函数代码如下：

```
# create a frequency table for all words
def to_vocab(lines):
      vocab = Counter()
      for line in lines:
            tokens = line.split()
```

```
        vocab.update(tokens)
    return vocab
```

词汇计数器将频率低于 min_occurrence 的单词剔除掉：

```
# remove all words with a frequency below a threshold
def trim_vocab(vocab, min_occurrence):
    tokens = [k for k,c in vocab.items() if c >= min_occurrence]
    return set(tokens)
```

这里将 min_occurrence 设置为 5，低于或等于该阈值的单词会被删除，以避免浪费 GPU 去训练它们。

现在我们必须处理 OOV(Out-Of-Vocabulary，词表外)单词。OOV 单词有可能是拼写错误的单词、缩写或任何不符合标准词汇表示的单词。是的，我们可使用自动拼写来检查拼写错误的单词，但它不能解决所有问题。就本例而言，将简单地将 OOV 单词替换为 unk(unknown)词元：

```
# mark all OOV with "unk" for all lines
def update_dataset(lines, vocab):
    new_lines = list()
    for line in lines:
        new_tokens = list()
        for token in line.split():
            if token in vocab:
                new_tokens.append(token)
            else:
                new_tokens.append('unk')
        new_line = ' '.join(new_tokens)
        new_lines.append(new_line)
    return new_lines
```

接下来将对英语数据集运行数据清理函数，然后保存输出，展示最前面的 20 行数据：

```
# load English dataset
filename = 'English.pkl'
lines = load_clean_sentences(filename)
# calculate vocabulary
vocab = to_vocab(lines)
print('English Vocabulary: %d' % len(vocab))
# reduce vocabulary
vocab = trim_vocab(vocab, 5)
print('New English Vocabulary: %d' % len(vocab))
# mark out of vocabulary words
lines = update_dataset(lines, vocab)
# save updated dataset
filename = 'english_vocab.pkl'
save_clean_sentences(lines, filename)
# spot check
for i in range(20):
    print("line",i,":",lines[i])
```

输出首先表明，将词表从 105357 压缩到 41746：

```
English Vocabulary: 105357
New English Vocabulary: 41746
Saved: english_vocab.pkl
```

然后保存预处理完的数据集，展示数据集的前 20 行：

```
line 0 : resumption of the session
line 1 : i declare resumed the session of the european parliament
adjourned on friday december and i would like once again to wish you a
happy new year in the hope that you enjoyed a pleasant festive period
line 2 : although, as you will have seen, the dreaded millennium bug
failed to materialise still the people in a number of countries suffered a
series of natural disasters that truly were dreadful
line 3 : you have requested a debate on this subject in the course of the
next few days during this partsession
```

对法语数据集运行数据清理函数，然后保存输出，展示最前面的 20 行数据：

```
# load French dataset
filename = 'French.pkl'
lines = load_clean_sentences(filename)
# calculate vocabulary
vocab = to_vocab(lines)
print('French Vocabulary: %d' % len(vocab))
# reduce vocabulary
vocab = trim_vocab(vocab, 5)
print('New French Vocabulary: %d' % len(vocab))
# mark out of vocabulary words
lines = update_dataset(lines, vocab)
# save updated dataset
filename = 'french_vocab.pkl'
save_clean_sentences(lines, filename)
# spot check
for i in range(20):
       print("line",i,":",lines[i])
```

输出首先表明，将词表从 141642 压缩到 58800：

```
French Vocabulary: 141642
New French Vocabulary: 58800
Saved: french_vocab.pkl
```

保存预处理完的数据集，展示数据集前 20 行：

```
line 0 : reprise de la session
line 1 : je declare reprise la session du parlement europeen qui avait ete
interrompue le vendredi decembre dernier et je vous renouvelle tous mes
vux en esperant que vous avez passe de bonnes vacances
line 2 : comme vous avez pu le constater le grand bogue de lan ne sest pas
produit en revanche les citoyens dun certain nombre de nos pays ont ete
victimes de catastrophes naturelles qui ont vraiment ete terribles
```

```
line 3 : vous avez souhaite un debat a ce sujet dans les prochains jours
au cours de cette periode de session
```

至此，对数据进行预处理部分已经介绍完毕。我们已经可以把数据集提供给 Transformer 进行训练了。

法语数据集的每一行都是要翻译的句子。英语数据集的每一行都是机器翻译模型的参考句。机器翻译模型的目标是生成与参考句匹配的英语候选译文。

我们将使用 BLEU 来评估机器翻译模型生成的候选译文的质量。

6.3 用 BLEU 评估机器翻译

Papineni et al. 2002 论文提出一种有效方法来评估人工翻译。人工翻译的基准是很难定义的，然而，他们意识到，如果我们逐字比较人工翻译和机器翻译，就可以获得有效的评估结果。

Papineni et al. 2002 论文将这种方法命名为双语评估协作分数(Bilingual Evaluation Understudy Score，BLEU)。

本节将使用自然语言工具包(Natural Language Toolkit，NLTK)来实现 BLEU：http://www.nltk.org/api/nltk.translate.html#nltk.translate.bleu_score.sentence_bleu。

我们将从几何评估开始。

6.3.1 几何评估

BLEU 将候选句子的各个部分与一个或多个参考句进行比较。

打开本书配套源代码 chapter06 目录中的 BLEU.py。

首先导入 nltk 模块：

```
from nltk.translate.bleu_score import sentence_bleu
from nltk.translate.bleu_score import SmoothingFunction
```

然后模拟机器翻译模型生成的候选译文与数据集中实际译文参考句之间的比较。记住，一个句子可能已经重复了好几次，并由不同的翻译人员以不同方式进行翻译，这使得制定有效的评估策略变得具有挑战性。

我们将评估一个或多个参考句：

```
#Example 1
reference = [['the', 'cat', 'likes', 'milk'], ['cat', 'likes' 'milk']]
candidate = ['the', 'cat', 'likes', 'milk']
score = sentence_bleu(reference, candidate)
print('Example 1', score)
#Example 2
reference = [['the', 'cat', 'likes', 'milk']]
candidate = ['the', 'cat', 'likes', 'milk']
```

```
score = sentence_bleu(reference, candidate)
print('Example 2', score)
```

两个样本的分数均为 1：

```
Example 1 1.0
Example 2 1.0
```

候选译文 C、参考译文 R 和在 $C(N)$中找到的正确词元数的直接求值 P 可以表示为以下几何函数(故称几何评估)：

$$P(N,C,R)=\prod_{N}^{n=1}p_n$$

在计算 BLEU 分数时，使用 3-gram 重叠作为评估指标的情况下，几何函数的形式和计算方式都是固定不变的：

```
#Example 3
reference = [['the', 'cat', 'likes', 'milk']]
candidate = ['the', 'cat', 'enjoys','milk']
score = sentence_bleu(reference, candidate)
print('Example 3', score)
```

输出如下：

```
Warning (from warnings module):
  File
"C:\Users\Denis\AppData\Local\Programs\Python\Python37\lib\site-packages\
nltk\translate\bleu_score.py", line 490
    warnings.warn(_msg)
UserWarning:
Corpus/Sentence contains 0 counts of 3-gram overlaps.
BLEU scores might be undesirable; use SmoothingFunction().
Example 3 0.7071067811865475
```

人类可以算出分数应该是 1 而非 0.7。我们可以修改超参数，不过几何函数的形式和计算方式仍然是固定不变的。

上面输出中的警告是一个很好的提示，它预示着本章下一节的内容。

由于这是一个随机过程，所以每个程序版本和每次运行的消息可能会不同。

Papineni et al. (2002)论文中提出一种改良的 unigram 方法。其思想是计算参考句中单词的出现次数，并确保候选句子中的单词不会被过多评估。

具体示例如下。

参考句 1：The cat is on the mat.

参考句 2：There is a cat on the mat.

现在得出以下候选句。

候选句：the the the the the the the

我们将寻找候选句中的单词数(单词 the 出现了 7 次)以及在参考句 1 中出现的次数(单词 the 出现了 2 次)。

标准的 unigram 查准率为 7/7。

改良后的 unigram 查准率为 2/7。

注意，BLEU 函数输出警告消息，表示同意并建议使用平滑。

接下来将介绍平滑技术。

6.3.2　平滑技术

Chen and Cherry (2014)论文介绍了一种平滑技术，该技术改进了标准 BLEU 技术指标的几何评估方法。

标注平滑是一种可在训练阶段提高 Transformer 模型性能的非常有效的方法。但是，它可能会增加模型的困惑度(即对于模型来说更难理解和预测输入数据)，同时会使模型更加不确定。然而，这种不确定性对模型的准确率有积极的影响，因为它使得模型更具灵活性，能更好地适应未知的变化和转换。

例如，假设我们需要预测以下序列中被掩码的词是什么：

```
The cat [mask] milk.
```

假设输出是一个 softmax 向量：

```
candidate_words=[drinks, likes, enjoys, appreciates]
candidate_softmax=[0.7, 0.1, 0.1,0.1]
candidate_one_hot=[1,0,0,0]
```

这种直接使用 softmax 向量作为输出结果是一种粗暴的方法。因为 softmax 向量是一个概率分布，其中最大的值对应着模型认为最可能的词。但在实际情况中，有时模型对于某个位置的词可能存在多种可能性或不确定性。因此，这种粗暴方法没有考虑可能存在的其他备选项，而标注平滑技术可通过引入不确定性来更好地处理这种情况，使得模型能够更加开放地对待未来的变化和转换。

Transformer 模型使用了标注平滑的变体。

其中一个变体是 Chencherry 平滑。

Chencherry 平滑

Chen 和 Cherry(2014)介绍了一种标注平滑技术，称为 Chencherry 平滑，就是通过引入不确定性使得模型能够更加开放地对待未来的变化和转换。Chencherry 平滑方法有好几种，详见 https://www.nltk.org/api/nltk.translate.html。

我们以下面的法语翻译成英语的样本为例：

```
#Example 4
reference = [['je','vous','invite', 'a', 'vous', 'lever','pour', 'cette',
```

```
'minute', 'de', 'silence']]
candidate = ['levez','vous','svp','pour', 'cette', 'minute', 'de',
'silence']
score = sentence_bleu(reference, candidate)
print("without soothing score", score)
```

我们发现，分数很低，而候选译文是人类可以接受的，这样的评估不科学：

```
without smoothing score 0.37188004246466494
```

于是我们往评估中添加一些开放的平滑：

```
chencherry = SmoothingFunction()
r1=list('je vous invite a vous lever pour cette minute de silence')
candidate=list('levez vous svp pour cette minute de silence')

#sentence_bleu([reference1, reference2, reference3],
hypothesis2,smoothing_function=chencherry.method1)
print("with smoothing score",sentence_bleu([r1], candidate,smoothing_
function=chencherry.method1))
```

可以看到，分数大幅提高了：

```
with smoothing score 0.6194291765462159
```

至此，我们已经讲述完数据集是如何预处理的，以及如何使用 BLEU 评估机器翻译。

6.4 Google 翻译

Google 翻译(https://translate.google.com)提供了一个即用型界面。Google 正逐步将 Transformer 编码器引入其翻译算法中。下一节将使用 Google Trax 为翻译任务实现一个 Transformer 模型。

但是，很可能根本不需要 AI 专家。

例如我们在 Google 翻译中输入上一节中分析的句子 levez vous svp pour cette minute de silence，我们会实时获得英文翻译，如图 6.2 所示。

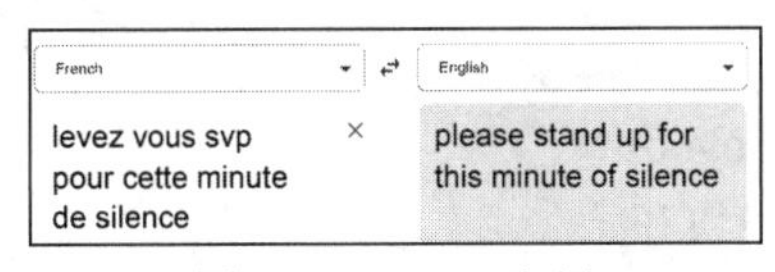

图 6.2　Google 翻译

翻译是正确的。

如此看来，工业 4.0 是否还需要 AI 专家来完成翻译任务，或者仅仅是 Web 界面+API 调用的开发就足够了？

Google 翻译平台 https://cloud.google.com/translate 提供了翻译需要的所有服务。

- 翻译 API：只需要一名 Web 程序员为客户创建界面+API 调用即可开发出一

个机器翻译系统。

- 媒体翻译 API：可以调用它来翻译流媒体内容。
- AutoML 翻译服务：主要面向特定领域以训练自定义模型。

这么看来，如果使用以上 Google 翻译服务，一个机器翻译项目可能需要 Web 界面程序员、业务领域专家(SME)，甚至需要语言学家。但是，好像不一定需要 AI 专家。

工业 4.0 正在走向云 AI 服务。那么，为什么还要费心学习使用 Transformer 进行 AI 开发呢？有以下两个重要原因。

- 在现实生活中，AI 项目经常遇到意想不到的问题。例如，无论在 Google 翻译项目中付出多少努力，可能仍然无法满足特定需求。这种情况下，Google Trax 将派上用场！
- 要想使用 Google Trax 进行 AI 开发，你需要成为一名 AI 开发者！

你永远无法预料！第四次工业革命正在将万物互联。一些 AI 项目可能不需要 AI 专业知识即可顺利进行，而一些 AI 项目则需要 AI 专业知识才能解决复杂问题。我们将在第 14 章提到这点。

接下来我们使用 Google Trax 进行翻译。

6.5 使用 Trax 进行翻译

Google Brain 开发了 Tensor2Tensor (T2T)，旨在使深度学习开发更加简单。T2T 是 TensorFlow 的扩展，包含一个深度学习模型库，其中包含许多 Transformer 示例。

虽然 T2T 是一个很好的起点，但 Google Brain 随后推出了 Trax，这是一个端到端的深度学习库。Trax 包含一个可用于机器翻译任务的 Transformer 模型。目前，Google Brain 团队负责维护 Trax。

本节将重点介绍 Vaswani et al. (2017)论文描述的英语-德语问题的最小功能，以展示 Transformer 的性能。

为了证明 Transformer 架构对语言的无关性，我们将使用预处理过的英语和德语数据集。

打开 Trax_Translation.ipynb。

我们将从安装所需的模块开始。

6.5.1 安装 Trax

Google Brain 将 Trax 打造得很容易安装和运行。首先导入基础库和安装 Trax：

```
#@title Installing Trax
import os
import numpy as np
!pip install -q -U trax
```

```
import trax
```

是的，就是这么简单！

接下来创建 Transformer 模型。

6.5.2 创建原始 Transformer 模型

我们将创建第 2 章所述的原始 Transformer 模型。

使用 Trax，只需要几行代码，即可使用原始 Transformer 模型的配置来创建模型：

```
#@title Creating a Transformer model.
# Pre-trained model config in gs://trax-ml/models/translation/ende_wmt32k.
gin
model = trax.models.Transformer(
    input_vocab_size=33300,
    d_model=512, d_ff=2048,
    n_heads=8, n_encoder_layers=6, n_decoder_layers=6,
    max_len=2048, mode='predict')
```

可以看到，该模型是带有编码器和解码器堆叠的 Transformer 结构。每个堆叠包含 6 层和 8 个头。d_model=512，就像原始 Transformer 的架构一样。

Transformer 模型需要预训练权重才能运行。

6.5.3 使用预训练权重初始化模型

预训练权重包含 Transformer 的智能。这些权重构成 Transformer 对语言的表示。权重可用一些参数来表达，最终产生某种形式的机器智能 IQ。

让我们通过初始化权重来赋予模型生命：

```
#@title Initializing the model using pre-trained weights
model.init_from_file('gs://trax-ml/models/translation/ende_wmt32k.pkl.gz',
                     weights_only=True)
```

至此，我们已经构建模型并赋予其智能。接下来对句子进行词元化。

6.5.4 对句子词元化

我们的机器翻译器已经准备好对句子进行词元化。该笔记本使用了由 Trax 预处理的词表。预处理方法类似于 6.2 节所描述的方法。

现在将对句子进行词元化：

```
#@title Tokenizing a sentence.
sentence = 'I am only a machine but I have machine intelligence.'
tokenized = list(trax.data.tokenize(iter([sentence]), # Operates on
streams.
                                    vocab_dir='gs://trax-ml/vocabs/',
                                    vocab_file='ende_32k.subword'))[0]
```

接下来将对句子解码并进行翻译。

6.5.5 从 Transformer 解码

我们的 Transformer 模型将对英语原文进行编码，对德语译文进行解码。模型及其权重赋予了我们这项能力。

使用 Trax，我们很容易就能解码：

```
#@title Decoding from the Transformer
tokenized = tokenized[None, :] # Add batch dimension.
tokenized_translation = trax.supervised.decoding.autoregressive_sample(
    model, tokenized, temperature=0.0) # Higher temperature: more diverse
results.
```

注意，较高的温度(temperatures)会产生不同的结果，就像本章前面部分所述，人类译员会产生多个译文版本一样。

最后我们将对翻译结果去词元化并展示。

6.5.6 对翻译结果去词元化并展示

Google Brain 使用 Trax 实现了一种主流、颠覆性且直观的 Transformer 模型。

现在我们对翻译结果去词元化并展示结果：

```
#@title De-tokenizing and Displaying the Translation
tokenized_translation = tokenized_translation[0][:-1] # Remove batch and
EOS.
translation = trax.data.detokenize(tokenized_translation,
                                   vocab_dir='gs://trax-ml/vocabs/',
                                   vocab_file='ende_32k.subword')
print("The sentence:",sentence)
print("The translation:",translation)
```

输出结果令人印象深刻：

```
The sentence: I am only a machine but I have machine intelligence.
The translation: Ich bin nur eine Maschine, aber ich habe
Maschinenübersicht.
```

Transformer 将机器智能翻译为 Maschinenübersicht(德语，意为“机器视觉”)。

如果我们将 Maschinenübersicht 拆分成 Maschin(机器)+ übersicht(智能)，可看到以下含义：

- übers 直译为“超过”或“在...之上”
- sicht 表示“视觉”或“视野”

Transformer 告诉我们，尽管它是一台机器，但具备视觉能力。机器智能会通过 Transformer 的不断演变而不断增长，但它并非人类智能。机器以自己的智能方式去学习语言。

我们对 Google Trax 的实验到此结束。

6.6　本章小结

本章中，我们首先了解到什么是机器翻译。人类翻译为机器设定了极高的基准。我们看到 Transformer 在英语-法语和英语-德语翻译方面表现优异，并创造了最先进的 BLEU 记录。

然后，我们对来自欧洲议会的 WMT 法语-英语数据集进行预处理。该数据集需要清理，我们必须将数据集转换为行并清理数据。完成这一步之后，我们通过删除频率阈值下出现的单词来减小词表的大小。

评估机器翻译 NLP 模型的性能需要相同的评估方法。本章使用了 BLEU 评估。我们看到几何评估是评估机器翻译的良好基础，但即使是改良后的 BLEU 也有其局限性。因此，我们添加了一种平滑技术来增强 BLEU。

我们看到 Google 翻译提供了标准翻译 API、媒体流翻译 API 和定制的 AutoML 模型训练服务。如果项目比较简单，我们只需要 Google 翻译 API 即可完成一个机器翻译项目，而不需要 AI 专家。但是如果项目比较复杂，我们还是需要深入了解 Transformrer 的工作原理，还是需要 AI 专家！

我们使用 Google Brain 的端到端深度学习库 Trax 实现了一个英语到德语翻译的 Transformer 模型。

现在，我们已经介绍了构建 Transformer 的主要构建块：架构、预训练、训练、预处理数据集和评估方法。

下一章我们将使用 GPT-3 引擎这一超人类的 Transformer。

6.7　练习题

1. 机器翻译现在已经超过了人类的基准。(对|错)
2. 机器翻译需要大型数据集。(对|错)
3. 不需要使用相同的数据集来比较 Transformer 模型。(对|错)
4. BLEU 是法语中蓝色的意思，是一个 NLP 评估指标(对|错)
5. 平滑技术增强了 BERT。(对|错)
6. 德语-英语跟英语-德语的机器翻译过程是一样的。(对|错)
7. 原始 Transformer 多头注意力层有两个头。(对|错)
8. 原始 Transformer 编码器有 6 层。(对|错)
9. 原始 Transformer 编码器有 6 层，但解码器只有 2 层。(对|错)
10. 可以不使用解码器来训练 Transformer。(对|错)

第 7 章 GPT-3

2020 年，Brown et al. (2020)的论文描述了 OpenAI GPT-3 模型的训练，该模型包含 1750 亿个参数，这些参数使用庞大的数据集(例如从 Common Crawl 数据集中提取的 400TB 对编码词元)进行学习。OpenAI 在具有 28500 个 CPU 和 10000 个 GPU 的 Microsoft Azure 超级计算机上进行训练。

OpenAI 的 GPT-3 引擎及其超级计算机的机器智能导致 Brown et al. (2020)在论文里可以进行零样本实验。零样本实验是指不对模型的参数进行微调，直接将预训练模型用于下游任务。目标是让预训练模型直接进入多任务生产，只需要使用 API 即可执行未专门训练的任务。

至此，超人类的云 AI 引擎时代诞生了。使用 OpenAI 的 API 构建 AI 系统不需要掌握高级软件技能或 AI 知识。你可能想知道我为什么使用“超人类”这个词。你会发现 GPT-3 引擎在许多情况下可以像人类一样执行许多任务。所以本章将研究这一充满魔力的 GPT 引擎以及 GPT 模型架构基础。

本章将首先研究 Transformer 模型的架构和尺寸的演变。我们将研究使用预训练 Transformer 模型的零样本挑战，即不微调模型的参数，直接执行下游任务。我们将讲述 GPT Transformer 模型的创新架构。如 1.1.2 节“基础模型”所述，我们将 OpenAI GPT-3 这种基础模型称为引擎。

我们将在 TensorFlow 调用 OpenAI 的 345M 参数版本的 GPT-2 Transformer 模型。因为我们必须亲自写代码实战一下才能更深入理解 GPT 模型。我们将与模型交互，以生成条件句子的文本补全。

我们将使用自定义数据(第 4 章介绍过的 Kant 数据集)微调包含 1.17 亿个参数的 GPT-2 模型。

我们将讲述如何使用 GPT-3 引擎，使用 GPT-3 引擎构建简单的 AI 系统并不需要数据科学家、AI 专家，甚至不需要经验丰富的程序员。然而，复杂一点的系统还是需要数据科学家或 AI 专家。

然后微调 GPT-3 引擎。将运行一个 Google Colab 笔记本来微调 GPT-3 引擎。

本章将以工业 4.0 AI 专家所需要的新思维和技能结束。

在本章结束时，你将了解到如何构建 GPT 模型以及如何使用 GPT-3 API。你将知道需要掌握什么技能才能胜任工业 4.0 AI 专家的角色！

本章涵盖以下主题：

- GPT-3 模型入门
- OpenAI GPT 模型的架构
- 零样本的 Transformer 模型
- 从少样本到单样本
- 构建接近人类的 GPT-2 文本补全模型
- 如何调用 345M 参数模型
- 与 GPT-2 标准模型交互
- 微调 GPT-2 117M 参数模型
- 导入自定义数据集
- 对自定义数据集进行编码
- 调节模型
- 根据不同的文本补全任务调节 GPT-2 模型
- 微调 GPT-3 模型
- 工业 4.0 AI 专家所需技能

我们从讲述 GPT-3 Transformer 模型开始。

7.1　具有 GPT-3 Transformer 模型的超人类 NLP

GPT-3 建立在 GPT-2 架构之上。但是，经过全面训练的 GPT-3 Transformer 是一种基础模型，而 GPT-2 尚未达到基础模型的标准。如第 1 章所述，基础模型不需要进一步微调即可执行各种任务。GPT-3 能够做到这点，适用于所有 NLP 任务，甚至编程任务。

GPT-3 是本书截稿时为数不多、符合基础模型条件的、经过全面训练的 Transformer 模型之一。OpenAI 后续还会训练出比 GPT-3 更强大的模型。Google 也会使用它们的超级计算机训练出 Google BERT 版本的基础模型。基础模型代表了 AI 的一种新思考方式。

通过调用 OpenAI 提供的 API，企业很快就会意识到他们不需要数据科学家或 AI 专家来启动一个 NLP 项目。

企业为什么还需要训练自己的模型、开发自己的 AI 工具呢？调用 OpenAI API 访问在世界上最强大的超级计算机上训练出的最高效的 Transformer 模型之一是否就能满足需要？

既然已经有了只有财力雄厚的顶尖研究团队(例如Google或OpenAI团队)才能设计出的有竞争力的 API，为什么还需要自己开发工具、下载库或使用其他工具呢？

以上问题的答案很简单。使用 GPT-3 引擎启动项目很容易，就像普通人也可以启动一级方程式赛车一样。但是，如果没有经过几个月的训练，要想驾驶好这样的赛车几乎是不可能的！GPT-3 引擎就是一辆强大的 AI 赛车。你只需单击几下即可使用它来启动项目。然而，要想获得它们令人难以置信的动力，则需要你从本书开头到现在所获得的知识，以及你将在后续章节获得的知识！

我们首先需要了解 GPT 模型的架构，以了解程序员、AI 专家和数据科学家在超人类 NLP 模型时代的位置。

7.2 OpenAI GPT Transformer 模型的架构

从 2017 年底到 2020 年上半年，不到三年，Transformer 模型就从需要微调演化到零样本。零样本的 GPT-3 Transformer 模型不需要微调。我们不再需要针对下游多任务进行微调，这开启了一个新的时代。

本节首先讲述 OpenAI GPT 模型的演变历史。然后介绍零样本。然后，我们将看到如何微调 Transformer 模型以更好地补全文本。最后，我们将讲述 GPT 模型的架构。

我们首先讲述 OpenAI GPT 模型的演变历史。

7.2.1 10 亿参数 Transformer 模型的兴起

Transformer模型从需要微调演化到零样本的速度是惊人的，不到三年。

Transformer 诞生于 2017 年那篇著名的 Vaswani et al. (2017)论文，它在 BLEU 任务上超过了 CNN 和 RNN。然后 Radford et al. (2018)引入了 GPT(Generative Pre-Training，生成预训练)模型，该模型可通过微调执行下游任务。Devlin et al. (2019)用 BERT 模型完善了微调。Radford et al. (2019)进一步研究了 GPT-2 模型。

然后到了 2020 年，Brown et al. (2020)设计出一种不需要微调、零样本的 Transformer GPT-3！

同时，Wang et al.(2019)创建了 GLUE 对 NLP 模型进行基准测试。但是 Transformer 模型发展得如此之快，以至于它们很快超过了人类的基准！

因此 Wang et al.(2019，2020)迅速创建了 SuperGLUE，将人类基准设定得更高，并使 NLU / NLP 任务更具挑战性。但是 Transformer 发展得如此之快，在撰写本书时，有些 Transformer 模型已经在 SuperGLUE 排行榜上超过了人类基准。

为什么会这么快？

我们将从一个方面研究，即模型的大小，来了解这种演变是如何发生的。

7.2.2 Transformer 模型扩大的历史

仅从 2017 年到 2020 年，参数数量就从原始 Transformer 模型的 0.65 亿(65M)个增加到 GPT-3 模型的 1750 亿(175B)个，具体如表 7.1 所示。

表 7.1 Transformer 参数数量的演变

Transformer 模型	论文	参数
Transformer Base	Vaswani et al. (2017)	65M
Transformer Big	Vaswani et al. (2017)	213M
BERT-Base	Devlin et al. (2019)	110M
BERT-Large	Devlin et al. (2019)	340M
GPT-2	Radford et al. (2019)	117M
GPT-2	Radford et al. (2019)	345M
GPT-2	Radford et al. (2019)	1.5B
GPT-3	Radford et al. (2020)	175B

表 7.1 只列出了在那个短暂时间内设计的主要模型。并且论文的发布日期是在模型实际设计完成之后。此外，作者在论文发布之后还会继续更新模型。例如，在原始 Transformer 模型推出后，整个市场快速发展，于是 Google Brain and Research、OpenAI 以及 Facebook AI 都相继推出了新模型。此外，GPT-2 模型某些版本的参数数量比 GPT-3 模型最小版本的参数数量还要多。例如，GPT-3 Small 版本只有 1.25 亿个参数，而 GTP-2 模型包含 3.45 亿个参数。

同时架构的大小也在不断演进：

- 模型的层数从原始 Transformer 的 6 层增加到 GPT-3 模型的 96 层。
- 每层的头数从原始 Transformer 模型的 8 个增加到 GPT-3 模型的 96 个。
- 上下文大小从原始 Transformer 模型的 512 个词元增加到 GPT-3 模型的 12288 个词元。

架构的大小解释了为什么拥有 96 层的 GPT-3(175B)生成的结果比只有 40 层的 GPT-2(1542M)更加惊人。因为不但参数更多了，而且层数也更多了。

接下来我们讲述一下上下文大小，以从另一个方面来理解 Transformer 的快速演进。

上下文大小和最长距离

Transformer 模型的基石在于注意力子层。注意力子层的关键在于上下文大小。

上下文大小是人类和机器学习语言的主要方式之一。上下文越大，就越能理解呈现给我们的序列。

但是，上下文大小的缺点在于理解一个单词所指对象需要的距离。分析长期依赖关系所需的路径需要从以前的 RNN、LSTM 的循环层转变为注意力层。

下面的句子需要很长的距离才能找到代词 it 所指的内容：

"Our *house* was too small to fit a big couch, a large table, and other furniture we would have liked in such a tiny space. We thought about staying for some time, but finally, we decided to sell *it*."

模型需要回溯到句子开头的单词 house 才能解释 it 的意思。这对于机器来说是相当长的距离！

表 7.2 总结了求解最长距离的函数的算法复杂度。

表 7.2　最长距离

层类型	最长距离	上下文大小
自注意力	$O(1)$	1
循环	$O(n)$	100

与传统的 RNN、LSTM 相比，Vaswani et al.(2017)提出的原始 Transformer 模型优化了上下文分析。从表 7.2 可以看到，自注意力将操作简化为一对一的词元操作。一个上下文窗口大小为 100 的 GPT-3 模型和一个上下文窗口大小为 10 的模型具有相同的最长距离。除此之外，所有层都相同这一特性使得扩展 Transformer 模型的大小变得更加容易。

例如，RNN 的循环层只能逐步存储上下文。因此最长距离就是上下文大小。与 GPT-3 模型相比，能够处理同样上下文大小的 RNN 最长距离将会长 $O(n)$倍。此外，RNN 不能将上下文拆分为在并行机器架构上运行的 96 个头(这样就可以在 96 个 GPU 上并行操作)。

正因为 Transformer 这么灵活和优化的架构，Transformer 得以快速演化：

- Vaswani et al. (2017)用 36M 个句子训练出当时最先进的 Transformer 模型。
- Brown et al. (2020)使用从 Common Crawl 数据集提取的 4000 亿字节对编码词元训练了一个 GPT-3 模型。
- 随着 Transformer 的演化，对算力的要求越来越高，以至于在整个世界只有少数团队能负担得起。Brown et al. (2020)训练 GPT-3 175B 时共需要 2.14*1023 FLOPS。
- 随着 Transformer 的演化，对团队的要求越来越高，以至于在整个世界只有少数组织能够组建和雇用得起。

Transformer 的规模和架构将会继续发展，并可能在不久的将来增加到万亿参数，同时对算力的要求也会越来越高。

接下来我们讲述一下零样本。

7.2.3　从微调到零样本

从一开始，由 Radford et al.(2018)领导的 OpenAI 研究团队，就希望将 Transformer 发展为 GPT 模型。他们的目标是使用无标注数据训练 Transformer 模型。让注意力层通过无监督数据来学习语言是一个聪明的做法。另外 OpenAI 没有像我们前面章节讲的那样教它去完成特定的 NLP 任务，而是走了另一条路——训练 Transformer 模型去学习语言。

OpenAI 希望创建一个与任务无关的模型。因此，他们使用原始数据来训练 Transformer 模型，而不是依赖专家标注数据。标注数据非常耗时，从而会大大减慢 Transformer 的整体训练进度。

OpenAI 先使用无监督学习来训练 Transformer 模型。然后使用监督学习对模型进行微调。

OpenAI 只使用原始 Transformer 架构的解码器部分(本章后面会详细讲述)。最终结果的度量指标很不错，并且很快达到了其他 NLP 研究实验室最佳模型的水平。

GPT Transformer 模型第一个版本的良好结果很快促使 Radford et al. (2019)提出了零样本迁移模型。他们的核心理念是继续使用原始数据来训练(不依赖专家标注数据)。然后，他们将研究更进一步，通过无监督分布样本来专注于语言建模：

$$\text{Examples}=(x_1, x_2, x_3, \cdots, x_n)$$

这些样本是从原始文本数据中提取出来的符号序列：

$$\text{Sequences}=(s_1, s_2, s_3, \cdots, s_n)$$

最终生成一个可以表示为任何类型输入的概率分布的元模型：

$$p\ (\text{output} / \text{input})$$

这么做的目标是，最终训练出一个可以直接执行下游任务，而不需要进一步微调的模型。按照这个思路，GPT 模型从 1.17 亿个参数迅速演变到 3.45 亿个参数，再到其他大小，再到 15.42 亿个参数。至此，1000000000+参数的 Transformer 模型诞生了。微调的数量急剧减少。结果再次达到当时最先进的性能指标。

这个成就鼓励 OpenAI 继续前行。Brown et al. (2020)认为只要继续深入训练 Transformer 模型，就能在几乎没有微调下游任务的情况下产生出色的结果：

$$p\ (\text{output} / \text{multi}-\text{tasks})$$

于是 OpenAI 就沿着这个方向继续深入训练。这个方向可以分为四个阶段。

- **微调(Fine-Tuning，FT)**　按照我们之前章节讲过的方式进行微调。即先训练一个 Transformer 模型，然后在下游任务上进行微调。Radford et al.(2018)设计了许多微调任务。随后，OpenAI 团队逐步将微调任务数量减少到 0。
- **少样本(Few-Shot，FS)**　比微调向前迈进了一大步。GPT 训练好之后，在需要推理时，它根据任务给出的少量样本作为条件进行推理。这种条件推理取代了微调方式的权重更新，GPT 这种方式就不需要微调了。在本章后续部分，将详细讲述如何通过输入少样本进行条件推理来完成文本补全。

- **单样本(One-Shot，1S)**　比“少样本”又更进了一步。GPT 训练好后，只需要一个样本作为条件进行推理，而不需要微调更新权重。
- **零样本(Zero-Shot，ZS)**　是整个方向的最终目标。GPT 训练好后，不需要任何样本即可执行下游任务。

OpenAI GPT 团队目前正在努力朝着这个方向前进，努力训练出最先进的 Transformer 模型。

至此，我们可以这么总结 GPT 模型架构的原理：

- 通过大量训练使 Transformer 模型学会如何学习一门语言。
- 通过将样本作为上下文条件进行语言建模。
- 通过将样本代替微调来训练 Transformer 模型，这样就不需要学习下游任务了。
- 通过对输入序列的一部分进行掩码来找到训练模型的有效方法，从而迫使 Transformer 以机器智能的方式进行思考。尽管机器智能思考的方式与人类智能不同，但机器智能思考的方式也很高效。

至此，我们已经讲述了 GPT 模型架构的原理。接下来我们讲述 GPT 模型的解码器堆叠。

7.2.4　解码器堆叠

我们现在了解到 OpenAI 团队专注于语言建模。而在语言建模任务中，掩码自注意力机制可以帮助模型学习上下文依赖和生成连贯的输出。因此，可以选择保留解码器堆叠和去掉编码器堆叠。Brown et al. (2020)大幅增加了纯解码器 Transformer 模型的大小，并获得了出色的结果。

GPT 模型的解码器部分与 Vaswani et al. (2017)设计的原始 Transformer 架构的解码器部分具有相同的结构。第 2 章介绍过解码器堆叠。如有必要，请花几分钟时间回顾一下原始 Transformer 架构。

GPT 模型是一个纯解码器 Transformer 模型，具体如图 7.1 所示。

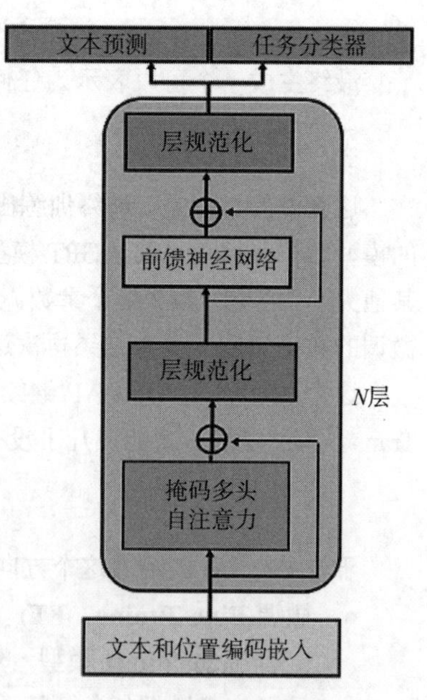

图 7.1　GPT 纯解码器架构

这里的文本和位置编码嵌入子层、掩码多头自注意力子层、层规范化子层、前馈神经网络子层和输出在前面章节中都讲述过了。

OpenAI 团队持续不断地训练出 GPT 模型和多个版本。Radford et al. (2019)论文提到了四个版本，Brown et al. (2020)论文提到了八个版本。

GPT-3 175B 模型达到了前所未有的规模，这个规模所需要的算力世界上很少有团队能够拥有：

$$n_{\text{params}} = 175\text{B}, n_{\text{layers}} = 96, d_{\text{model}} = 12288, n_{\text{heads}} = 96$$

接下来我们介绍一下 GPT 引擎。

7.2.5　GPT 引擎

OpenAI 训练了多个 GPT 引擎来完成不同大小的特定任务。目前可用的引擎列表详见 https://beta.openai.com/docs/engines。

这些基础引擎具有不同的优缺点，例如：

- Davinci 引擎可以分析复杂的意图。
- Curie 引擎速度快，总结性好。
- Babbage 引擎擅长语义搜索。
- Ada 引擎擅长解析文本。

OpenAI 正在生产更多的引擎并投放市场：

- Instruct 系列根据所提供的描述生成指令。本章后续部分将列举一个示例。
- Codex 系列可将语言翻译成代码。我们将在第 16 章详细讲述该系列。
- Content filter 系列可以过滤不安全或敏感的文本。我们将在第 16 章详细讲述该系列。

至此，我们已经讲述完理论部分，介绍了各种 GPT 引擎。

现在是时候进入代码实操环节了。

首先使用预训练 GPT-2 345M 模型进行文本补全，该版本包括 24 个解码器层和 16 个头的自注意力子层。

此后将使用自定义数据集微调一个 GPT-2 117M 模型进行文本补全，该版本包括 12 个解码器层和 12 个头的自注意力子层。

我们首先使用预训练 GPT-2 345M 模型进行文本补全。

7.3　使用 GPT-2 进行文本补全

我们将从头到尾讲述一个使用 GPT-2 通用模型的示例。通过这个示例，我们可以了解到 GPT 模型在处理抽象推理任务时的表现如何。

本节描述了使用 GPT-2 模型进行文本补全的交互过程。将重点介绍 OpenAI_GPT_2.ipynb 笔记本的第 9 步，该步骤在附录 C 也做了详细描述。

可以先阅读本节，了解通用预训练 GPT-2 模型如何对特定示例做出回答。然后阅读附录 C 详细了解如何在 Google Colab 笔记本中使用通用 GPT-2 模型。

你也可以直接阅读附录 C，其中包含下面描述的步骤 9 的交互。

现在我们讲述一下步骤 9：与 GPT-2 交互。

7.3.1 步骤 9：与 GPT-2 交互

本节中，我们将与 GPT-2 345M 模型进行交互。

运行 interact_model 单元格：

```
#@title Step 9: Interacting with GPT-2
interact_model('345M',None,1,1,300,1,0,'/content/gpt-2/models')
```

系统将提示你输入一些上下文，如图 7.2 所示。

prompt >>>

图 7.2 文本补全的上下文输入

可以尝试任何类型的上下文，因为如前所述，GPT-2 模型是通用的，不依赖于具体的下游任务。

我们可以试试 Immanuel Kant 写的一句话：

```
Human reason, in one sphere of its cognition, is called upon to
consider questions, which it cannot decline, as they are presented by
its own nature, but which it cannot answer, as they transcend every
faculty of the mind.
```

输入后按回车键生成文本。输出将是相对随机的，因为 GPT-2 模型没有使用我们的数据集进行微调。

我们看一下 GPT 模型生成的前几行结果：

```
"We may grant to this conception the peculiarity that it is the only
causal logic.
In the second law of logic as in the third, experience is measured at its
end: apprehension is afterwards closed in consciousness.
The solution of scholastic perplexities, whether moral or religious, is
not only impossible, but your own existence is blasphemous."
```

要想停止生成文本，可以双击单元格的 run 按钮。

也可按 Ctrl + M 停止生成文本。

我们看到，程序输出了很丰富的文本。我们可以观察到以下几点：

- 我们输入的上下文对模型生成的输出起到了条件限制的作用。

- 我们输入的上下文是对模型的演示。模型学习上下文并生成输出，而不需要修改其参数(微调)。
- 只需要输入上下文即可影响文本补全的结果。也就是我们不需要微调 Transformer 模型。
- 输出结果从语义来看，是正确的。
- 输出结果从语法来看，是正确的。

我们能否更进一步？接下来将介绍如何自定义文本补全。

7.4 训练自定义 GPT-2 语言模型

本节将列举一个自定义 GPT-2 语言模型的示例，将使用我们自己的数据集进行训练。目标仍然是了解 GPT 模型在处理抽象推理任务时的表现如何。

因为篇幅有限，我们将直接调用训练好的自定义 GPT-2 语言模型进行文本补全，即直接使用附录 D Training_OpenAI_GPT_2.ipynb 笔记本中的步骤 12。

可以先阅读本节，了解自定义 GPT-2 模型的示例如何改善回答结果。然后阅读附录 D 了解训练自定义 GPT-2 模型的所有具体步骤。你也可以直接阅读附录 D 了解全部具体步骤。

接下来我们看一看调用训练好的自定义 GPT-2 语言模型进行文本补全的效果。

步骤 12：根据上下文补全文本

在这个步骤中，我们将运行一个条件生成示例。我们输入的上下文将使模型根据我们的期望进行思考，并通过生成定制化段落来补全文本。

我们运行单元格来看看效果：

```
#@title Step 12: Interactive Context and Completion Examples
import os # import after runtime is restarted
os.chdir("/content/gpt-2/src")
!python interactive_conditional_samples.py --temperature 0.8 --top_k 40
--model_name '117M'
```

如有必要，可以花几分钟时间查看一下附录 C 的步骤 9，以比较这两段文本补全结果的差异。程序提示我们输入上下文，如图 7.3 所示。

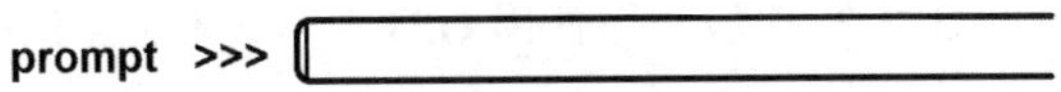

prompt >>>

图 7.3 文本补全的上下文输入

我们输入 Immanuel Kant 编写的、与步骤 9 相同的段落：

```
Human reason, in one sphere of its cognition, is called upon to
consider questions, which it cannot decline, as they are presented by
its own nature, but which it cannot answer, as they transcend every
faculty of the mind.
```

按回车生成文本，就像我们在步骤 9 所做的那样。步骤 9 中的结果随机性比较强。而这次的结果不是随机的。

我们看看前几行：

```
"Now, what is the nature of the reason, except that it is of a kind and
power of mind that is so called on to think, and to understand?
The reason is the thing which apprehends, and seeks to understand,
the objects of its minds, which apprehend and apprehend the things of
itself. No one can speak of this reason without the understanding and the
understanding of the human reason. But that knowledge and understanding
which is the most natural of all the faculties, which, because it is
understood by the human reason, is the most natural of all the faculties,
is not without reason, but only without understanding. The human reason,
who sees and knows the things which the natural sense, which, though in
the natural sense, does not understand, is the source of every other
knowledge which we understand. The reason is the thing which does not
understand, but understands the things which we comprehend, and therefore,
is not to be understood. I mean that the reason is the thing which does
not understand, but knows only the things which we do understand…."
```

要停止生成文本，可双击单元格的 run 按钮或按 Ctrl + M。

哇！这段自定义 GPT-2 模型生成的文本补全与人类基本没什么区别。不过它每次运行生成的输出可能会不同。

事实上，我认为我们的模型在哲学、理性和逻辑的抽象练习中可以胜过许多人类！

我们可以从实验中得出一些结论：

- 一个经过良好训练的 Transformer 模型可以与人类水平相当的准确率补全文本。
- GPT-2 模型在复杂和抽象推理的文本生成中几乎可以达到人类水平。
- 文本上下文是一种通过展示预期结果对模型进行条件约束的有效方式。
- 文本补全是基于条件文本的文本生成(如果提供了上下文句子)

可以输入一些条件文本上下文样本进行文本补全实验。还可使用自己的数据对模型进行训练。只需要将 dset.txt 文件的内容替换为你自己的数据，如此这般练习多次，看看会得出什么结果！

记住，我们训练有素的 GPT-2 模型将像人类一样做出回答。如果你输入的上下文短小、不完整、无趣或具有迷惑性，模型也会像人类一样返回一个困惑或糟糕的结果。

在这点上，GPT-2 和人类是一样的，也期望我们给它一个好问题、好样本！

接下来我们看一下 GPT-3，比较一下使用 GPT-3 的文本补全结果与 GPT-2 之间的区别。

7.5 使用 OpenAI GPT-3

本节中，我们将以两种不同方式运行 GPT-3：

- 首先我们将不编写代码，在线运行 GPT-3 任务。
- 然后将使用 Google Colab 笔记本，自己编写代码运行 GPT-3。

GPT-3 不是免费的。不过当你注册 GPT-3 API 时，OpenAI 会提供一定的免费额度供你试用。这个免费额度应该足以让你试验完本书的示例好几次。

我们先从在线运行 NLP 任务开始。

7.5.1 在线运行 NLP 任务

现在我们将不使用 API，而使用 OpenAI 提供的在线平台来调用 GPT-3 运行 NLP 任务。

我们先设计一个提示和回答的标准结构：

- *N* = NLP 任务的名称(输入)。
- *E* = 解释给 GPT-3 引擎的说明。在 *T* 之前给出 *E*(输入)。
- *T* = 我们希望 GPT-3 处理的文本或内容(输入)。
- *S* = 向 GPT-3 展示期望的内容。*S* 跟随在 *T* 之后，必要时才添加 (输入)。
- *R* = GPT-3 的回答(输出)。

上述提示的结构只是一个示例，可根据实际情况修改。GPT-3 非常灵活，所以能够支持许多变体。

现在我们打开 https://platform.openai.com/playground 在线运行以下示例(这种方式不需要调用 API)：

- 请基于现有知识回答问题(*Q&A*)：

  E = *Q*

  T = Who was the president of the United States in 1965?

  S = None

  R = *A*

  提示和回答如下。

  Q: Who was the president of the United States in 1965?

  A: Lyndon B. Johnson was president of the United States in 1965.

  Q: Who was the first human on the moon?

  A: Neil Armstrong was the first human on the moon
- 电影到表情符号：

E = Some examples of movie titles

T = None

S = Implicit through examples

R = Some examples of emojis

提示和回答：

Back to Future: 😎👴🚗🕒
Batman: 🤵🦇
Transformers: 🚗🤖

新的提示和回答：

Mission **Impossible: 🚗😎🏢🚗**

- 小学二年级学生都能看懂的摘要：

  E = My second grader asked me what this passage means:

  T = """The initial conclusions…."""

  S = I rephrased it for him, in plain language a second grader can understand: """

  R = The summary

提示和回答：

```
My second grader asked me what this passage means:
""" The initial conclusions can be divided into two categories: facts and
fiction. The facts are that OpenAI has one of the most powerful NLP services
in the world. The main facts are: OpenAI engines are powerful zero-shot that
require no hunting for all kinds of transformer models, no pre-training,
and no fine-tuning. The supercomputers used to train the models are unique.
If the prompt is well-designed, we obtain surprisingly accurate responses.
Implementing the NLP tasks in this section required a copy and paste action
that any software beginner can perform. Fiction begins with dystopian and
hype assertions AI will replace data scientists and AI specialists. Is that
true? Before answering that question, first ask yourself the following
questions about the example we just ran: How do we know the sentence was
incorrect in the first place? How do we know the answer is correct without
us humans reading and confirming this? How did the engine know it was a
grammar correction task? If the response is incorrect, how can we understand
what happened to help improve the prompt or revert to manual mode in a welldesigned
human interface? The truth is that humans will need to intervene
to answers these questions manually, with rule-bases, quality control
automated pipelines, and many other tools. The facts are convincing. It is
true that running an NLP task requires little development. The fiction is
not convincing. Humans are still required. OpenAI engines are not there to
replace humans but to help them perform more high-level gratifying tasks.
You can now fly a jet without having to build it! """

I rephrased it for him, in plain language a second grader can understand: """

The first conclusion is that OpenAI has one of the most powerful NLP services
in the world. The most important facts are: OpenAI engines are very powerful
zero-shot that require no hunting for all kinds of transformer models, no
```

```
pre-training, and no fine-tuning. The supercomputers used to train the
models are unique. If the prompt is well-designed, we get surprisingly
accurate responses.
```

结果令人印象深刻，GPT-3 在 NLP 历史上迈出了一大步。

通过以上这种方式，我们可以用 OpenAI 提供的零样本 GPT-3 引擎实现无穷无尽的 NLP 任务。

然而，真正的工业4.0 AI大师除了像上面这样使用在线界面执行NLP任务之外，还需要会写代码来执行NLP任务。接下来我们将讲述如何编写代码调用GPT-3引擎来运行NLP任务。

7.5.2 GPT-3 引擎入门

OpenAI 拥有世界上最强大的 Transformer 引擎：GPT-3 模型。GPT-3 模型不需要微调即可运行数百个 NLP 任务。

本节将使用 Getting_Started_GPT_3.ipynb。

要想使用 GPT-3 的 API，你需要先访问 OpenAI 的网站 https://openai.com/，注册并申请 API。

使用 GPT-3 运行第一个 NLP 任务

我们只需几个步骤即可使用 GPT-3。

使用 Google Colab 打开 Getting_Started_GPT_3.ipynb，该笔记本可在本书配套的 GitHub 代码存储库的 chapter07 目录中找到。

你不需要更改该笔记本的硬件加速设置。因为我们使用的是 API，所以对于本节的任务，我们不需要像前面章节一样改用 GPU。

本节所讲述的步骤与笔记本中的步骤相同。

运行 NLP 只需要三个简单的步骤。

步骤 1：安装 OpenAI

使用以下命令安装 openai：

```
try:
  import openai
except:
  !pip install openai
  import openai
```

如果未安装 openai，则必须重新启动运行时。将展示一条消息，指示何时执行此操作，如以下输出所示：

```
WARNING: The following packages were previously imported in this runtime:
  [pandas]
You must restart the runtime in order to use newly installed versions.
```

```
RESTART RUNTIME
```

重新启动运行时，然后再次运行该单元格以确保导入 OpenAI。

步骤 2：输入 API 密钥

OpenAI 提供了一个 API 密钥，我们可以使用 Python、C#、Java 和许多其他语言调用这个 API。将在本节中使用 Python：

```
openai.api_key=[YOUR API KEY]
```

现在，可使用 API 密钥更新下一个单元格：

```
import os
import openai
os.environ['OPENAI_API_KEY'] ='[YOUR_KEY or KEY variable]'
print(os.getenv('OPENAI_API_KEY'))
openai.api_key = os.getenv("OPENAI_API_KEY")
```

现在让我们运行一个 NLP 任务。

步骤 3：使用默认参数运行 NLP 任务

从 OpenAI 给出的示例代码中选择其中一个：grammar correction(语法更正)。然后将示例代码复制粘贴到笔记本：

```
response = openai.Completion.create(
  engine="davinci",
  prompt="Original: She no went to the market.\nStandard American
English:",
  temperature=0,
  max_tokens=60,
  top_p=1.0,
  frequency_penalty=0.0,
  presence_penalty=0.0,
  stop=["\n"]
)
```

该任务旨在纠正这句话里面的语法错误：She no went to the market。

OpenAI 的回答是一个字典对象。所以我们需要解析这个字典对象才能得到真正想要的回答。这个对象包含了关于该任务的详细信息。我们先展示一下这个对象：

```
#displaying the response object
print(response)
```

该对象的详细信息如下：

```
{
  "choices": [
    {
      "finish_reason": "stop",
```

```
      "index": 0,
      "logprobs": null,
      "text": " She didn't go to the market."
    }
  ],
  "created": 1639424815,
  "id": "cmpl-4ElZfXLl9jGRNQoojWRRGof8AKr4y",
  "model": "davinci:2020-05-03",
  "object": "text_completion"}
```

其中created编号和id以及model名称每次运行的结果都可能不一样。

然后打印对象字典的text(我们真正想要的回答)：

```
#displaying the response object
r = (response["choices"][0])
print(r["text"])
```

字典中text的输出是一个语法正确的句子：

```
She didn't go to the market.
```

NLP任务和示例

我们将在笔记本中使用API。

语法更正

我们继续回到Getting_Started_GPT_3.ipynb，然后使用不同的提示来尝试语法更正任务。

打开笔记本并转到Step 4: Example 1: Grammar correction单元格：

```
#Step 6: Running an NLP task with custom parameters
response = openai.Completion.create(
  #defult engine: davinci
  engine="davinci",
  #default prompt for task:"Original"
  prompt="Original: She no went to the market.\n Standard American
English:",
  temperature=0,
  max_tokens=60,
  top_p=1.0,
  frequency_penalty=0.0,
  presence_penalty=0.0,
  stop=["\n"]
)
```

我们看到，请求正文除了提示(prompt)之外还有其他参数。其中包括：

- engine="davinci"。通过参数可选用OpenAI GPT-3引擎以及将来可能使用的其他模型。
- temperature=0。较高的值(如0.9)将强制模型承担更多风险。不要同时修改temperature和top_p。

- max_tokens=60。回答的最大词元数。
- top_p=1.0。控制采样的另一种方法，类似于 temperature。这个参数将考虑概率质量中前 top_p 百分比的词元。当设置为 0.2 时，系统仅会选择概率质量前 20%的词元。
- frequency_penalty=0.0。用于限制回答中词元的频率，该值介于 0 和 1 之间。
- presence_penalty=0.0。用于强制系统使用新的词元以产生新的想法，该值介于 0 和 1 之间。
- stop=["\n"]。向模型发出的停止生成新词元的信号。

其中一些参数我们将在附录 C 进行更多描述。

在你获得 OpenAI GPT-3 API 访问权限后，可使用这些参数调用 GPT-3 模型，或使用这些参数调用 GPT-2 模型。无论是调用 GPT-3 模型还是调用 GPT-2 模型，这些参数的作用都是一样的。

本节将使用以下提示结构：

prompt="Original: She no went to the market.\n Standard American English:"

该提示结构分为三部分。

- Original：这向模型发出信号，表明接下来的内容是原文，模型将把接下来的内容当作原文处理。
- She no went to the market.\n：模型将把这部分内容当作原文处理。
- Standard American English：这是需要模型处理的任务。

我们来看看实际示例和运行结果。

- 转化为标准的美式英语：

  prompt="Original: She no went to the market.\n Standard American English:"

  回答是：

  "text": " She didn't go to the market."

  回答没错，但是如果我们不希望对 didn't 缩写，那么该怎么办？
- 生成没有缩写的英语：

  prompt="Original: She no went to the market.\n English with no contractions:"

  回答是：

  "text": " She did not go to the market."

  哇！这太棒了！我们试试另一种语言。
- 生成没有缩写的法语：

  "text": " Elle n'est pas all\u00e9e au march\u00e9."

  太棒了！不过需要将\u00e9 后处理成 é。

  还有很多种可能。具体取决于你的工业 4.0 跨学科想象力！

更多 GPT-3 示例

OpenAI 提供了许多示例。这些示例的具体源代码位于 https://beta.openai.com/ examples。可在 https://platform.openai.com/playground 试验这些示例。

我们只需要单击一个示例，例如我们在前面“语法更正”一节介绍过的语法更正示例，如图 7.4 所示。

页面将描述每个任务的提示和示例回答，如图 7.5 所示。

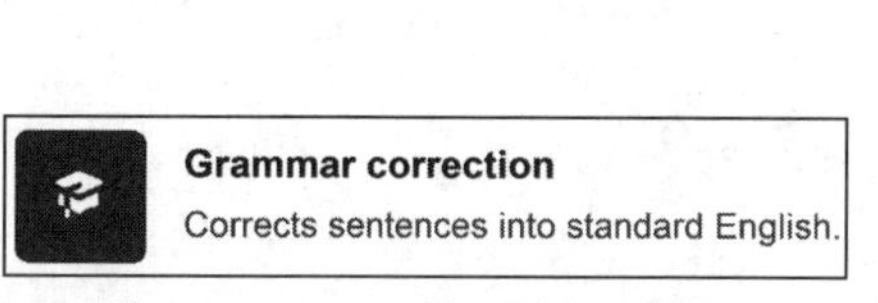

图 7.4　OpenAI 的语法更正示例

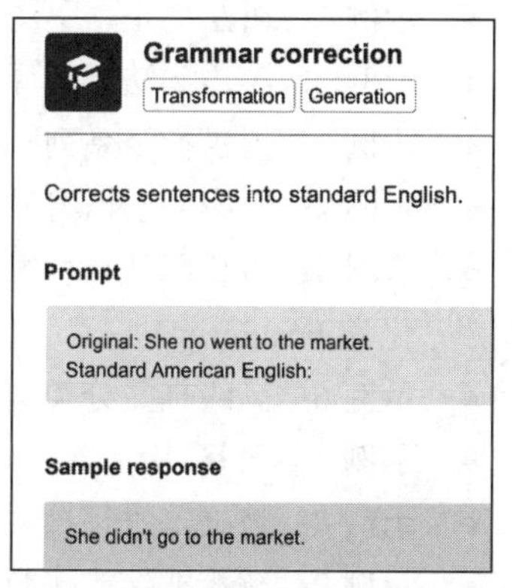

图 7.5　语法更正示例的提示和回答

可以选择使用 Playground 在线运行该示例，就像我们在本章“在线运行 NLP 任务”一节所做的那样。而且这里更方便，你只需要单击 Open in Playground 按钮即可，如图 7.6 所示。

Open in Playground

图 7.6　Open in Playground 按钮

可以选择复制并粘贴代码来运行 API，就像我们在本章 Google Colab 笔记本所做的那样，如图 7.7 所示。

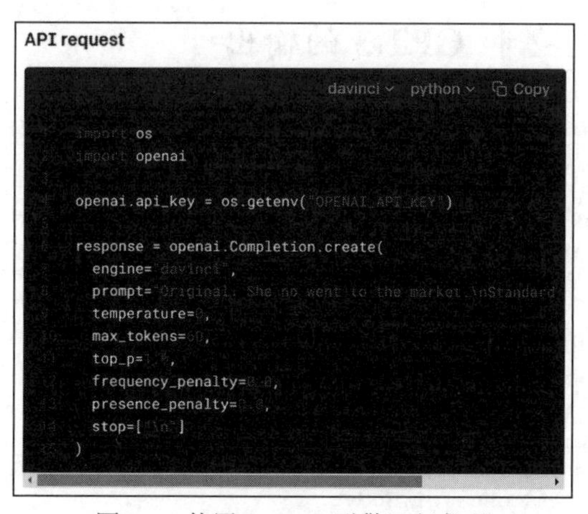

图 7.7　使用 Davinci 引擎运行代码

Getting_Started_GPT_3.ipynb 包含十个示例，可运行这些示例来练习如何使用

OpenAI GPT-3。

对于每个示例：

- 可以首先阅读 OpenAI 提供的解释链接。每个单元格上方都提供了指向示例解释文档的链接。
- 然后，可以运行单元格来观察 GPT-3 的行为。

笔记本包含了以下十个示例：

- 示例 1：语法更正
- 示例 2：英语到法语翻译
- 示例 3：提供指令系列
- 示例 4：电影到表情符号
- 示例 5：将代码从一种编程语言转化到另一种语言。例如，将 Python 代码转化为 JavaScript。
- 示例 6：高级推文分类
- 示例 7：问答
- 示例 8：对文本进行摘要
- 示例 9：解析非结构化数据
- 示例 10：计算时间复杂度

你可能需要从 OpenAI 获得特殊权限才能运行此示例，该示例使用了代码生成器 Davinci Codex 引擎。如果你没有这部分权限，请联系 OpenAI 以请求访问 Codex。

可以在 OpenAI 官网的 Examples 页面运行其他许多示例：https://beta.openai.com/examples。

接下来我们比较一下 GPT-2 和 GPT-3 的输出。

7.6 比较 GPT-2 和 GPT-3 的输出

我们先回顾一下 GPT-2 的输出：

```
Human reason, in one sphere of its cognition, is called upon to consider
questions, which it cannot decline, as they are presented by its own nature,
but which it cannot answer, as they transcend every faculty of the mind.
```

然后是 GPT-3 的输出：

```
What is meant by this is that there are some things in our experience that
are beyond reason. It is not that reason is a bad guide or is insufficient,
but that there are some things that are beyond its reach. An example of this
would be the existence of God.
```

可以看到 GPT-3 的输出极佳！不但解释了文本的含义，还包括一些深刻的哲学反思！

至此，我们已经证明了 Transformer 模型拥有不错的抽象推理能力，从而有助于我们在快速发展的世界中做出微观决策。

虽然 OpenAI GPT-3 是一个经过充分训练的模型。但是，我们还是可以对 GPT-3 进行微调以满足自己的业务需求。接下来我们看看如何微调 GPT-3。

7.7 微调 GPT-3

本节将展示如何微调 GPT-3 以学习逻辑。Transformer 需要学习逻辑、推理和蕴涵，以在人类层面理解语言。

微调是使 GPT-3 成为你自己的应用程序、对其进行自定义使其符合项目需求的关键。这是一张通往 AI 自由的门票，可以摆脱你的应用偏见，教它一些你想让它知道的东西，并在 AI 的世界里留下你的足迹。

本节将使用 Immanuel Kant 的作品来微调 GPT-3，即 kantgpt.csv 文件。我们在第 4 章使用过类似的数据来训练类 BERT 模型。

掌握了如何微调 GPT-3 后，就可以使用其他类型的数据来讲授特定的领域知识、知识图谱和文本。

在这方面，OpenAI 已经做出了表率，已将 GPT-3 模型训练为不同类型的引擎，如本章 7.2.1 节所述。

Davinci 引擎功能强大，但使用起来可能比较昂贵。Ada 引擎更便宜，也能用于在实验中产生 GPT-3 示例的结果。

微调 GPT-3 涉及两个阶段：

- 准备数据
- 微调 GPT-3 模型

7.7.1 准备数据

我们使用 Google Colab 打开位于本书配套 GitHub 代码存储库的 chapter07 目录中的 Fine_Tuning_GPT_3.ipynb。

整个数据准备过程的详细信息参见 OpenAI 官网：https://beta.openai.com/docs/guides/fine-tuning/prepare-training-data。

步骤 1：安装 OpenAI

步骤 1 是安装和导入 OpenAI。

```
try:
  import openai
except:
  !pip install openai
  import openai
```

安装完成后重新启动运行时，然后再次运行单元格以确保已导入 OpenAI：

```
import openai
```

还可安装 wandb 来可视化日志：

```
try:
  import wandb
except:
  !pip install wandb
  import wandb
```

接下来输入 API 密钥。

步骤 2：输入 API 密钥

步骤 2 是输入密钥：

```
openai.api_key="[YOUR_KEY]"
```

步骤 3：激活 OpenAI 的数据准备模块

首先加载数据文件。在本节中，就是加载 kantgpt.csv。不过 kantgpt.csv 是一个原始的非结构化文件。OpenAI 有一个内置的数据清理器，可通过问答方式帮你逐步清理数据。

OpenAI 检测到该文件是 CSV 文件，并将其转换为 JSONL 文件。JSONL 文件是由一行行结构化之后的 JSON 组成的文件。

OpenAI 会展示转换的进度：

```
Based on the analysis we will perform the following actions:
- [Necessary] Your format 'CSV' will be converted to 'JSONL'
- [Necessary] Remove 27750 rows with empty completions
- [Recommended] Remove 903 duplicate rows [Y/n]: y
- [Recommended] Add a suffix separator ' ->' to all prompts [Y/n]: y
- [Recommended] Remove prefix 'completion:' from all completions [Y/n]: y
- [Recommended] Add a suffix ending '\n' to all completions [Y/n]: y
- [Recommended] Add a whitespace character to the beginning of the
completion [Y/n]:
```

OpenAI 将转换后的内容保存为 kantgpt_prepared.jsonl 文件。

至此，我们已经完成数据准备工作，可以开始微调 GPT-3 了。

7.7.2 微调 GPT-3

这个笔记本共有两部分：一部分是数据准备，另一部分是微调。

步骤4：创建OS环境

微调过程的步骤4是为API密钥创建一个OS环境：

```
import openai
import os
os.environ['OPENAI_API_KEY'] =[YOUR_KEY]
print(os.getenv('OPENAI_API_KEY'))
```

步骤5：微调OpenAI的Ada引擎

步骤5使用数据准备后保存的JSONL文件对OpenAI Ada引擎进行微调：

```
!openai api fine_tunes.create -t "kantgpt_prepared.jsonl" -m "ada"
```

因为OpenAI会收到很多微调请求，所以可能会因为各种原因中断了请求。

如果请求被中断了，OpenAI将指示你输入继续微调的指令。继续微调的指令具体如下：

```
!openai api fine_tunes.follow -i [YOUR_FINE_TUNE]
```

步骤6：与微调模型交互

步骤6是与微调后的模型交互。我们输入以下提示(Immanuel Kant可能讲述的内容)：

```
!openai api completions.create -m ada:[YOUR_MODEL INFO] "Several concepts
are a priori such as"
```

微调结束后，OpenAI会展示[YOUR_MODEL INFO]的名称。可以复制该名称并粘贴到单元格中(然后添加“!”以运行命令行)或在以下单元格中插入[YOUR_MODEL INFO]。

基于数据微调的文本补全相当有说服力：

```
Several concepts are a priori such as the term freedom and the concept of
_free will_.substance
```

我们已经优化了GPT-3，从中可体会到了解Transformer和使用API设计AI流水线的重要性。接下来我们看看AI专家要做什么改变才能适应工业4.0。

7.8 工业4.0 AI专家所需的技能

简而言之，工业4.0 AI专家需要成为跨学科的AI大师。程序员、数据科学家和AI专家将慢慢需要了解有关语言学、业务目标、领域专业知识的更多信息。工业4.0 AI专家需要掌握更多技能才能指导具有实用跨学科知识和经验的团队。

在实现Transformer时，以下三个领域是人类专家必须要关注的：

- **道德和伦理** 工业4.0 AI大师必须在实施类人Transformer时遵守道德和伦

理。例如，欧洲在这方面的法规非常严格，并要求在必要时向用户解释自动决策。美国有相关的反歧视法律来保护公民免受自动决策偏见的影响。

- **提示和回答** 用户和 UI 程序员将需要工业 4.0 AI 专家来解释如何为 NLP 任务创建正确的提示，向 Transformer 模型展示如何执行任务，并验证回答。
- **质量控制和理解模型** 当模型在调整其超参数后仍未如期运行时该怎么办？我们将在第 14 章更深入地讲述。

初步结论

初步结论可分为两类：事实和担心。

先说一个事实，OpenAI 拥有世界上最强大的 NLP 服务之一。其他事实包括：

- OpenAI 引擎是强大的零样本引擎，有了它就不需要其他 Transformer 模型了，不需要预训练，也不需要微调。
- 训练 OpenAI 引擎所需的算力是空前的。
- 如果一个提示设计得好，我们可以获得出乎意料的准确回答。
- 实现本章中的 NLP 任务只需要复制和粘贴操作，任何软件初学者都可以完成。

接下来说一下人们担心的事情。许多人认为 AI 将取代数据科学家和 AI 专家。这是真的吗？在回答这个问题之前，首先，考虑以下关于我们在本章运行的示例的问题：

- 我们如何知道句子是否正确？
- 如果没有人类的阅读和思考，我们怎么知道答案是正确的？
- 引擎如何知道这是一个语法更正任务？
- 如果回答不正确，我们如何理解发生了什么来帮助改进提示或在精心设计的人机界面中恢复到人工模式？

事实上，人类需要手动干预来回答这些问题，包括使用规则库、质量控制的自动流水线和其他许多工具。

首先明确一个事实：许多情况下，使用 Transformer 运行 NLP 任务几乎不需要开发。

然后回答一点：还是需要人类的。OpenAI 引擎不是为了取代人类，而是为了帮助他们执行更高级的令人满意的任务。现在可以驾驶一架飞机而不需要亲自动手建造它了！

我们需要回答本节提出的这些激动人心的问题。所以让我们继续探索你在未来 AI 领域中的精彩角色吧！

让我们总结一下这一章，然后继续下一段征程！

7.9 本章小结

本章开头讲述了 OpenAI 的 Transformer 模型在超级计算机上使用了数十亿参数进行

训练，开创了新时代。OpenAI 的 GPT 模型使 NLU 超越了大多数 NLP 开发团队的水平。

我们看到 GPT-3 如何通过 API 零样本运行许多 NLP 任务，甚至可以在没有 API 的情况下直接在线运行。Google 翻译的在线版本已经为在线使用 AI 成为主流铺平了道路。

我们讲述了 GPT 模型的设计，GPT 模型都建立在原始 Transformer 的解码器堆叠上。掩码注意力子层延续了原始 Transformer 从左到右训练的理念。除此之外，绝对领先的算力和自注意力子层使其非常高效。

我们在 TensorFlow 调用 OpenAI 的 345M 参数版本的 GPT-2 Transformer 模型。目标是了解 GPT 模型在处理抽象推理任务时的表现如何。我们看到上下文对输出起到了条件约束的作用。然而，它没有使用 Kant 数据集里面的数据来输出。

我们使用自定义数据(Kant 数据集)微调了 117M 参数版本的 GPT-2 模型。与没有微调之前相比，这个较小但微调过的 GPT-2 模型的交互结果更佳。

我们使用 OpenAI 在线运行 NLP 任务，并微调 GPT-3 模型。本章表明，完全预训练的 Transformer 及其引擎可以在工程师的帮助下自动完成许多任务。

这是否意味着将来不再需要 AI NLP 程序员、数据科学家和 AI 专家？可以这么想，用户是否只需要简单地将任务设计和输入文本，然后上传给云 Transformer 模型运行和下载结果？

在工业 4.0 时代，复杂一点的 AI 系统还是需要数据科学家和 AI 专家的。例如为了确保输入输出是合乎道德和安全的，就需要数据科学家和 AI 专家。虽然云 Transformer 模型提供了现成可开的飞机，但是有些系统还是需要这些了解如何构建 Transformer 并调整 AI 生态系统超参数的飞行员的。

下一章我们将把 Transformer 模型作为多任务模型发挥到极致，并探索新的领域。

7.10 练习题

1. 零样本方法对参数进行一次训练。(对|错)
2. 运行零样本时执行梯度更新。(对|错)
3. GPT 模型只有一个解码器堆叠。(对|错)
4. 在本地机器上训练 117M GPT 模型是不可能的。(对|错)
5. 不可能使用特定的数据集训练 GPT-2 模型。(对|错)
6. 无法对 GPT-2 模型进行条件处理以生成文本。(对|错)
7. GPT-2 模型可以分析输入的上下文并生成完整内容。(对|错)
8. 我们无法在少于 345 个 GPU 的机器上与 8M 参数的 GPT 模型进行交互。(对|错)
9. 不存在具有 285 000 个 CPU 的超级计算机。(对|错)
10. 拥有数千个 GPU 的超级计算机是人工智能的游戏规则改变者。(对|错)

第 8 章

文本摘要(以法律和财务文档为例)

前面七章讲述了几个 Transformer 生态系统的架构以及如何训练、微调和使用。在第 7 章，我们发现 OpenAI 已经开始尝试零样本模型，即不需要微调，不需要开发，只需要几行即可实现一个简单的 AI 系统。

这种演化的基本概念依赖于 Transformer 如何努力理解一种语言并以类似人类的方式表达自己。因此，我们已经从训练模型转为向机器传授语言。

Raffel et al. (2019)基于一个简单的断言设计了一个 Transformer 元模型：每个 NLP 问题都可以表示为文本到文本的函数。每种类型的 NLP 任务都使用某种文本上下文来生成某种形式的文本响应。

任何 NLP 任务的文本到文本表示都提供一个独特的框架来分析 Transformer 方法和实践。这个想法是让 Transformer 在训练和微调阶段使用文本到文本的方法通过迁移学习来学习。

Raffel et al. (2019)将这种方法命名为 Text-To-Text Transfer Transformer，简称 T5。

我们首先介绍 T5 Transformer 模型的概念和架构。然后将通过 Hugging Face 框架来使用 T5 对文本进行摘要。

最后，我们使用 GPT-3 引擎对文本进行摘要。GPT-3 引擎的零样本能力超出了人类的想象。

本章介绍以下内容：

- 文本到文本 Transformer 模型
- T5 模型的架构
- T5 方法
- Transformer 模型从训练到学习的演变
- Hugging Face Transformer 模型
- 应用 T5 模型

- 对法律文本进行摘要
- 对财务文本进行摘要
- Transformer 模型的局限性
- 使用 GPT-3 进行摘要

我们首先讲述 Raffel et al. (2019)论文中提到的文本到文本方法。

8.1　文本到文本模型

Google 的 NLP 技术革命始于 Vaswani et al. (2017)，即那篇原始 Transformer 论文。这篇论文推翻了 30 年来应用于 NLP 任务的 RNN 和 CNN 的 AI 信念。它把我们从 NLP / NLU 的石器时代带到 21 世纪，这是一个姗姗来迟的演变。

第 7 章所述的 OpenAI GPT-3 Brown et al. (2020)则是第二次革命。原始 Transformer 专注于性能，并且主要是证明 NLP / NLU 任务只需要注意力即可。

而由 OpenAI GPT-3 掀起的第二次革命则从以前需要对预训练模型进行微调转变为不需要微调的零样本方法。第二次革命表明了机器可以像我们人类一样，只学习一遍即可将其所学知识应用于所有下游任务。

了解这两场革命对于了解 T5 模型代表什么至关重要。第一次革命诞生了注意力机制。第二次革命教会了机器理解语言(NLU)，从而让机器像人类一样解决 NLP 问题。

回到 2019 年，当时 Google 正在与 OpenAI 一样思考如何超越上一代技术，以提升机器的自然语言理解的抽象水平，只不过 Google 选择了另一个方向。

这些革命都是颠覆性的创新。所以我们先静下心来，忘记源代码和机器资源等底层，在更高层次上进行分析。

Google 的方向是先由 Raffel et al. (2019)设计一个概念上的文本到文本模型，然后实现它。

现在让我们粗略了解一下第二次 Transformer 革命中的一个方向：抽象模型。

8.1.1　文本到文本 Transformer 模型的兴起

Raffel et al. (2019)作为先驱者开拓了一个新方向：使用一个统一的文本到文本模型去探索迁移学习的极限。研究这种方法的 Google 团队强调，从一开始就不会修改原始 Transformer 的基本架构。

当时 Raffel et al. (2019)希望专注于概念，而不是技术。因此，他们对只会往上加 n 个参数和层的所谓银弹 Transformer 模型军备竞赛没有兴趣。他们(T5 团队)想从另一个新方向探索 Transformer 在语言理解方面的极限。

人类通过迁移学习来学习一种语言，然后将这些知识应用于各种 NLP 任务中。T5 模型的核心概念是找到一个能够像人类一样学习的抽象模型。

当人类之间交流时，人类总是从一个序列 A 开始，然后到另一个序列 B。而 B 又是下一个序列的起始序列，如图 8.1 所示。

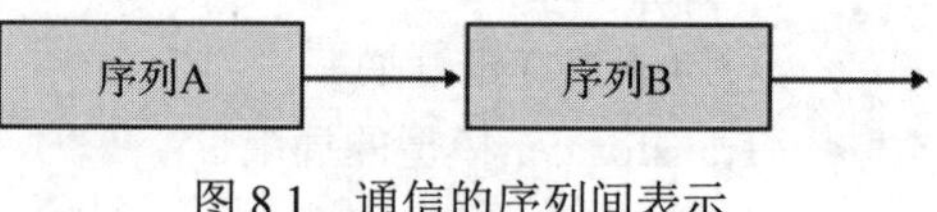

图 8.1　通信的序列间表示

我们还通过音乐使用有组织的声音进行交流。我们通过舞蹈使用有组织的身体动作进行交流。我们通过绘画以协调的形状和颜色来表达自己。

我们通过语言——使用一个单词或一组我们称为“文本”的单词进行交流。当我们试图理解一段文本时，会从各个方向注意句子中的所有单词。我们尝试度量每个术语的重要性。当我们不理解一个句子时，会先关注一个单词然后查询句子中的其余关键词与该单词之间的关系。这就是 Transformer 注意力层的来源。

请花几秒钟消化这些信息。这个原理看起来非常简单，对吧？然而，科学家们花了整整 35 年的时间才通过这一原理推翻了 RNN、CNN 等旧时代！

看着 T5 在学习、进步，甚至有时能够帮助人类更好地思考，这一过程相当激动人心！

同时关注序列中所有词元的注意力层的技术革命催生了 T5 的概念革命。

T5 模型是文本到文本迁移学习 Transformer 模型的简写(Text-To-Text Transfer Transformer，首字母加起来刚好 5 个 T)。T5 的方向是一统天下，把每个 NLP 任务都表示为文本到文本问题来解决。

8.1.2　使用前缀而不是任务格式

Raffel et al. (2019)论文中还有一个问题需要解决：统一任务规范格式。统一任务规范格式是指找到一种方法，为提交给 Transformer 的每个任务都使用同一种输入格式。这样，模型参数就可以采用文本到文本格式对所有类型的任务进行训练。

Google T5 团队想出了一个简单的解决方案：在输入序列中添加一个前缀。

Raffel et al. (2019)建议往输入序列中添加一个前缀。T5 的前缀不仅仅是像一些 Transformer 模型中的[CLS]标注或指示符那样简单。相反，T5 的前缀包含了 Transformer 需要解决的任务的精髓。前缀可以传达意义，下面列举一些例子。

- translate English to German: + [序列]：将序列从英语翻译为德语，例如第 6 章我们讲过的机器翻译。
- cola sentence: + [序列]：对序列应用语言可接受性语料库(CoLA)，我们在第 3 章讲述过。
- stsb sentence 1:+ [序列]：对序列应用语义文本相似性基准。我们在第 5 章讲述过。
- summarize + [序列]：对序列进行文本摘要。我们将在本章的 8.2 节中讲述。

至此，现在我们已经有了用于各种 NLP 任务的统一格式，如图 8.2 所示。

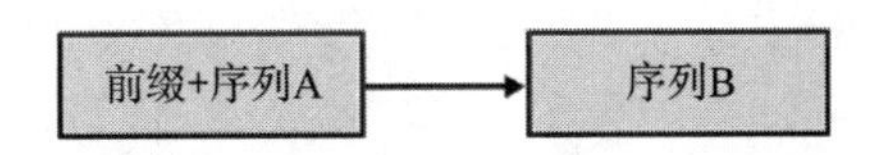

图 8.2　统一 Transformer 模型的输入格式

由于这个输入格式是通用的，并且与具体问题无关，因此 T5 模型可轻松地解决各种类型的问题，包括问答、摘要、翻译等。这也使得 T5 模型具有很强的通用性和适应性，可广泛应用于图 8.3 所示的各个 NLP 领域。

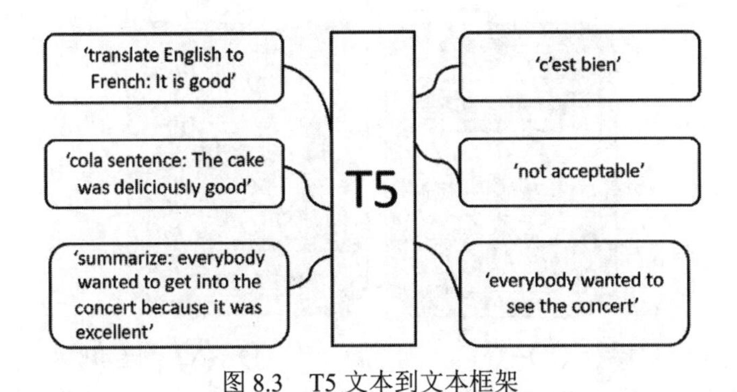

图 8.3　T5 文本到文本框架

这种统一化的过程使得我们可以对各种任务使用相同的模型、超参数和优化器。

现在，我们已经了解了标准的文本到文本输入输出格式，接下来让我们看一下 T5 Transformer 模型的架构。

8.1.3　T5 模型

如前所述，T5 模型是一种使用统一输入格式以获得文本输出的 Transformer 模型。Google T5 团队不想尝试从原始 Transformer 衍生出新的架构，例如类似 BERT 的纯编码器层或类似 GPT 的纯解码器层。而将时间精力专注于以统一输入格式完成各种 NLP 任务。

他们选择沿用第 2 章介绍过的原始 Transformer 模型架构，如图 8.4 所示。

Raffel et al. (2019)保留了大部分原始 Transformer 模型的架构和术语，但强调了其中一些关键方面，并进行了一些轻微的词汇和功能更改。接下来的列表列出了 T5 模型的一些主要方面。换句话说，虽然 T5 模型源于 Transformer 模型，但在某些方面进行了修改和优化：

- 继续使用编码器和解码器。不过把编码器层和解码器层称为“块”，子层则称为包含自注意力层和前馈神经网络的“子组件”。这样就可以使用类似乐高积木的语言中的“块”和“子组件”来组装“块”、部件和组件，从而构建你的模型。Transformer 组件是标准构建模块，可以在许多环境中组装。当你了解第 2 章介绍的基本构建块后，就可以理解任何 Transformer 模型。

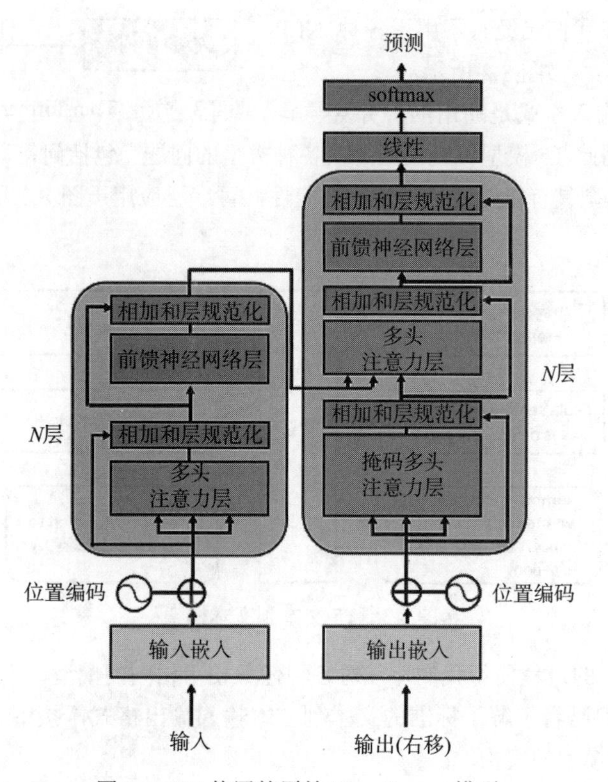

图 8.4 T5 使用的原始 Transformer 模型

- 自注意力是“与顺序无关的”，这意味着它可以并发地对集合执行操作，正如我们在第 2 章所看到的那样。自注意力使用矩阵点积，而不是递归。它探索序列中每个单词与其他单词之间的关系。在进行点积操作之前，将位置编码添加到单词的嵌入中。
- 原始 Transformer 使用正弦和余弦信号来得出位置编码。T5 使用相对位置嵌入，而不是绝对位置嵌入。位置编码依赖于一种扩展的、可以比较成对关系的自注意力机制。更多相关信息可以参考第 7 章“参考资料”中的 Shaw et al. (2018)论文。
- T5 模型采用了一种特殊的位置嵌入共享方式，即在模型每一层中都采用相同的位置嵌入，且在每一层的处理过程中重新计算位置嵌入的值。这种共享和重新评估的方式有助于提升模型的泛化能力，从而更好地适应各种 NLP 任务。

至此，我们已经讲述完 T5 的架构和特点。

接下来使用 T5 进行文本摘要。

8.2　使用 T5 进行文本摘要

文本摘要任务指从给定的文本中提取出其要点、主题或关键信息，形成简洁凝练的总结。本节将首先介绍我们将在本章使用的 Hugging Face 资源。然后将初始化一个 T5-large 版本的 Transformer 模型。最后，将讲述如何使用 T5 来摘要任何内容，包括法律和公司文件。

首先介绍一下 Hugging Face 框架。

8.2.1　Hugging Face

Hugging Face 设计了一个框架，可在更高层面上使用各种 Transformer 模型。我们在第 3 章使用了 Hugging Face 来微调 BERT 模型，然后在第 4 章使用了 Hugging Face 来训练 RoBERTa 模型。

本章将再次使用 Hugging Face 框架，并进一步讲述这一框架。最后将使用 GPT-3 引擎进行文本摘要来结束本章。

Hugging Face 框架提供了三种主要资源：模型、数据集和度量指标。

Hugging Face Transformer 资源

本节将使用 T5 模型。

我们可以在 Hugging Face 模型页面上找到各种模型，如图 8.5 所示。

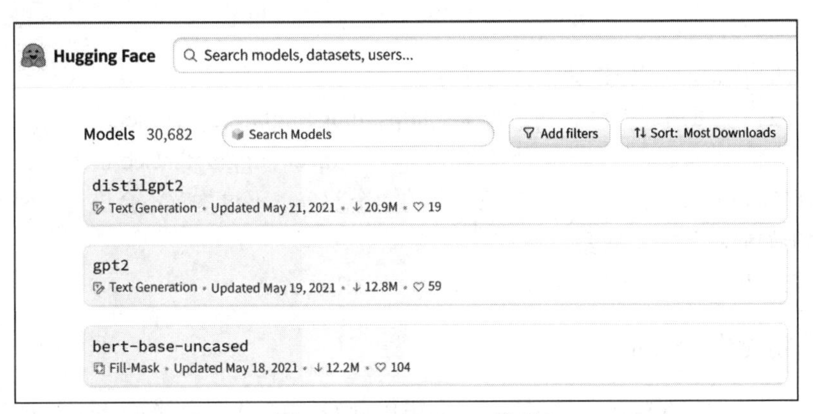

图 8.5　Hugging Face 模型

我们可在https://huggingface.co/models页面上搜索模型。本节将搜索t5-large，T5 模型的该版本可以在Google Colab平稳运行。

首先输入 T5 以搜索 T5 模型并获得我们可以选择的 T5 模型版本列表，如图 8.6 所示。

可以看到有好几种 T5 模型版本可用，其中包括：

- base，这是基线版本。它类似于 $\text{BERT}_{\text{BASE}}$，具有 12 层和大约 220M 个参数。
- small，这是较小的版本，具有 6 层和 60M 参数。
- large 类似于 $\text{BERT}_{\text{LARGE}}$，具有 12 层和 770M 参数。
- 3B 和 11B 这两个版本使用 24 层编码器和解码器，分布具有大约 2.8B 和 11B 参数。

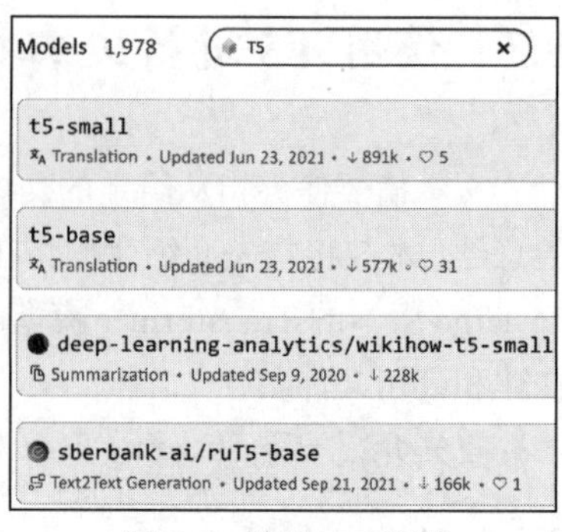

图 8.6 搜索 T5 模型

有关 $\text{BERT}_{\text{BASE}}$ 和 $\text{BERT}_{\text{LARGE}}$ 的更多信息，可以花几分钟时间回顾一下第 3 章。

在我们的例子中，我们选择 t5-large。

图 8.7 展示了如何在代码中使用该模型。还可以查看模型中的参数列表和基本配置。我们将在 8.2.2 一节详细讲述。

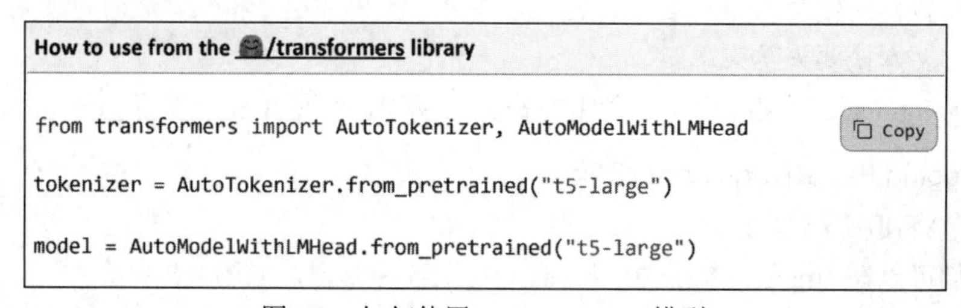

图 8.7 如何使用 Hugging Face 模型

Hugging Face 还提供数据集和度量指标。

- 数据集可用于训练和测试模型：https://huggingface.co/datasets。
- 度量指标资源可用于度量模型的性能：https://huggingface.co/metrics。

数据集和度量指标也是 NLP 很重要的两个部分。不过本章不会讲述这两部分，将专注于如何实现文本摘要。

我们先从初始化 T5 Large 模型开始。

8.2.2 初始化 T5-large 模型

本节将初始化 T5-large 模型。打开本书配套 GitHub 代码存储库 chapter08 目录中的 Summarizing_Text_with_T5.ipynb。

我们开始吧！

T5 入门

安装 Hugging Face 框架，然后初始化一个 T5-large 模型。

将首先安装 Hugging Face 框架的 transformers 库：

```
!pip install transformers
```

Hugging Face transformers 库不断发展，所以默认版本不一定适配于本笔记本。如果默认版本安装失败，则可能需要使用!pip install transformers==[与笔记本其他函数相匹配的版本]来安装。

然后我们指定使用 sentencepiece 的 0.1.94 版本，以使笔记本尽可能稳定：

```
!pip install sentencepiece==0.1.94
```

Hugging Face 有一个我们可以克隆的 GitHub 代码存储库。但是我们不需要下载这个代码存储库，只需要通过 pip 安装 Hugging Face 框架即可使用一系列高级功能。

可以在初始化模型时选择是否展示模型的架构(这里设置为不展示)：

```
display_architecture=False
```

如果将 display_architecture 设置为 True，将会展示编码器层、解码器层和前馈子层的结构。

然后导入 torch 和 json：

```
import torch
import json
```

如第 1 章所述，工业 4.0 时代的 AI 专家需要熟悉多个平台。所以我建议尽可能多地使用 PyTorch 和 TensorFlow 以适应这两种环境。Hugging Face 框架封装了 PyTorch 和 TensorFlow 这两个框架，所以我们可将时间精力抽出来放到 Transformer 模型(特定任务模型或零样本模型)的抽象级别及其整体性能上面。

然后导入词元分析器、生成和配置类：

```
from transformers import T5Tokenizer, T5ForConditionalGeneration, T5Config
```

本例将使用 T5 模型的 large 版本，但可以选择我们在本章 8.2.1 节介绍的 Hugging Face 列表中的其他版本。

然后导入 T5-large 条件生成模型和 T5-large 词元分析器：

```
model = T5ForConditionalGeneration.from_pretrained('t5-large')
tokenizer = T5Tokenizer.from_pretrained('t5-large')
```

可以看到，初始化预训练词元分析器只需要一行代码。但是这样加载的词元分析器不一定包含我们需要的所有词汇。我们将在第 9 章详细讲述这方面的话题。

然后使用 torch.device with 'cpu.'来初始化。对于本例来说，CPU 就足够了。代码将返回一个分配了 torch 张量的 torch.device 对象：

```
device = torch.device('cpu')
```

接下来探索 T5 模型的架构。

探索 T5 模型的架构

本节将讲述 T5-large 的架构和配置。

如果 display_architecture==true，我们可以看到模型的配置：

```
if display_architecture==True:
  print(model.config)
```

可以看到模型的基本参数：

```
.../...
"num_heads": 16,
"num_layers": 24,
.../...
```

该模型具有 16 个头和 24 层。

如前所述，T5 的文本到文本实现是通过在输入句子中添加了一个前缀来触发要执行的任务。通过输入前缀可以在不修改模型参数的情况下以文本到文本格式表示各种任务。在本例中，前缀使用了 summarization 相关配置：

```
"task_specific_params": {
    "summarization": {
      "early_stopping": true,
      "length_penalty": 2.0,
      "max_length": 200,
      "min_length": 30,
      "no_repeat_ngram_size": 3,
      "num_beams": 4,
      "prefix": "summarize: "
    },
```

我们可以看到 T5：

- 将使用束搜索算法，本例将使用 4 个束("num_beams": 4)
- 将使用早停法("early_stopping": true)
- 确保不会重复等于 no_repeat_ngram_size 的 ngram("no_repeat_ngram_size": 3)
- 通过 min_length 和 max_length 控制样本的长度
- 应用了长度惩罚("length_penalty": 2.0)

还有一个有趣的参数——词汇量，即词表大小：

```
"vocab_size": 32128
```

词汇量多少本身就是一个可以展开的话题。词汇量过多会导致表示稀疏。词汇量过少会扭曲 NLP 任务。我们将在第 9 章进一步讲述。

还可通过简单地打印模型来查看 Transformer 堆叠的详细信息：

```
if(display_architecture==True):
  print(model)
```

例如，可窥视编码器堆叠的块(层)，编号从 0 到 23：

```
(12): T5Block(
        (layer): ModuleList(
          (0): T5LayerSelfAttention(
            (SelfAttention): T5Attention(
              (q):Linear(in_features=1024, out_features=1024, bias=False)
               (k): Linear(in_features=1024, out_features=1024, bias=False)
               (v): Linear(in_features=1024, out_features=1024, bias=False)
               (o): Linear(in_features=1024, out_features=1024, bias=False)
              )
               (layer_norm): T5LayerNorm()
               (dropout): Dropout(p=0.1, inplace=False)
              )
              (1): T5LayerFF(
               (DenseReluDense): T5DenseReluDense(
                (wi): Linear(in_features=1024, out_features=4096,
bias=False)
                 (wo): Linear(in_features=4096, out_features=1024,
bias=False)
                 (dropout): Dropout(p=0.1, inplace=False)
                )
                (layer_norm): T5LayerNorm()
                (dropout): Dropout(p=0.1, inplace=False)
               )
              )
             )
```

我们可以看到，该模型对注意力子层的 1024 个特征和前馈神经网络子层的内部计算运行 4096 个特征的操作，这将产生 1024 个特征的输出。Transformer 在所有层中都保持着对称结构。

可以花几分钟时间浏览编码器堆叠、解码器堆叠、注意力子层和前馈子层。

还可选择通过仅运行所需的单元格来查看模型的某一方面：

```
if display_architecture==True:
  print(model.encoder)
if display_architecture==True:
  print(model.decoder)
if display_architecture==True:
  print(model.forward)
```

至此，我们已经初始化了 T5 Transformer 模型。现在让我们使用 T5-large 进行文本摘要。

8.2.3　使用 T5-large 进行文本摘要

本节将创建一个文本摘要函数，可对任何需要文本摘要的文本调用该函数。我们将对法律和金融示例文本进行摘要。最后将研究该方法的局限性。

首先创建一个文本摘要函数。

创建文本摘要函数

首先创建一个名为 summary 的文本摘要函数。这样，只需要将要摘要的文本发送给函数。该函数包含两个参数。第一个参数是 text，即需要摘要的文本。第二个参数是 ml，即摘要文本的最大长度。这两个参数都是每次调用函数时发送给函数的变量：

```
def summary(text, ml):
```

虽然 Hugging Face 提供了即用型文本摘要函数。但是，我建议学习如何构建自己的函数，以便在必要时自定义这项关键任务。

然后对需要摘要的文本预处理一下：

```
preprocess_text = text.strip().replace("\n","")
```

然后对预处理后的文本应用 T5 文本摘要任务(即前缀为 summarize:)：

```
t5_prepared_Text = "summarize: "+preprocess_text
```

T5 模型使用统一的结构，无论任务是什么，都可通过前缀+输入序列方式来处理。这样使用起来很简单，一个模型就能处理各种下游任务。

我们打印一下预处理和准备好的文本：

```
print ("Preprocessed and prepared text: \n", t5_prepared_Text)
```

简单吗？这么简单的一条路，从 RNN 和 CNN 到 Transformer 花了整整 35 年的时间。然后，世界上一些最聪明的研究团队将 Transformer 从需要针对特定任务微调进化为几乎不需要微调即可处理多任务。最后，Google 研究团队为 Transformer 的输入文本创建了一个标准格式，只需要包含一个前缀，即可指示要解决的 NLP 问题。这段历史真的太波澜壮阔了！

以下是打印出来的预处理和准备好的文本：

```
Preprocessed and prepared text:
summarize: The United States Declaration of Independence
```

可以看到使用的前缀是 summarize:，即文本摘要。

然后将文本编码为词元 ID，并将它们作为 torch 张量返回：

```
tokenized_text = tokenizer.encode(t5_prepared_Text, return_tensors="pt").
to(device)
```

然后将编码后的文本发送到模型，并使用前面描述的参数生成摘要：

```
# Summarize
 summary_ids = model.generate(tokenized_text,
```

```
                                    num_beams=4,
                                    no_repeat_ngram_size=2,
                                    min_length=30,
                                    max_length=ml,
                                    early_stopping=True)
```

不过这里对参数做了细微改动，束数量不变，但 no_repeat_ngram_size 从 3 减小到 2。

然后对生成的输出使用词元分析器解码：

```
output = tokenizer.decode(summary_ids[0], skip_special_tokens=True)
return output
```

我们导入、初始化和修改了摘要函数。现在，用一个常规主题示例来试验 T5 模型。

常规主题示例

本节将对古腾堡项目(Project Gutenberg)中的文本运行 T5 模型。将使用该示例对 summarize 函数进行测试。可以复制和粘贴所需的其他任何文本，也可通过添加代码来加载文本。还可加载你选择的数据集并通过循环来调用 summarize 函数。

本章代码的目标就是通过运行一些示例来了解 T5 的工作原理。例如输入以下文本：

```
text ="""
The United States Declaration of Independence was the first Etext
released by Project Gutenberg, early in 1971. The title was stored
in an emailed instruction set which required a tape or diskpack be
hand mounted for retrieval. The diskpack was the size of a large
cake in a cake carrier, cost $1500, and contained 5 megabytes, of
which this file took 1-2%. Two tape backups were kept plus one on
paper tape. The 10,000 files we hope to have online by the end of
2001 should take about 1-2% of a comparably priced drive in 2001.
"""
```

然后调用 summarize 函数并发送我们要摘要的文本和摘要的最大长度：

```
print("Number of characters:",len(text))
summary=summarize(text,50)
print ("\n\nSummarized text: \n",summary)
```

输出展示我们发送了 534 个字符、原始文本(真实值)和摘要(预测值)：

```
Number of characters: 534
Preprocessed and prepared text:
  summarize: The United States Declaration of Independence...


Summarized text:
  the united states declaration of independence was the first etext
published by project gutenberg, early in 1971. the 10,000 files we hope
to have online by the end of2001 should take about 1-2% of a comparably
```

```
priced drive in 2001. the united states declaration of independence was
the first Etext released by project gutenberg, early in 1971
```

接下来我们用一个更难的示例进行文本摘要。

权利法案示例

输入以下取自《权利法案》的文本：

```
#Bill of Rights,V
text ="""
No person shall be held to answer for a capital, or otherwise infamous
crime,
unless on a presentment or indictment of a Grand Jury, except in cases
arising
  in the land or naval forces, or in the Militia, when in actual service
in time of War or public danger; nor shall any person be subject for
the same offense to be twice put in jeopardy of life or limb;
nor shall be compelled in any criminal case to be a witness against
himself,
nor be deprived of life, liberty, or property, without due process of law;
nor shall private property be taken for public use without just
compensation.
"""
print("Number of characters:",len(text))
summary=summarize(text,50)
print ("\n\nSummarized text: \n",summary)
```

记住，Transformer 是随机算法，因此每次运行 Transformer 时输出可能都不一样。我们可以看到 T5 并没有真正摘要了输入文本，只是缩短了它：

```
Number of characters: 591
Preprocessed and prepared text:
  summarize: No person shall be held to answer..


Summarized text:
  no person shall be held to answer for a capital, or otherwise infamous
crime. except in cases arisingin the land or naval forces or in the
militia, when in actual service in time of war or public danger
```

此示例意义重大，因为它展示了任何 Transformer 模型或其他 NLP 模型在面对此类文本时面临的局限性。我们不能总是期望用户只输入始终有效的样本，无论我们拥有多么创新的 Transformer 模型，都不能给予用户过高的期望，从而导致用户相信 Transformer 已经解决了我们面临的所有 NLP 挑战。

是的，也许可通过提供一个更长的文本、使用其他参数、使用更大的模型，或者改变 T5 模型的结构等方法来改进性能。然而，无论你多么努力地试图用 NLP 模型对复杂的文本进行摘要，总会有模型无法摘要的文档存在。

当一个模型无法很好地处理一项任务时，我们必须谦虚地承认。SuperGLUE 人类的基线是一个值得击败的极端基线。我们需要有耐心，更加努力地工作，并改进

Transformer 模型，直到它们比现在更好。NLP 仍然有很大的进步空间。

Raffel et al. (2018)选择了一个合适的标题来描述 T5 方法：使用一个统一的文本到文本模型去探索迁移学习的极限。

我们很有必要花时间尝试对法律文件进行摘要。作为现代 NLP 先驱，探索迁移学习的极限！有时你会发现令人兴奋的结果，有时你会发现需要改进的地方。

现在我们尝试一个公司法示例。

公司法示例

公司法包含了许多法律微妙之处，使摘要任务变得非常棘手。

我们输入一段美国蒙大拿州公司法的摘录：

```
#Montana Corporate Law
#https://corporations.uslegal.com/state-corporation-law/montanacorporation-law/#:~:text=Montana%20Corporation%20Law,carrying%20out%20
its%20business%20activities.
text ="""The law regarding corporations prescribes that a corporation can
be incorporated in the state of Montana to serve any lawful purpose. In
the state of Montana, a corporation has all the powers of a natural person
for carrying out its business activities. The corporation can sue and be
sued in its corporate name. It has perpetual succession. The corporation
can buy, sell or otherwise acquire an interest in a real or personal
property. It can conduct business, carry on operations, and have offices
and exercise the powers in a state, territory or district in possession of
the U.S., or in a foreign country. It can appoint officers and agents of
the corporation for various duties and fix their compensation.
The name of a corporation must contain the word "corporation" or its
abbreviation "corp." The name of a corporation should not be deceptively
similar to the name of another corporation incorporated in the same state.
It should not be deceptively identical to the fictitious name adopted by a
foreign corporation having business transactions in the state.
The corporation is formed by one or more natural persons by executing and
filing articles of incorporation to the secretary of state of filing. The
qualifications for directors are fixed either by articles of incorporation
or bylaws. The names and addresses of the initial directors and purpose
of incorporation should be set forth in the articles of incorporation.
The articles of incorporation should contain the corporate name, the
number of shares authorized to issue, a brief statement of the character
of business carried out by the corporation, the names and addresses of
the directors until successors are elected, and name and addresses of
incorporators. The shareholders have the power to change the size of
board of directors.
"""
print("Number of characters:",len(text))
summary=summarize(text,50)
print ("\n\nSummarized text: \n",summary)
```

结果令人满意：

```
Number of characters: 1816
Preprocessed and prepared text:
  summarize: The law regarding the corporation prescribes that a
```

```
corporation...

Summarized text:
 a corporations can be incorporated in the state of Montana to serve
any lawful purpose. a corporation can sue and be sued in its corporate
name, and it has perpetual succession. it can conduct business, carry on
operations and have offices
```

这一次，T5 找到了文本的一些基本方面进行摘要。花一些时间试试你自己的示例，看看摘要效果如何。可以修改参数以查看是否会影响摘要结果。

至此，我们使用了 T5 来摘要文本。接下来尝试使用 OpenAI GPT-3 引擎来摘要文本。

8.3 使用 GPT-3 进行文本摘要

我们已经了解了 T5 如何进行文本摘要。接下来将使用 GPT-3 进行文本摘要。目的不是对 Google 和 OpenAI 公司和模型进行基准测试，而是让工业 4.0 AI 大师拥有广泛的 NLP 知识。

首先转到 https://openai.com/注册并登录。

然后转到示例页面并选择 Summarize for a 2nd grader，如图 8.8 所示。

Summarize for a 2nd grader
Translates difficult text into simpler concepts.

图 8.8 GPT-3 示例页面

将打开一个窗口，我们可在这个窗口输入提示。

将上一节公司法示例中的文本 T 提交给 GPT-3 模型。

提示是 $P = E + T + S$。

- E 给予模型一些解释：

```
My second grader asked me what this passage means:
```

- 文本 T 与上一节相同，并用引号引起来：

```
"""The law regarding corporations prescribes that a corporation can be
incorporated in the state of Montana to serve any lawful purpose. In the
state of Montana, a corporation has all the powers of a natural person
for carrying out its business activities.
.../...
The shareholders have the power to change the size of board of
directors."""
```

- S 展示了预期的任务类型：

```
I rephrased it for him, in plain language a second grader can understand:
"""
```

GPT-3 Davinci 引擎的回答非常不错：

```
A corporation is a business.
A corporation is a person.
Corporations can do everything people can do.
Corporations can be sued.
Corporations can buy, sell, or trade things.
A corporation has its own name that is different from the names of the people
who own it.
Corporations are formed by people who want to start a business, and they file
papers with the government to make it official.
```

可以保留 *T* 并修改 *E* 和 *S*:

- *E* 可以更改为:

```
My MBA college student asked me what this passage means:
```

- *S* 可以改成:

```
I rephrased it for him, in MBA college language :
```

GPT-3 引擎还是生成了上一个请求的回答，但专门为大学生添加了一些有用信息：

```
Corporations can have directors who are in charge of making decisions for
the business. The directors are elected by the shareholders. Shareholders
can change the size of the board of directors.
```

GPT-3 模型非常有说服力，代表了云 AI 不断增强的能力。我们将在第 16 章深入讲述。然而，在第 16 章之前，我们还有很多内容需要介绍。

8.4 本章小结

本章我们了解了 T5 Transformer 模型如何标准化原始 Transformer 的编码器和解码器堆叠的输入。原始 Transformer 架构对于编码器和解码器堆叠的每个块(或层)具有相同的结构。但是，原始 Transformer 没有用于 NLP 任务的标准化输入格式。

Raffel et al. (2018)通过创建文本到文本模型，为各种 NLP 任务设计了标准输入。往输入序列添加了一个前缀，以指示要解决的 NLP 问题类型。这就是标准的文本到文本格式。文本到文本传输 Transformer(Text-To-Text Transfer Transformer，T5，首字母加起来刚好 5 个 T)诞生了。我们看到，这种看似简单的演变使得在各种 NLP 任务中使用相同的模型和超参数成为可能。T5 的发明使 Transformer 模型的标准化过程更进一步。

然后，我们实现了一个可对任何文本进行摘要的 T5 模型。我们使用自定义数据集测试了 T5，使用美国宪法和公司法示例文本测试了 T5。结果很不错，但我们也发现了 Transformer 模型的一些局限性，正如 Raffel et al. (2018)所预测的那样。

最后，我们讲述了 GPT-3 引擎和其强大威力。我们将使用 GPT-3 进行文本摘要。我们的目的不是对 Google 和 OpenAI 公司和模型进行基准测试，而是让工业 4.0 AI 大师拥有广泛的 NLP 知识。

下一章将讲述词元分析器以及如何消除 NLP 任务的局限性。

8.5 练习题

1. T5 模型像 BERT 模型那样只有编码器堆叠。(对|错)
2. T5 模型同时具有编码器和解码器堆叠。(对|错)
3. T5 模型使用相对位置编码，而不是绝对位置编码。(对|错)
4. 文本到文本模型仅适用于文本摘要。(对|错)
5. 文本到文本模型使用前缀来确定 NLP 任务的输入序列。(对|错)
6. T5 模型需要为每个 NLP 任务提供对应的超参数。(对|错)
7. 文本到文本模型的优点在于它们对所有 NLP 任务使用相同的超参数。(对|错)
8. T5 模型没有包含前馈神经网络。(对|错)
9. Hugging Face 是一个框架，能让人们更容易地使用 Transformer。(对|错)
10. OpenAI 的 Transformer 引擎是游戏规则的改变者。(对|错)

第 9 章 数据集预处理和词元分析器

前面的章节讲述了 Transformer 模型的架构、为训练它们而提供的数据集。在架构方面，我们讲述了原始 Transformer 架构，微调了一个类 BERT 的模型，训练了一个 RoBERTa 模型，探索了一个 GPT-3 模型，微调了一个 GPT-2 模型，应用了一个 T5 模型等。我们还完成了数据集的主要基准任务。

我们还训练了一个 RoBERTa 词元分析器(Tokenizer)，并使用词元分析器对数据进行编码。但没有讲述词元分析器的局限性来评估如何调整它们来适配我们构建的模型。AI 是数据驱动的。Raffel et al. (2019)与本书引用的所有论文一样，都需要花时间为 Transformer 模型准备数据集。因此词元分析器是十分重要的一部分。

本章将介绍影响下游 Transformer 任务质量的词元分析器的一些局限性。预训练词元分析器很可能会用通用领域的数据集去错误地词元化一个专业术语。你可能需要为你的领域(例如高级医学语言)专门构建一个词表，从而包含那些通用预训练词元分析器不能处理的单词。

将介绍一些与词元分析器无关、更高层面的最佳实践来度量词元分析器的质量。我们将从词元化的角度描述数据集和词元分析器的基本准则。

我们将看到使用 Word2Vec 词元分析器来描述我们使用任何词元化方法时面临的问题以及词元分析器的局限性，将通过 Python 示例代码了解到这些局限性。

我们将使用 GPT-2 模型生成无条件和条件样本。

我们将进一步了解字节级 BPE 方法的局限性。我们将构建一个 Python 程序，该程序展示 GPT-2 词元分析器产生的结果，并解决数据编码过程中出现的问题。这将表明 GPT-3 的超强性能对于常见的 NLP 分析并不总是必要的。

但在本章末尾，我们将使用词性(POS)任务检测 GPT-3 引擎，以了解 GPT-3 引擎的 NLU 能力，以及现成的词元化字典是否满足我们的需求。

本章涵盖以下主题：

- 控制词元分析器输出的基本准则
- 原始数据策略和预处理数据策略
- Word2Vec 词元化的问题和局限性

- 编写一个 Python 程序来评估 Word2Vec 词元分析器
- 编写一个 Python 程序来评估字节级 BPE 算法的输出
- 使用专业术语表自定义 NLP 任务
- 使用 GPT-2 生成无条件和条件样本
- 评估 GPT-2 词元分析器

我们首先讲述如何对数据集进行预处理和词元分析器。

9.1 对数据集进行预处理和词元分析器

下载基准数据集来训练 Transformer 有很多优势。数据已经准备好，每个研究都使用相同的参考文献。此外，Transformer 模型的性能可与使用了相同数据的另一个模型进行比较。

然而，要提高 Transformer 的性能，这么做是不够的，还需要做更多工作。此外，在生产环境中实施 Transformer 模型需要遵循最佳实践仔细规划和设计。

本节将介绍一些最佳实践，以避免关键的绊脚石。

然后，将通过几个 Python 示例，使用余弦相似度来度量词元化和编码数据集的局限性。

我们先从最佳实践开始。

9.1.1 最佳实践

Raffel et al. (2019)除设计了一个标准输入的“文本到文本”T5 Transformer 模型之外，还有一个贡献。他们开始打破一个迷信：可以直接使用原始数据而不需要对其进行预处理。

例如，Common Crawl 数据集包含了通过 Web 提取的未标注文本。非文本和标记已从数据集中删除。

然而，Google T5 团队发现，通过 Common Crawl 获得的大部分文本都没有达到自然语言或英语的水平。因此，他们决定在使用数据集之前清理一下数据集。

我们将采纳 Raffel et al. (2019)的建议，制定企业质量控制最佳实践并应用于预处理和质量控制阶段。接下来，我们将使用一些示例具体讲述。

图 9.1 列出一些适用于数据集的关键质量控制过程。

如图 9.1 所示，质量控制分为训练 Transformer 时的预处理阶段(步骤 1)和将 Transformer 部署到生产环境后的质量控制(步骤 2)。

现在我们来看看预处理阶段。

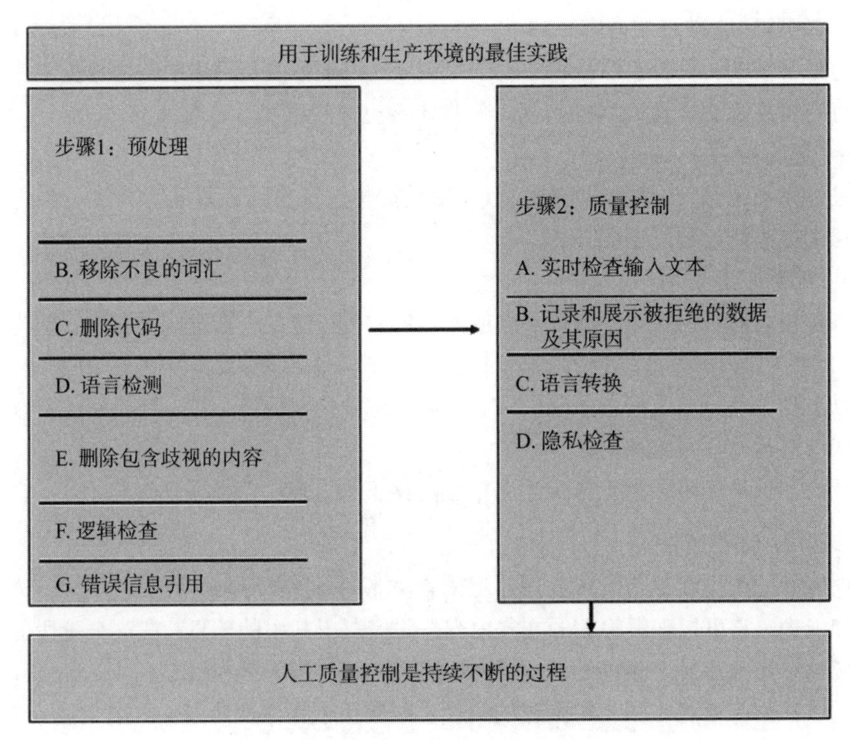

图 9.1　Transformer 数据集的最佳实践

步骤 1：预处理

Raffel et al. (2019)建议在训练模型前对数据集进行预处理，并列出一些想法。

Transformer 变成了语言学习者，而我们则成了它们的老师。但要教会机器学生一门语言，我们必须先解释什么是正确的英语。例如，在使用数据集之前，我们需要应用一些标准启发式规则。

- 带有标点符号的句子

建议选择以标点符号(如句点或问号)结尾的句子。

- 删除不良的词汇

应该要把不良词汇删掉。可以在以下站点找到列表：https://github.com/LDNOOBW/List-of-Dirty-Naughty-Obscene-and-Otherwise-Bad-Words。

- 删除代码

这有点棘手，因为有时代码本身就是我们要寻找的内容。然而，通常最好还是删除代码。

- 语言检测

有些网页的语言与整体语言不一样。有必要确保数据集的所有内容都是我们希望的语言。可以使用 langdetect，它可以检测 50 多种语言：https://pypi.org/project/langdetect/。

- 删除包含歧视的内容

这是必需的。我的建议是建立一个知识库，收集可以从网络或特定数据集中获取的所有内容。抑制任何形式的歧视。你肯定希望你的机器具有道德感！

- 逻辑检查

最好先使用预训练 Transformer 模型对数据集进行自然语言推理(NLI)，以过滤掉没有意义或不符合逻辑的句子。

- 错误信息引用

删除指向无效链接、不道德网站或人员的文本。这是一项艰巨的工作，但肯定是值得的。

以上列表是一些主要的最佳实践。然而，还需要做更多工作，例如对违反隐私的行为和针对具体项目采取的其他行动。

至此，预处理阶段的工作讲述完毕了。接下来讲述生产阶段的工作。

步骤 2：质量控制

训练好的模型在生产阶段处理自然语言文本时，会表现出类似于人类学习语言的行为和能力。它可以理解输入的文本内容，并提取出其中的信息。在这个阶段的输入数据应该经历与步骤 1 相同的过程，不然会产生训练-服务偏差(training-serving skew)。

所以我们应该将步骤 1 中描述的最佳实践应用于在生产阶段输入的数据。不过有些地方我们需要稍微调整一下。

- 实时检查输入文本

拒绝接受不良信息。我们需要实时解析输入数据并过滤不可接受的数据(参见步骤 1)。

- 记录和展示被拒绝的数据及其原因

与步骤 1 不同，我们应该记录被拒绝的数据及其原因，以便我们和用户事后查阅。在拒绝后，我们应该马上告诉客户被拒绝的数据及其原因。

- 语言转换

如果可能，可将生僻词转换为标准词汇。请参阅本章 9.1.2 节“Word2Vec 词元化”的场景 4。但这并不总是能做到的。如果可以做到，质量可能向前迈进一大步。

- 隐私检查

无论是训练阶段还是在生产环境，都必须从数据集和任务中排除隐私数据，除非获得使用 Transformer 模型的用户或国家/地区的授权。这是一个棘手的话题。必要时需要咨询法律顾问。

至此，我们讲述了一些最佳实践。接下来将讲述为什么人工质量控制是一个持续的过程，并非一劳永逸的。

人工质量控制是持续的过程

前述的不良词汇、隐私法规都随着时间的推移而不断变化，因此虽然 Transformer

能够逐渐接管大部分 NLP 任务，但是人类持续不断的干预仍然是需要的。虽然社交媒体巨头使用 AI 自动完成了很多事情，但事实上还是需要人类内容管理员来决定平台内容的好坏。

正确的方法是训练一个 Transformer 模型，实现它，控制输出，并将信号结果反馈到训练集中。然后 Transformer 持续不断地学习这个训练集。

图 9.2 展示了持续不断的人工质量控制将如何帮助 Transformer 的训练数据集增长并提高其在生产中的性能。

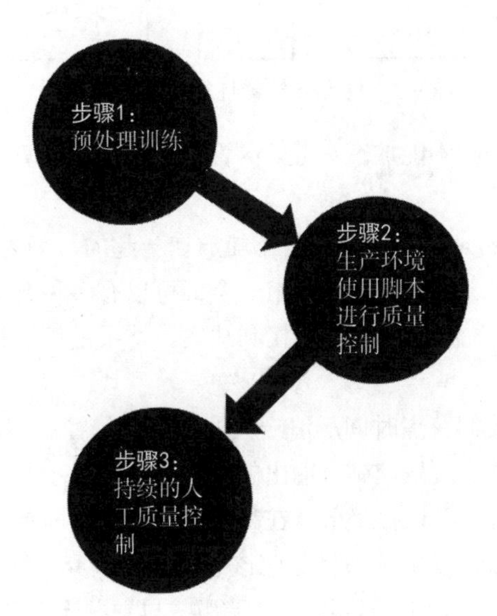

图 9.2　持续的人工质量控制

我基于 Raffel et al. (2019)论文中的几个最佳实践，并结合我在企业 AI 项目管理方面的经验添加了一些指导。

接下来将编写一个预训练词元分析器程序。

9.1.2　Word2Vec 词元化

只要事情进展顺利，没有人会深入研究预训练词元分析器。就像在现实生活中一样，我们可驾驶汽车多年而不用深入研究发动机。然后，有一天，车抛锚了，我们需要找出原因，这时候就需要打开机盖深入研究发动机了。

预训练词元分析器同样如此。有时结果不是我们所期望的。例如，有些单词对拼接错误了，如图 9.3 所示。

图 9.3 所示的例子来自《美国独立宣言》《权利法案》和英国《大宪章》。

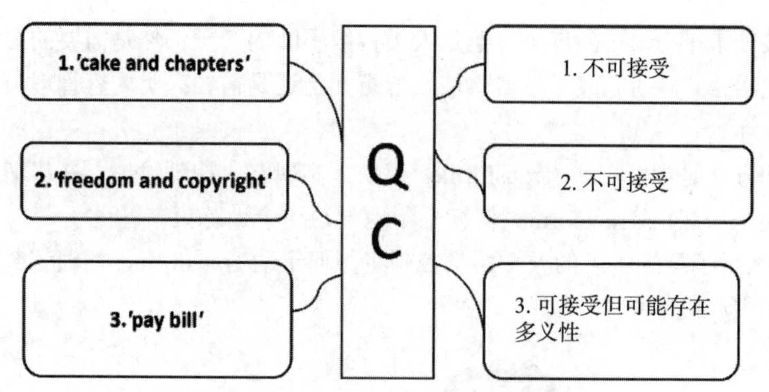

图 9.3 词元分析器计算错误的单词对

- cake and chapters 不能放在一起，尽管词元分析器计算出它们具有很高的余弦相似度。
- 这里的 freedom and copyright 是不能放在一起的，因为是完全不同的两码事。
- pay bill 存在多义性。多义性是指一个词可以有多种含义。例如，pay bill 可以表示支付账单，但也可以表示权利法案。结果是可以接受的，但可能纯粹是运气。

在继续之前，让我们花点时间澄清一些要点。质量控制简称 QC。在任何战略性企业项目中，都需要进行质量控制。输出的质量将决定关键项目的生存。如果项目不是战略性的，错误有时是可以接受的。在战略性项目中，即使是一丁点错误也可能引来风险管理审计的干预，以确定项目是应该继续还是放弃。

从质量控制和风险管理的角度看，对于那些与主题无关(包含太多无用词或缺失关键词)的数据集进行词元化会混淆嵌入算法并产生“差结果”。因此，本章中使用的“词元化”一词比较宽泛，其中有些地方是指嵌入，因为它们之间存在相互影响。

在战略性的 AI 项目中，“差结果”可能是小错，却能带来严重后果(特别是在医疗领域、飞机或火箭装配或其他关键领域)。

打开本书配套代码存储库 chapter09 目录下的 Tokenizer.ipynb，该笔记本是基于第 2 章的 positional_encoding.ipynb 创建的。

注意，由于 Word2Vec 算法的随机性质，每次运行的结果可能会不一样。

首先安装所需要的库：

```
#@title Pre-Requisistes
!pip install gensim==3.8.3
import nltk
nltk.download('punkt')
import math
import numpy as np
from nltk.tokenize import sent_tokenize, word_tokenize
import gensim
from gensim.models import Word2Vec
import numpy as np
```

```
from sklearn.metrics.pairwise import cosine_similarity
import matplotlib.pyplot as plt
import warnings
warnings.filterwarnings(action = 'ignore')
```

数据集文件 text.txt 包含《美国独立宣言》《权利法案》《大宪章》以及 Immanuel Kant 的作品和其他文本。

现在我们读取 text.txt 并训练一个 Word2Vec 模型：

```
#@title Word2Vec Tokenization
#'text.txt' file
sample = open("text.txt", "r")
s = sample.read()
# processing escape characters
f = s.replace("\n", " ")
data = []
# sentence parsing
for i in sent_tokenize(f):
  temp = []
  # tokenize the sentence into words
  for j in word_tokenize(i):
    temp.append(j.lower())
  data.append(temp)
# Creating Skip Gram model
model2 = gensim.models.Word2Vec(data, min_count = 1, size = 512,window =
5, sg = 1)
print(model2)
```

window = 5 是一个有趣的参数。它限制输入句子中当前单词和预测单词之间的距离。SG = 1 表示使用 skip-gram 训练算法。

输出展示词表大小是 10816，嵌入维数是 512，学习率设置为 alpha=0.025：

```
Word2Vec(vocab=10816, size=512, alpha=0.025)
```

现在已经有了一个词表示模型，我们可以创建一个余弦相似度函数 similarity (word1,word2)了。将 word1 和 word2 发送给该函数，函数将返回 word1 和 word2 之间的余弦相似度值。该值越高表示相似度越高。

该函数首先检测输入单词是否在 Word2Vec 词表中；如果不在，则展示报错信息：

```
#@title Cosine Similarity
def similarity(word1,word2):
        cosine=False #default value
        try:
                a=model2[word1]
                cosine=True
        except KeyError:         #The KeyError exception is raised
                print(word1, ":[unk] key not found in dictionary")#False
implied
        try:
                b=model2[word2]  #a=True implied
        except KeyError:         #The KeyError exception is raised
```

```
                cosine=False     #both a and b must be true
                print(word2, ":[unk] key not found in dictionary")
```

然后只有 cosine==True 时(即已经确认了 word1 和 word2 都在 Word2Vec 词表中)，我们才计算余弦相似度：

```
    if(cosine==True):
        b=model2[word2]
        # compute cosine similarity
        dot = np.dot(a, b)
        norma = np.linalg.norm(a)
        normb = np.linalg.norm(b)
        cos = dot / (norma * normb)
        aa = a.reshape(1,512)
        ba = b.reshape(1,512)
        #print("Word1",aa)
        #print("Word2",ba)
        cos_lib = cosine_similarity(aa, ba)
        #print(cos_lib,"word similarity")

    if(cosine==False):cos_lib=0;
    return cos_lib
```

该函数将返回 cos_lib，即余弦相似度的计算值。

接下来我们将介绍常见的六种情况。在这六种情况下，数据集是指本节提到的 text.txt。

我们先从情况 0 开始。

场景 0：输入词在数据集或字典中

freedom 和 liberty 这两个词都在数据集中，因此可以计算它们的余弦相似度：

```
#@title Case 0: Words in text and dictionary
word1="freedom";word2="liberty"
print("Similarity",similarity(word1,word2),word1,word2)
```

相似度为 0.79：

```
Similarity [[0.79085565]] freedom liberty
```

相似度算法并非迭代确定性计算。算法的结果可能随着数据集的内容、再次运行后的数据集大小或模块的版本而变化。如果运行该单元格 10 次，可能会也可能不会获得不同的值，例如如下的 10 次运行。

我使用 Google Colab VM 和 CPU 运行 10 次，得到以下结果：

```
Run 1: Similarity [[0.62018466]] freedom liberty
Run 2: Similarity [[0.62018466]] freedom liberty
...
Run 10: Similarity [[0.62018466]] freedom liberty
```

然后我单击了 Google Colab runtime 菜单的 factory reset runtime。使用新的 VM 和 CPU，我得到以下结果：

```
Run 1: Similarity [[0.51549244]] freedom liberty
Run 2: Similarity [[0.51549244]] freedom liberty
...
Run 10: Similarity [[0.51549244]] freedom liberty
```

我又单击了 Google Colab runtime 菜单的 factory reset runtime。这次我还激活了 GPU。使用新的 VM 和 GPU，我得到以下结果：

```
Run 1: Similarity [[0.58365834]] freedom liberty
Run 2: Similarity [[0.58365834]] freedom liberty
...
Run 10: Similarity [[0.58365834]] freedom liberty
```

这里的结论是随机算法是基于概率的。如有必要，最好运行 n 次预测。

现在我们看看输入词不在数据集和字典中时会发生什么。

场景 1：输入词不在数据集和字典中

如果输入词不在数据集和字典中，会在很多地方带来麻烦。我们以 corporations 和 rights 为例：

```
#@title Word(s) Case 1: Word not in text or dictionary
word1="corporations";word2="rights"
print("Similarity",similarity(word1,word2),word1,word2)
```

corporations 一词不在数据集和字典中：

```
corporations :[unk] key not found in dictionary
Similarity 0 corporations rights
```

程序到此结束！程序将展示 corporations 一词是一个[unk]词元。

如果输入词很重要，那么输入词不在数据集和字典中将引发一系列事件和问题，这些事件和问题会扭曲 Transformer 模型的输出。我们将这些不在数据集和字典中的输入词称为 unk。

需要检查以下几种可能性，并回答问题：

- unk 输入词在数据集中，但不在词元分析器词表中。
- unk 输入词不在数据集中，corporations 一词就是这种情况。
- 在生产环境中，某些地方出 bug 了，导致词元没有被词元分析器正确识别。
- unk 输入词不是数据集中的重要词，但是对于 Transformer 模型的应用场景却很重要。

如果 Transformer 模型的应用场景在某些情况下可能产生可怕的结果，以上列表还应该更长。假设在训练阶段，我们的 Transformer 模型获得了 0.8 这一绝佳性能。但在现实生活中，谁会使用一个错误率达 20%的系统：

- 医生？
- 律师？
- 核电厂维护团队？

在像社交媒体这样的模糊环境中，0.8 其实是令人满意的绝佳性能，因为其中许多消息无论如何都缺乏严谨的语言结构。

假设一个 NLP 团队发现了这个问题，并试图用字节级 BPE 来解决它，就像我们在本书中所做的那样。如有必要，请花几分钟时间回顾第 4 章的步骤 3。

如果一个团队只使用字节级 BPE 而没有采取其他配套措施，噩梦就开始了：

- unk 将分解成单词片段。例如，最终可能将 corporations 分解为 corp + o + ra + tion + s。因为这些词元中的一个或多个很可能能够在数据集中找到。
- 我们可以看到 unk 被分解成一组由数据集中存在的词元表示的子词，但丢失了原始词元的含义。
- 假设这时 Transformer 又训练得很好，没有人注意到 unk 被打成碎片并且进行毫无意义的训练。
- 假设这时 Transformer 甚至产生了出色的结果，其性能从 0.8 提高到 0.9。
- 这时候每个人都会鼓掌，直到专业用户在危急情况下应用错误的结果。例如，在英语中，corp 可以表示 corporation(公司)或 corporal(下士)。这可能会在 corp 和其他词之间造成混淆和不良关联。

我们可以看到，不同应用场景的性能要求是不一样的，一个满足了社交媒体性能要求的 Transformer 模型不一定满足其他应用场景。而在现实的企业项目中，要生成与数据集匹配的预训练词元分析器，需要艰苦的工作。在现实生活中，数据集每天都随着用户输入而增长。用户输入成为应定期训练和更新的模型数据集的一部分。

例如，可通过以下步骤进行质量控制。

- 使用字节级 BPE 算法训练词元分析器。
- 使用程序控制结果，例如我们将在 9.2.3 节所创建的程序。
- 用另一种算法(例如 Word2Vec 算法)训练一个词元分析器，该算法仅用于质量控制，然后解析数据集，找到 unk 词元，并将它们存储到数据库中。此后运行查询以检查是否缺少了关键词。

也许你认为应用场景似乎没有必要严格到这种地步，直接使用 Transformer 模型对 unk 词元单词进行推理就可以了。

但是，我建议对具有关键决策的战略项目应用多种严格的质量控制方法。例如，在对法律文本进行摘要的项目中，一个单词就可以决定在法庭上败诉和赢官司。在航空航天项目(飞机、火箭)中，容错标准为 0。

你应该用的质量控制方法越多、越严格，你的 Transformer 解决方案就越可靠。

我们可以看到，要获得可靠的数据集，需要大量的预处理工作(很多人看不上的跑腿工作)！每篇关于 Transformer 的论文都以某种方式提到了为产生可接受数据集所付出的努力。

接下来讲述噪声关系(Noisy relationships)也会带来问题。

场景 2：噪声关系

我们以数据集包含的两个单词 etext 和 declaration 为例：

```
#@title Case 2: Noisy Relationship
word1="etext";word2="declaration"
print("Similarity",similarity(word1,word2),word1,word2)
```

我们可以看到，这两个单词都在词元分析器的词表中：

```
Similarity [[0.880751]] etext declaration
```

而且它们的余弦相似度很不错，虽然因为算法的随机性质结果会不同，但是肯定能超过 0.5。

这个结果在社交媒体或其他普通项目中，是很不错的。

然而，在比较重要的项目上，这个结果是很不专业的，可能带来灾难性后果！

etext 是指古腾堡计划在其网站上为每本电子书撰写的前言，如 8.1 节所述。因此应用到它的场景可能是：

- 理解编辑的前言？
- 还是要了解书的内容？

这取决于具体使用情况。例如，假设编辑想要自动理解前言，于是使用 Transformer 生成前言文本摘要。这时就不应该把书的内容也提取出来？

declaration 在这里是一个有专门含义的单词，与《独立宣言》的实际内容有关。

etext 是古腾堡计划在其网站上为每本电子书撰写的前言经常用到的一个单词。

可见，两者的真实相似度并不高，风马牛不相及。所以在专业项目中，我们的例子可能会产生错误的自然语言推断，例如在 Transformer 生成文本时会认为 etext 与 declaration 是同一类词。这种现象我们称为噪声关系(Noisy relationships)。

接下来我们看看另一个问题：文本中的单词不在字典中。

场景 3：文本中的单词不在字典中

某些情况下，文本中的单词不在字典中。这将扭曲结果。

以 pie 和 logic 这两个词为例：

```
#@title Case 3: word in text, not in dictionary
word1="pie";word2="logic"
print("Similarity",similarity(word1,word2),word1,word2)
```

字典中没有 pie 这个词：

```
pie :[unk] key not found in dictionary
Similarity 0 pie logic
```

因此，我们应该往流水线添加一个检测字典中没有的单词的函数，以进行更正或给出替代单词。此外，应该往流水线添加一个检测在数据集中可能很重要的单词的函数。

接下来我们看看生僻词问题。

场景 4：生僻词

与其他问题相比，生僻词可能对 Transformer 的输出产生毁灭性影响。

管理生僻词是一个很宽泛的领域，例如：

- 生僻词可以是出现在数据集中，但没有被注意到，或者模型训练不足，无法处理它们。
- 生僻词可以是医学、法律、工程术语或任何其他专业术语。
- 生僻词可以是俚语。
- 英语有数百种变体。例如，美国、英国、新加坡、印度、澳大利亚和许多其他国家/地区使用了不同的英语单词。
- 生僻词可能来自几个世纪前被遗忘或只有专家使用的文本。

例如，我们使用 justiciar 一词：

```
#@title Case 4: Rare words
word1="justiciar";word2="judgement"
print("Similarity",similarity(word1,word2),word1,word2)
```

与 judgement 的相似度是合理的，但实际上应该要更高：

```
Similarity [[0.6606605]] justiciar judgement
```

你可能认为 justiciar 这个词与 judgement 相似是牵强附会。词元分析器从《大宪章》中提取了它，其历史可以追溯到 13 世纪初，所以并非牵强附会。遗憾的是，程序会变得混乱，每次运行后我们都会获得意想不到的结果。

预测结果可能因运行而异。但是，它们表明我们在 Transformer 模型项目的词元化和嵌入阶段必须多加小心。

你可能认为 13 世纪初的单词我们不需要理会，然而，《大宪章》的几篇文章在 21 世纪的英国仍然有效！例如，第 1、13、39 和 40 条仍然有效！

《大宪章》最著名的部分是以下摘录，该摘录位于数据集的以下位置：

```
(39) No free man shall be seized or imprisoned, or stripped of his
rights or possessions, or outlawed or exiled, or deprived of his
standing in any other way, nor will we proceed with force against him,
```

```
or send others to do so, except by the lawful judgement of his equals
or by the law of the land.
(40) To no one will we sell, to no one deny or delay right or justice.
```

所以我们不能忽视这个问题，如果我们在法律领域实施 Transformer 模型来摘要文档或其他任务，我们必须小心！

现在分析可用来解决生僻词问题的一些方法。

场景 5：替换生僻词

替换生僻词是需要成本的，所以这个方法并非适用于所有项目。假设一家公司的预算可以涵盖搭建航空知识库的成本，就值得花费必要的时间和成本查询词元化目录以查找错过的单词。

可按主题对问题进行分组、解决，然后定期更新知识库。

以场景 4 的 justiciar 一词为例。如果我们追溯其起源，可以看到它来自诺曼法语，是法语拉丁语单词 judicaire 的词根。

可以用 judge 替换 justiciar，因为它传达了相同的元概念：

```
#@title Case 5: Replacing rare words
word1="judge";word2="judgement"
print("Similarity",similarity(word1,word2),word1,word2)
```

我们看到，与场景 4 的相似度结果相比，用 judge 替换 justiciar 后，相似度大幅提升了：

```
Similarity [[0.7962761]] judge judgement
```

但由于算法的非确定性，我们仍然需要小心，有必要验证一遍，确认一下 judge 替换 justiciar 传达了相同的元概念。

```
word1="justiciar";word2="judge"
print("Similarity",similarity(word1,word2),word1,word2)
```

我们看到，judge 和 justiciar 的相似度相当高，用 judge 替换 justiciar 是没有问题的：

```
Similarity [[0.9659128]] justiciar judge
```

现在我们总结一下这种替换生僻词的方法：不停地用其他单词替换生僻词，直到相似度超过 0.9。这种方法对某些项目很重要，例如一些重要的法律项目，我们可将包含任何类型的生僻单词的基本文件翻译成标准英语。这么做之后，Transformer 在 NLP 任务方面的性能将提高，公司的知识库将逐渐增加。

接下来我们看看如何使用余弦相似度进行蕴涵验证。

场景 6：蕴涵

我们将按固定顺序从词典中挑选单词进行测试。

将用相似度函数测试 pay 和 debt 是否符合逻辑：

```
#@title Case 6: Entailment
word1="pay";word2="debt"
print("Similarity",similarity(word1,word2),word1,word2)
```

结果令人满意：

```
Similarity [[0.89891946]] pay debt
```

因此可从数据集中抽几个单词并检查是否符合逻辑。例如，可以从法律部门的电子邮件中提取一些单词对。如果余弦相似度高于 0.9，则可删除电子邮件中无用的信息，并将内容添加到公司的知识库数据集中。

接下来我们再深入讲解一下如何处理场景 4“生僻词”和场景 5“替换生僻词”。

9.2 深入探讨场景 4 和场景 5

本节重点介绍上一节的场景 4 和场景 5。

我们将使用 Training_OpenAI_GPT_2_CH09.ipynb，该笔记本脱胎于我们在第 7 章介绍过的笔记本。

不过与第 7 章的笔记本相比，做了两处修改：

- 数据集 dset 改为 mdset，mdset 包含了医疗内容。
- 添加了使用字节级 BPE 词元化文本的 Python 函数。

这里不会铺开描述 Training_OpenAI_GPT_2_CH09.ipynb 的其他内容。如果你感兴趣，可以查阅第 7 章和附录 C。

对于模型要训练多久是没有限制的，如果你需要，随时可以停止训练并保存模型。

这些文件位于本书配套 GitHub 代码存储库 chapter09 目录中的 gpt-2-train_files 目录。尽管使用与第 7 章相同的笔记本，但注意，数据集现在在目录和代码中已经更改为 mdset。

接下来使用预训练 GPT-2 模型生成无条件样本，以理解医学内容。

9.2.1 使用 GPT-2 生成无条件样本

这一节我们将亲自体验 Transformer 的内部工作原理，了解 Transformer 模型如何通过预处理流水线对数据进行预处理。当然，我们也可以跳过这一节，简单地使用 OpenAI API。然而，要成为一个 AI 大师，必须通过预处理流水线展示而不是含糊地告诉 Transformer 模型该做什么。AI 大师必须了解 Transformer 模型的运作方式。

在场景 4 和场景 5 中，我们看到生僻词可以是特定领域中使用的词、古代英语、世界各地英语的变体、俚语等。

本节将讲述如何使用 GPT-2 Transformer 处理医学文本。

要编码和训练的数据集包含 Martina Conte 和 Nadia Loy(2020)的一篇论文：Multi-cue kinetic model with non-local sensing for cell migration on a fibers network with chemotaxis。

这篇论文标题并不容易理解，并且包含生僻词。

加载位于 gpt-2-train_files 目录中的文件，包括 mdset.txt。然后运行代码(参考第 7 章)。可对照第 7 章的讲解逐个单元格运行。特别要注意的是，请按照说明仔细操作，以确保激活了 tf 1.x。请确保运行步骤 4，重新启动运行时，再次运行步骤 4 tf 1.x 这一单元格，然后继续。否则，笔记本将报错。本节使用了底层原始 GPT-2 代码，而不是 API，所以我们要注意这一点。

在使用医学数据集训练模型后，你将到达无条件样本单元格——Step 11: Generating Unconditional Samples：

```
#@title Step 11: Generating Unconditional Samples
import os # import after runtime is restarted
os.chdir("/content/gpt-2/src")
!python generate_unconditional_samples.py --model_name '117M'
```

运行该命令和该笔记本其他代码所需的时间取决于具体算力，所以可能会耗时很久。该笔记本的其他所有 GPT-2 代码在本书仅用于教学目的，所以这点影响不大。建议在实际工作中使用 OpenAI 的 GPT-3 API，这样响应速度会更快。

运行单元格(可以中途停止)。程序将生成一个随机输出：

```
community-based machinery facilitates biofilm growth. Community members
place biochemistry as the main discovery tool to how the cell interacts
with the environment and thus with themselves, while identifying and
understanding all components for effective Mimicry.
2. Ol Perception
Cytic double-truncation in phase changing (IP) polymerases (sometimes
called "tcrecs") represents a characteristic pattern of double crossing
enzymes that alter the fundamental configuration that allows
initiation and maintenance of process while chopping the plainNA with
vibrational operator. Soon after radical modification that occurred during
translational parasubstitution (TMT) achieved a more or less uncontrolled
activation of SYX. TRSI mutations introduced autophosphorylation of TCMase
sps being the most important one that was incorporated into cellular
double-triad (DTT) signaling across all
cells, by which we allow R h and of course an IC 2A- >
.../...
```

如果仔细查看以上输出，会注意到以下几点：

- 生成的句子的结构相对可以接受。

- 输出的语法还不错。
- 对于非专业人士来说，输出可能看起来适合人类阅读。

但内容毫无意义。Transformer 无法生成与我们训练的医学论文相关的真实内容。我们还需要努力才能获得更好的结果。当然，总是可以靠增加数据集的大小来获得更好的结果。但数据集不一定包含我们正在寻找的东西，能否找到与更多数据的错误相关性？例如，假设一个涉及 COVID-19 的医疗项目，其数据集包含以下句子：

- COVID-19 is not a dangerous virus, but it is like ordinary flu.
- COVID-19 is a very dangerous virus.
- Vaccines are dangerous!
- Vaccines are lifesavers!

以及诸如此类的更多矛盾句子。这些差异意味着对于医疗保健项目、航空、运输和其他关键领域，我们必须对数据集和词元分析器进行专门的定制。

想象一下，你有一个包含数十亿单词的数据集，但内容多变且充满噪声，以至于你无论如何尝试都无法获得可靠的结果！

这可能意味着数据集必须要更小，小到只包括科学论文的内容。但就这个方法而言，科学家们也经常意见相左。

结论是，需要大量的工作和稳定的团队才能产生可靠的结果。

现在我们尝试调节 GPT-2 模型。

9.2.2 生成条件样本

本节将转到笔记本的"Step 12: Interactive Context and Completion Examples"单元格并运行：

```
#@title Step 12: Interactive Context and Completion Examples
import os # import after runtime is restarted
os.chdir("/content/gpt-2/src")
!python interactive_conditional_samples.py --temperature 0.8 --top_k 40
--model_name '117M' --length 50
```

工业 4.0 AI 专家将更少关注代码，而更多关注如何向 Transformer 模型展示该怎么做。每个模型都需要在一定程度上展示该做什么，而不仅是使用无条件数据来告诉它模糊地做某事。

我们通过输入医学论文的一部分来调节 GPT-2 模型：

```
During such processes, cells sense the environment and respond to external
factors that induce a certain direction of motion towards specific targets
(taxis): this results in a persistent migration in a certain preferential
direction. The guidance cues leading to directed migration may be
biochemical or biophysical. Biochemical cues can be, for example, soluble
factors or growth factors that give rise to chemotaxis, which involves
a mono-directional stimulus. Other cues generating mono-directional
```

```
stimuli include, for instance, bound ligands to the substratum that induce
haptotaxis, durotaxis, that involves migration towards regions with an
increasing stiffness of the ECM, electrotaxis, also known as galvanotaxis,
that prescribes a directed motion guided by an electric field or current,
or phototaxis, referring to the movement oriented by a stimulus of light
[34]. Important biophysical cues are some of the properties of the
extracellular matrix (ECM), first among all the alignment of collagen
fibers and its stiffness. In particular, the fiber alignment is shown to
stimulate contact guidance [22, 21]. TL;DR:
```

在输入文本的末尾添加 TL;DR:，以告诉 GPT-2 模型对我们调节的文本进行摘要。输出在语法和语义上都是有意义的：

```
the ECM of a single tissue is the ECM that is the most effective.
To address this concern, we developed a novel imaging and immunostaining
scheme that, when activated, induces the conversion of a protein to its
exogenous target
```

由于输出是不确定的，所以也可能得到以下这个回答：

```
Do not allow the movement to be directed by a laser (i.e. a laser that
only takes one pulse at a time), but rather a laser that is directed at a
target and directed at a given direction. In a nutshell, be mindful.
```

结果比之前好了，但仍有进步的空间。

从这个例子和章节中，我们可以得出结论，使用大量随机网络爬取的数据预训练 Transformer 模型可以教会 Transformer 英语。但是，像人类一样，Transformer 也需要接受专门的训练，才能成为某个领域的专家。

接下来我们深入研究和控制词元化数据。

9.2.3　控制词元化数据

本节首先分析以上 GPT-2 模型使用其预训练词元分析器编码的第一个词组。

可在运行单元格时中途停止，然后马上分析以节省时间。

现在打开 Training_OpenAI_GPT_2_CH09.ipynb 笔记本中的 Additional Tools: Controlling Tokenized Data 单元格。

该单元格首先解压缩 out.npz，该压缩包是医学论文数据集 mdset 编码后的数据：

```
#@title Additional Tools : Controlling Tokenized Data
#Unzip out.npz
import zipfile
with zipfile.ZipFile('/content/gpt-2/src/out.npz', 'r') as zip_ref:
   zip_ref.extractall('/content/gpt-2/src/')
```

解压缩 out.npz 后，可以读取 arr_0.npy，该文件包含了我们需要的编码数据集的 NumPy 数组：

```
#Load arr_0.npy which contains encoded dset
import numpy as np
f=np.load('/content/gpt-2/src/arr_0.npy')
print(f)
print(f.shape)
for i in range(0,10):
   print(f[i])
```

接着输出数组中的第一个元素：

```
[1212 5644  326 ...  13  198 2682]
```

接着打开 encoder.json 并将其转换为 Python 字典：

```
#We first import encoder.json
import json
i=0
with open("/content/gpt-2/models/117M/encoder.json", "r") as read_file:
   print("Converting the JSON encoded data into a Python dictionary")
   developer = json.load(read_file) #converts the encoded data into a
Python dictionary
   for key, value in developer.items(): #we parse the decoded json data
      i+=1
      if(i>10):
         break;
      print(key, ":", value)
```

最后展示编码数据集的前 500 个词元的 key 和 value：

```
#We will now search for the key and value for each encoded token
   for i in range(0,500):
      for key, value in developer.items():
          if f[i]==value:
             print(key, ":", value)
```

mdset.txt 的第一个词组为：

```
This suggests that
```

GPT-2 预训练词元分析器的分析结果为：

```
This : 1212
Ġsuggests : 5644
Ġthat : 326
```

可以很容易识别出开头是空格字符(Ġ)词元。接下来我们分析一个生僻词(一个医学论文领域的专业词汇)：

```
amoeboid
```

amoeboid 是一个生僻词。我们可以看到 GPT-2 词元分析器将其分解为以下子词：

```
Ġam : 716
```

```
o : 78
eb : 1765
oid : 1868
```

这里我们忽略空格。amoeboid 变成了 am + o + eb + oid。这里没有出现未知词元 [unk]。这是由于使用了字节级 BPE 策略的缘故。

之所以得出这样的词元化结果，很有可能是因为 Transformer 的注意力层基于以下关联得出的：

- 从其他序列中的 I am 得出 am
- 从其他序列中的 o 得出 o
- 从其他序列中的 tabloid 得出 oid

以上几点不是好消息。我们接着对以下序列进行词元化：

```
amoeboid and mesenchymal
```

词元化结果里面除了 and 以外，其他词元都不合理：

```
Ġam : 716
o : 78
eb : 1765
oid : 1868
Ġand : 290
Ġmes : 18842
ench : 24421
ym : 4948
al : 282
```

你可能想知道为什么会这样。原因可以用一个词来概括：多义。如果我们使用 Word2Vec 词元分析器，字典可能没有包含像 amoeboid 这样的生僻词。这样的话，我们会得到一个未知词元 unk。

如果使用字节级 BPE，如前所述，我们不会得到未知词元 unk，因为 BPE 会把一个单词拆分成子词，如 go 和 go+ing，这种方法可很好地处理单词变体。

然而，如果使用 BPE 这种较底层的词元分析器，会带来多义性问题，即 amoeboid 中的 am 词元。am 可以是一个前缀，或者单独的单词 am(例如 I + am)，或子词(例如 am + bush)。注意力层可能将一个单词里面的 am 词元与另一个单词里面的 am 词元关联，从而创建出不存在的关系。这就是 NLU 的核心问题——多义性。

可以说 Transformer 给 NLP 带来的进步是疯狂的，但我们还需要更加努力地改进。

我们已经通过一些示例讲解了在实际项目中面临的许多日常问题。也可花点时间尝试一些你认为有用的例子。

在本章的最后，我们将试试 GPT-3 的 NLU 能力。

9.3　GPT-3 的 NLU 能力

现在我们用 GPT-3 试试 amoeboid 这个单词。amoeboid 是一个医学术语而不是主流词汇。在许多项目中，我们都会面对这种专业技术术语。如前所述，我们需要从字典和嵌入这两个方面进行质量控制。

人类可以发现错误并进行纠正。例如在上一节我们就对 amoeboid 进行分析并发现了错误。

我们先问一下 GPT-3 amoeboid 是什么意思，如图 9.4 所示。

Playground

Q: What is the definition of amoeboid?

图 9.4　询问 GPT-3 “amoeboid” 是什么意思

amoeboid (类似于 amoeba)是一个形容词，但 GPT-3 说它是一个名词：

```
A: Amoeboid is a noun which means "resembling an amoeba"
```

然后我们缩小范围，向 GPT-3 提出一个更精确的问题，但仍然得到一个错误的答案：

```
Q: Is amoeboid a noun or an adjective?
A: Amoeboid is a noun.
```

最后，我们再缩小范围，再向 GPT-3 提出一个更精确的问题，终于得到一个正确的答案：

```
Q: What does amoeboid mean in medical terms?
A: Amoeboid means "resembling an amoeba".
```

不过这个答案并不完美，定义部分是正确的，但语法上有问题。

在现实的项目中，什么更重要？是能够正确理解一个单词的定义，还是能够正确识别它在句子中的作用是形容词还是名词？

能够正确理解一个单词的定义对于医学项目来说足够了。所以在我们这个例子中，GPT-3 已经够用了。既然够用了，那么正确识别它在句子中的作用是形容词还是名词(即下一章所讲的 SRL)就不是理解句子的必要条件了。

也许语法对于文法学校很重要，但对企业供应链、金融和电子商务应用来说可能并不重要。

我们可对 OpenAI GPT-3 在这两方面做微调，具体如第 7 章所述。

本节的结论是，首先必须确保所训练的 Transformer 模型拥有需要的所有数据。否则，词元化过程将不完整。也许我们应该使用一本医学词典创建一个包含专业术语和大量医学文章的语料库。这么做之后，如果模型仍然不够准确，我们可能需要对数据进行词元化，然后从头开始训练模型。

新时代的 AI 程序员的开发工作将变少，但思考和设计工作会多很多！

至此本章就告一段落了，下一章我们继续另一个 NLU 任务。

9.4 本章小结

本章我们分析了词元化和后续数据编码过程对 Transformer 模型的影响。Transformer 模型只能处理来自堆叠的嵌入和位置编码子层的词元。在这点上，模型是编码器-解码器、纯编码器还是纯解码器模型并不重要。数据集是否看起来足够好也不重要。

如果词元化过程出错，即使是部分出错，也会导致模型错过关键词元。

我们首先看到，对于标准通用的语言任务，使用原始数据集来训练 Transformer 模型就足够了。

我们发现，即使一个预训练词元分析器已经学习了十亿个单词，它也只能包含一小部分专业词汇。就像人类一样，词元分析器捕获它正在学习的语言的多样性，且只有在这些单词也经常使用时才能记住。这种方法适用于标准通用的任务，在专业领域会遇到问题。

我们讲述了一些消除标准词元分析器的局限性的方法，探讨了词元分析器如何思考和编码数据。

此后将这些方法应用于使用 GPT-2 的无条件和有条件任务。

最后我们试验了 GPT-3 的 NLU 能力。可从本章中学到的教训是，Transformer 给 NLP 带来的进步是疯狂的，但我们还需要更加努力地改进。

下一章将深入研究 NLU，并使用 BERT 模型解释句子的含义。

9.5 练习题

1. 词元化词典包含一门语言中的所有单词。(对|错)
2. 预训练词元分析器可以对任何数据集进行编码。(对|错)
3. 最好在使用数据集之前对其进行检查。(对|错)
4. 从数据集中删除淫秽数据是一种很好的做法。(对|错)
5. 从数据集中删除歧视数据是一种很好的做法。(对|错)
6. 原始数据集有时可能会在噪声和有用内容之间建立关系。(对|错)

7. 标准的预训练词元分析器包含了过去 700 年的英语词汇。(对|错)

8. 使用经过现代英语训练的词元分析器对数据进行编码时，若遇到古代英语可能会产生问题。(对|错)

9. 医学和其他类型的术语在使用现代英语训练的词元分析器编码数据时会产生问题。(对|错)

10. 控制由预训练词元分析器生成的编码数据的输出是一种很好的做法。(对|错)

第 10 章 基于BERT的语义角色标注

过去几年里，Transformer 取得了比上一代 NLP 多很多的进步。在以前的 NLP 方法中，通常会先对语句进行句法和词汇特征学习，以解释句子的结构。通过这种方式，NLP 模型会被训练以理解一种语言的基本句法规则，然后执行语义角色标注(SRL)任务。

Shi and Lin(2019)这篇论文通过质疑是否可以跳过初步的句法和词汇训练进行研究。基于 BERT 的模型可在不经历那些传统训练阶段的情况下执行 SRL 吗？答案是可以的！

Shi and Lin(2019)认为 SRL 可以被视作连续标注，并提供一种标准化的输入格式。他们基于 BERT 的模型产生了令人惊讶的好结果。

本章将使用 Allen AI 研究所基于 Shi and Lin(2019)论文提供的基于 BERT 的预训练模型。Shi and Lin(2019)通过放弃句法和词汇训练将 SRL 提升到一个新水平。我们将看看这是如何实现的。

我们将从定义 SRL 和序列标注输入格式的标准化开始。然后将开始使用 Allen AI 研究所提供的资源。此后将在 Google Colab 笔记本运行 SRL 任务，并使用 AllenNLP 在线界面来了解结果。

最后，我们将通过运行 SRL 示例来挑战基于 BERT 的模型。第一个示例将展示 SRL 的工作原理。然后将运行更多的复杂示例。将逐步将基于 BERT 的模型推向 SRL 的极限。找到模型的能力极限是确保 Transformer 模型的实现符合实际需求并具有实用价值的最佳方式。

本章涵盖以下主题：

- 语义角色标注的定义
- SRL 输入格式的标准化
- 基于 BERT 的模型架构的主要方面
- 纯编码器堆叠如何管理掩码的 SRL 输入格式
- 基于 BERT 的模型 SRL 注意力过程
- 使用 Allen AI 研究所提供的资源
- 构建笔记本以运行预训练的基于 BERT 的模型

- 使用基本示例测试句子标注
- 使用复杂示例测试 SRL 并解释结果
- 将基于 BERT 的模型发挥到 SRL 的极限并解释是如何完成的

我们首先介绍一下由 Shi and Lin(2019)提出的 SRL 方法。

10.1 SRL 入门

无论是人类还是机器，SRL 都不简单。然而，Transformer 离我们的人类基线更近了一步。

本节将首先介绍 SRL 并可视化一个示例。然后，将运行一个预训练的基于 BERT 的模型。

先来看看 SRL 的定义。

10.1.1 语义角色标注的定义

Shi and Lin(2019)提出并证明了一个想法，即我们可在不依赖于词汇或句法特征的情况下找出谁做了什么以及在哪里。本章基于 Peng Shi 和 Jimmy Lin 在滑铁卢大学进行的研究。他们展示了 Transformer 模型如何通过注意力机制更好地学习语言结构。

SRL(语义角色标注)是指将一个单词或一组单词在句子中扮演的角色(语义角色)以及与谓语之间的关系标注出来。

语义角色是名词或名词短语相对于句子中的主要动词所扮演的角色。以句子“Marvin walked in the park”为例，Marvin 是事件发生的主体(agent)。主体是指事件的执行者。主要动词(main verb 或 governing verb)是 walked。

谓语描述与主语或主体相关的内容。谓语可以是任何提供主语特征或行为信息的内容。这里将谓语称为主要动词。以句子“Marvin walked in the park”为例，谓语是以其限定形式(过去式)出现的 walked。

句子中的 in the park 修饰了动词 walked，是修饰语。

句子中围绕着谓语的名词或名词短语称为论元(arguments)或论元术语(argument terms)。它们扮演着与谓语相关的角色，提供关于主语或动作的额外信息。在我们的例句中，Marvin 是谓语 walked 的论元。这意味着 Marvin 是 walked 这个动作的执行者或主体。论元术语帮助我们理解谓语所描述的动作由谁来实施，从而使句子更加完整和具体。

至此，关于 SRL 的定义已经介绍完毕，我们可以看到 SRL 不需要语法树或词法分析。

接下来我们可视化 SRL。

可视化 SRL

本章将使用 Allen AI 研究所的视觉和代码资源(有关更多信息，请参阅本章的“参考资料”)。Allen AI 研究所拥有出色的交互式在线工具，例如我们在本章用于直观表示 SRL 的工具。可以在 https://demo.allennlp.org/了解这些工具。

Allen AI 研究所倡导 AI 应为公众利益服务。我们将充分利用他们提供的工具。本章中的所有图表都是使用 AllenNLP 工具创建的。

Allen AI 研究所还提供不断发展的 Transformer 模型。因此，每次运行本章中的示例结果可能会不一样。充分利用本章的最佳方法是：

- 阅读并理解所讲述的概念，而不仅仅是运行程序。
- 花时间理解所提供的示例。

然后使用本章中使用的工具 https://demo.allennlp.org/semantic-role-labeling 对自己的句子进行实验。

现在，我们将可视化上一节讲述的 SRL 示例。可视化效果如图 10.1 所示。

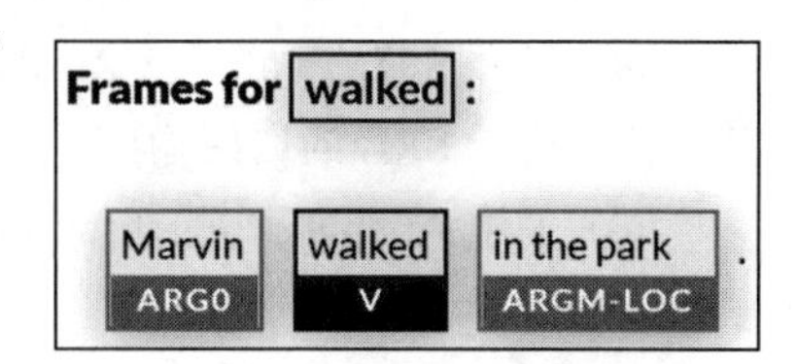

图 10.1　我们例句的 SRL 表示

图 10.1 包含了以下标注。

- **V(动词)**：句子的谓语
- **ARG0(论元)**：句子的论元
- **ARGM-LOC(修饰语)**：句子的修饰语。在本例中为位置。它还可以是副词、形容词或修饰谓语的任何成分。

除了以上可视化结果之外，还有文本输出版本：

```
walked: [ARG0: Marvin] [V: walked] [ARGM-LOC: in the park]
```

至此，我们已经讲述完 SRL 的定义以及一个示例。接下来讲述如何使用基于 BERT 的预训练模型执行 SRL。

10.1.2　使用基于 BERT 的预训练模型进行 SRL

本节将首先介绍本章使用的基于 BERT 的模型的架构。

然后，我们将研究使用 BERT 模型运行 SRL 示例的方法。

首先介绍一下基于 BERT 模型的架构。

基于 BERT 模型的架构

本章使用的 AllenNLP 基于 BERT 的模型是一个有 12 层纯编码器的 BERT 模型。不过 AllenNLP 团队在 Shi and Lin(2019)论文所描述的 BERT 模型中额外增加了一个线性分类层。

关于 BERT 模型的更多信息，如有必要，请花几分钟时间回顾第 3 章。

Shi and Lin(2019)对输入定义了以下谓语识别格式，以标准化训练过程：

```
[CLS] Marvin walked in the park.[SEP] walked [SEP]
```

其中：

- [CLS]表示这是一个分类任务
- 第一个[SEP]是句子分隔符，表示句子的结尾
- [SEP]同时是作者设计的谓语标识符
- 第二个[SEP]是谓语标识符的结束词元

仅这种格式就足以训练 BERT 模型来识别和标注语义角色。

接下来我们设置环境以运行 SRL 示例。

设置 BERT SRL 环境

我们将使用 Google Colab 笔记本和 AllenNLP 相关 SRL 文本表示可视化工具，可访问 https://demo.allennlp.org/(前面“语义角色标注的定义”一节已经讲述过)。

我们需要：

(1) 打开 SRL.ipynb，安装 AllenNLP，然后运行每个示例。

(2) 展示 SRL 的原始输出。

(3) 调用 AllenNLP 的在线可视化工具对输出进行可视化。

(4) 展示上一步的可视化输出结果。

如果你不能正常运行 SRL.ipynb，可以试试 Semantic_Role_Labeling_with_ ChatGPT.ipynb。

本章代码与其他章节没有关系。所以你只需要通读本章或按照代码说明运行示例即可。

由于 AllenNLP 的模型不断发展和变化，而且训练集数据也可能发生变化，因此当你运行本章示例时，结果可能会不一样。

接下来我们运行一些 SRL 实验。

10.2 基于 BERT 模型的 SRL 实验

我们将使用上一节中描述的方法运行 SRL 实验。首先列举具有各种句子结构的基本示例。然后，将用更多复杂的示例来挑战基于 BERT 的模型，以探索模型的能力极限。

打开 SRL.ipynb 并运行以下单元格：

```
!pip install allennlp==2.1.0 allennlp-models==2.1.0
```

然后导入 AllenNLP 的标注模块和预训练 BERT 预测器：

```
from allennlp.predictors.predictor import Predictor
import allennlp_models.tagging
import json

predictor = Predictor.from_path("https://storage.googleapis.com/allennlp-public-models/structured-prediction-srl-bert.2020.12.15.tar.gz")
```

我们还添加了两个函数来展示 SRL BERT 预测器返回的 JSON 对象。第一个展示谓语的动词和描述：

```
def head(prediction):
  # Iterating through the json to display excerpt of the prediciton
  for i in prediction['verbs']:
    print('Verb:',i['verb'],i['description'])
```

第二个展示完整的响应，包括标注：

```
def full(prediction):
  #print the full prediction
  print(json.dumps(prediction, indent = 1, sort_keys=True))
```

在本书截稿时，上面加载的预训练 BERT 模型专门用于语义角色标注。该模型的名称是 SRL BERT。SRL BERT 使用 OntoNotes 5.0 数据集进行训练：https://catalog.ldc.upenn.edu/LDC2013T19。

此数据集包含句子和标注，旨在识别句子中的谓语(句子中包含动词的那一部分)，并确定提供有关动词的更多信息的单词。每个动词都带有它的 arguments(论元)，以告诉我们更多关于动词的信息。动词的论元包含在 frame 里面。

因此，SRL BERT 是一个专门针对特定任务进行训练的专用模型，它不是像我们在第 7 章看到的 OpenAI GPT-3 那样的基础模型。

SRL BERT 专注于语义角色标注，只要句子包含谓语，其准确率就可以接受。

现在我们用一些基本示例来预热一下。

10.3　基本示例

基本示例看起来直观简单，但分析起来可能很棘手。复合句、副句、副词和情态是难以识别的，即使对于非专家人类也是如此。

现在我们开始使用 Transformer 运行简单示例。

10.3.1　示例 1

第一个示例很长，但对于 Transformer 来说相对容易：

Did Bob really think he could prepare a meal for 50 people in only a few hours?

运行 SRL.ipynb 中的 Sample 1 单元格：

```
prediction=predictor.predict(
   sentence="Did Bob really think he could prepare a meal for 50 people
in only a few hours?"
)
head(prediction)
```

BERT SRL 识别出四个谓语；然后我们使用 head(prediction)函数展示前几个结果，具体摘录如下：

```
Verb: Did [V: Did] Bob really think he could prepare a meal for 50 people
in only a few hours ?
Verb: think Did [ARG0: Bob] [ARGM-ADV: really] [V: think] [ARG1: he could
prepare a meal for 50 people in only a few hours] ?
Verb: could Did Bob really think he [V: could] [ARG1: prepare a meal for
50 people in only a few hours] ?
Verb: prepare Did Bob really think [ARG0: he] [ARGM-MOD: could] [V:
prepare] [ARG1: a meal for 50 people] [ARGM-TMP: in only a few hours] ?
```

可通过运行 full(prediction)单元格来查看全部结果。

这里以上面摘录中的第二条为例解释一下：

- V 指出动词为 think。
- ARG0 指出事件发生的主体 Bob。
- ARGM-ADV 指出副词(ADV)really，ARGM 用来描述与动词相关的附加信息，如时间、地点、方式等，但它不像其他角色(如 ARG0)那样具有固定的编号。

如果使用 AllenNLP 在线可视化界面运行以上示例，将获得以每个动词为一帧(Frame)的 SRL 任务视觉表示。

第一个动词是 Did，如图 10.2 所示。

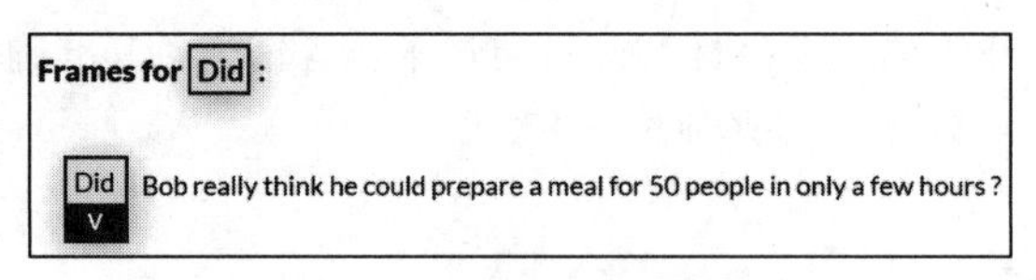

图 10.2　动词 Did 的可视化结果

第二个动词是 think，如图 10.3 所示。

如果仔细观察以上表示，可以检测到 SRL BERT 模型的一些有趣属性：

- 检测到动词 think。
- 躲过了 prepare 可能被解释为主要动词的陷阱。正确地将 prepare 解释为 think 的论元。

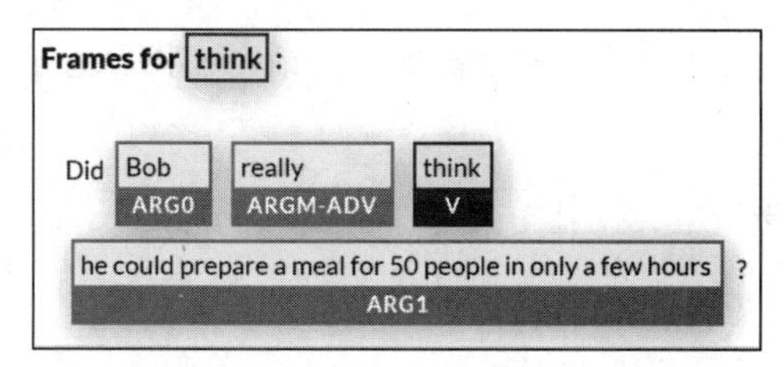

图 10.3　动词 think 的可视化结果

- 检测到副词并进行标注。

第三个动词是 could，如图 10.4 所示。

图 10.4　动词 could 的可视化结果

第四个动词是 prepare，如图 10.5 所示。

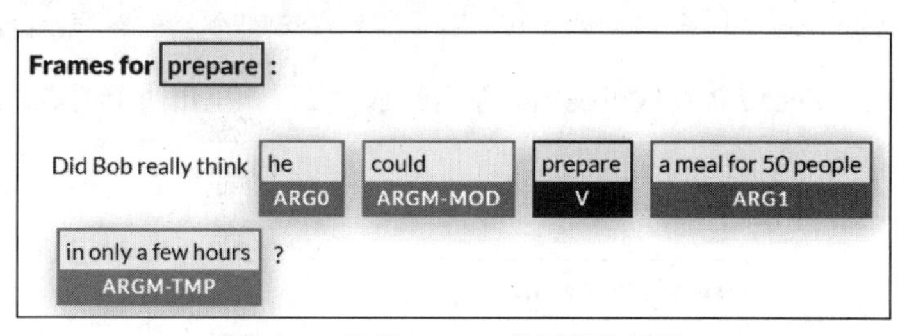

图 10.5　动词 prepare 的可视化结果

可以看到，这里简单的基于 BERT 的模型检测出了句子语法结构的大量信息：

- 检测出动词 prepare 并高亮显示。
- 将名词 he 和 a meal for 50 people 标注为论元，其中 a meal for 50 people 是一个 proto-patient (动作的接受者或承受动作的主体)。
- 将 in only a few hours 标注为时间修饰语(ARGM-TMP)。
- 将 could 标注为情态修饰语(modal modifier)，表示动词的情态，如事件发生的可能性。

接下来我们分析另一个较长的句子。

10.3.2　示例 2

下面的句子看起来很容易，但包含几个动词：

```
Mrs. and Mr. Tomaso went to Europe for vacation and visited Paris and first
went to visit the Eiffel Tower.
```

Transformer 能否处理这么扑朔迷离的一句话？让我们运行 SRL.ipynb 笔记本的 Sample 2 单元格来看一下：

```
prediction=predictor.predict(
   sentence="Mrs. and Mr. Tomaso went to Europe for vacation and visited
Paris and first went to visit the Eiffel Tower."
)
head(prediction)
```

以下输出摘录证明了 Transformer 能够正确识别句子中的动词：

```
Verb: went [ARG0: Mrs. and Mr. Tomaso] [V: went] [ARG4: to Europe] [ARGMPRP:
for vacation] and visited Paris and first went to visit the Eiffel
Tower .

Verb: visited [ARG0: Mrs. and Mr. Tomaso] went to Europe for vacation and
[V: visited] [ARG1: Paris] and first went to visit the Eiffel Tower .

Verb: went [ARG0: Mrs. and Mr. Tomaso] went to Europe for vacation and
visited Paris and [ARGM-TMP: first] [V: went] [ARG1: to visit the Eiffel
Tower] .
Verb: visit [ARG0: Mrs. and Mr. Tomaso] went to Europe for vacation and
visited Paris and first went to [V: visit] [ARG1: the Eiffel Tower] .
```

然后使用 AllenNLP 在线可视化界面运行示例 2，识别出四个谓语，从而生成四个帧。

第一帧识别出 went，如图 10.6 所示。

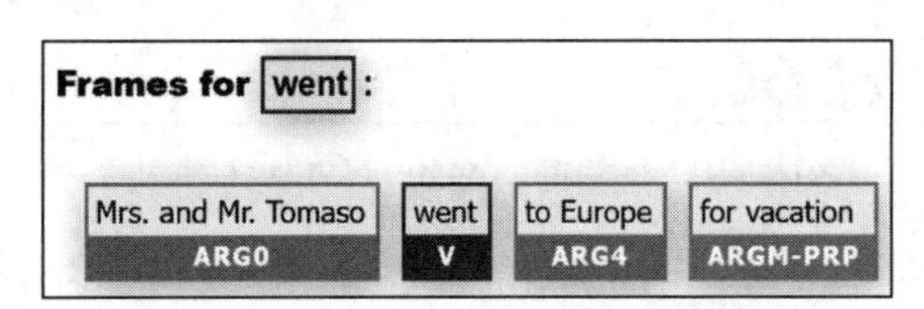

图 10.6　动词 went 的可视化结果

结果展示了动词 went 的论元。模型将 Mrs. and Mr. Tomaso 识别为动词 went 的主体。Transformer 发现，动词的主要修饰语是这次旅行的目的：to Europe。如此高质量的语法分析结果背后只需要一个简单的 BERT 模型(来自 Shi and Lin (2019))。

从第一帧我们知道 went 和 Europe 的联系是正确的。然后第二帧 Transformer 正确地识别出动词 visited 与 Paris 的联系，如图 10.7 所示。

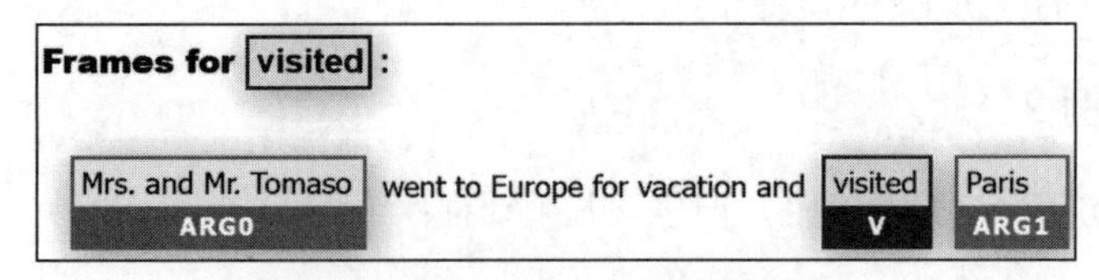

图 10.7　动词 visited 的可视化结果

Transformer 其实是可能将动词 visited 与 Eiffel Tower 联系起来。但 Transformer 并没有这么做。它坚持自己的立场并做出了正确的决定。

我们要求 Transformer 做的下一个任务是确定动词 went 第二次使用的上下文。同样，这次它依然没有落入合并与动词 went 相关所有论元的陷阱。它再次正确地拆分了序列并得到出色的结果，如图 10.8 所示。

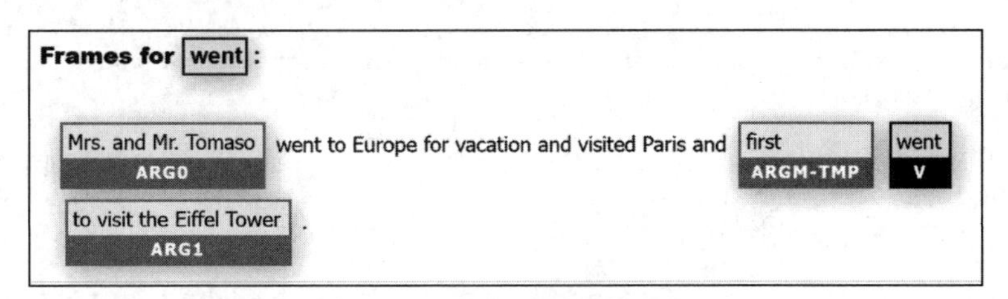

图 10.8　动词 went 的可视化结果

动词 went 使用了两次，但 Transformer 没有落入陷阱。它甚至发现 first 是动词 went 的修饰语。

我们来到最后一帧，对于第二次使用的动词 visit，SRL BERT 正确地解释了它的用法，如图 10.9 所示。

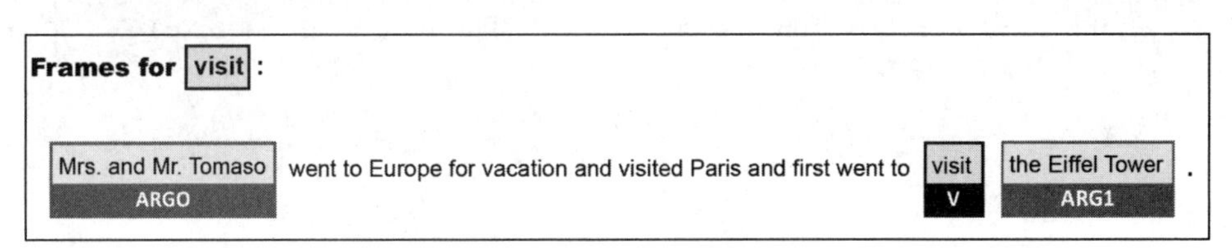

图 10.9　动词 visit 的可视化结果

接下来我们运行一个更复杂的句子。

10.3.3　示例 3

示例 3 更复杂，动词 drink 出现了四次(包含变体)：

John wanted to drink tea, Mary likes to drink coffee but Karim drank some cool water and Faiza would like to drink tomato juice.

我们在 SRL.ipynb 笔记本运行 Sample 3：

```
prediction=predictor.predict(
    sentence="John wanted to drink tea, Mary likes to drink coffee but
Karim drank some cool water and Faiza would like to drink tomato juice."
)
head(prediction)
```

Transformer 通过自己的方式将出现动词 drink 的四个位置都找出来了，以下是部分摘录：

```
Verb: wanted [ARG0: John] [V: wanted] [ARG1: to drink tea] , Mary likes to
drink coffee but Karim drank some cool water and Faiza would like to drink
tomato juice .

Verb: drink [ARG0: John] wanted to [V: drink] [ARG1: tea] , Mary likes to
drink coffee but Karim drank some cool water and Faiza would like to drink
tomato juice .

Verb: likes John wanted to drink tea , [ARG0: Mary] [V: likes] [ARG1: to
drink coffee] but Karim drank some cool water and Faiza would like to
drink tomato juice .

Verb: drink John wanted to drink tea , [ARG0: Mary] likes to [V: drink]
[ARG1: coffee] but Karim drank some cool water and Faiza would like to
drink tomato juice .

Verb: drank John wanted to drink tea , Mary likes to drink coffee but
[ARG0: Karim] [V: drank] [ARG1: some cool water] and Faiza would like to
drink tomato juice .

Verb: would John wanted to drink tea , Mary likes to drink coffee but
Karim drank some cool water and [ARG0: Faiza] [V: would] like [ARG1: to
drink tomato juice] .

Verb: like John wanted to drink tea , Mary likes to drink coffee but Karim
drank some cool water and [ARG0: Faiza] [ARGM-MOD: would] [V: like] [ARG1:
to drink tomato juice] .

Verb: drink John wanted to drink tea , Mary likes to drink coffee but
Karim drank some cool water and [ARG0: Faiza] would like to [V: drink]
[ARG1: tomato juice] .
```

然后使用 AllenNLP 在线界面运行句子，获得多个视觉表示。我们将研究其中的两个。

第一帧很完美。它不但识别出所需的动词，而且标注出正确的联系，如图 10.10 所示。

第二帧识别出动词 drank，正确地排除了 Faiza，只把 some cool water 识别为论元，如图 10.11 所示。

Frames for wanted :

Karim ARG0 | drank V | some cool water ARG1

图 10.10 动词 wanted 的可视化结果

图 10.11 动词 drank 的可视化结果

我们发现，到目前为止，基于 BERT 的 Transformer 在基本示例上都产生了较好的结果。接下来我们试一些更复杂的示例。

10.4　复杂示例

本节将运行一些复杂示例。

我们先从示例 4 开始。

10.4.1　示例 4

示例 4 将我们带入更棘手的 SRL 领域。该示例需要对分别位于句子两头的 Alice 与动词 liked 创造一种长期依赖关系，这种长期依赖关系需要跳过 whose husband went jogging every Sunday 这个从句。

这句话是：

```
    Alice, whose husband went jogging every Sunday, liked to go to a dancing
class in the meantime.
```

人类能够跳过中间的 whose husband went jogging every Sunday 分句正确地找到谓语：

```
Alice liked to go to a dancing class in the meantime.
```

BERT 模型能像人类一样正确地找到谓语吗？

我们先在 SRL.ipynb 运行代码：

```
prediction=predictor.predict(
   sentence="Alice, whose husband went jogging every Sunday, liked to go
to a dancing class in the meantime."
)
head(prediction)
```

输出标识出每个谓语的动词并标注每个帧：

```
Verb: went Alice , [ARG0: whose husband] [V: went] [ARG1: jogging] [ARGMTMP:
every Sunday] , liked to go to a dancing class in the meantime .

Verb: jogging Alice , [ARG0: whose husband] went [V: jogging] [ARGM-TMP:
every Sunday] , liked to go to a dancing class in the meantime .

Verb: liked [ARG0: Alice , whose husband went jogging every Sunday] , [V:
liked] [ARG1: to go to a dancing class in the meantime] .

Verb: go [ARG0: Alice , whose husband went jogging every Sunday] , liked
to [V: go] [ARG4: to a dancing class] [ARGM-TMP: in the meantime] .

Verb: dancing Alice , whose husband went jogging every Sunday , liked to
go to a [V: dancing] class in the meantime .
```

我们不管其他部分，专注于我们感兴趣的部分：看看模型是否正确地找到了谓语。

它做到了！它找到了动词 liked，如以上输出摘录所示，尽管动词 like 与 Alice 被 whose husband went jogging every Sunday 分句隔开：

```
Verb: liked [ARG0: Alice , whose husband went jogging every Sunday]
```

然后我们使用 AllenNLP 在线分析工具运行示例并得出可视化表示形式。Transformer 首先找到 Alice 的 husband，如图 10.12 所示。

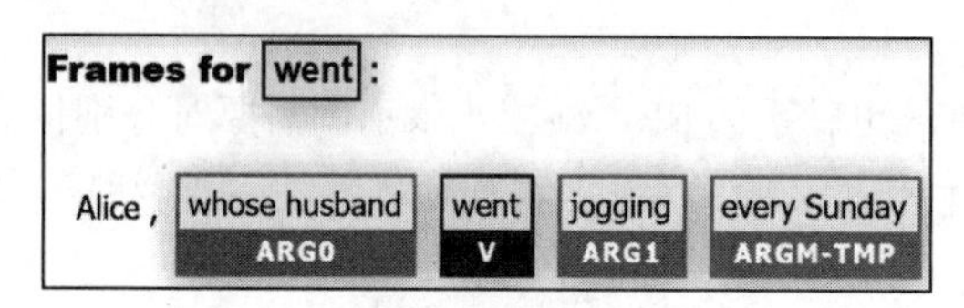

图 10.12 谓语 went 的可视化结果

Transformer 解释说：

- 谓语或动词是 went
- whose husband 是 went 的论元
- jogging 是 went 的另一个论元
- every Sunday 是一个时间修饰语，原始输出表示为[ARGM-TMP: every Sunday]

然后，Transformer 找到 Alice 的丈夫在做什么，如图 10.13 所示。

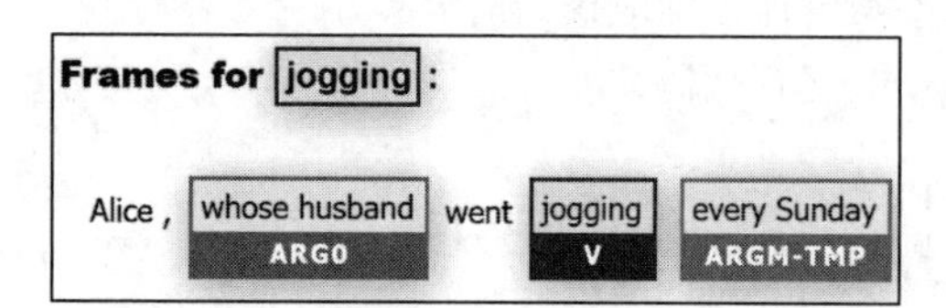

图 10.13 动词 jogging 的 SRL 检测结果

可以看到，Transformer 识别出动词 jogging 是 Alice 丈夫的行为，识别出 every Sunday 是 whose husband 的时间修饰语。

Transformer 并不止于此。下一帧它检测出 Alice 喜欢什么，如图 10.14 所示。

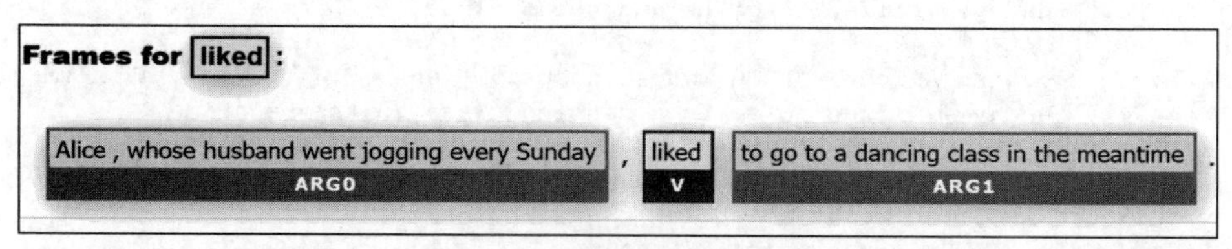

图 10.14 动词 liked 的识别结果

Transformer 还正确检测和分析了动词 go，如图 10.15 所示。

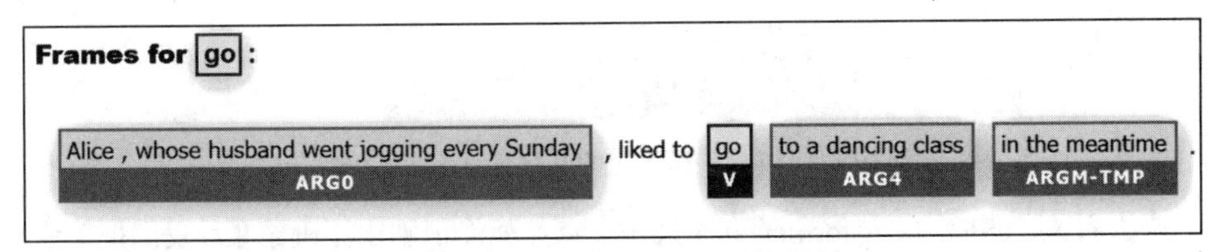

图 10.15　动词 go 的识别结果

可以看到，时间修饰词 in the meantime 也被正确识别出来了。考虑到 SRL BERT 只是采用简单序列+动词输入进行训练，这个性能相当不错。

最后，Transformer 将最后一个动词 dancing 识别为与 class 有关，如图 10.16 所示。

图 10.16　将论元 class 与动词 dancing 联系起来

示例 4 产生的结果相当不错！让我们试着找出 Transformer 模型的极限。

10.4.2　示例 5

示例 5 没有多次重复动词，但包含一个具有多种功能和含义的单词。这是一个多义词示例，因为 round 这个词可以有不同的含义和语法功能。round 一词可以是名词、形容词、副词、及物动词或不及物动词。

作为及物或不及物动词，round 可以表示达到完美或完成的意思。从这个意义上说，round 可以与 off 一起使用。

以下句子使用过去时态的 round：

```
The bright sun, the blue sky, the warm sand, the palm trees, everything round off.
```

这里的谓语动词 round 是“达到完美”的意思。当然，最容易理解的语法形式应该是 rounded，接下来对句子进行 SRL 分析。

运行 SRL.ipynb 的 Sample 5 单元格：

```
prediction=predictor.predict(
   sentence="The bright sun, the blue sky, the warm sand, the palm trees, 
everything round off."
)
head(prediction)
```

输出并没有展示谓语。可见 Transformer 并没有识别出谓语。事实上，即使我们运行 full(prediction)函数，也展示出它根本没有找到动词：

```
"verbs": []
```

然而，在线界面版本似乎更好地解释了这句话，因为它找到了动词，如图 10.17 所示。

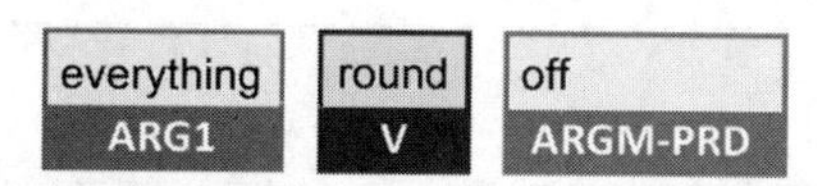

图 10.17 检测出动词 round 和论元 everything

这么看来，SRL Transformer 也许只差一点点就能识别出正确结果。我们把动词换成更常用的形式来降低一下难度看看。我们对 round 添加 s 将句子从过去时改为现在时：

```
The bright sun, the blue sky, the warm sand, the palm trees, everything rounds off.
```

用动词现在时形式再试一下 SRL.ipynb：

```
prediction=predictor.predict(
   sentence="The bright sun, the blue sky, the warm sand, the palm trees,
everything rounds off."
)
head(prediction)
```

原始输出展示已找到谓语，如以下输出所示：

```
Verb: rounds [ARG1: The bright sun , the blue sky , the warm sand , the
palm trees , everything] [V: rounds] [ARGM-PRD: off] .
```

如果我们使用 AllenNLP 在线界面运行句子，我们会得到视觉解释，如图 10.18 所示。

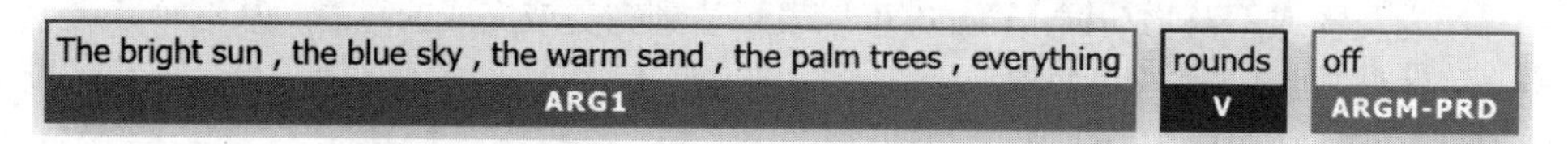

图 10.18 将单词 rounds 检测为动词

至此，可以看到基于 BERT 的 Transformer 做得很好，因为把单词 round 改为现在时形式后我们能够正确找到。

BERT 模型最初未能产生我们预期的结果。但在我们给予一点帮助后，这个示例能产生很好的结果。

我们可以看到：

- 输出可能会随着我们所用模型版本的演变而变化。
- 工业 4.0 务实的思维方式是：我们需要更多的认知努力向 Transformer 展示该怎么做。

接下来我们试验另一个更难标注的示例。

10.4.3 示例 6

示例 6 采用一个我们通常认为只是一个名词的词。但这个词有时会是动词。例如，ice 在曲棍球运动中是一个动词，是指将冰球一直射过溜冰场并超出对手的球门线。冰球(puck)指曲棍球运动中使用的圆盘。

现在曲棍球教练告诉球队，新的一天训练开始了。这时，教练会大声喊出祈使句：

```
Now, ice pucks guys!
```

注意，guys 可以泛指人(与性别无关)。

让我们运行 Sample 6 单元格以查看会发生什么：

```
prediction=predictor.predict(
   sentence="Now, ice pucks guys!"
)
head(prediction)
```

Transformer 无法找到动词："verbs":[]。

挑战失败，游戏结束！我们可以看到，虽然 Transformer 已取得巨大进步，但还有很大的改进空间。我们还需要教给 Transformer 更多。

AllenNLP 在线界面则将 pucks 混淆为动词，如图 10.19 所示。

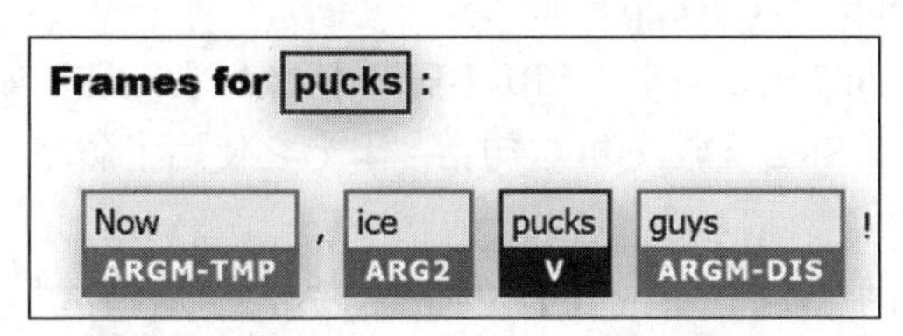

图 10.19　模型错误地将 pucks 标注为动词

也许换一个模型可以解决这个问题，但另一个模型也有其他一些局限性。即使换成 GPT-3 也一样会有你必须应对的局限性。

在某些专业领域对专业术语或技术词汇使用 Transformer 时，你会在某些时候触及模型的能力极限。

这些局限性将需要你的专业知识才能解决。例如你必须创建专门的词典才能解决这些局限性。这对程序员来说是个好消息！你将能发挥和拓展新的跨领域和认知的技能，从而得到团队的欣赏。

可尝试一些你自己的示例，看看 SRL 会遇到哪些局限性。然后探索如何开发预处理函数，以向 Transformer 展示如何为你的定制应用处理这些局限性。

在本章结束前，我们讲述一下 SRL 的能力范围。

10.5　SRL 的能力范围

在面对现实项目时，我们往往是独立工作的。唯一需要满意的人就是提出这个项目的人。

实用主义必须放在首位，技术理念其次。

在 2020 年代，原有 AI 理念和新理念共存。到了这十年的末尾，只会有一个获胜者将前者的一些内容合并到后者。

本节通过两个问题讲述 SRL 的能力范围。

- 谓语分析的局限性
- SRL 局限性的根本原因

10.5.1 谓语分析的局限性

SRL 依赖于谓语。SRL BERT 仅在你提供动词时才有效。但是数以百万计的句子并没有包含动词。

例如：

- Person 1: What would you like to drink, please?
- Person 2: A cup of coffee, please.

当我们输入 Person 2 的回答时，SRL BERT 什么也没发现，如图 10.20 所示。

输出总共为 0 帧。SRL 无法分析这句话，因为它使用了省略。谓语是隐式的，而不是显式的。

省略是指从句子中省略一个或几个单词的行为，而这些单词对于理解句子不是必需的。

每天有数以亿计的包含省略的句子被说出和写出。对于所有这些句子，SRL BERT 的输出将为 0 帧。

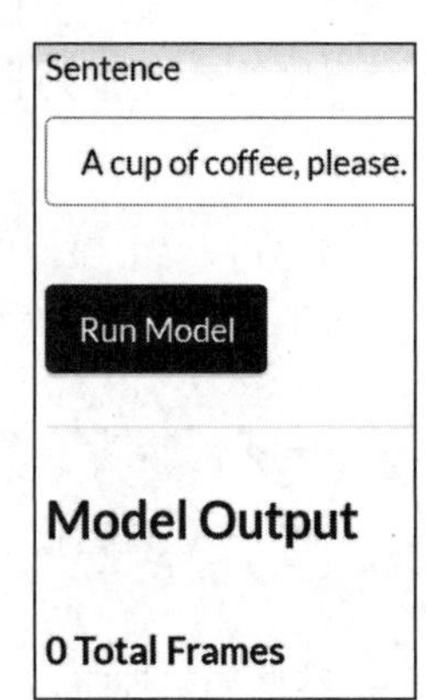

图 10.20　未获得帧

例如以下问答对中的回答(A)，输出都为 0 帧：

```
Q: What would you like to have for breakfast?
A: Pancakes with hot chocolate.
```

(模型推导出：Pancakes =专有名词，with=介词，hot=形容词，chocolate =常用名词。)

```
Q: Where do you want to go?
A: London, please.
```

(模型推断：London =专有名词，please =副词。)

```
Q: How did you get to work today?
A: Subway.
```

(模型推导出：地铁=专有名词。)

可找出数百万个 SRL BERT 无法理解的例子，因为这些句子不包含谓语。

对话中的问题(Q)，可能也是 0 帧。

上下文：参与对话的 person 2 不想喝咖啡：

```
Q: So, tea?
A: No thanks.
Q: Ok, hot chocolate?
A: Nope.
Q: A glass of water?
A: Yup!
```

以上的每个句子都为 0 帧，并且没有语义标注。

社交媒体上也经常有 0 帧的电影、音乐会或展览评论：

- Best movie ever!
- Worst concert in my life!
- Excellent exhibition!

本节展示了 SRL 的局限性。接下来我们分析 SRL 局限性的根本原因。

10.5.2　SRL 局限性的根本原因

SRL BERT 预先假定句子包含谓语，这在许多情况下是一个错误假设。分析句子不能仅基于谓语分析。

谓语包含动词。谓语告诉我们关于主语的更多信息。下面的谓语包含一个动词和附加信息：

```
The dog ate his food quickly.
```

ate...quickly 告诉我们关于 dog ate 的更多信息。但动词本身就可以是一个谓语(不需要附加信息)，例如下面这句：

```
Dogs eat.
```

这里的问题在于“动词”和“谓语”是语法和语法分析的一部分，而不是语义的一部分。

所以从语法和功能的角度来理解单词的组合方式是有局限性的。

这句话绝对没有任何意义：

```
Globydisshing maccaked up all the tie.
```

而 SRL BERT 则完美地对这么一个没有任何意义的句子执行“语义”分析，如图 10.21 所示。

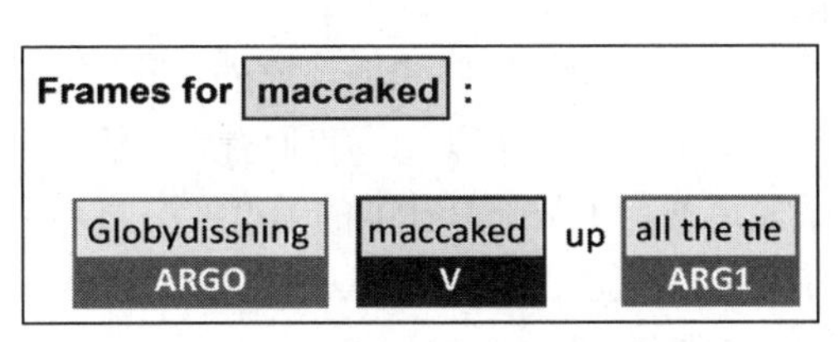

图 10.21　分析一个无意义的句子

我们可从这些例子中得出一些结论：

- SRL 谓语分析仅在句子中有动词时才有效。
- SRL 谓语分析无法识别省略了内容的句子。
- 谓语和动词是语言结构的一部分，主要用于语法分析。
- 谓语分析是从识别语言结构的角度出发，而不是从识别句子语义的角度出发。
- 语法分析远不止谓词分析，而是作为句子的必要中心进行的。

语义分析侧重于短语或句子的含义。语义分析侧重于上下文和单词相互关联的方式。

语法分析包括句法、词法和单词在短语或语义中的功能。术语“语义角色标注”这个说法具有误导性，它应该命名为“谓语角色标注”。人类能够完全理解没有谓语和超越序列结构的句子。情绪分析可解码句子的含义，并在没有谓语分析的情况下给出一个输出。情绪分析算法完全能够理解“有史以来最好的电影”这句话是正面的，无论是否存在谓语。

单独使用 SRL 来分析语言是有局限性的。一般的用法是在 AI 流水线或其他 AI 工具中使用 SRL，这样可以非常高效地为自然语言理解添加更多智能。

我的建议是将 SRL 与其他 AI 工具一起使用，正如我们将在第 13 章看到的那样。

本节到此结束。

10.6 本章小结

本章我们讲述了 SRL。SRL 任务对人类和机器都是有难度的。Transformer 模型已经表明，对于许多 NLP 主题，可在一定程度上达到人类基线。我们发现，一个简单的基于 BERT 的 Transformer 可执行谓语检测消歧。我们运行了一个简单的 Transformer，它可以识别动词(谓语)的含义，而不需要词汇或句法标注。Shi and Lin (2019) 使用标准句子+动词输入格式来训练他们基于 BERT 的 Transformer。

我们发现，用精简句子+谓语输入训练的 Transformer 可以解决简单和复杂的问题。当遇到相对罕见的动词形式时，其能力达到了极限，从而不能解决。但是，这些局限性通常并不是不可解决的。如果把这些复杂问题加入训练数据集，研究团队可改进模型来解决这些局限性。

Allen AI 研究所提供了许多免费的 AI 资源。此外，研究团队还为 NLP 模型的原始输出添加了视觉表示，以帮助用户理解 AI。我们看到，解释 AI 与运行程序一样重要。视觉和文本表示清楚地展示了基于 BERT 的模型的潜力。

最后，我们讲述了 SRL 的能力范围、局限性和根本原因，以优化我们将此方法与其他 AI 工具一起使用的方式。

接下来将继续讲述 Transformer 通过其分布式架构和输入格式改进 NLP 的知识。

第 11 章将使用 Transformer 挑战通常只有人类才能表现良好的任务。我们将探索 Transformer 在面对命名实体识别(NER)和问答任务时的潜力。

10.7　练习题

1. 语义角色标注(SRL)是一项文本生成任务。(对|错)
2. 谓语是名词。(对|错)
3. 动词是谓语。(对|错)
4. 论元可以描述谁在做某事。(对|错)
5. 修饰词可以是副词。(对|错)
6. 修饰词可以是位置。(对|错)
7. 基于 BERT 的模型包含编码器和解码器堆叠。(对|错)
8. 基于 BERT 的 SRL 模型具有标准输入格式。(对|错)
9. Transformer 可解决任何 SRL 任务。(对|错)

第 11 章 使用Transformer进行问答

阅读理解需要很多技能。当阅读一段文字时，我们会注意关键词和主要事件，并创建内容的心理表征，然后基于对内容的理解进行陈述来回答问题。我们还会仔细思考每个问题，以免掉进陷阱和犯错。

无论 Transformer 有多强大，都无法轻松回答开放式问题。开放式问题指人们可以就任何主题提出任何问题，Transformer 较难正确回答这类问题。不过在某种程度上，GPT-3 是能够做到这点的，如我们将在本章所看到的。Transformer 通常在封闭式问答环境使用通用的领域训练数据集。因此，医疗和法律领域中的关键问答系统通常需要添加更多 NLP 任务。

但是，无论是否使用预处理的封闭式问答序列训练，Transformer 都无法正确回答所有问题。例如如果序列包含多个主题和复合主题，Transformer 模型有时会做出错误的预测导致回答错误。

本章将重点介绍构建问题生成器的方法，该生成器可在其他 NLP 任务的帮助下生成有意义的问题并找到文本中的明确内容。问题生成器将展示一些可用于实现问答系统的思路。

将首先展示随机提问并期望 Transformer 每次都能做出良好响应是多么困难。

将通过引入提出有意义问题的命名实体识别(NER)函数来帮助 DistilBERT 模型回答问题。此外，还将为 Transformer 问题生成器奠定基础。

还将往问答工具箱添加一个预训练为判别器的 ELECTRA 模型。将继续将语义角色标注(SRL)函数添加到问题生成器的蓝图中。

然后将介绍构建可靠问答解决方案的其他选择，包括使用 Haystack 框架。

最后，将直接使用 GPT-3 引擎在线界面，在开放环境中探索问答任务。与前面章节一样，使用 GPT-3 引擎不需要编写代码，不需要训练，也不需要准备数据集！

在本章结束时，你将了解如何构建自己的多任务 NLP 助手或使用云 AI 进行问答。

本章涵盖以下主题：

- 随机问答的局限性
- 使用 NER 基于实体识别创建有意义的问题

- 开始设计 Transformer 问题生成器的蓝图
- 测试 NER 发现的问题
- 引入预训练为判别器的 ELECTRA 编码器
- 使用标准问题测试 ELECTRA 模型
- 使用 SRL 基于谓语识别创建有意义的问题
- 实施问答系统的项目管理指南
- 分析如何创建用 SRL 生成的问题
- 使用 NER 和 SRL 的输出来设计问题生成器
- 使用 RoBERTa 探索 Haystack 问答框架
- 使用不需要编程或准备数据集的 GPT-3 界面

首先介绍一下将应用于分析问答任务的问题生成方法。

11.1 方法论

问答系统这种 NLP 任务主要涉及一个 Transformer 模型和一个问答对数据集。这个 Transformer 模型被训练用来回答在数据集封闭环境中提出的问题。

对于更复杂的场景，我们需要定制化才能让这个 Transformer 模型变得可靠。

Transformer 和方法

对于问答或其他 NLP 任务，并不存在一个完美且高效的通用 Transformer 模型。对于一个项目来说，最好的模型是那个在特定数据集和任务上产生最佳输出的模型。换句话说，不同的任务和数据集可能需要不同的模型来达到最佳性能。

许多情况下，这种方法胜过其他模型。举例来说，一个适当的方法配合平均水准的模型通常会产生比一个有缺陷的方法配合优秀模型更高效的结果。换句话说，方法的选择和设计比单纯依赖于模型的性能更重要。即使使用了较弱的模型，只要方法本身合理有效，仍能取得更好的结果。

本章将运行 DistilBERT、ELECTRA 和 RoBERTa 模型。其中一些模型能比其他模型产生更好的性能。

但在某些关键领域，对结果的准确率要求很高。

例如，在太空火箭和航天器生产项目中，向 NLP 机器人提出问题就需要准确率很高的答案。

假设用户需要对一份关于火箭再生冷却喷嘴和燃烧室状态的百页报告提问。问题可能会很具体，比如冷却状态可靠吗？这是用户想从 NLP 机器人那里得到的最核心信息。

长话短说，让 NLP 机器人(无论是 Transformer 模型还是其他模型)以纯粹的统计方式来回答(没有质量和认知控制)是非常冒险的，所以不能这么做。一种值得信赖的方式是：NLP 机器人连接一个包含数据和规则的知识库，以便在后台运行一个基于规则的专家系统，从而检查 NLP 机器人的答案。然后 NLP 机器人使用 Transformer 模型，基于从这个知识库获得的知识来生成流畅、可靠的自然语言回答(可能使用人声)。

不存在能够满足所有需求的通用 Transformer 模型和方法。每个项目都需要特定的功能和定制的方法。

本章将重点讨论问答系统的一般局限性，超越了具体的 Transformer 模型选择。本章不是一个问答项目指南，而介绍如何使用 Transformer 进行问答。

本章我们将面临未预先准备的问题。通常情况下，问答系统会预先提供一些固定的问题进行回答，但在开放环境中，我们需要应对各种不同的、未知的问题。因此，我们需要采取适当的方法和技术来处理这些未预料到的问题。我们将介绍一些方法来说明如何组合任务以实现项目目标：

- 方法 0 采用试错方式随机提问问题。
- 方法 1 引入 NER 以帮助准备问答任务。
- 方法 2 尝试使用 ELECTRA Transformer 模型来辅助默认的 Transformer 模型。它还引入了 SRL 以帮助 Transformer 准备问答任务。

对这三种方法的介绍表明，只靠其中一种方法是无法适用于高专业性企业项目的。添加 NER 和 SRL 可以提高 Transformer 智能代理解决方案的语言智能。

例如，在本章的第一个 AI NLP 项目中，我为一家航空航天公司的国防项目实现问答功能，我结合了不同的 NLP 方法，以确保 AI 所提供的答案是 100%可靠的。

可为每个项目设计一个混合了多种方法的解决方案。

让我们从试错法开始。

11.2 方法 0：试错法

试错法(Trial and error)就是反复试错、不断摸索，是最原始的方法。

问答似乎很容易。真的吗？我们试一下。

打开位于本书配套 GitHub 代码存储库 Chapter11 目录中的 QA.ipynb。我们将逐个单元格运行该笔记本。

首先安装 Hugging Face 的 transformers 库：

```
!pip install -q transformers
```

Hugging Face transformers 库会不断更新以适应市场的需要。如果运行以上代码安装 transformers 库的最新版本而导致代码运行出错，你可能需要使用!pip install transformers==[指定版本]来安装 transformers 库的特定版本。

现在将导入 Hugging Face 的 pipeline，pipeline 包含了许多现成即用的 Transformer 资源。这些资源提供了高级抽象函数供我们调用，以执行各种任务。可通过一个简单的 API 访问这些 NLP 任务。程序是使用 Google Colab 创建的。建议使用免费的 Gmail 账户在 Google Colab VM 上运行。

只需要一行代码即可导入 pipeline：

```
from transformers import pipeline
```

导入 pipeline 后，我们只需要一行代码即可实例化 Transformer 模型和任务。

(1) 使用默认模型和默认词元分析器执行 NLP 任务：

```
pipeline("<任务名称>")
```

(2) 使用自定义模型执行 NLP 任务：

```
pipeline("<任务名称>", model="<模型名称>")
```

(3) 使用自定义模型和自定义词元分析器执行 NLP 任务：

```
pipeline('<任务名称>', model='<模型名称>', tokenizer='<词元分析器名称>')
```

这里使用默认模型和默认词元分析器：

```
nlp_qa = pipeline('question-answering')
```

然后提供以下文本，用作稍后向 Transformer 提问的上下文环境：

```
sequence = "The traffic began to slow down on Pioneer Boulevard in Los
Angeles, making it difficult to get out of the city. However, WBGO was
playing some cool jazz, and the weather was cool, making it rather
pleasant to be making it out of the city on this Friday afternoon. Nat
King Cole was singing as Jo, and Maria slowly made their way out of LA and
drove toward Barstow. They planned to get to Las Vegas early enough in the
evening to have a nice dinner and go see a show."
```

这个上下文环境看起来很简单。接下来我们只需要一行代码把这个上下文环境和要提问的问题插入 API 即可提问并获得回答：

```
nlp_qa(context=sequence, question='Where is Pioneer Boulevard ?')
```

输出是一个完美的回答：

```
{'answer': 'Los Angeles,', 'end': 66, 'score': 0.988201259751591, 'start':
55}
```

刚刚我们仅用几行代码就实现了一个 Transformer NLP 问答任务！现在你可以下载包含这个任务的上下文环境、问题和回答数据集并且马上可以使用。

看起来这一章到此就可以结束了，因为你已经能够完成问答任务了。然而，在现实生活中，事情从来都不简单。假设我们必须实现一个 Transformer 问答模型，以便用户对存储在数据库中的许多文档提问。我们将有两件重要的事情要做：

- 我们首先需要把一组关键文档作为上下文输入 Transformer 模型，并创建能够证明系统在正常工作的问题。
- 我们必须展示如何保证 Transformer 能够正确回答问题。

马上就想到如下几个问题：

- 谁来回答测试系统的问题？
- 即使专家同意做这项工作，如果许多问题都回答错误，该怎么办？
- 如果结果不令人满意，我们还继续训练模型吗？
- 如果有些问题无论使用或训练哪种模型，都无法正确回答，那么该怎么办？
- 如果某个方法在有限样本上能够运行成功，但由于过程时间过长且成本过高而无法扩展，那么该怎么办？

如果我们只是尝试在专家的帮助下解决所提出的问题，并观察哪些问题有效、哪些问题无效，那么可能需要很长时间。这种反复试错不断摸索的最原始方法不是最高效的解决方案。

本章旨在提供一些方法和工具，以降低“问答 Transformer 模型”的实施成本。为客户实施新的数据集时，找到合适的问题用于问答是一个相当大的挑战。

可将 Transformer 视为一套乐高积木，根据需要用编码器或解码器堆叠组装起来。可使用一组小型、大型或特大型(XL)Transformer 模型。

还可将本书中探索过的 NLP 任务看作一个乐高解决方案的集合。可组合两个或多个 NLP 任务来实现目标，就像其他软件实现一样。这样就可以从原始的试错法转变为有条不紊的方法。

本章中我们将执行以下操作：

- 将继续逐个单元格运行 QA.ipynb，以探索每一节所描述的方法。
- 还将使用 AllenNLP NER 界面获得 NER 和 SRL 结果的可视化表示。可通过访问 https://demo.allennlp.org/reading-comprehension，选择 Named Entity Recognition 或 Semantic Role Labeling，然后输入文本序列来使用。

接下来讲述 NER 方法。

11.3　方法 1：NER

本节将使用 NER 来帮助我们找出问答系统中的好问题。需要注意，Transformer 模型会不断训练和更新。此外，用于训练的数据集可能会更改。而 Transformer 模型不是基于规则的算法。传统的基于规则的算法根据预先定义的规则执行任务，结果每次都是相同的。而 Transformer 模型是通过学习数据中的模式和规律来完成任务，因此每次运行时的输出可能有所不同。回到 NER 方法，NER 可以检测出一个序列中的人员、位置、组织和其他实体。我们将先运行一个 NER 任务，通过这个任务提供段落的一些主要部分，以便提出问题。

使用 NER 查找问题

继续逐个单元格运行 QA.ipynb。现在使用默认模型、默认词元分析器、NER 任务初始化 pipeline：

```
nlp_ner = pipeline("ner")
```

继续使用本章“方法 0：试错法”一节中的 sequence 变量文本：

```
sequence = "The traffic began to slow down on Pioneer Boulevard in Los
Angeles, making it difficult to get out of the city. However, WBGO was
playing some cool jazz, and the weather was cool, making it rather
pleasant to be making it out of the city on this Friday afternoon. Nat
King Cole was singing as Jo and Maria slowly made their way out of LA and
drove toward Barstow. They planned to get to Las Vegas early enough in the
evening to have a nice dinner and go see a show."
```

然后运行 QA.ipynb 的 nlp_ner 单元格：

```
print(nlp_ner(sequence))
```

生成的结果如图 11.1 所示。

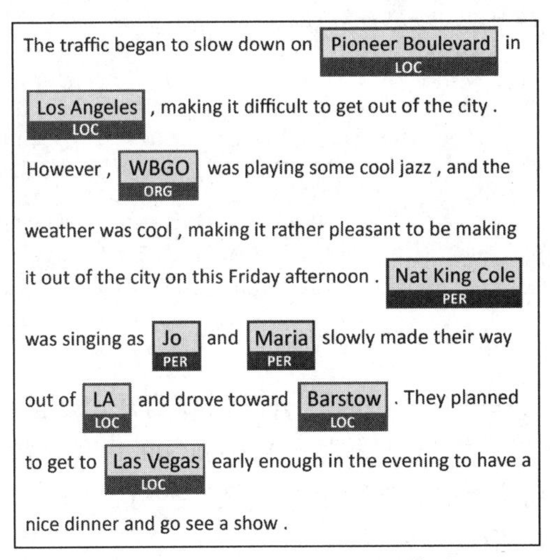

图 11.1　AllenNLP 的 NER 结果

从以上结果可以看到，NER 结果突出展示了将用于创建问题的关键实体。

```
[{'word': 'Pioneer', 'score': 0.97, 'entity': 'I-LOC', 'index': 8},
{'word': 'Boulevard', 'score': 0.99, 'entity': 'I-LOC', 'index': 9},
{'word': 'Los', 'score': 0.99, 'entity': 'I-LOC', 'index': 11},
{'word': 'Angeles', 'score': 0.99, 'entity': 'I-LOC', 'index': 12},
```

```
{'word': 'W', 'score': 0.99, 'entity': 'I-ORG', 'index': 26},
{'word': '##B', 'score': 0.99, 'entity': 'I-ORG', 'index': 27},
{'word': '##G', 'score': 0.98, 'entity': 'I-ORG', 'index': 28},
{'word': '##O', 'score': 0.97, 'entity': 'I-ORG', 'index': 29},
{'word': 'Nat', 'score': 0.99, 'entity': 'I-PER', 'index': 59},
{'word': 'King', 'score': 0.99, 'entity': 'I-PER', 'index': 60},
{'word': 'Cole', 'score': 0.99, 'entity': 'I-PER', 'index': 61},
{'word': 'Jo', 'score': 0.99, 'entity': 'I-PER', 'index': 65},
{'word': 'Maria', 'score': 0.99, 'entity': 'I-PER', 'index': 67},
{'word': 'LA', 'score': 0.99, 'entity': 'I-LOC', 'index': 74},
{'word': 'Bar', 'score': 0.99, 'entity': 'I-LOC', 'index': 78},
{'word': '##sto', 'score': 0.85, 'entity': 'I-LOC', 'index': 79},
{'word': '##w', 'score': 0.99, 'entity': 'I-LOC', 'index': 80},
{'word': 'Las', 'score': 0.99 'entity': 'I-LOC', 'index': 87},
{'word': 'Vegas', 'score': 0.9989519715309143, 'entity': 'I-LOC', 'index':
88}]
```

接下来向 Transformer 提出以下两类问题：

- 与地点有关的问题
- 与人有关的问题

首先探讨与地点有关的问题。

地点实体问题

QA.ipynb 产生了近 20 个实体。其中地点实体如下：

```
[{'word': 'Pioneer', 'score': 0.97, 'entity': 'I-LOC', 'index': 8},
{'word': 'Boulevard', 'score': 0.99, 'entity': 'I-LOC', 'index': 9},
{'word': 'Los', 'score': 0.99, 'entity': 'I-LOC', 'index': 11},
{'word': 'Angeles', 'score': 0.99, 'entity': 'I-LOC', 'index': 12},
{'word': 'LA', 'score': 0.99, 'entity': 'I-LOC', 'index': 74},
{'word': 'Bar', 'score': 0.99, 'entity': 'I-LOC', 'index': 78},
{'word': '##sto', 'score': 0.85, 'entity': 'I-LOC', 'index': 79},
{'word': '##w', 'score': 0.99, 'entity': 'I-LOC', 'index': 80},
{'word': 'Las', 'score': 0.99 'entity': 'I-LOC', 'index': 87},
{'word': 'Vegas', 'score': 0.9989519715309143, 'entity': 'I-LOC', 'index':
88}]
```

应用启发式方法

启发式方法是一种基于经验和常识的问题生成方法，通过利用已有的信息和规则来生成问题。这里使用启发式方法根据 QA.ipynb 中的内容生成相关的问题。

- 使用解析器将位置重新合并为它们的原始形式。
- 对这些位置应用模板。

写出完整代码来完成以上操作超出了本书的讨论范围。我们可编写一个精简版的函数来完成这项工作，如下面的伪代码所示：

```
for i in range beginning of output to end of the output:
    filter records containing I-LOC
    merge the I-LOCs that fit together
    save the merged I-LOCs for questions-answering
```

NER 输出将变为：

- I-LOC, Pioneer Boulevard
- I-LOC, Los Angeles
- I-LOC, LA
- I-LOC, Barstow
- I-LOC, Las Vegas

然后，可使用两个模板来生成问题。这里应用一个随机函数。精简版伪代码如下：

```
from the first location to the last location:
   choose randomly:
      Template 1: Where is [I-LOC]?
      Template 2: Where is [I-LOC] located?
```

我们将自动获得如下五个问题：

```
Where is Pioneer Boulevard?
Where is Los Angeles located?
Where is LA?
Where is Barstow?
Where is Las Vegas located?
```

总结一下，整个流程分为三步：

(1) 输入序列

(2) 运行 NER

(3) 自动创建问题

首先，有一个序列或文本，例如一段文章或一句话。然后使用命名实体识别技术来识别其中的实体，如人名、地名、组织机构等。识别出的实体可作为问题生成的依据。

接下来利用生成模型(如 Transformer)来自动生成相应的问题。这些问题可能涉及文本中的重要信息、关键词或与实体相关的事实。生成问题的过程可通过对序列进行分析、抽取重要信息、组合语言模板等方式完成。

通过这种自动化方法，可从文本中快速生成一系列问题，以探索其中蕴含的信息。虽然并非所有问题都能直接从原始序列中得出答案，但这种方法可以帮助我们提出更多有意义的问题，并为进一步分析和理解提供基础。

好了，现在假设已经自动创建了这些问题，然后继续运行程序：

```
nlp_qa = pipeline('question-answering')
print("Question 1.",nlp_qa(context=sequence, question='Where is Pioneer
Boulevard ?'))
print("Question 2.",nlp_qa(context=sequence, question='Where is Los
Angeles located?'))
print("Question 3.",nlp_qa(context=sequence, question='Where is LA ?'))
print("Question 4.",nlp_qa(context=sequence, question='Where is Barstow
?'))
print("Question 5.",nlp_qa(context=sequence, question='Where is Las Vegas
```

```
located ?'))
```

输出结果展示仅正确回答了问题 1：

```
Question 1. {'score': 0.9879662851935791, 'start': 55, 'end': 67,
'answer': 'Los Angeles,'}
Question 2. {'score': 0.9875189033668121, 'start': 34, 'end': 51,
'answer': 'Pioneer Boulevard'}
Question 3. {'score': 0.5090435442006118, 'start': 55, 'end': 67,
'answer': 'Los Angeles,'}
Question 4. {'score': 0.3695214621538554, 'start': 387, 'end': 396,
'answer': 'Las Vegas'}
Question 5. {'score': 0.21833994202792262, 'start': 355, 'end': 363,
'answer': 'Barstow.'}
```

输出结果包括分数、答案在 sequence 文本中的开始和结束位置以及答案本身。我们注意到，问题 2 的回答分数是 0.98，尽管它错误回答了 Los Angeles 位于 Pioneer Ave。

现在该怎么办？

是时候通过项目管理来控制 Transformer 以提高质量和决策功能了。

项目管理

将研究四个示例，其中包括如何管理 Transformer 以及自动管理 Transformer 的硬编码函数。将这四个项目管理示例分为四个项目级别：简单、中等、困难和非常困难。项目管理的专业知识不在本书讨论范围内，下面仅简要介绍这四个项目级别。

(1) 一个简单项目可以是一所小学的网站。用户(教师)可以直接与网站交互。输入和输出文本可展示在 HTML 页面让用户直接看到。可将前面五个问题和答案整合成五道选择题：I-LOC 在 I-LOC(如 Barstow in California)。然后在每道选择题下添加(对，错)选项。向教师提供一个管理员界面，让教师选择正确的答案来完成多项选择问卷！

(2) 一个中等难度的项目可以是将 Transformer 的问题和回答封装到一个程序中，该程序使用 API 检查回答并自动更正它们。用户将看不到任何内容。这个过程是透明的。Transformer 做出的错误回答将存储起来供进一步分析。

(3) 一个困难的项目可以是在聊天机器人中实施一个中间项目，其中包含一些低级问题。例如，Transformer 正确识别出 Pioneer Boulevard 是在 Los Angeles。用户很自然会问一个后续问题，例如靠近 Los Angeles 的哪个地方？这样做需要编写更多代码。

(4) 一个非常困难的项目可以是一个研究项目，它将训练 Transformer 识别数据集中数百万条记录的 I-LOC 实体，并输出地图软件 API 实时流的结果。

好消息是，我们总能找到一种方法来使用我们找到的东西。

坏消息是，在现实生活中的项目实施 Transformer 或任何 AI 都需要很强的算力，需要项目经理、业务领域专家(SME)、程序员和最终用户之间的大量合作。

接下来回答人名实体问题。

人名实体问题

先从一个简单问题开始：

```
nlp_qa = pipeline('question-answering')
nlp_qa(context=sequence, question='Who was singing ?')
```

回答是正确的。它回答了 sequence 文本中谁在唱歌：

```
{'answer': 'Nat King Cole,'
 'end': 277,
 'score': 0.9653632081862433,
 'start': 264}
```

现在向 Transformer 模型提出一个需要思考的问题，因为这个问题不是一下子就能找到答案的：

```
nlp_qa(context=sequence, question='Who was going to Las Vegas ?')
```

这个问题的答案在 sequence 文本中拆成两句话，所以很难回答。可以看到 Transformer 犯了一个大错误：

```
{'answer': 'Nat King Cole,'
 'end': 277,
 'score': 0.3568152742800521,
 'start': 264}
```

Transformer 足够诚实，展示的分数仅为 0.35。此分数可能因计算而异，也可能因 Transformer 模型而异。可以看到，Transformer 现在遇到语义标注问题。接下来我们试试使用 SRL 方法。

11.4　方法 2：SRL

Transformer 并没有正确回答谁开车去 Las Vegas，Transformer 认为是 Nat King Cole 而不是正确答案 Jo 和 Maria。

出了什么问题？我们能看到 Transformer 的想法并得到解释吗？为找到答案，我们回到语义角色建模。如有必要，请花几分钟时间回顾一下第 10 章。

我们使用 AllenNLP 语义角色标注工具(https://demo.allennlp.org/semantic-role-labeling)运行同一序列，通过运行上一章中使用的 SRL BERT 模型来获得动词 drove 在序列中的可视化表示，如图 11.2 所示。

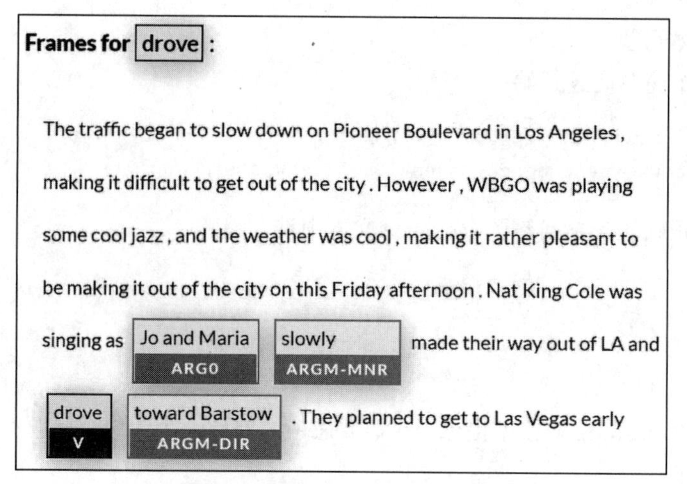

图 11.2 AllenNLP 的 SRL 结果

SRL BERT 发现了 19 帧。本节将专注于 drove 这一帧。

每次运行的结果可能会不同，AllenNLP 更新模型版本后也可能导致运行结果与上图不同。

现在我们能够发现问题出在哪里了。动词 drove 的论元是 Jo and Maria。现在我们似乎可以做出推断，是 Jo 和 Maria 开车去 Las Vegas。

Transformer 模型在不断发展。输出可能会有所不同，但是无论如何，方法本身的理念是不变的。

我们的推断是否正确？可使用 QA.ipynb 验证一下：

```
nlp_qa(context=sequence, question='Who are they?')
```

回答正确：

```
{'answer': 'Jo and Maria',
 'end': 305,
 'score': 0.8486017557290779,
 'start': 293}
```

我们再换一种问法看 Transformer 能否回答正确：

```
nlp_qa(context=sequence, question='Who drove to Las Vegas?')
```

我们得到比之前更好的结果：

```
{'answer': 'Nat King Cole was singing as Jo and Maria',
 'end': 305,
 'score': 0.35940926070820467,
 'start': 264}
```

Transformer 现在明白 Nat King Cole 在唱歌，Jo 和 Maria 同时在做某事，但还是没有得到最终的正确答案。

还需要更进一步，提出更好的问题。

试试另一种模型。

11.4.1　使用 ELECTRA 进行问答

在切换模型前，我们需要知道当前使用的是哪一个模型：

```
print(nlp_qa.model)
```

输出展示了 DistilBertForQuestionAnswering 模型，这是一个专门针对问答任务训练的 DistilBERT 模型：

```
DistilBertForQuestionAnswering((distilbert): DistilBertModel(
```

该模型有 6 层和 768 个特征，其中第 6 层如下所示(层编号从 0 开始)：

```
(5): TransformerBlock(
        (attention): MultiHeadSelfAttention(
          (dropout): Dropout(p=0.1, inplace=False)
          (q_lin): Linear(in_features=768, out_features=768, bias=True)
          (k_lin): Linear(in_features=768, out_features=768, bias=True)
          (v_lin): Linear(in_features=768, out_features=768, bias=True)
          (out_lin): Linear(in_features=768, out_features=768,
bias=True)
```

现在将试试 ELECTRA Transformer 模型。ELECTRA Transformer 模型是 Clark et al.(2020)论文中的一个 Transformer 模型，该模型改进了掩码语言建模(Masked Language Modeling，MLM)预训练方法。

第 3 章提到过掩码语言建模，BERT 模型在训练过程中会随机插入掩码词元。

Clark et al. (2020)提出一个可行的替代方案：除了使用随机掩码之外，还引入一个生成器。BERT 模型经过训练可以预测(被掩码的)词元是原始词元还是被生成器替换的词元。Clarket al. (2020)在论文中训练了一个 ELECTRA 模型作为判别器，以预测被掩码的词元是原始词元还是被生成器替换的词元。图 11.3 展示了 ELECTRA 的训练方式。

图 11.3 展示了原始序列在通过生成器之前被掩码。生成器往掩码词元位置插入可接受的词元，然后训练一个 ELECTRA Transformer 模型来预测词元是来自原始序列还是已被替换。

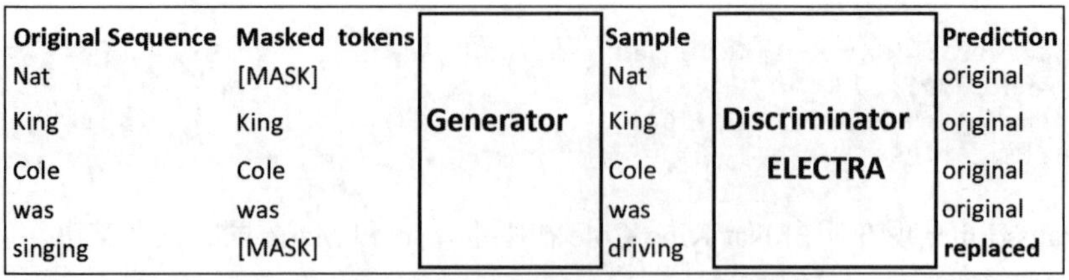

Original Sequence	Masked tokens		Sample		Prediction
Nat	[MASK]		Nat		original
King	King	**Generator**	King	**Discriminator**	original
Cole	Cole		Cole	**ELECTRA**	original
was	was		was		original
singing	[MASK]		driving		**replaced**

图 11.3 ELECTRA 被训练为一个判别器

此外，ELECTRA Transformer 模型的架构及其大多数超参数与 BERT Transformer 模型相同。

现在我们来看看能否获得更好的结果。我们运行 QA.ipynb 如下的单元格，使用 Google electra-small-generator 模型：

```
nlp_qa = pipeline('question-answering', model='google/electra-smallgenerator',
tokenizer='google/electra-small-generator')
nlp_qa(context=sequence, question='Who drove to Las Vegas ?')
```

输出并非我们所期望的：

```
{'answer': 'to slow down on Pioneer Boulevard in Los Angeles, making it
difficult to'
 'end': 90,
 'score': 2.5295573154019736e-05,
start': 18}
```

每次输出结果可能会不一样，模型版本变化也可能导致输出结果不一样。但是，总体思想是不变的。

输出还包含以下警告消息：

```
- This IS expected if you are initializing ElectraForQuestionAnswering
from the checkpoint of a model trained on another task or with another
architecture..
- This IS NOT expected if you are initializing ElectraForQuestionAnswering
from the checkpoint of a model that you expect to be exactly identical..
```

你可能不喜欢这些警告消息，并可能得出结论，这是一个糟糕的模型。但还是请你坚持试验我们提供的每种方法。当然，ELECTRA 可能需要更多训练。但请你尽可能多地试验以找到新想法！然后决定进一步训练模型或换另一个模型继续。

接下来继续讲解还可以使用的方法。

11.4.2 项目管理约束

至此，使用默认的 DistilBERT 和 ELECTRA Transformer 模型都没有获得期望的结果。

还可以试试以下三种方法：

- 使用其他数据集训练 DistilBERT、ELECTRA 或其他模型。在现实生活中，训练数据集成本很高。如果需要使用新的数据集和更改超参数来训练，则可能要耗时数月。而且需要考虑硬件成本。另外，如果最终结果还是不令人满意，项目经理可能会终止该项目。
- 你也可以试试即用型 Transformer(如 Hugging Face 模型)：https://huggingface.co/transformers/usage.html#extractive-question-answering；尽管最终它们可能还是无法满足你的需求。
- 通过添加更多 NLP 任务来增强提问模型，以找到一种获得更好结果的方法。

本章将重点介绍通过添加更多 NLP 任务来增强默认的 DistilBERT 模型。

现在我们使用 SRL 来提取谓语及其论元。

11.4.3　通过 SRL 查找问题

这里使用第 10 章 SRL.ipynb 笔记本中的 AllenNLP 基于 BERT 的模型。

使用 https://demo.allennlp.org/semantic-role-labeling 语义角色标注界面来重新运行序列，以获取序列中谓语的可视化表示。

将输入本章一直在处理的序列：

```
The traffic began to slow down on Pioneer Boulevard in Los Angeles, making
it difficult to get out of the city. However, WBGO was playing some cool
jazz, and the weather was cool, making it rather pleasant to be making it
out of the city on this Friday afternoon. Nat King Cole was singing as Jo
and Maria slowly made their way out of LA and drove toward Barstow. They
planned to get to Las Vegas early enough in the evening to have a nice
dinner and go see a show.
```

基于 BERT 的模型发现了几个谓语。我们的目标是找出 SRL 输出的属性，这些输出可以根据句子中的动词自动生成问题。

将首先列出由 BERT 模型生成的谓语候选：

```
verbs={"began," "slow," "making"(1), "playing," "making"(2), "making"(3),
"singing,",…, "made," "drove," "planned," go," see"}
```

如果必须编写一个程序，可从引入一个动词计数器开始，如以下的伪代码所示：

```
def maxcount:
for in range first verb to last verb:
   for each verb
      counter +=1
      if counter>max_count, filter verb
```

如果计数器超过可接受的出现次数(max_count)，则在此实验中将排除该谓语。因为如果要想消除动词论元多个语义角色造成的歧义，还需要写更多的代码。

此后，将 made(make 的过去时态)从列表中删除了。

列表现在只剩下：

```
verbs={"began," "slow," "playing," "singing," "drove," "planned," go,"
see"}
```

我们继续编写一个函数来过滤动词，可过滤那些带有冗长论元的动词。例如动词 began 就带有一个很长的论元，如图 11.4 所示。

The traffic
began
V
to slow down on Pioneer Boulevard in Los Angeles , making it difficult to get out of the city
ARG1

图 11.4　动词 began 的 SRL 表示

动词 began 的论元太长了，以至于以上屏幕截图未能展示全。以下的完全文本版本展示了解释 began 的论元是多么困难：

```
began: The traffic [V: began] [ARG1: to slow down on Pioneer Boulevard in
Los Angeles , making it difficult to get out of the city] . However , WBGO
was playing some cool jazz] , and the weather was cool , making it rather
pleasant to be making it out of the city on this Friday afternoon . Nat
King Cole was singing as Jo and Maria slowly made their way out of LA and
drove toward Barstow . They planned to get to Las Vegas early enough in
the evening to have a nice dinner and go see a show .
```

因此可添加一个函数，将论元超过最大长度的动词过滤掉：

```
def maxlength:
for in range first verb to last verb:
   for each verb
      if length(argument of verb)>max_length, filter verb
```

如果一个动词的论元长度超过最大长度(max_length)，则排除掉该动词。此后，将 began 从列表中删除了。

我们的列表现在只剩下：

```
verbs={ "slow", "playing", "singing", "drove",  "planned"," go"," see"}
```

以此类推，可根据正在处理的项目添加更多排除规则。还可使用非常严格的 max_length 值再次调用 maxlength 函数，为自动问题生成器提取潜在有趣的候选项。最终可以把论元最短的动词候选项转化为问题。动词 slow 符合我们设定的三个规则：在序列中只出现一次，论元不太长，且包含序列中一些最短的论元。AllenNLP 可视化表示动词 slow 确实符合我们的选择，如图 11.5 所示。

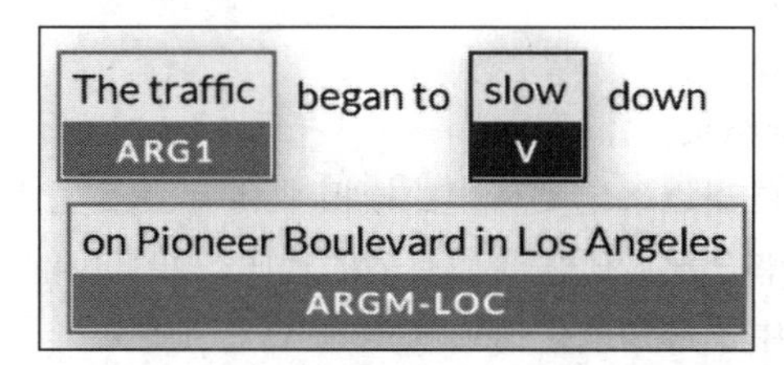
The traffic
ARG1
began to
slow
V
down
on Pioneer Boulevard in Los Angeles
ARGM-LOC

图 11.5　动词 slow 的 SRL 表示

文本输出可以轻松解析：

```
slow: [ARG1: The traffic] began to [V: slow] down [ARG1: on] [ARGM-ADV:
Pioneer Boulevard] [ARGM-LOC: in Los Angeles] , [ARGM-ADV: making it
difficult to get out of the city] .
```

此结果和以下输出可能随不断发展的 Transformer 模型而变化，但思路保持不变。通过这种方法，我们最终得出结论，即可以将动词 slow 转化为问题。

因为没有任何词元被标注为 I-PER (人)，所以可以自动生成 what 模板而不会生成 who 模板。可编写一个函数来管理这两种可能性，如以下的伪代码所示：

```
def whowhat:
   if NER(ARGi)==I-PER, then:
      template=Who is [VERB]
   if NER(ARGi)!=I-PER, then:
      template=What is [VERB]
```

该函数还需要写更多代码来处理动词形式和修饰语。但在这个实验中，将只应用函数并生成以下问题：

```
What is slow?
```

我们使用以下单元格运行默认 pipeline：

```
nlp_qa = pipeline ('question-answering')
nlp_qa(context= sequence, question='What was slow?')
```

结果令人满意：

```
{'answer': 'The traffic',
 'end': 11,
 'score': 0.4652545872921081,
 'start': 0}
```

在本例中，默认模型 DistilBERT 正确回答了该问题。

至此，自动问题生成器可执行以下操作：

- 自动运行 NER
- 使用传统代码解析结果
- 利用实体生成问题

- 自动运行 SRL
- 使用规则筛选结果
- 基于 NER 的结果以确定要使用的模板来利用 SRL 生成问题

以上解决方案绝非全部。还需要写更多的代码，并且可能需要额外的 NLP 任务和代码。但我们可从中了解到以任何形式实施 AI 都是很艰难的。

我们尝试使用以上方法试验下一个动词：playing。可视化表示展示 playing 的词元为 WBGO 和 some cool jazz，如图 11.6 所示。

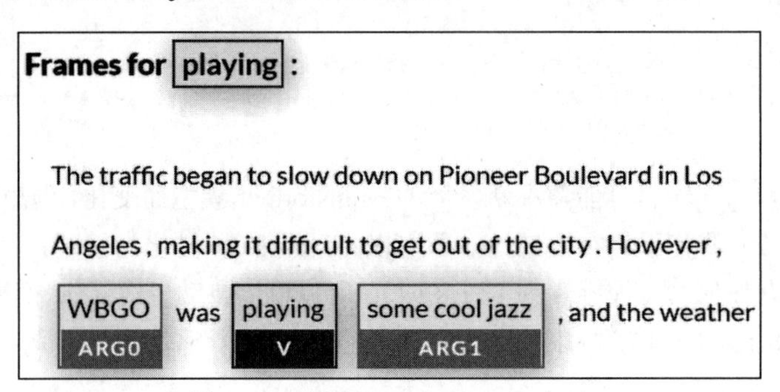

图 11.6 动词 playing 的 SRL 表示

其文本版本易于解析：

```
playing: The traffic began to slow down on Pioneer Boulevard in Los
Angeles , making it difficult to get out of the city . [ARGM-DIS: However]
, [ARG0: WBGO] was [V: playing] [ARG1: some cool jazz]
```

以上结果和以下输出可能因 Transformer 模型的不断发展而异，但思想保持不变：识别动词及其论元。

如果我们运行 whowhat 函数，它将展示论元中没有 I-PER。所以我们将选择 what 模板来生成以下问题：

```
What is playing?
```

然后在以下单元格中对该问题运行默认 pipeline：

```
nlp_qa = pipeline('question-answering')
nlp_qa(context=sequence, question='What was playing')
```

输出也令人满意：

```
{'answer': 'cool jazz,,'
 'end': 153,
 'score': 0.35047012837950753,
 'start': 143}
```

我们使用同样的方法，发现 singing 也是一个很好的候选者， whoWhat 函数会找到 I-PER 并调用 who 模板生成以下问题：

```
Who is singing?
```

输出也是正确的。

下一个动词是 drove，我们的方法无法很好地处理它。Transformer 无法解决这个问题。

动词 go 是一个很好的候选项，如图 11.7 所示。

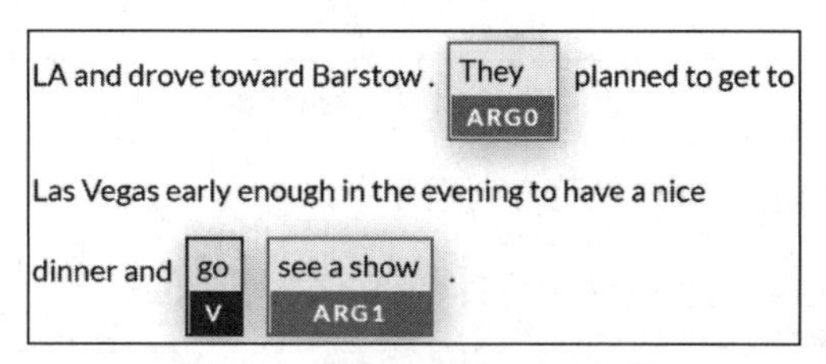

图 11.7　动词 go 的 SRL 表示

生成具有正确动词形式的模板还需要写额外的代码。这里假设已经编写了这部分额外的代码，然后向模型提出以下问题：

```
nlp_qa = pipeline('question-answering')
nlp_qa(context=sequence, question='Who sees a show?')
```

输出展示回答错误：

```
{'answer': 'Nat King Cole,'
 'end': 277,
 'score': 0.5587267250683112,
 'start': 264}
```

可以看到，Nat King Cole 和 Jo 和 Maria 同时存在一个复杂序列里面，这点给 Transformer 模型和任何 NLP 模型带来了消歧难题。我们还需要更多的项目管理和研究。

11.5　后续步骤

至此，我们可以看到，自动生成问题并不简单。我们需要组合多种方法才能完成这么一个关键的 NLP 任务。

我们需要使用包含 NER、SRL 和问答对的多任务数据集对 Transformer 模型进行预训练。项目经理还需要学习如何组合多个 NLP 任务来帮助处理特定任务。

可通过 AllenNLP 的指代消解工具 https://demo.allennlp.org/coreference-resolution 来识别序列中的主要主语。用 AllenNLP 对本章例句生成的结果展示了一个有趣的分析，如图 11.8 所示。

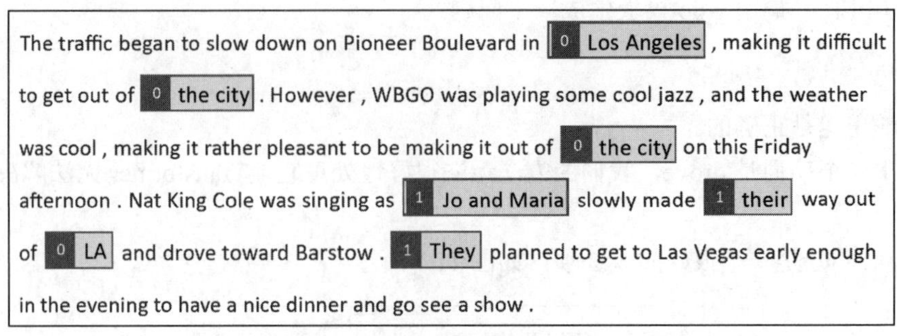

图 11.8 对本章例句的指代消解分析

可将以上指代消解分析结果整合到程序中：

```
Set0={'Los Angeles', 'the city,' 'LA'}
Set1=[Jo and Maria, their, they}
```

可将指代消解添加为预训练任务，也可将其添加为问题生成器中的后处理任务。无论如何，模拟人类行为的问题生成器可以很好地提高问答任务的性能。可在问答模型的预训练过程中包括更多定制的附加 NLP 任务。

当然，可使用新的策略来预训练我们在本章运行的模型，如 DistilBERT 和 ELECTRA，然后让用户提出他们想要的问题。我推荐两种方法：

- 开发用于问答任务的问题生成器。这些问题可用于教学目的，训练 Transformer 模型，甚至为实时用户提供思路。
- 在预训练 Transformer 模型时，加入特定的 NLP 任务，以提高其问答性能。然后使用问题生成器进一步训练它。

11.5.1 使用 RoBERTa 模型探索 Haystack

Haystack 是一个具有很多有趣功能的问答框架[1]，很值得我们去探索，看看它是否适合项目的需求。

本节将使用本章前面用过的例句进行问答。

打开 Haystack_QA_Pipeline.ipynb。

如果在运行 Google Colab 上的 Haystack_QA_Pipeline.ipynb 时遇到困难，可尝试运行 01_Basic_QA_Pipeline.ipynb 笔记本。

1 译者注：搜索关键词请使用 deepset-ai haystack 而不是 Haystack，因为还有一个更著名的开源全文搜索框架也叫 Haystack。

第一个单元格安装运行 Haystack 所需的模块：

```
# Install Haystack
!pip install farm-haystack==0.6.0
# Install specific versions of urllib and torch to avoid conflicts with
preinstalled versions on Colab
!pip install urllib3==1.25.4
!pip install torch==1.6.0+cu101-f https://download.pytorch.org/whl/torch_
stable.html
```

该笔记本使用 RoBERTa 模型：

```
# Load a  local model or any of the QA models on Hugging Face's model hub
(https://huggingface.co/models)
from haystack.reader.farm import FARMReader
reader = FARMReader(model_name_or_path="deepset/roberta-base-squad2", use_
gpu=True, no_ans_boost=0, return_no_answer=False)
```

关于 RoBERTa 模型的信息，可以回顾第 4 章。

该笔记本的其余单元格将回答有关本章前面用过的例句的问题：

```
text = "The traffic began to slow down on Pioneer Boulevard in…/… have a
nice dinner and go see a show."
```

可将获得的答案与本章前面部分的输出进行比较，并决定使用哪个 Transformer 模型。

11.5.2 使用 GTP-3 引擎探索问答

使用 GTP-3 引擎，我们不需要训练、微调，不需要在服务器加载程序，甚至不需要数据集。用户只需要连接到他们的 OpenAI 账户并使用交互式教学界面即可。

GPT-3 引擎在线教学界面将通过提供 E(解释)和 T(文本)来提供非常好的答案，如下所示：

E = Answer questions from this text

T = The traffic began to slow down on Pioneer Boulevard in…/… have a nice dinner and go see a show.

下面以问答形式列出一些问题和获得的答案：

- Who is going to Las Vegas?: Jo and Maria
- Who was singing?: Nat King Cole
- What kind of music was playing?: jazz
- What was the plan for the evening?: to have a nice dinner and go see a show

就是这么简单！这就是使用 GPT-3 交互式界面在线运行各种教学 NLP 任务需要做的全部工作了！甚至不需要你有 GPT-3 引擎的 API。

可以更改 S(向 GPT-3 展示预期内容)和 E 来创建无止境的交互。下一代 NLP 诞生了！工业 4.0 程序员、顾问或项目经理将需要获得一套新的技能：认知、语言学、心理学和其他跨学科维度。如有必要，可花点时间回顾第 7 章。

至此，我们已经讲述了使用 Transformer 进行问答的一些关键方面。让我们总结一下所讲述的知识。

11.6 本章小结

在本章开头，我们发现问答并不像看起来那么容易。实现 Transformer 模型只需要几分钟。但是，要想让它良好工作可能需要几小时或几个月的时间！

我们首先使用 Hugging Face pipeline 的默认 Transformer 回答一些简单问题。默认 Transformer 模型使用了 DistilBERT，很好地回答了简单的问题。但在现实生活中，用户会提出各种各样的问题，Transformer 可能无法正确理解这些问题并产生错误的回答。

我们决定继续提出随机问题并获得随机回答，或者我们可以开始设计问题生成器，这是一个更有效的解决方案。

我们使用 NER 来查找有用的内容，设计了一个可以根据 NER 输出自动创建问题的函数。使用了这种方法后，质量提升了，但还需要做更多的工作。

我们尝试了一个 ELECTRA 模型，但没有产生预期的结果。我们停了几分钟，以决定是要花费昂贵的资源来训练 Transformer 模型还是设计问题生成器。

将 SRL 添加到问题生成器方案中，并测试了它生成的问题。将 NER 添加到分析中，并生成了几个有意义的问题。还引入 Haystack 框架，以发现使用 RoBERTa 处理问题解答的其他方法。

最后，我们直接在 OpenAI 教学交互式界面(不需要 API)使用 GPT-3 引擎运行了一个示例。云 AI 平台的功能和可访问性还在发展中，我们拭目以待。

我们的实验得出一个结论：相较于仅针对特定任务进行训练的 Transformer 模型，多任务 Transformer 模型在复杂的 NLP 任务中会提供更好的性能表现。实现 Transformer 模型需要充分准备多任务训练数据，使用传统代码中的启发式方法，并引入问题生成器。问题生成器可用于进一步训练模型，将问题作为训练输入数据或作为独立解决方案使用。

下一章将讲述如何对社交媒体评论进行情绪分析。

11.7 练习题

1. 经过训练的 Transformer 模型可以回答任何问题。(对|错)
2. 问答不需要进一步研究。它是完美的。(对|错)

3. 命名实体识别(NER)可提供有用信息来生成有意义的问题。(对|错)
4. 语义角色标注(SRL)无法提供有用信息来生成有意义的问题。(对|错)
5. 问题生成器是生成问题的绝佳方式。(对|错)
6. 实施问答系统需要精细的项目管理。(对|错)
7. ELECTRA 模型具有与 GPT-2 相同的架构。(对|错)
8. ELECTRA 模型具有与 BERT 相同的架构，但被训练为判别器。 (对|错)
9. NER 可以识别一个位置并将其标记为 I-LOC。(对|错)
10. NER 可以识别一个人并将该人标记为 I-PER。(对|错)

第 12 章 情绪分析

情绪分析需要理解句子的组成部分。如果我们无法理解句子中的每个部分，那么如何理解整个句子呢？NLP Transformer 模型能否应对这个困难的任务呢？本章将尝试使用几种 Transformer 模型来找出答案。

将从斯坦福情绪树库(Stanford Sentiment Treebank，SST)开始。SST 提供了一些包含复杂句子的数据集供分析使用。对于像“The movie was great.”这样简单的句子进行分析是很容易的。但是，如果任务变得非常困难，例如：“Although the movie was a bit too long, I really enjoyed it.”。这是一个复杂句子，SST 会将句子分成几个部分，以便理解整个句子的结构和逻辑形式。

然后，我们将测试几个 Transformer 模型在复杂句子和简单句子上的表现。我们会发现，无论我们尝试哪个模型，如果没有经过足够的训练，都无法做出正确的预测。Transformer 模型就像人类学生一样，需要努力学习才能达到真实人类基线水平。

我们将运行 DistilBERT、RoBERTa-large、BERT-base、MiniLM-L12-H84-uncased 以及 BERT-base 多语言等模型。将发现其中一些模型需要更多训练，就像人类一样。

在此过程中，我们将看到如何利用情绪任务的输出来改善客户关系，并展示一个可在网站上实现的漂亮五星界面。

最后，将使用 GPT-3 的在线界面进行情绪分析(不需要编程或 API 调用)。

本章涵盖以下主题：

- SST 简介
- 长序列的组合性原则
- 使用 AllenNLP(RoBERTa)进行情绪分析
- 运行复杂的句子以探索 Transformer 的新前沿
- 使用 Hugging Face 情绪分析模型
- 使用 DistilBERT 进行情绪分析
- 试验 MiniLM-L12-H384-uncased
- 探索 RoBERTa-large-mnli
- 研究基于 BERT 的多语言模型

● 使用 GPT-3 进行情绪分析

我们先从 SST 开始。

12.1　入门：使用 Transformer 进行情绪分析

本节将首先讲述如何使用 SST 进行情绪分析。

然后，将使用 AllenNLP 运行 RoBERTa-large Transformer 模型进行情绪分析。

12.2　斯坦福情绪树库(SST)

Socher et al. (2013)创建了一种适用于长语句的语义词空间，提出了一种应用于长序列的组合性原则。组合性原则指的是 NLP 模型必须分析复杂句子中的组成表达式和它们的组合规则，以理解整个序列的含义。换句话说，为了理解一段文字的含义，我们不仅需要理解单词的意义，还需要考虑它们是如何组合在一起形成短语或句子的。通过使用这种组合性原则，模型可更好地捕捉长短语的语义信息，并更准确地理解文本的含义。

可从 SST 选取一个例子来理解组合性原则的含义。本节和本章是独立完整的，所以你可以根据需要和兴趣只阅读需要的部分。

我们进入情绪树库互动界面：https://nlp.stanford.edu/sentiment/treebank.html?na=3&nb=33。

可根据需要选择对应的图像，如图 12.1 所示。

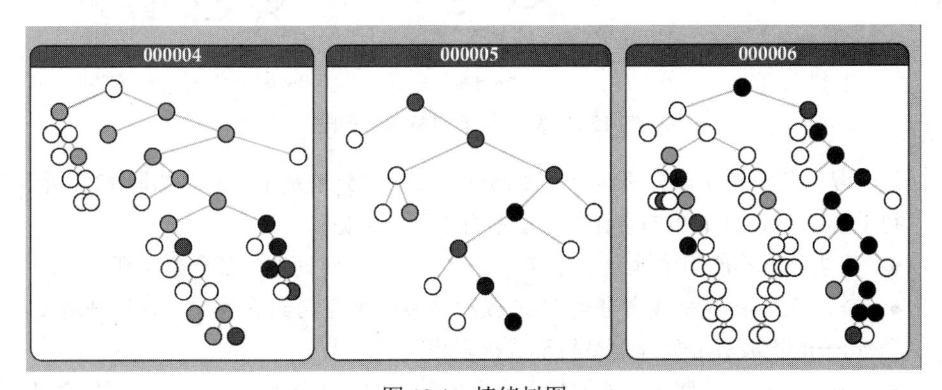

图 12.1　情绪树图

这里我们选择图表 6。图表 6 对应着一个复杂的长句子：

Whether or not you're enlightened by any of Derrida's lectures on the other and the self, Derrida is an undeniably fascinating and playful fellow.

Socher et al. (2013)重点讲述向量空间和逻辑形式的组合性。

通过定义逻辑规则来控制 Jacques Derrida 示例意味着我们需要理解一些相关内容：

- 如何解释词语 Whether、or、and not 以及逗号(该逗号将 Whether 短语与句子的其余部分分开)。
- 如何理解逗号后面的句子的第 2 部分，并使用另一个 and 连接！

定义了向量空间后，Socher et al. (2013)就能生成表示组合性原则的复杂图形。

现在，我们可逐个部分查看图形。第 1 部分是句子的 Whether 段(最左边的 13)，如图 12.2 所示。

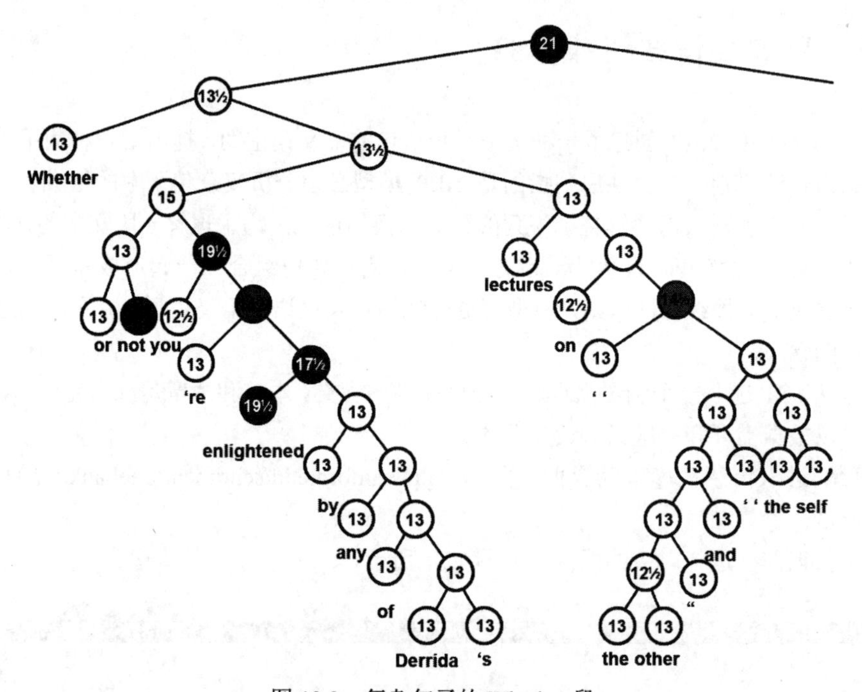

图 12.2 复杂句子的 Whether 段

这个复杂句子被正确分成两个主要部分，第 2 部分也是正确的。如图 12.3 所示。

可从 Socher et al. (2013)设计的方法中得出几个结论：

- 情绪分析不能简单地通过计算句子中正面和负面词汇的数量来实现。
- Transformer 模型或者任何 NLP 模型必须能够学习组合性原则，以理解复杂句子的构成成分如何与逻辑形式规则相匹配。
- Transformer 模型必须能够建立一个向量空间，以解释复杂句子的微妙之处。

现在将使用 RoBERTa-large 模型将这一理论付诸实践。

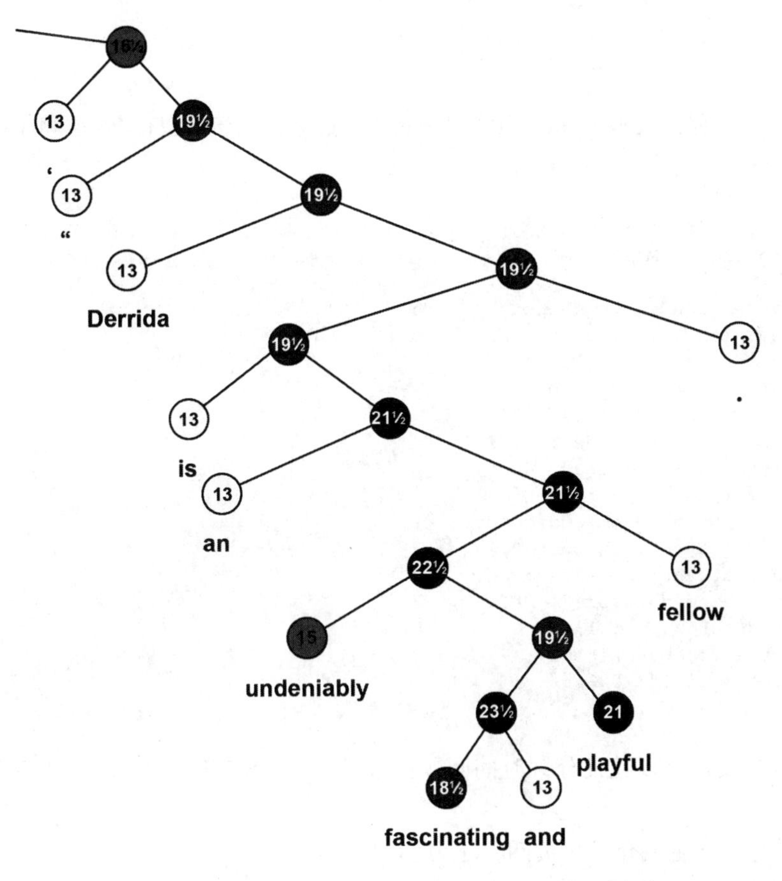

图 12.3　复杂句子的主要部分

使用 RoBERTa-large 进行情绪分析

本节将使用 AllenNLP 运行 RoBERTa-large Transformer 模型。Liu et al.(2019)分析了现有的 BERT 模型，发现它们的训练不如预期。考虑到模型的生产速度之快，这并不奇怪。他们致力于改进 BERT 模型的预训练，以产生稳健优化的 BERT 预训练方法(Robustly Optimized BERT Pretraining Approach，RoBERTa)。

让我们先在 SentimentAnalysis.ipynb 中运行一个 RoBERTa-large 模型。

运行第一个单元格以安装 allennlp-models：

```
!pip install allennlp==1.0.0 allennlp-models==1.0.0
```

然后运行 Jacques Derrida 示例：

```
!echo '{"sentence": "Whether or not you're enlightened by any of Derrida's
lectures on the other and the self, Derrida is an undeniably fascinating
and playful fellow."}' | \
```

```
allennlp predict https://storage.googleapis.com/allennlp-public-models/
sst-roberta-large-2020.06.08.tar.gz -
```

输出第 1 部分展示了 RoBERTa-large 模型的架构，该模型有 24 层和 16 个注意力头：

```
"architectures": [
  "RobertaForMaskedLM"
  ],
  "attention_probs_dropout_prob": 0.1, "bos_token_id": 0,
  "eos_token_id": 2,
  "hidden_act": "gelu",
  "hidden_dropout_prob": 0.1,
  "hidden_size": 1024,
  "initializer_range": 0.02,
  "intermediate_size": 4096,
  "layer_norm_eps": 1e-05,
  "max_position_embeddings": 514,
  "model_type": "roberta",
  "num_attention_heads": 16,
  "num_hidden_layers": 24,
  "pad_token_id": 1,
  "type_vocab_size": 1,
  "vocab_size": 50265
}
```

如有必要，可以花几分钟时间回顾第 3 章对 BERT 架构的描述，以充分利用此模型。

情绪分析将生成介于 0(负)和 1(正)之间的值。

然后输出生成情绪分析任务的结果(包括 logit 和最终的正面结果)：

```
prediction: {"logits": [3.646597385406494, -2.9539334774017334], "probs":
[0.9986421465873718, 0.001357800210826099]
```

注意，该算法是随机的，因此每次运行的输出结果可能会不一样。

输出还包含词元 ID(每次运行可能会不一样)和标注：

```
"token_ids": [0, 5994, 50, 45, 47, 769, 38853, 30, 143, 9, 6113, 10505,
281, 25798, 15, 5, 97, 8, 5, 1403, 2156, 211, 14385, 4347, 16, 41, 35559,
12509, 8, 23317, 2598, 479, 2], "label": "1",
```

输出还包含词元本身：

```
"tokens": ["<s>", "\u0120Whether", "\u0120or", "\u0120not", "\u0120you",
"\u0120re", "\u0120enlightened", "\u0120by", "\u0120any", "\u0120of", "\
u0120Der", "rid", "as", "\u0120lectures", "\u0120on", "\u0120the", "\
u0120other", "\u0120and", "\u0120the", "\u0120self", "\u0120,", "\
u0120D", "err", "ida", "\u0120is", "\u0120an", "\u0120undeniably", "\
u0120fascinating", "\u0120and", "\u0120playful", "\u0120fellow", "\
u0120.", "</s>"]}
```

建议你花一些时间输入一些示例来探索精心设计和预训练的 RoBERTa 模型。

接下来我们使用几个 Transformer 模型通过情绪分析来预测客户行为。

12.3 通过情绪分析预测客户行为

本节将使用几个 Hugging Face Transformer 模型运行情绪分析任务，以查看哪些模型产生最佳结果。

我们将从 Hugging Face DistilBERT 模型开始。

12.3.1 使用 DistilBERT 进行情绪分析

让我们使用 DistilBERT 运行一个情绪分析任务，看看如何使用结果来预测客户行为。

打开 SentimentAnalysis.ipynb 的 Hugging Face transformers 库来安装和导入单元格：

```
!pip install -q transformers
from transformers import pipeline
```

现在将创建一个名为 classify 的函数，它将使用我们发送给它的序列来运行模型：

```
def classify(sequence,M):
   #DistilBertForSequenceClassification(default model)
      nlp_cls = pipeline('sentiment-analysis')
      if M==1:
         print(nlp_cls.model.config)
      return nlp_cls(sequence)
```

注意，如果你将 M=1 发送给函数，函数将展示我们正在使用的 DistilBERT 6 层和 12 头模型的配置：

```
DistilBertConfig {
  "activation": "gelu",
  "architectures": [
    "DistilBertForSequenceClassification"
  ],
  "attention_dropout": 0.1,
  "dim": 768,
  "dropout": 0.1,
  "finetuning_task": "sst-2",
  "hidden_dim": 3072,
  "id2label": {
    "0": "NEGATIVE",
    "1": "POSITIVE"
  },
  "initializer_range": 0.02,
  "label2id": {
    "NEGATIVE": 0,
```

```
    "POSITIVE": 1
  },
  "max_position_embeddings": 512,
  "model_type": "distilbert",
  "n_heads": 12,
  "n_layers": 6,
  "output_past": true,
  "pad_token_id": 0,
  "qa_dropout": 0.1,
  "seq_classif_dropout": 0.2,
  "sinusoidal_pos_embds": false,
  "tie_weights_": true,
  "vocab_size": 30522
}
```

这个 DistilBERT 模型的特别之处在于对标注的定义。

现在创建一个序列列表(可以添加更多)，然后将其发送给 classify 函数：

```
seq=3
if seq==1:
  sequence="The battery on my Model9X phone doesn't last more than 6 hours
and I'm unhappy about that."
if seq==2:
  sequence="The battery on my Model9X phone doesn't last more than 6 hours
and I'm unhappy about that. I was really mad! I bought a Moel10x and
things seem to be better. I'm super satisfied now."
if seq==3:
  sequence="The customer was very unhappy"
if seq==4:
  sequence="The customer was very satisfied"
print(sequence)
M=0  #display model cofiguration=1, default=0
CS=classify(sequence,M)
print(CS)
```

在本例中，将执行 seq=3 分支以模拟我们需要考虑的客户问题。输出为 negative，预测正确，这是我们预期的结果：

```
[{'label': 'NEGATIVE', 'score': 0.9997098445892334}]
```

然后编写一个函数：

- 将预测结果存储在客户管理数据库中。
- 统计客户在一段时间内(周、月、年)对服务或产品的投诉次数。频繁投诉的客户可能转向竞争对手以获得更好的产品或服务。
- 检测负面反馈信息中经常出现的产品和服务。该产品或服务可能存在问题，需要进行质量控制和改进。

可以花几分钟运行其他序列或创建一些序列来探索 DistilBERT 模型。

接下来我们将探索其他 Hugging Face Transformer 模型。

12.3.2　使用 Hugging Face 的其他模型进行情绪分析

本节将使用 Hugging Face 的其他模型进行情绪分析，然后看看哪个模型最适用于给定项目。

我们的模型来自 https://huggingface.co/models。

对于我们使用的每个模型，可在 Hugging Face 提供的文档中找到该模型的描述：https://huggingface.co/transformers/。

我们将测试几个模型。在你使用它们的过程中，可能发现需要对它们进行微调甚至预训练才能正确处理你想要执行的 NLP 任务。这种情况下，可执行以下操作：

- 对于微调，可以参考第 3 章。
- 对于预训练，可以参考第 4 章。

我们先来看看 Hugging Face 模型列表：https://huggingface.co/models。

然后，在 Tasks 窗格中选择 Text Classification，如图 12.4 所示。

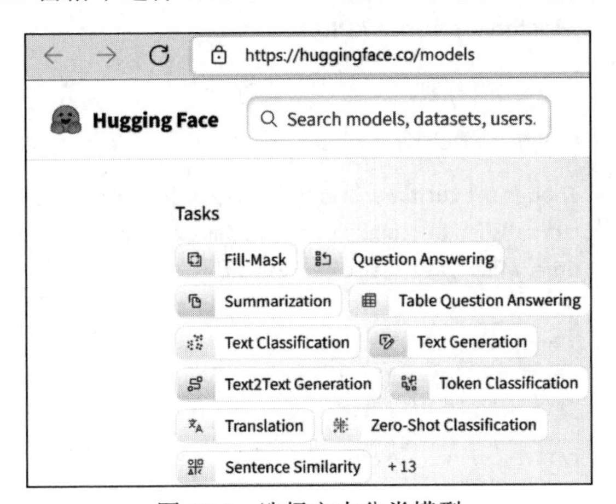

图 12.4　选择文本分类模型

将出现为文本分类训练的 Transformer 模型列表，如图 12.5 所示。

图 12.5　Hugging Face 文本分类预训练模型

默认排序模式为 Sort: Most downloads。

现在将搜索一些比较有名的 Transformer 模型，然后进行在线测试。

我们将从 DistilBERT 开始。

```
DistilBERT for SST
```

distilbert-base-uncased-finetuned-sst-2-english 模型使用 SST 进行微调。

现在尝试一个需要很好地理解组合性原则的句子：

```
"Though the customer seemed unhappy, she was, in fact satisfied but thinking
of something else at the time, which gave a false impression."
```

这句话对于 Transformer 来说很难分析，需要逻辑规则训练。

输出为假阴性(漏报)，如图 12.6 所示。

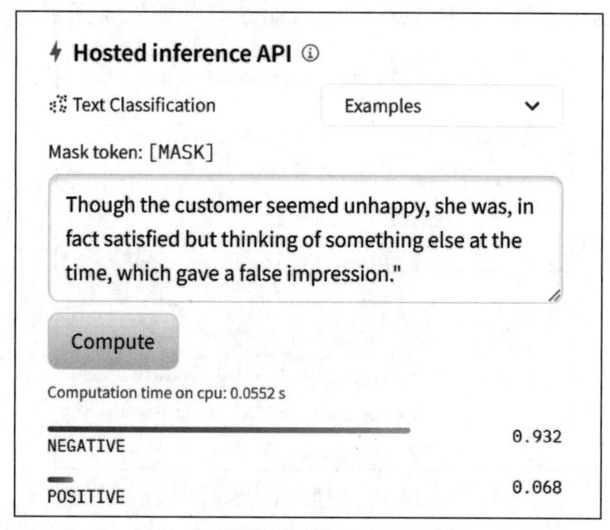

图 12.6　复杂序列分类任务的输出

漏报并不意味着模型无法正常工作。但是，这可能意味着我们必须下载然后对它进行更好和更多的训练！

在撰写本书时，类 BERT 模型在 GLUE 和 SuperGLUE 排行榜上具有良好的排名。排名会不断变化，但 Transformer 的基本理念不会变化。

现在我们将尝试一个困难但不太复杂的例子。

这个例子对于实际项目来说非常关键。当我们尝试估计客户抱怨次数时，会得到漏报和误报。因此，定期进行人工干预仍然是必要的，至少在未来几年内是这样的。

接下来尝试一下 MiniLM-L12-H384-uncased 模型。

MiniLM-L12-H384-uncased

Microsoft/MiniLM-L12-H384-uncased 优化了教师模型最后一个自注意力层的大

小，并对 BERT 模型进行了其他调整，以获得更好的性能。该模型有 12 个层、12 个头和 3300 万参数，比 BERT-base 快 2.7 倍。

现在让我们测试一下它理解组合性原则的能力：

```
Though the customer seemed unhappy, she was, in fact satisfied but thinking
of something else at the time, which gave a false impression.
```

输出很有趣，因为它产生的标注结果十分相近(一个是 0.503，另一个是 0.497)，如图 12.7 所示。

可以看到，虽然结果是正面的，但是其概率与负面概率极其接近。

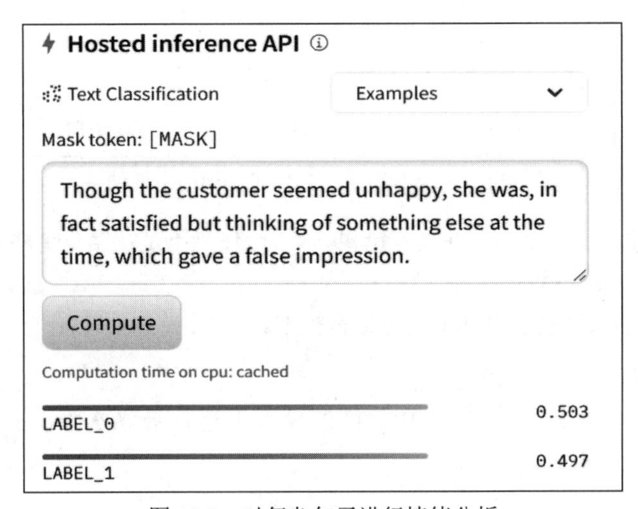

图 12.7　对复杂句子进行情绪分析

接下来我们尝试一个支持文本蕴涵的模型。

RoBERTa-large-mnli

多类型自然语言推理(Multi-Genre Natural Language Inference，MultiNLI，可参见 https://cims. nyu.edu/~sbowman/multinli/)是一个任务，旨在通过对自然语言句子进行推理，来帮助我们解释复杂句子。在这个任务中，需要判断一个序列是否蕴含另一个序列，即判断前一个序列是否可从后一个序列中推导出来。这个任务可以帮助我们理解和解释不同文本之间的逻辑关系。

需要对输入进行格式化，并使用序列拆分词元来拆分序列：

```
Though the customer seemed unhappy</s></s> she was, in fact satisfied but
thinking of something else at the time, which gave a false impression
```

结果比较有趣，上面这句稍微正面的句子获得了中性结果，如图 12.8 所示。

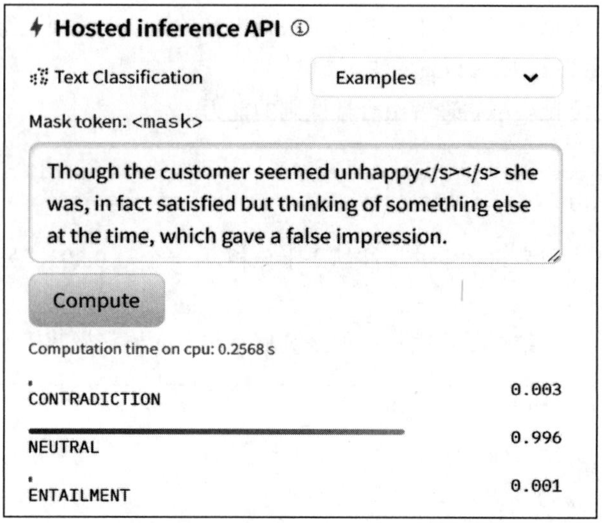

Hosted inference API

Text Classification　Examples

Mask token: <mask>

Though the customer seemed unhappy</s></s> she was, in fact satisfied but thinking of something else at the time, which gave a false impression.

Compute

Computation time on cpu: 0.2568 s

CONTRADICTION 0.003

NEUTRAL 0.996

ENTAILMENT 0.001

图 12.8　对于稍微正面的句子获得的中性结果

但是如果深究，这个结果并没有错误。第二个序列不是从第一个序列推断出来的。认真细究，结果是正确的。

接下来我们试试基于 BERT 的多语言模型。

基于 BERT 的多语言模型

让我们在一个超酷的基于 BERT 的模型上运行最终实验：nlptown/bert-base-multilanguageual-uncased-sentiment。

它的设计非常好。

我们先用一个友好而正面的英语句子来运行它，如图 12.9 所示。

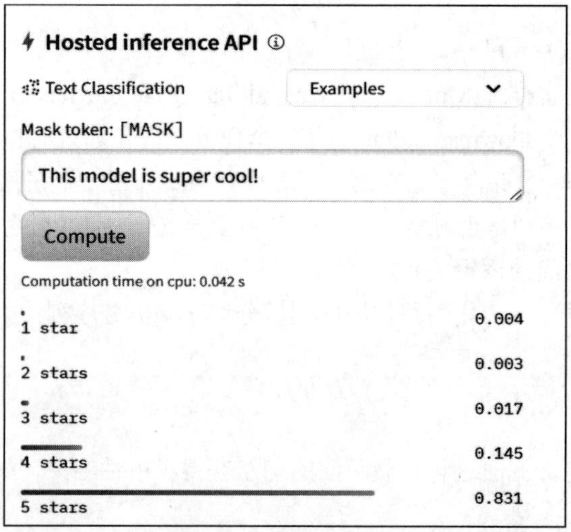

Hosted inference API

Text Classification　Examples

Mask token: [MASK]

This model is super cool!

Compute

Computation time on cpu: 0.042 s

1 star 0.004

2 stars 0.003

3 stars 0.017

4 stars 0.145

5 stars 0.831

图 12.9　英语情绪分析

然后我们用法语试试 Ce modèle est super bien！中文意思是“这个模型超级好”，即“酷”，如图 12.10 所示。

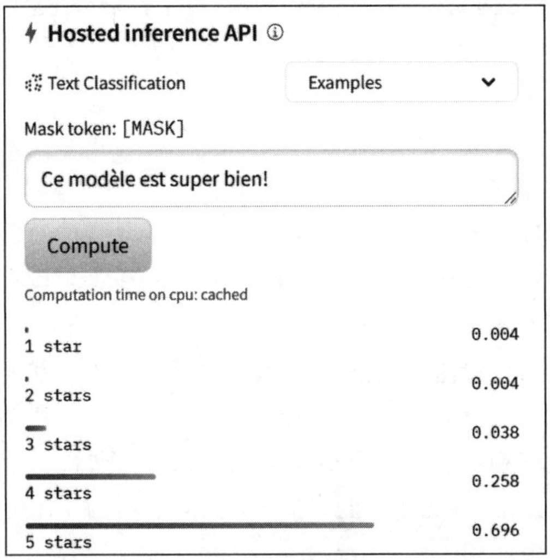

Hosted inference API
Text Classification　Examples
Mask token: [MASK]
Ce modèle est super bien!
Compute
Computation time on cpu: cached
1 star　0.004
2 stars　0.004
3 stars　0.038
4 stars　0.258
5 stars　0.696

图 12.10　法语情绪分析

这个 Hugging Face 模型的路径是 nlptown/bert-base-multilanguageual-uncased- sentiment。可在 Hugging Face 网站上的搜索表单中找到它。具体链接是 https://huggingface.co/nlptown/bert-base-multilingual-uncased-sentiment?text=Ce+mod%C3%A8le+est+super+bien%21。

可使用以下初始化代码来调用它：

```
from transformers import AutoTokenizer, AutoModelForSequenceClassification
tokenizer = AutoTokenizer.from_pretrained("nlptown/bert-base-multilingualuncased-sentiment")
model = AutoModelForSequenceClassification.from_pretrained("nlptown/bertbase-multilingual-uncased-sentiment")
```

整个加载过程需要一些时间和耐心，但结果可能非常棒！

现在可以在你的网站上实施此 Transformer；还可将其用作持续反馈，以改善客户服务并预测客户反应。

接下来使用 GPT-3 进行情绪分析。

12.4　使用 GPT-3 进行情绪分析

你将需要一个 OpenAI 账户来运行本节中的示例。使用 OpenAI 的教学界面不需要 API，也不需要编写程序或训练。可以简单地输入一些推文，然后进行情绪分析：

Tweet: `I didn't find the movie exciting, but somehow I really` `enjoyed watching it!`

Sentiment: `Positive`

Tweet: `I never ate spicy food like this before but find it super good!`

Sentiment: `Positive`

输出令人满意。

然后我们试一个较难的句子：

Tweet: `It's difficult to find what we really enjoy in life because of all of the parameters we have to take into account.`

Sentiment: `Positive`

预测错误！这句话一点也不正面，反映了生活的艰难。然而，enjoy 这个词误导了 GPT-3。

如果将 enjoy 从序列中取出并用动词 are 替换它，则输出为负面的：

Tweet: `It's difficult to find what we really are in life because of all of the parameters we have to take into account.`

Sentiment: `Negative`

这样的预测结果也是错误的！我们不能因为生活是艰难的，就认为他在抱怨。正确的预测结果应该是中性的。然后我们可以使用 GPT-3 执行另一个 NLP 任务来解释原因。

NLP 任务可能会自动执行一些功能，如文本分类、语言生成等，而用户不需要主动干预或提供明确的指导。这反映了工业 4.0(I4.0)的趋势，即减少人为干预，更多地依赖自动化来完成任务。然而，我们知道在某些情况下还是需要人类，比如当 Transformer 无法产生预期结果时，以及需要设计预处理函数时。人类仍然是有用的！

关于以上推文分类示例，可以回顾和参考第 7 章。

接下来我们看看，即使是在工业 4.0(I4.0)的自动化时代，人类依然是有价值的资产。

12.5 工业 4.0 依然需要人类

这里以下面这句话为例：

```
Though the customer seemed unhappy, she was, in fact, satisfied but thinking
of something else at the time, which gave a false impression.
```

使用 Hugging Face Transformer 模型对其进行情绪分析，得出了“中性”的标注，这点让我很困扰。我很好奇 OpenAI GPT-3 是否可以做得更好。毕竟，GPT-3 是一个基础模型，理论上可以做许多它没有经过训练的任务。

当我仔细阅读这句话时，可看到 she 指代 customer。当我细看时，我明白她其实很满意(she is in fact satisfied)。我决定不一个一个地盲目尝试模型了。这样逐个尝试实在是太没效率了。

我需要用逻辑和实验来找到问题的根源。我不想依赖一种能够自动找到原因的算法。有时需要使用我们人类的大脑！

难道问题就出在机器难以确定 she 指代的是 customer？我们使用第 10 章的 SRL BERT 来调查一下。

12.5.1　使用 SRL 进行调查

我在第 10 章建议将 SRL 与其他 NLP 工具一起使用，现在我们就这么做。

首先使用 https://demo.allennlp.org/的语义角色标注界面来运行 She was satisfied。

结果是正确的。

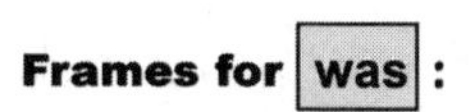

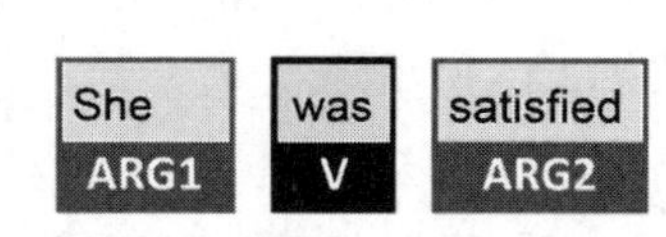

图 12.11　简单句子的 SRL 结果

SRL 结果很清楚：was 是动词，she 是 ARG1，satisfied 是 ARG2，如图 12.11 所示。

我们在这个基础上再对复杂一点的句子进行分析，如图 12.12 所示。

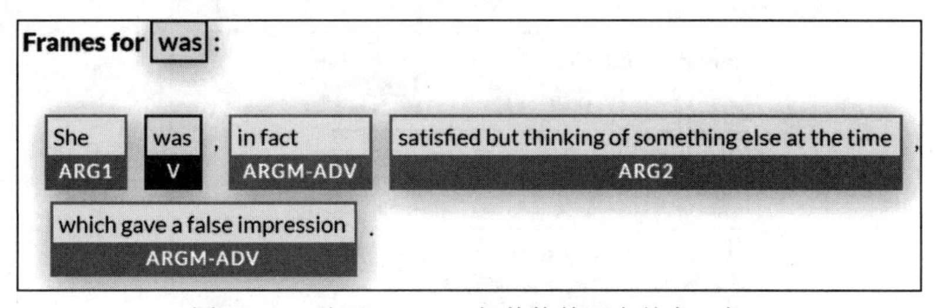

图 12.12　动词 satisfied 与其他单词合并在一起

Satisfied 仍然是 ARG2，因此问题可能不是出在这里。

那么，现在的问题排查重点就到 ARGM-ADV 这里了。false 这个词具有很大的误导性，因为 ARGM-ADV 是相对于包含 thinking 的 ARG2 而言的。

是的，谓语 thinking 的确会给人一种错误印象，但在这个复杂句子中，thinking 并没有被认定为谓语。难道是因为 she 做了省略，正如我们在第 10 章看到的那样？

可通过输入没有省略的完整句子来快速验证这一点：

Though the customer seemed unhappy, she was, in fact, satisfied but she was thinking of something else at the time, which gave a false impression.

我们可以看到，问题真的出在省略上面，正如我们在第 10 章看到的那样。现在有五个正确的谓语和五个准确的帧。

第 1 帧正确地展示了 unhappy 与 seemed 相关，如图 12.13 所示。

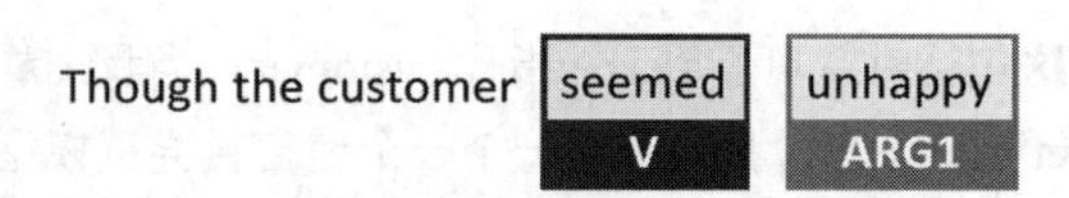

图 12.13 正确地展示了 unhappy 与 seemed 相关

第 2 帧展示了 satisfied 现在与句子分离，并单独标识为复杂句子中的一个论元，如图 12.14 所示。

图 12.14 satisfied 现在是单独的一个论元 ARG2

现在我们直接进入包含谓语 thinking 的帧，这是我们希望 BERT SRL 正确分析的动词。现在我们取消了省略并在句子中重复 she was，我们看到输出是正确的，如图 12.15 所示。

现在总结一下，SRL 调查留下了两条线索：

- 单词 false 是一个令人困惑的论元，因为算法认为它与复杂句子中的其他单词相关联。
- she was 的省略带来了问题。

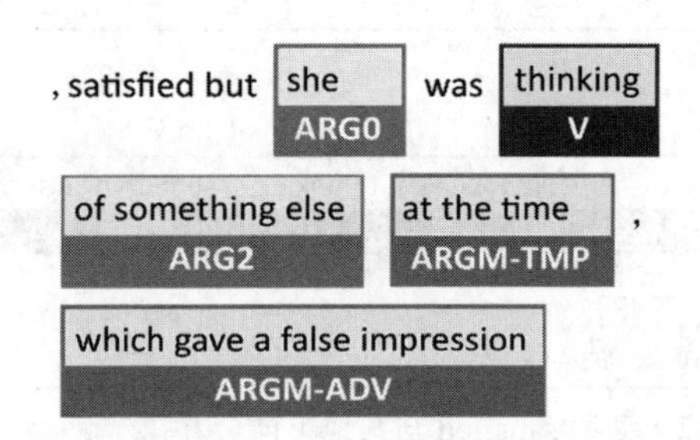

图 12.15 没有省略的输出是正确的

接下来我们使用 Hugging Face 来调查一下以上两条线索。

12.5.2 使用 Hugging Face 进行调查

使用本章前面提到的 distilbert-base-uncased-finetuned-sst-2-english 模型进行调查。我们将调查前面提到的两条线索。

- 省略了 she was。

将提交一个没有省略的完整句子：

```
Though the customer seemed unhappy, she was, in fact, satisfied but she was
thinking of something else at the time, which gave a false impression
```

输出仍然是负面，如图 12.16 所示。

Though the customer seemed unhappy, she was, in fact, satisfied but she was thinking of something else at the time, which gave a false impression
Compute
Computation time on cpu: 0.0552 s
NEGATIVE
0.979
POSITIVE
0.021

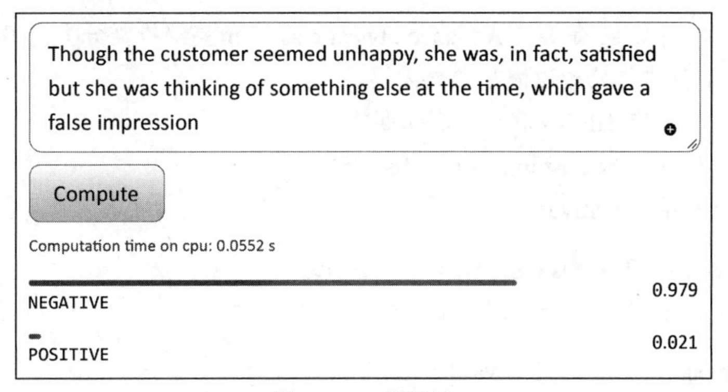

图 12.16　假阴性

- 单词 false 是一个令人困惑的论元。

现在把 false 从句子中去掉，但留下省略部分：

```
Though the customer seemed unhappy, she was, in fact, satisfied but thinking
of something else at the time, which gave an impression
```

成功了！输出为正面，如图 12.17 所示。

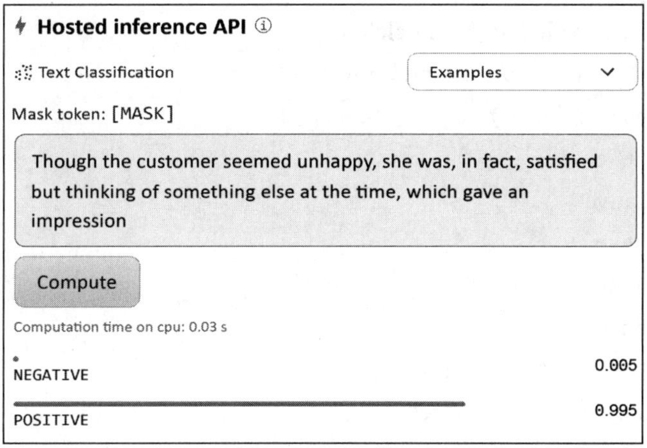

Hosted inference API
Text Classification
Examples
Mask token: [MASK]
Though the customer seemed unhappy, she was, in fact, satisfied but thinking of something else at the time, which gave an impression
Compute
Computation time on cpu: 0.03 s
NEGATIVE
0.005
POSITIVE
0.995

图 12.17　真阳性

现在我们知道了，如果存在 was thinking 的省略，false 这个词会对 SRL 造成困惑。

我们还知道，false 对于我们所使用的情绪分析 Hugging Face Transformer 模型也会造成困惑。

接下来使用 GPT-3 进行调查。

12.5.3 使用 GPT-3 playground 进行调查

这里使用 OpenAI 提供的 Advanced tweet classifier(高级推文分类)示例，并通过以下三个步骤对其进行修改以满足调查需要。

- 第 1 步：向 GPT-3 展示我们的期望。

  Sentence: "The customer was satisfied"
  Sentiment: Positive

  Sentence: "The customer was not satisfied"
  Sentiment: Negative

  Sentence: "The service was "
  Sentiment: Positive

  Sentence: "This is the link to the review"
  Sentiment: Neutral

- 第 2 步：向 GPT-3 展示我们期望的输出格式示例。

  1. "I loved the new Batman movie!"
  2. "I hate it when my phone battery dies"
  3. "My day has been "
  4. "This is the link to the article"
  5. "This new music video blew my mind"

  Sentence sentiment ratings:
  1: Positive
  2: Negative
  3: Positive
  4: Neutral
  5: Positive

- 第 3 步：输入句子(第 3 句)。

  1. "I can't stand this product"
  2. "The service was bad! "
  3. "Though the customer seemed unhappy she was in fact satisfied but thinking of something else at the time, which gave a false impression"
  4. "The support team was "
  5. "Here is the link to the product."

  Sentence sentiment ratings:
  1: Negative
  2: Positive

3: Positive

4: Positive

5: Neutral

输出似乎令人满意，因为对我们的句子的情绪分析结果是正面(第 3 个结果)。但这个结果可靠吗？

可在这里多次运行该示例以验证。不过，现在让我们深入到代码级别进行验证。

编写 GPT-3 代码进行验证

我们只需要单击 playground 中的 View code，复制它，将其粘贴到 SentimentAnalysis.ipynb 笔记本中。然后添加一行代码打印我们想要看到的内容：

```
response = openai.Completion.create(
  engine="davinci",
  prompt="This is a Sentence sentiment classifier\nSentence: \"The
customer was satisfied\"\nSentiment: Positive\n###\nSentence: \"The
customer was not satisfied\"\nSentiment: Negative\n###\nSentence: \"The
service was 👍\"\nSentiment: Positive\n###\nSentence: \"This is the link
to the review\"\nSentiment: Neutral\n###\nSentence text\n\n\n1. \"I loved
the new Batman movie!\"\n2. \"I hate it when my phone battery dies\"\
n3. \"My day has been 👍\"\n4. \"This is the link to the article\"\n5.
\"This new music video blew my mind\"\n\n\nSentence sentiment ratings:\
n1: Positive\n2: Negative\n3: Positive\n4: Neutral\n5: Positive\n\n\n###\
nSentence text\n\n\n1. \"I can't stand this product\"\n2. \"The service
was bad! 😠\"\n3. \"Though the customer seemed unhappy she was in fact
satisfied but thinking of something else at the time, which gave a false
impression\"\n4. \"The support team was ❤❤\"\n5. \"Here is the link to
the product.\"\n\n\nSentence sentiment ratings:\n",
  temperature=0.3,
  max_tokens=60,
  top_p=1,
  frequency_penalty=0,
  presence_penalty=0,
  stop=["###"]
)
r = (response["choices"][0])
print(r["text"])
```

我们发现，输出不稳定，每次运行的结果并不一样。

- **运行 1**：我们的句子(第 3 句)的结果是中性。

  1: Negative

  2: Negative

  3: Neutral

  4: Positive

  5: Positive

- **运行 2**：我们的句子(第 3 句)的结果是正面的。

  1: Negative

2: Negative

3: Positive

4: Positive

5: Neutral

- **运行 3**：我们的句子(第 3 句)的结果是正面的。
- **运行 4**：我们的句子(第 3 句)的结果是负面的。

这导致我们得出调查的结论。

- SRL 表明，如果一个句子简单而完整(没有省略，没有遗漏的单词)，将能得到可靠的情绪分析预测结果。
- SRL 表明，如果句子有点难度，则输出可能可靠，也可能不可靠。
- SRL 表明，如果句子很复杂(包含省略、多个命题、许多模棱两可的短语等)，则结果不稳定，因此不可靠。

关于开发者在现在和未来的职能定位，得出以下结论：

- 随着云端 AI 和可用模块的出现，需要进行的 AI 编程工作量会减少。
- 会比以往需要更多的设计技能。
- 在使用 AI 算法前，我们需要精心设计并实施一套流程，包括数据准备、算法调参、模型训练、评估和验证等环节，以确保算法能有效地解决问题并获得可靠的结果。这样的开发流程需要开发者进行思考，理解问题的本质，并根据具体情况制定相应的开发策略。

未来的 AI 程序员需要懂得思考，懂得设计和开发流水线。

现在总结一下本章。

12.6 本章小结

本章介绍了一些先进的理论。组合性原则不是一个直观的概念。组合性原则意味着 Transformer 模型必须理解句子的每个部分才能理解整个过程。这涉及逻辑形式规则，这些规则将在句子段之间提供链接。

尽管许多模型都针对许多任务进行了训练，但它们通常需要对特定任务进行更多训练。情绪分析也是如此。

我们测试了 RoBERTa-large、DistilBERT、MiniLM-L12-H384-uncased 和优秀的基于 BERT 的多语言模型。我们发现有些提供了有趣的答案，但需要更多的训练来处理我们在几个模型上运行的 SST 样本。

情绪分析需要对句子和极其复杂的序列有深刻的理解。因此，尝试 RoBERTa-large-mnli，看看干扰任务会产生什么有意义的内容。这里的教训是不要给自己设限！尝试一切。在各种任务上尝试不同的模型。Transformer 的灵活性使我们能在同一模型上尝试许多不同的任务，或在许多不同的模型上尝试同一任务。

在此过程中，我们收集了一些想法来改善客户关系。如果我们发现客户经常不满意，该客户可能会寻找我们的竞争对手。如果几个客户抱怨产品或服务，我们必须预测未来的问题并改进服务。还可在线实时展示 Transformer 的反馈来改进服务质量。

最后，我们直接在线使用 GPT-3 运行情绪分析。它出奇地有效，但我们看到更难的序列还是需要人类来解决。我们看到 SRL 如何帮助识别复杂序列中的问题。

可以得出结论，未来的 AI 程序员需要懂得思考，懂得设计和开发流水线。

下一章我们将使用情绪分析来分析对假新闻的情绪反应。

12.7　练习题

1. 不需要对 Transformer 进行情绪分析的预训练。(对|错)
2. 一个句子总是肯定的或消极的，不可能是中立的。(对|错)
3. 组合性原则意味着 Transformer 必须掌握句子的每个部分才能理解这个句子。(对|错)
4. RoBERTa-large 旨在改进 Transformer 模型的预训练过程。(对|错)
5. Transformer 可以提供反馈，告知我们客户是否满意。(对|错)
6. 如果产品或服务的情绪分析始终是负面的，这有助于我们做出适当的决策来改进服务。(对|错)
7. 如果模型未能在任务上提供良好结果，则在更改模型前需要进行更多训练。(对|错)

第 13 章 使用Transformer分析假新闻

我们生来就认为地球是平的。作为婴儿，我们在平坦的地面上爬行。上幼儿园后，我们在平坦的操场上玩。小学时，我们坐在地面平坦的教室里。然后，我们的父母和老师告诉我们，地球是圆的，地球另一边的人是颠倒的。我们花了相当长的时间才明白为什么地球另一边的人没有从地球上掉下来。即使在今天，当我们看到美丽的日落时，我们仍然看到的是“太阳落山”，而不是地球围绕着太阳旋转！

要想弄清楚什么是假新闻是需要耗费时间和精力的。就像我们小时候一样，我们必须逐步了解我们认为是假新闻的东西，而无法一步到位。

本章将讨论一些容易引发争议的话题。我们将核实一些关于气候变化、枪支管控和唐纳德·特朗普的推文等话题的事实。我们将分析推文、Facebook 帖子和其他信息来源。

我们的目标当然不是评判任何人或任何事物。假新闻既包括意见，也在一定程度上包括事实。新闻往往依赖于当地文化对事实的理解。我们将提供思路和工具，帮助他人获取关于某个话题的更多信息，并在每天接收到的信息丛林中找到自己的道路。

我们将专注于伦理方法，而不是 Transformer 的性能。因此，不会使用 GPT-3 引擎，不会取代人类的判断。相反，我们为人们提供工具，让他们能够自己进行判断。GPT-3 引擎已在许多任务上达到与人类相当的水平。然而，对于道德和伦理决策，我们应该留给人类来决定。

因此，首先，我们将定义引导我们对假新闻产生情绪和理性反应的路径。

然后，将定义一些使用 Transformer 和启发式方法来识别假新闻的方式。

将使用我们在之前章节中构建的资源来理解和解释假新闻。我们不会评判假新闻，将提供解释新闻的 Transformer 模型。有些人可能更喜欢创建一个通用的绝对 Transformer 模型来检测并断定一条信息是否为假新闻。

我选择通过 Transformer 来教育用户，而不是训斥他们。这种方法是我的观点，而不是事实！

本章涵盖以下主题：

- 认知失调

- 对假新闻的情绪反应
- 假新闻的行为表现
- 对待假新闻的理性方法
- 解决假新闻问题的路线图
- 将情绪分析 Transformer 任务应用于社交媒体
- 使用 NER 和 SRL 分析枪支管控的认知
- 利用 Transformer 提取信息找到可靠的网站
- 利用 Transformer 为教学目的生成结果
- 如何客观但有批判性地阅读美国前总统特朗普的推文

第一步将探索对假新闻的情绪和理性反应。

13.1　对假新闻的情绪反应

人类行为对我们的社会、文化和经济决策有着巨大影响。情绪对经济产生的影响与理性思考一样重要，甚至更重要。行为经济学驱动着我们的决策过程。我们购买物质上需要的消费品，同时满足自己的情绪欲望。我们甚至可能在一时冲动下购买一部超出预算的智能手机。

我们对假新闻的情绪和理性反应取决于我们是缓慢思考还是对即将到来的信息迅速反应。丹尼尔·卡尼曼在他的研究和著作《思考，快与慢》中描述了这个过程。他和弗农·L·史密斯因行为经济学研究而获得了诺贝尔经济学奖。行为驱动着我们之前认为是理性的决策。遗憾的是，很多决策是基于情绪而不是理性。

让我们将这些概念转化为应用于假新闻的行为流程图。

认知失调引发情绪反应

认知失调会引发情绪反应。认知失调导致假新闻在 Twitter、Facebook 和其他社交媒体平台上排名靠前。如果一条推文的内容每个人都表示同意，将不会引起任何争议从而导致有情绪反应。例如有一条推文说“气候变化很重要”，没有人会表示争议从而导致情绪反应。

当我们的思想中存在矛盾的观点时，会进入认知失调的状态，将变得紧张、烦躁，头脑就像烤面包机短路一样发热而消耗掉我们的精力。

这里有很多例子。在户外戴口罩对抗流行病毒是否必要？流行病毒疫苗是否危险？认知失调就像一个音乐家在演奏简单的歌曲时不断犯错。它让我们发疯！

假新闻使认知失调呈指数增长！一个专家会声称疫苗是安全的，另一个专家会说我们需要小心。一个专家说在户外戴口罩没有用，而另一个在新闻频道上坚称我们必须戴口罩！双方都指责对方发布假新闻！

有时，在一方看来是假新闻，而在另一方看来是真相。

在 2022 年，美国的共和党和民主党仍然无法就 2020 年总统选举后的全国选举规则达成一致，也无法就选举的组织方式达成一致。

这些例子数不胜数，我们可在两份立场相反的报纸上阅读到两种相反的观点！然而，从这些例子中可得出一些常识前提。

- 寻找一个能自动检测假新闻的 Transformer 模型是没有意义的。在社交媒体和多元文化表达的世界中，每个群体都有一种知道真相的感觉，并认为另一个群体在表达假新闻。
- 试图将我们的观点表达为来自一种文化的真理对另一种文化来说是没有意义的。在一个全球化的世界中，每个国家、每个大陆以及社交媒体的各个地方的文化都是不同的。
- 假新闻并非普遍存在或者每一个新闻都是假的，假新闻这一概念有时被夸大或误用，以至于被当作普遍现象。
- 对于假新闻，我们需要找到一个更好的定义。

我的个人观点是，假新闻是一种认知失调的状态，只能通过认知推理来解决。因此，解决假新闻问题就像解决两个团体之间或我们内心中的冲突一样。

在本章和现实生活中，建议通过使用 Transformer 模型来分析每一个冲突性紧张局势。我们并不是在“打击假新闻”“寻找内心平静”，或假装使用 Transformer 来找到“绝对真理以对抗假新闻”。我们使用 Transformer 来更深入地理解一系列词语(一条信息)，以形成对一个主题更深刻、更广泛的观点。

一旦这样做了，我们就能让使用 Transformer 模型的幸运用户获得更好的视野和观点。

为做到这一点，我编写了这一章作为一个我们自己和他人可以使用的课堂练习。Transformer 是加深我们对语言序列理解、形成更广泛观点和发展认知能力的好方法。

先来分析当看到有人发布一条有争议的推文时会发生什么。

分析有争议的推文

以下推文是在 Twitter 上发布的一条消息(我进行了改写，本章展示的推文是以原始数据集格式呈现的，而不是以 Twitter 界面呈现的)。如果一位美国政客或著名演员发布了这样的推文，可以肯定会有很多人会不同意：

Climate change is bogus. It's a plot by the liberals to take the economy down(气候变化是假的。这是自由主义者拖垮经济的阴谋)。

它会引发情绪反应。与之相关的争论推文会从四面八方涌来，会引起病毒式传播！

让我们通过运行 Transformer 工具来分析这条推文，以了解它如何在某人的脑海中引发认知失调风暴。

打开 Fake_News.ipynb，这是我们将在本节使用的笔记本。

如果你不能运行 Fake_News.ipynb，可以试试 Fake_News_Analysis_with_ChatGPT.ipynb。

我们将使用 AllenAI 研究所提供的资源。将运行 RoBERTa Transformer 模型，这是第 12 章中用于情绪分析的模型。

首先，需要安装 allennlp-models：

```
! pip install allennlp==1.0.0 allennlp-models==1.0.0
```

AllenNLP 会不断更新版本。在撰写本书时，当前版本是 2.4.0，不过本章提供的示例对版本没有特别的要求。另外随机算法或模型版本更新也可能产生不同的输出结果。

然后，我们使用 Bash 运行下一个单元格，以详细分析推文的输出(包括模型和输出的信息)：

```
!echo '{"sentence":"Climate change is bogus. It's a plot by the liberals
to take the economy down."}' | \
allennlp predict https://storage.googleapis.com/allennlp-public-models/
sst-roberta-large-2020.06.08.tar.gz -
```

输出显示这条推文是负面的。正面值为 0，负面值接近 1：

```
"probs": [0.0008486526785418391, 0.999151349067688]
```

由于 Transformer 是随机算法，所以每次运行的输出可能会不一样。

现在将转到 https://allennlp.org/以获得分析的可视化表示。

每次运行的输出可能会不一样。因为 Transformer 模型会不断训练和更新版本。本章的目标是重点介绍 Transformer 模型的推理过程。

我们选择 Sentiment Analysis(https://demo.allennlp.org/sentiment-analysis)并选择 RoBERTa large model 来运行分析。

我们得到相同的负面结果。然而，可进一步调查并查看哪些词影响了 RoBERTa 的决策。

转到 Model Interpretations。

解释模型将提供有关如何获得结果的见解。可选择以下三种选项之一进行解释：

- 简单梯度可视化(Simple Gradient Visualization)：该方法提供两种可视化方式。第一种计算与输入相关的类别得分的梯度。第二种是从类别和输入中推断出显著性(主要特征)图。
- 综合梯度可视化(Integrated Gradient Visualization)：这个模型不需要对神经网

络进行任何改变。

- 平滑梯度可视化(Smooth Gradient Visualization)：该方法使用输出预测和输入来计算梯度，目标是识别输入的特征。然而，为了改善解释，会添加噪声。

本节将转到 Model Interpretations，单击 Simple Gradient Visualization，然后单击 Interpret Prediction 并获得如图 13.1 所示的结果：

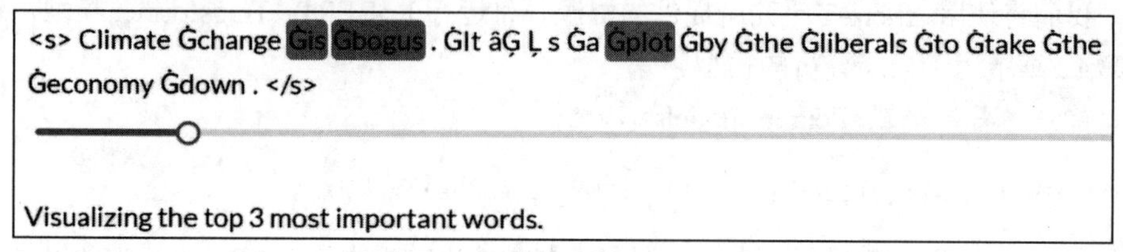

图 13.1 可视化最重要的 3 个单词

可以看到，负面预测结果主要是由 is + bogus + plot 这 3 个单词导致的。

此时，你可能想知道为什么我们要看这样一个简单例子来解释认知失调。对此，我们再解释另一条相关的推文。

前面的第一条推文是一位坚定的共和党人写的，他叫 Jaybird65。令他惊讶的是，一位共和党同仁在推特上发布了以下推文：

I am a Republican and think that climate change consciousness is a great thing!(我是共和党人，我认为有气候变化的意识是一件好事！)

这位共和党同仁叫 Hunt78。让我们在 Fake_News.ipynb 中运行这句话：

```
!echo '{"sentence":"I am a Republican and think that climate change consciousness is a great thing!"}' | \
allennlp predict https://storage.googleapis.com/allennlp-public-models/sst-roberta-large-2020.06.08.tar.gz -
```

输出当然是正面的：

```
"probs": [0.9994876384735107, 0.0005123814917169511]
```

一场认知失调风暴正在 Jaybird65 的脑海中积聚。他喜欢 Hunt78 这个人，但不同意他的这条推文。他的认知失调风暴正在加剧！如果你阅读了 Jaybird65 和 Hunt78 之间随后发出的推文，会发现一些令 Jaybird65 感到伤心的令人惊讶的事实。

Jaybird65 和 Hunt78 显然彼此认识。

- 如果你访问他们各自的 Twitter 账户，你会发现他们都是猎人。
- 可以看到他们都是坚定的共和党人。

Jaybird65 最初的推文来自他对《纽约时报》上一篇关于气候变化正在摧毁地球的文章的反应。

Jaybird65 相当困惑。他看得出来，Hunt78 也是共和党人，也是一个猎人。那么 Hunt78 怎么会相信气候变化呢？

除此之外，还有大量的与这个推文相关的争论推文。

然而，我们可以看到，假新闻讨论的根源在于对新闻的情绪反应。应对气候变化的合理方法很简单：

- 无论原因是什么，气候都正在变化。
- 人类不需要为了适应气候变化而导致经济崩溃。
- 我们需要继续推动电动汽车行业的发展，在大城市中增加步行空间，并改善农业习惯。我们可以使用新方式进行商业来往。

但情绪在人类决策过程中占据着非常强大的作用！

让我们来描述一下从读到新闻然后到情绪和理性反应的过程。

读到假新闻时的行为表征

假新闻始于情绪反应，逐渐升级，并经常导致个人攻击。

图 13.2 描述了在认知失调阻碍思维过程时，人们对假新闻产生情绪反应的三个阶段。

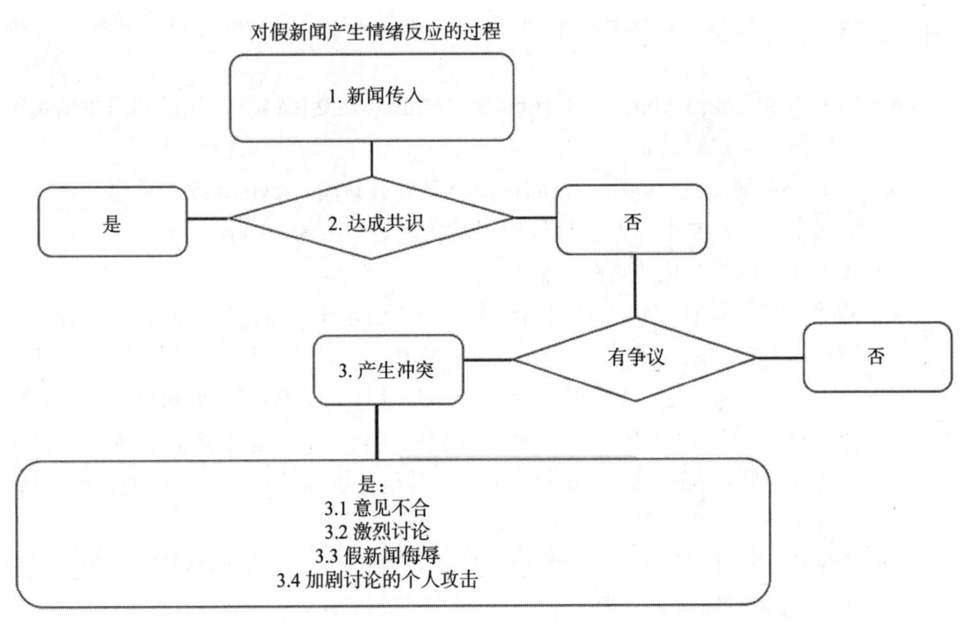

图 13.2　人们对假新闻产生情绪反应的三个阶段

第 1 阶段：新闻传入

两个人或一组人通过各自的媒体(如 Facebook、Twitter、电视、广播、网站)获得新闻后做出反应。每个信息来源都包含有偏见的观点。

第 2 阶段：达成共识

两个人或一组人可以达成一致或不一致。如果不一致，将进入第三阶段，冲突可能会激化。

如果达成一致，共识将阻止矛盾的升级，新闻将被接受为真新闻。然而，即使所有各方都相信他们接收到的新闻不是假的，也并不意味着它不是假的。以下是一些标注为非假新闻的新闻(但实际上可能是假新闻)：

- 在 12 世纪早期，大多数欧洲人都同意地球是宇宙的中心，太阳系围绕地球旋转。
- 1900 年，大多数人相信永远不会有能够飞越海洋的飞机。

重要的是，两个当事方甚至整个社会之间的共识并不意味着传入的新闻是真还是假。如果两个当事方不一致，将导致冲突。

让我们面对现实吧。在社交媒体上，成员通常会与持有相同观点的人聚集在一起，且很少会改变自己的想法。这种情况表明，一个人通常会坚持自己在推文上表达的观点，一旦有人对他们的信息提出质疑，冲突将会升级！

第 3 阶段：产生冲突

一个假新闻冲突可以分为四个阶段。

- 3.1：冲突始于意见不合。每一方会在 Twitter、Facebook 或其他平台上发布消息。经过几次交流后，如果双方对该话题不感兴趣，冲突可能会逐渐消退。
- 3.2：如果回顾 Jaybird65 和 Hunt78 之间的气候变化讨论，我们知道事情可能会变得恶劣。对话正在升温！
- 3.3：不可避免地，其中一方的论点将变成假新闻。Jaybird65 会愤怒地在多条推文中表达，并声称人类导致的气候变化是假新闻。Hunt78 会愤怒地说，否认人类对气候变化的贡献是假新闻。
- 3.4：这些讨论往往以人身攻击结束。哥德温定律经常出现在对话中，即使我们不知道它是怎么来的。哥德温定律指出，在对话的某个时刻，一方会找到最糟糕的参考来描述另一方。有时会出现这样的消息：“你们自由派就像希特勒一样，试图通过气候变化来摧毁我们的经济。”这种类型的消息可以在 Twitter、Facebook 和其他平台上看到，甚至在美国总统关于气候变化的演讲、实时聊天中也会出现。

对于这些讨论，是否有一种理性的方法可以安抚双方，使他们冷静下来，并至少达成一个中间共识以继续前进呢？

我们尝试用 Transformer 和启发方式构建一个理性方法。

13.2 理性处理假新闻的方法

Transformer 是迄今为止最强大的 NLP 工具。本节首先将定义一种方法，可将在假新闻上产生冲突的双方从情绪层面提升到理性层面。将使用 Transformer 工具和启发式方法，将使用枪支管控和前总统特朗普的推文做为样本来运行 Transformer。还将描述可使用传统函数实现的启发式方法。

可以实现这些 Transformer NLP 任务或你选择的其他任务。无论如何，这个路线图和方法都可以帮助教师、父母、朋友、同事和任何寻求真相的人。因此，你的工作将始终是有价值的!

我们从 Transformer 理性处理假新闻的路线图开始。

13.2.1　定义假新闻解决路线图

图 13.3 定义了一个合理的假新闻分析过程的路线图。该过程包含了 Transformer NLP 任务和传统函数。

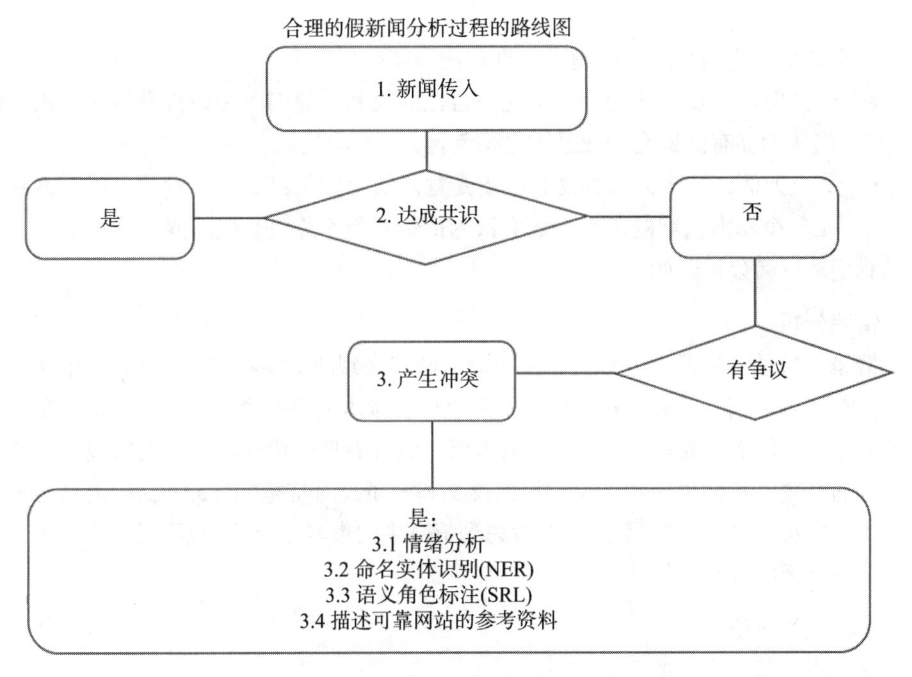

图 13.3　从情绪反应到对假新闻的理性表达

可以看到，一个理性过程几乎总在情绪反应开始后启动。为避免情绪反应的累积干扰讨论，必须尽快启动理性过程。

“冲突”阶段现在包含四个工具。

- 3.1：情绪分析用于分析排名靠前的“情绪”正面或负面词汇。将使用 AllenNLP 在 Fake_News.ipynb 笔记本中运行 RoBERTa 大型 Transformer。将使用 AllenNLP 的可视化工具来可视化关键词和解释。第 12 章介绍了情绪分析。
- 3.2：命名实体识别(NER)从社交媒体消息中提取实体以用于第 3.4 阶段。第 11 章描述了 NER。我们将使用 Hugging Face 的 BERT Transformer 模型来完成这个任务。此外，将使用 AllenNLP 的可视化工具来可视化实体和解释。

- 3.3：语义角色标注(SRL)标注社交媒体消息中的动词以用于第 3.4 阶段。第 10 章中讲述了 SRL。我们将在 Fake_News.ipynb 中使用 AllenNLP 的 BERT 模型，将使用 AllenNLP 的可视化工具来可视化标注任务的输出。
- 3.4：描述可靠网站的参考资料，这里主要使用传统编程技术。

我们从枪支管控辩论开始。

13.2.2 枪支管控辩论

美国宪法第二修正案确立了以下权利：

为了自由州的安全，需要有一支受良好管控的民兵，人民拥有和携带武器的权利不得侵犯。

几十年来，美国在这个问题上一直存在分歧：

- 一方面，许多人认为拥有枪支是自己的权利，他们不希望接受枪支管控。他们认为拥有武器会导致暴力是假新闻。
- 另一方面，许多人认为携带枪支是危险的，如果没有枪支管控，美国将继续是一个暴力横行的国家。他们认为携带武器不危险是假新闻。

我们从情绪分析开始。

情绪分析

情绪分析是一种通过分析文本中的情绪倾向来判断情绪状态的技术。如果你阅读推文、Facebook 消息、YouTube 聊天或其他社交媒体上的内容，会发现各方正在进行激烈的争斗。你不需要看电视节目，只需要一边吃着瓜一边观看推文上的战斗就能看到各方的分歧。我们以一条支持持枪的推文和一条反对持枪的 Facebook 消息为例。我更改了成员的名字并改写了文本(考虑到消息中的侮辱性言论，这不是一个坏主意)。我们从持枪派的推文开始：

持枪派的分析

这条推文是一个人的真实观点：

```
Afirst78: I have had rifles and guns for years and never had a problem. I raised my kids right so they have guns too and never hurt anything except rabbits.
```

我们在 Fake_News.ipynb 中运行以下单元格：

```
!echo '{"sentence": "I have had rifles and guns for years and never had a problem. I raised my kids right so they have guns too and never hurt anything except rabbits."}' | \
allennlp predict https://storage.googleapis.com/allennlp-public-models/sst-roberta-large-2020.06.08.tar.gz -
```

预测结果是正面的：

```
prediction: {"logits": [1.9383275508880615, -1.6191326379776], "probs":
[0.9722791910171509, 0.02772079035639763]
```

现在使用 AllenNLP 可视化结果。AllenNLP 的 Simple Gradient Visualization 提供了如图 13.4 所示的解释。

<s> | Ġhave Ġhad Ġrifles Ġand Ġguns Ġfor Ġyears Ġand Ġnever Ġhad Ġa Ġproblem . ĠI Ġraised Ġmy Ġkids Ġright Ġso Ġthey Ġhave Ġguns Ġtoo Ġand Ġnever Ġhurt Ġanything Ġexcept Ġrabbits </s>

图 13.4　句子的 Simple Gradient Visualization 可视化结果

解释展示，对 Afirst78 推文的情绪分析高亮显示了 rifles + and + rabbits。

每次运行的结果都可能会不一样。这是因为 Transformer 模型会不断训练和更新。然而，本章的重点是整个过程，而不是一个具体结果。

我们将在每个步骤中提取想法和函数。Fake_News_FUNCTION_1 是本节中的第一个函数。

Fake_News_FUNCTION_1：可提取和记录 rifles + and + rabbits 供进一步分析。可以看到，在这个例子中，rifles 并不是 dangerous。

现在我们将分析 NYS99 的观点，即禁枪派。

禁枪派的分析

NYS99: "I have heard gunshots all my life in my neighborhood, have lost many friends, and am afraid to go out at night."

在 Fake_News.ipynb 中进行分析：

```
!echo '{"sentence": "I have heard gunshots all my life in my neighborhood,
have lost many friends, and am afraid to go out at night."}' | \
allennlp predict https://storage.googleapis.com/allennlp-public-models/
sst-roberta-large-2020.06.08.tar.gz -
```

结果自然是负面的：

```
prediction: {"logits": [-1.3564586639404297, 0.5901418924331665],
"probs": [0.1249245032668137, 0.8750754594802856]
```

我们现在将使用 AllenNLP 可视化结果。AllenNLP 的 Smooth Gradient Visualization 提供了如图 13.5 所示的解释。

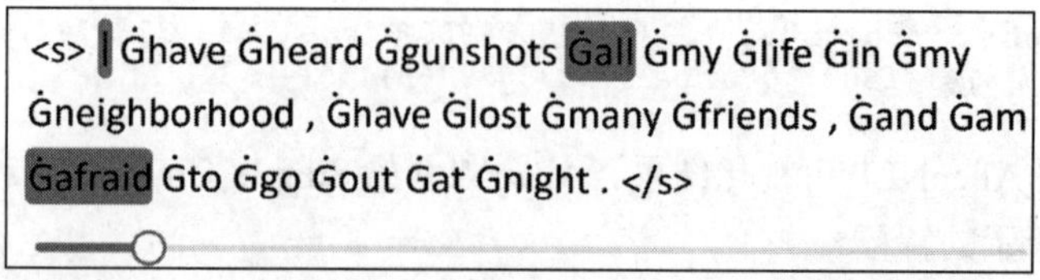

<s> I Ġhave Ġheard Ġgunshots Ġall Ġmy Ġlife Ġin Ġmy Ġneighborhood , Ġhave Ġlost Ġmany Ġfriends , Ġand Ġam Ġafraid Ġto Ġgo Ġout Ġat Ġnight . </s>

图 13.5　句子的 Smooth Gradient Visualization 可视化结果

关键词 afraid 高亮显示了。我们现在知道 afraid 与 guns 相关。

可以看到，该模型在解释认知失调方面是有问题的。人类的批判性思维仍然是必要的！

Fake_News_FUNCTION_2：可提取和记录 afraid 和 guns(主题)供进一步分析。

如果现在将两个函数放在一起对比，可以清楚地理解为什么双方要相互争斗：

- Fake_News_FUNCTION_1：rifle + and + rabbits
  Afirst78 可能居住在美国中西部的一个州。这些州地广人稀，非常安静，且犯罪率低。Afirst78 可能从未去过大城市，在乡村享受宁静，享受生活乐趣。
- Fake_News_FUNCTION_2：afraid +主题 guns
  NYS99 可能居住在一个大城市或美国主要城市的大区域。犯罪率通常很高，暴力现象屡见不鲜。NYS99 可能从未去过中西部的州，没见过 Afirst78 的生活方式。

这两种诚实但强烈的观点证明了为什么我们需要实施本章描述的解决方案。

更可靠、准确的信息是减少假新闻争议的关键。

按照前面提到的流程，对句子应用命名实体识别。

命名实体识别(NER)

本章将介绍多种 Transformer 方法，从而让用户可通过不同角度更全面地理解信息。

现在，我们需要将流程应用到推文和 Facebook 消息，尽管我们在消息中看不到任何实体。然而，程序并不知道这一点。这里只运行第一条消息来演示整个过程。

首先，我们需要安装 Hugging Face transformers 库：

```
!pip install -q transformers
from transformers import pipeline
from transformers import AutoTokenizer,
AutoModelForSequenceClassification,AutoModel
```

现在，可运行第一条消息：

```
nlp_token_class = pipeline('ner')
nlp_token_class('I have had rifles and guns for years and never had a
problem. I raised my kids right so they have guns too and never hurt
anything except rabbits.')
```

输出没有任何结果，因为没有实体。然而，这并不意味着它应该从流水线中删除。

因为其他句子可能包含某人相关的地点名称，从而提供了该地区文化的线索。

在继续之前，让我们检查一下我们正在使用的模型：

```
nlp_token_class.model.config
```

输出展示该模型的注意力层使用了 9 个标注和 1024 个特征：

```
BertConfig {
  "_num_labels": 9,
  "architectures": [
    "BertForTokenClassification"
  ],
  "attention_probs_dropout_prob": 0.1,
  "directionality": "bidi",
  "hidden_act": "gelu",
  "hidden_dropout_prob": 0.1,
  "hidden_size": 1024,
  "id2label": {
    "0": "O",
    "1": "B-MISC",
    "2": "I-MISC",
    "3": "B-PER",
    "4": "I-PER",
    "5": "B-ORG",
    "6": "I-ORG",
    "7": "B-LOC",
    "8": "I-LOC"
  },
```

我们正在使用一个 BERT 24 层的 Transformer 模型。如果你想详细了解其架构，请运行 nlp_token_class.model。

接下来对消息运行 SRL。

语义角色标注(SRL)

我们将继续按照笔记本中的顺序逐个单元格运行 Fake_News.ipynb。将研究持枪派和禁枪派这两种观点。

先从持枪派开始。

持枪派 SRL

首先在 Fake_News.ipynb 中运行以下单元格：

```
!echo '{"sentence": "I have had rifles and guns for years and never had
a problem. I raised my kids right so they have guns too and never hurt
anything except rabbits."}' | \
allennlp predict https://storage.googleapis.com/allennlp-public-models/
bert-base-srl-2020.03.24.tar.gz -
```

输出非常详细，如果你希望详细调查或解析标注，则输出非常有用，如以下摘录所示：

```
prediction: {"verbs": [{"verb": "had", "description": "[ARG0: I] have [V: had] [ARG1: rifles and guns] [ARGM-TMP: for years] and never had a problem
...
```

现在使用 AllenNLP 的 Semantic Role Labeling 功能来查看 SRL 结果。首先对此消息运行 SRL 任务。第一个动词 had 表明 Afirst78 是一位经验丰富的枪支拥有者，如图 13.6 所示。

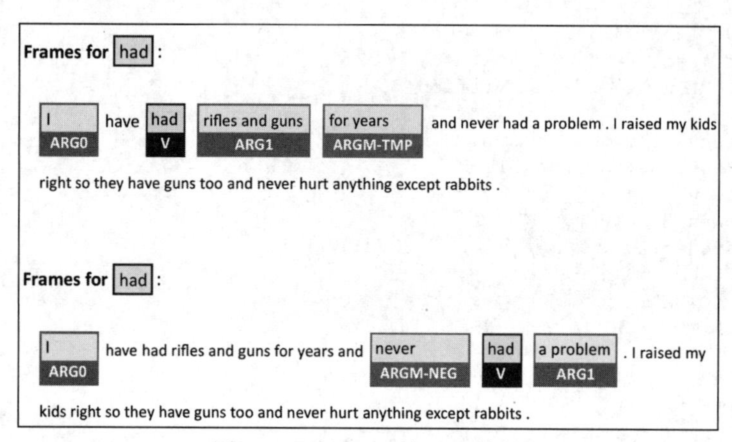

图 13.6　动词 had 的 SRL 结果

had 的论元总结了 Afirst78 的经验：I + rifles and guns + for years。

第二帧 had 添加了信息 I + never + had + a problem。

图 13.7 的 raised 的论元展示了 Afirst78 为人父母的经历。

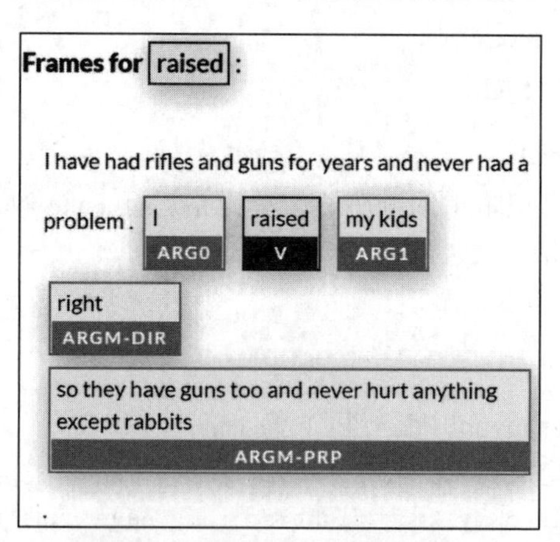

图 13.7　动词 raised 的 SRL 结果

这些论元解释了许多持枪派的立场：my kids + …have guns too and never hurt anything。

每次运行的结果可能会不一样，但整个过程保持不变。

可通过一些解析将这里找到的内容添加到函数集合中。

- Fake_News_FUNCTION_3：I + rifles and guns + for years
- Fake_News_FUNCTION_4：my kids + have guns too and never hurt anything

接下来对禁枪派进行 SRL。

禁枪派 SRL

首先在 Fake_News.ipynb 运行 Facebook 消息。然后将继续按照笔记本中的顺序逐个运行单元格：

```
!echo '{"sentence": "I have heard gunshots all my life in my neighborhood,
have lost many friends, and am afraid to go out at night."}' | \
allennlp predict https://storage.googleapis.com/allennlp-public-models/
bert-base-srl-2020.03.24.tar.gz -
```

结果详细标注了序列中的关键动词，如以下摘录所示：

```
prediction: {"verbs": [{"verb": "heard", "description": "[ARG0: I] have
[V: heard] [ARG1: gunshots all my life in my neighborhood]"
```

继续应用流程，转到 AllenNLP，进入 Semantic Role Labeling 页面。输入句子并运行 Transformer 模型。然后展示动词 heard 的 SRL 结果，如图 13.8 所示。

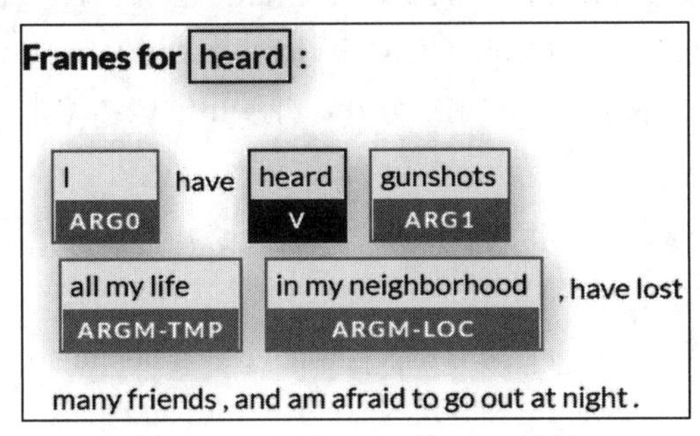

图 13.8　动词 heard 的 SRL 结果

现在可快速解析第五个函数的单词。

- Fake_News_FUNCTION_5：heard + gunshots + all my life

然后是动词 lost 的 SRL 结果，如图 13.9 所示。

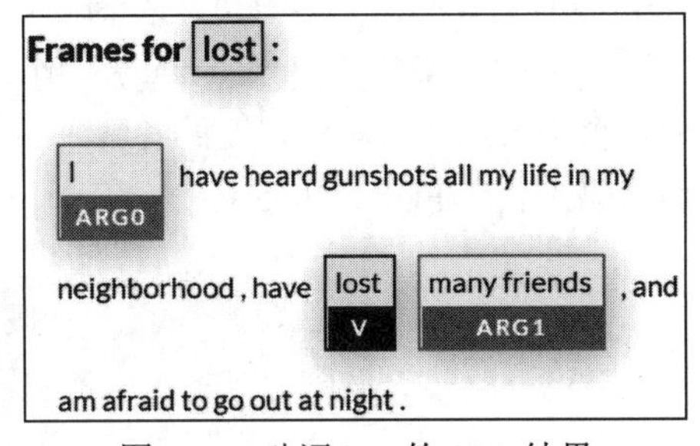

图 13.9　动词 lost 的 SRL 结果

现在我们拥有了第六个函数所需的东西。

- Fake_News_FUNCTION_6：lost + many + friends

现在我们已经使用 Transformer 模型澄清了消息的各个方面，接下来将向用户推荐参考网站。

参考网站

我们已经在 NLP 任务上运行了 Transformer，并使用传统启发式硬编码编写了解析数据生成的六个函数。

记住，每次运行的结果可能会不一样。这六个函数是在不同的时间生成的，且与前一节提供的结果略有不同。然而，主要思想是不变的。现在我们专注于这六个函数。

- 持枪派：Fake_News_FUNCTION_1：never + problem + guns
- 禁枪派：Fake_News_FUNCTION_2：heard + afraid + guns
- 持枪派：Fake_News_FUNCTION_3：I + rifles and guns + for years
- 持枪派：Fake_News_FUNCTION_4：my kids + have guns + never hurt anything
- 禁枪派：Fake_News_FUNCTION_5：heard + gunshots + all my life
- 禁枪派：Fake_News_FUNCTION_6：lost + many + friends

让我们重新组织列表，将两种观点分开，并得出一些结论来决定下一步的行动。

持枪派和禁枪派

持枪派的论元是诚实的，并非假新闻，但这些论元表明持枪派并没有接触到美国大城市各种枪击案背景的相关信息。

- 持枪派：Fake_News_FUNCTION_1：never + problem + guns
- 持枪派：Fake_News_FUNCTION_3：I + rifles and guns + for years
- 持枪派：Fake_News_FUNCTION_4：my kids + have guns + never hurt anything

禁枪派的论元是诚实的，并非假新闻，但这些论元表明禁枪派并没有了解到美国中西部的大农村治安很好，持枪是为了防止野兽袭击的相关信息。

- 禁枪派：Fake_News_FUNCTION_2：heard + afraid + guns
- 禁枪派：Fake_News_FUNCTION_5：heard + gunshots + all my life
- 禁枪派：Fake_News_FUNCTION_6：lost + many + friends

可以深入研究上面的每个函数，从而向对方提供信息。

例如，可用以下的伪代码来表达 FUNCTION1：

```
Def FUNCTION1:
call FUNCTIONs 2+5+6 Keywords and simplify
Google search=afraid guns lost many friends gunshots
```

该过程的目标是：

- 首先运行 Transformer 模型来解构和解释信息。使用 NLP Transformer 就像使用数学计算器一样。它可以产生良好的结果，但需要一个能够自由思考的人类大脑来解读！
- 然后，要求经过训练的 NLP 人类用户主动搜索和阅读信息。

Transformer 模型只能帮助用户更深入地理解信息；它们并不能代替用户思考！我们应该努力帮助用户，而不是说教或洗脑！

本章示例需要人工解析才能处理函数的结果。但是，如果有数百条社交媒体消息，则可以自动执行程序来完成整个工作。

以下这些参考链接将随着 Google 修改其搜索结果而改变。然而，图 13.10 的第一个链接很有趣，可以展示给持枪派。

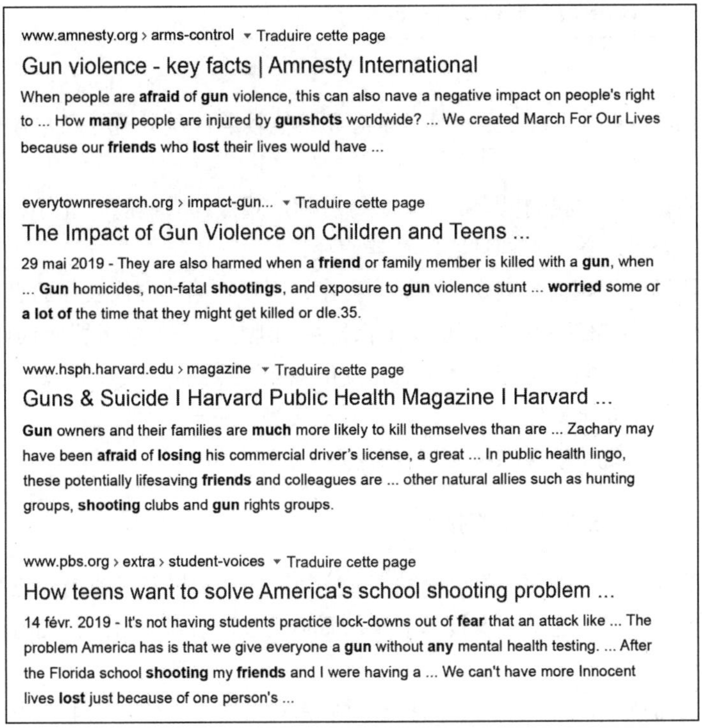

www.amnesty.org › arms-control ▾ Traduire cette page

Gun violence - key facts | Amnesty International

When people are **afraid** of **gun** violence, this can also nave a negative impact on people's right to ... How **many** people are injured by **gunshots** worldwide? ... We created March For Our Lives because our **friends** who **lost** their lives would have ...

everytownresearch.org › impact-gun... ▾ Traduire cette page

The Impact of Gun Violence on Children and Teens ...

29 mai 2019 - They are also harmed when a **friend** or family member is killed with a **gun**, when ... **Gun** homicides, non-fatal **shootings**, and exposure to **gun** violence stunt ... **worried** some or **a lot of** the time that they might get killed or dle.35.

www.hsph.harvard.edu › magazine ▾ Traduire cette page

Guns & Suicide I Harvard Public Health Magazine I Harvard ...

Gun owners and their families are **much** more likely to kill themselves than are ... Zachary may have been **afraid** of **losing** his commercial driver's license, a great ... In public health lingo, these potentially lifesaving **friends** and colleagues are ... other natural allies such as hunting groups, **shooting** clubs and **gun** rights groups.

www.pbs.org › extra › student-voices ▾ Traduire cette page

How teens want to solve America's school shooting problem ...

14 févr. 2019 - It's not having students practice lock-downs out of **fear** that an attack like ... The problem America has is that we give everyone a **gun** without **any** mental health testing. ... After the Florida school **shooting** my **friends** and I were having a ... We can't have more Innocent lives **lost** just because of one person's ...

图 13.10　枪支与暴力

假设使用以下伪代码搜索持枪派：

```
Def FUNCTION2:
call FUNCTIONs 1+3+4 Keywords and simplify
Google search=never problem guns for years kids never hurt anything
```

Google 搜索没有明确支持持枪派的正面结果。最有趣的是中立和教育性的结果，如图 13.11 所示。

kidshealth.org › parents › gun-safety ▾ Traduire cette page

Gun Safety - Kids Health

But every **year**, **guns** are used to kill or **injure** thousands of Americans. ... Even if you **have** talked to them many times about **gun** safety, they can't truly understand how ... Teens should **never** be able to get to a **gun** and bullets without an adult being there. ... Is there a **gun** or **anything** else dangerous he might get into?

www.healthychildren.org › Pages ▾ Traduire cette page

Guns in the Home - HealthyChildren.org

12 juin 2020 - **Did** you know that roughly a third of U S homes with **children have guns? ...** Parents can reduce the chances of **children** being **injured**, however, by ... about pets, allergies, supervision and other safety **issues** before your **child** visits ... Remind your **kids** that if they **ever** come across a **gun**, they must stay away ...

图 13.11 枪支与安全

以此类推，可以在 Amazon 书店、杂志和其他教学材料上调用搜索 API 来自动获取搜索结果。

最重要的是，经过我们以上的努力，持有相反观点的人们能够进行对话而不陷入争斗。相互理解是培养双方同理心的最佳途径。

人们可能倾向于相信社交媒体公司。我建议不要让第三方代表你的思想。可以使用 Transformer 模型来解构信息，但切记保持主动地位，不能被机器所误导！

关于这个话题的共识可能是就持有枪支的安全准则达成一致。例如，人们可以选择不在家里放枪或安全地锁起来，以防止儿童接触到枪支。

接下来对前总统特朗普的推文进行分析。

13.2.3 美国前总统特朗普的推文

无论你的政治观点如何，关于唐纳德·特朗普的言论以及对他的评论都已经多得足以写一本书来分析！这是一本技术书籍，而不是政治书籍，因此我们将以科学的方式分析这些推文。

在本章前面章节，我们描述了一种应对假新闻的教学方法。这里就不再次详细介绍整个过程了。

这里将继续使用 Fake_News.ipynb 笔记本。

本节将重点关注假新闻的逻辑，将使用 AllenNLP 运行 BERT 模型进行 SRL，并可视化其结果。

现在我们来看一些关于 virus 的总统推文。

语义角色标注(SRL)

SRL 对所有人来说都是一个很好的教学工具。我们往往只是被动地阅读推文以及他人的评论。通过使用 SRL 来分析信息，可以培养社交媒体分析技能，以区分虚假信息和准确信息。

我建议在课堂上使用 SRL Transformer 进行教学。年轻的学生可以输入一个推文并分析每个动词及其论元。这有助于年轻一代在社交媒体上成为积极向上的读者。

首先分析一条相对简单的推文，然后分析一条有争议的推文。

让我们分析一下 7 月 4 日在写这本书时发现的最新推文。我删除了被称为“黑人”的人的姓名，并改写了美国前总统的一些文字：

```
X is a great American, is hospitalized with virus, and has requested prayer.
Would you join me in praying for him today, as well as all those who are
suffering from virus?
```

我们转到 AllenNLP 的 **Semantic Role Labeling** 页面，运行句子，然后查看结果。动词 hospitalized 表明消息正在呈现事实，如图 13.12 所示。

信息很简单：X + hospitalized + with virus。

动词 requested 表明该消息正在变得政治化，如图 13.13 所示。

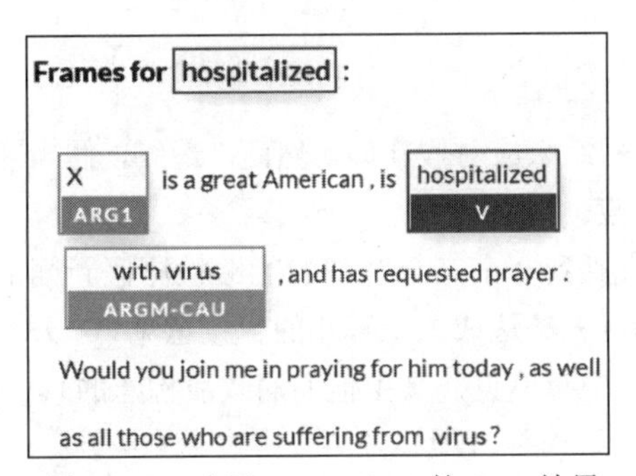

图 13.12　动词 hospitalized 的 SRL 结果

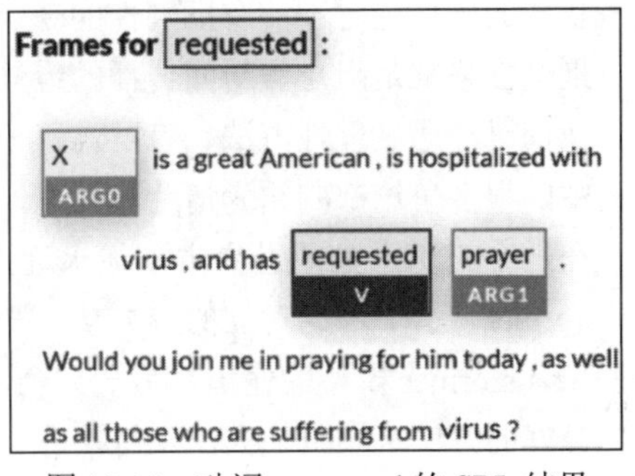

图 13.13　动词 requested 的 SRL 结果

我们不知道这个人是请求前总统祈祷，还是决定他自己成为请求的中心。

一个很好的练习是展示一个 HTML 页面并询问用户他们的想法。例如，可以要求用户查看 SRL 任务的结果并回答以下两个问题：

```
Was former President Trump asked to pray, or did he deviate a request made
to others for political reasons?

Is the fact that former President Trump states that he was indirectly asked
to pray for X fake news or not?
```

可以自己思考并做决定！

我们来看一个被 Twitter 禁止的例子。我去掉了名字并改写了一下，也弱化了语气。然而，当我们在 AllenNLP 上运行并可视化结果时，得到了一些令人惊讶的 SRL 结果。

这是改写和减弱语气后的推文：

```
These thugs are dishonoring the memory of X.

When the looting starts, actions must be taken.
```

虽然我删除了原始推文的主要部分，但我们仍然可以看到SRL 任务显示了推文中欠佳的关联，如图 13.14 所示。

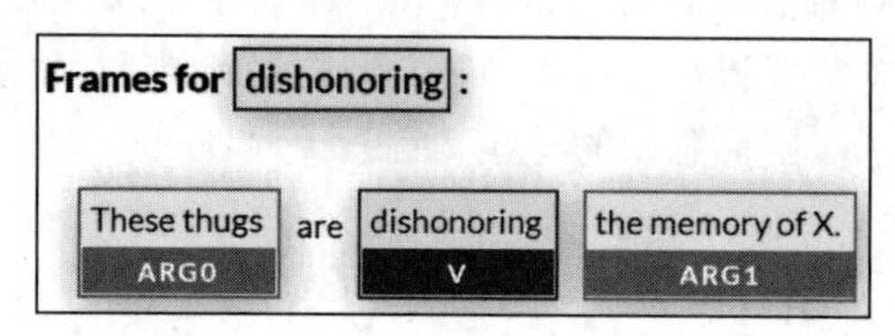

图 13.14　动词 dishonoring 的 SRL 结果

对此的一种教学方法是解释我们不应该将 thugs、memory 和 looting 这些论元联系在一起。它们根本不相符。

一个重要的练习是问用户为什么 SRL 论元不相符。

我建议进行许多这样的练习，以便 Transformer 模型的用户能够培养 SRL 技能，对所呈现的任何主题都能有批判性的观点。

批判性思维是阻止假新闻传播的最佳方式！

我们已经通过理性方法、启发式和教学网站来应对假新闻。然而，最终，假新闻辩论中的很多争论都归结为情绪和非理性反应。

在一个充满意见的世界中，你永远无法找到一个完全客观的能够检测假新闻的 Transformer 模型，因为对立的双方从一开始就无法达成关于真相的一致意见！一方会同意 Transformer 模型的输出，另一方会说模型有偏见，是由他们的政敌构建的！

最好的方法是倾听他人，保持冷静！

13.3　在我们继续之前

本章更侧重于将 Transformer 应用于问题，而不是寻找一个不存在的万能 Transformer 模型。

解决 NLP 问题有两个主要选择：寻找新的 Transformer 模型或创建可靠、持久的方法来实现 Transformer 模型。

现在我们将结束本章，下一章将讲述可解释 AI。

13.4　本章小结

当事件发生时，情绪会接管我们的大脑，帮助我们快速应对情况。这点在人类历史上起到很积极的作用，例如当我们受到威胁时，我们天生就会有强烈的反应。

假新闻引发了强烈的反应。我们担心这些新闻可能会暂时或永久损害我们的生活。我们中的许多人相信气候变化可能会灭绝地球上的人类。还有人认为，如果我们对气候变化反应过强，可能会破坏经济并导致社会崩溃。我们中的一些人认为枪支是危险的。而其他人提醒我们，美国宪法第二修正案赋予美国人拥有枪支的权利。

我们经历了关于前总统特朗普言论和气候变化的其他激烈冲突。每种情况下，我们看到情绪反应是最快速地升级为冲突的。然后，我们设计了一条路线图，将对假新闻的情绪感知提升到理性水平。我们使用了一些 Transformer NLP 任务，以显示在推文、Facebook 消息和其他媒体中可以找到关键信息的可能性。

我们使用一些人们认为是真新闻的新闻，以及其他人认为是假新闻的新闻，为教师、父母、朋友、同事或交谈者提供了理性的依据。我们还添加了传统软件函数，以帮助我们前进。

至此，你手上有了一套 Transformer 模型、NLP 任务和示例数据集的工具包。

可以利用 AI 来造福人类。将这些 Transformer 工具和思想付诸实施，让世界变得更美好，这一切都取决于你。

了解 Transformer 的一种好方法是可视化其内部过程。下一章我们将分析 Transformer 是如何逐渐构建序列的表示的。

13.5　练习题

1. 被标注为假新闻的新闻总是假的。(对|错)

2. 每个人都同意的新闻总是真的。(对|错)

3. Transformer 可用于对推文运行情绪分析。(对|错)

4. 可使用 DistilBERT 模型运行 NER 以从 Facebook 消息中提取出关键实体。(对|错)

5. 可使用基于 BERT 的模型运行 SRL 来识别 YouTube 聊天中的关键动词。(对|错)

6. 情绪反应是对假新闻自然的第一反应。(对|错)

7. 理性对待假新闻有助于澄清自己的立场。(对|错)

8. 将 Transformer 与可靠的网站连接在一起可以帮助某人理解为什么一些新闻是假的。(对|错)

9. Transformer 可以对可靠网站进行摘要，帮助我们理解一些被标注为假新闻的主题。(对|错)

10. 如果你为了所有人的利益而使用 AI，可以改变世界。(对|错)

第 14 章 可解释AI

百万到十亿参数的 Transformer 模型似乎是一个巨大的无法解释的黑盒。因此，许多开发者和用户在处理这些令人惊叹的模型时有时会感到沮丧。然而，最近的研究已经开始用创新、尖端的工具来解决这个问题。

因为篇幅限制，本书无法描述所有可解释 AI 方法和算法。因此，本章将重点介绍一些可供 Transformer 模型开发者和用户使用的可解释可视化界面。

本章将首先介绍 Jesse Vig 开发的 BertViz，包括安装和运行。Jesse 在构建可视化界面上做得非常出色，该界面展示了 BERT Transformer 模型中注意力头的活动。BertViz 与 BERT 模型进行交互，并提供了一个设计良好的交互界面。

接下来，我们将继续关注使用语言可解释性工具(Language Interpretability Tool，LIT)来可视化 Transformer 模型的活动。LIT 是一个非探测工具，非探测工具是指不直接训练模型而是对预训练模型进行解释和分析的工具，可以使用 PCA 或 UMAP 来表示 Transformer 模型的预测。我们将介绍 PCA 并进行可视化。

最后，我们将使用字典学习来可视化 BERT 模型中 Transformer 层的变化。局部可解释模型无关解释(Local Interpretable Model-agnostic Explanations，LIME)提供了实用的函数来可视化 Transformer 模型是如何学习理解语言的。该方法展示了 Transformer 模型通常从学习一个单词开始，然后学习单词在句子上下文中的含义，最后学习长距离的依赖关系。

通过本章的学习，你将能与用户进行交互，可视化展示 Transformer 模型的活动。虽然 BertViz、LIT 和通过字典学习的可视化还有很长的路要走，但这些新兴工具将帮助开发者和用户理解 Transformer 模型的工作原理。

本章涵盖以下主题：

- 安装和运行 BertViz
- 运行 BertViz 的交互界面
- 探测和非探测方法的区别
- 主成分分析(PCA)
- 运行 LIT 来分析 Transformer 的输出

- 介绍 LIME
- 通过字典学习运行 Transformer 可视化
- 词级多义消歧
- 对低级、中级和高级依赖关系进行可视化
- 可视化关键 Transformer 因素

第一步是安装和使用 BertViz。

14.1　使用 BertViz 可视化 Transformer

Jesse Vig 所写的 A Multiscale Visualization of Attention in the Transformer Model，论文认识到 Transformer 模型的有效性。然而，Jesse Vig 解释说，解读注意力机制是有难度的。该论文还描述了一种可视化工具 BertViz。

BertViz 可以可视化注意力头部的活动来解释 Transformer 模型的行为。

BertViz 最初是为了可视化 BERT 和 GPT-3 模型而设计的。本节将可视化一个 BERT 模型的活动。

现在安装和运行 BertViz。

运行 BertViz

只需要五步就可以可视化 Transformer 的注意力头并与其进行交互。

打开本书配套 GitHub 存储库的 Chapter 14 目录里面的 BertViz.ipynb 笔记本。

步骤 1：安装 BertViz 并导入模块

我们将安装 BertViz、Hugging Face transformers 库以及程序需要的其他模块：

```
!pip install bertViz
from bertViz import head_view, model_view
from transformers import BertTokenizer, BertModel
```

现在已导入头视图(head_view)和模型视图(model_view)库。接下来将加载 BERT 模型和词元分析器。

步骤 2：加载模型并检索注意力

BertViz 支持 BERT、GPT-2、RoBERTa 和其他模型。可在 GitHub 上浏览 BertViz 以获取更多信息：https://github.com/jessevig/BertViz。

本节将运行一个 bert-base-uncased 模型和一个预训练词元分析器：

```
# Load model and retrieve attention
model_version = 'bert-base-uncased'
do_lower_case = True
model = BertModel.from_pretrained(model_version, output_attentions=True)
```

```
tokenizer = BertTokenizer.from_pretrained(model_version, do_lower_case=do_
lower_case)
```

现在我们输入两个句子。你也可以尝试不同的句子来分析模型的行为。下面的 sentence_b_start 会在步骤 5 用到：

```
sentence_a = "A lot of people like animals so they adopt cats"
sentence_b = "A lot of people like animals so they adopt dogs"
inputs = tokenizer.encode_plus(sentence_a, sentence_b, return_
tensors='pt', add_special_tokens=True)
token_type_ids = inputs['token_type_ids']
input_ids = inputs['input_ids']
attention = model(input_ids, token_type_ids=token_type_ids)[-1]
sentence_b_start = token_type_ids[0].tolist().index(1)
input_id_list = input_ids[0].tolist() # Batch index 0
tokens = tokenizer.convert_ids_to_tokens(input_id_list)
```

就是这么简单！现在已经可与可视化界面交互了。

步骤 3：头视图

只需要添加最后一行代码就可以激活注意力头的可视化功能：

```
head_view(attention, tokens)
```

第一层(Layer 0)的单词并非实际的词元，只是一个教学性界面。每层的 12 个注意力头以不同的颜色展示。默认视图设置为 Layer 0，如图 14.1 所示(可扫描封底二维码下载彩图，后同)。

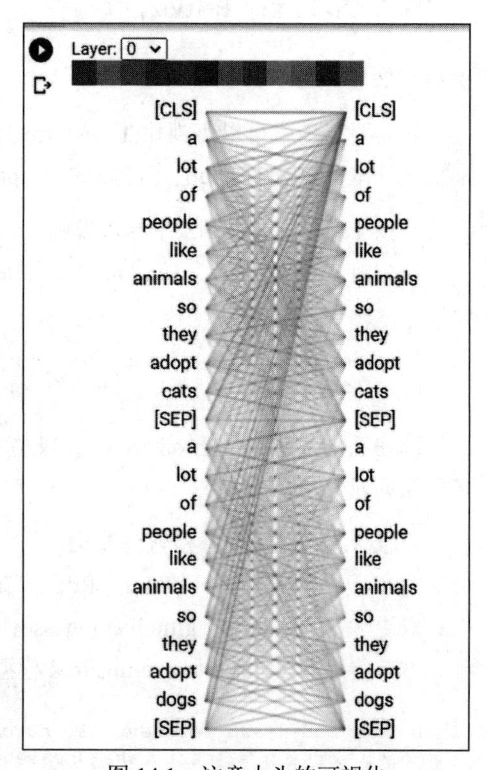

图 14.1 注意力头的可视化

接下来我们探索注意力头。

步骤 4：处理和展示注意力头

Layer 下拉列表下方的、两列词元上方的那一排色块表示该层的注意力头。我们先从 Layer 下拉列表中选择一个层，然后在下方的那一排色块双击你需要查看的注意力头，再单击你要观察的词元。这就可以看到某个词元在某层某个注意力头里面与其他词元之间的相关性了。

我们以图 14.2 的 animals 一词为例进行说明。

BertViz 表明，animals 与句子中的每个单词都建立了连接。这是正常的，因为我们目前在 Layer 0。

然后选择 Layer 1，双击第 11 个色块，选择 animals，将得到如图 14.3 所示的结果。

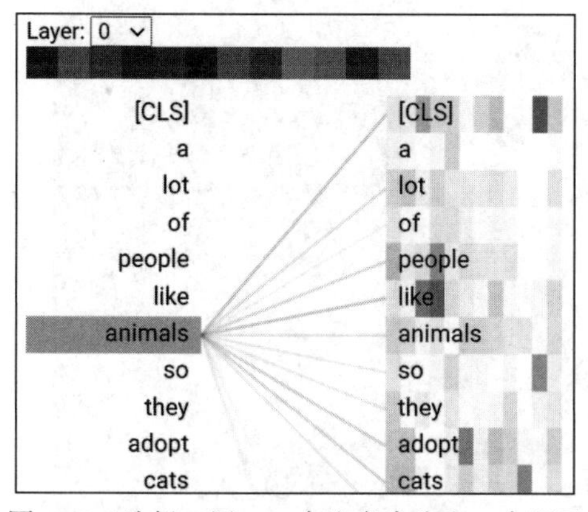

图 14.2　选择一层、一个注意力头和一个词元

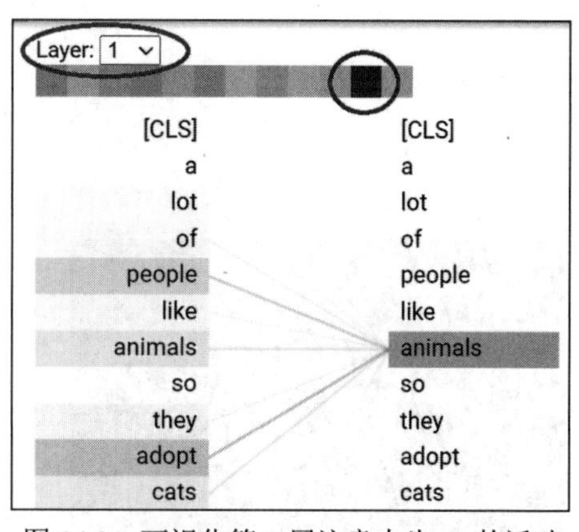

图 14.3　可视化第 1 层注意力头 11 的活动

注意头 11 在 animals、people 和 adopt 之间建立了连接。如果我们选择 cats，会得到如图 14.4 所示的结果。

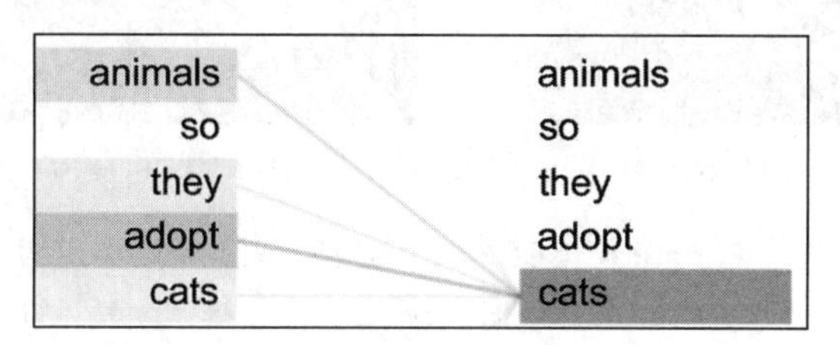

图 14.4　可视化 cats 和其他词元之间的连接

可以看到，cats 与 animals 相关。这种相关表明模型正在学习 cats 是 animals。

可以换一个句子，然后选择层和注意力头，以可视化 Transformer 的连接方式。当然，你会发现模型对有些词元连接错误了。通过 BertViz，你既会看到正确连接，也会看到错误连接。无论如何，这两种情况对于解释 Transformer 的行为以及为什么它们需要更多的层、参数和数据都是有价值的。

接下来我们使用 BertViz 展示模型视图。

步骤 5：模型视图

只需要一行代码就可以使用 BertViz 的 Transformer 模型视图：

```
model_view(attention, tokens, sentence_b_start)
```

BertViz 将所有层和注意力头都展示在一个视图里面，如图 14.5 所示。

如果你单击模型视图中的一格，你会得到一个注意力头视图(如图 14.6)。可通过这种方式快速地观察到 Transformer 模型在不同层不同注意力头是如何生成表示的。

图 14.5 BertViz 的模型视图模式

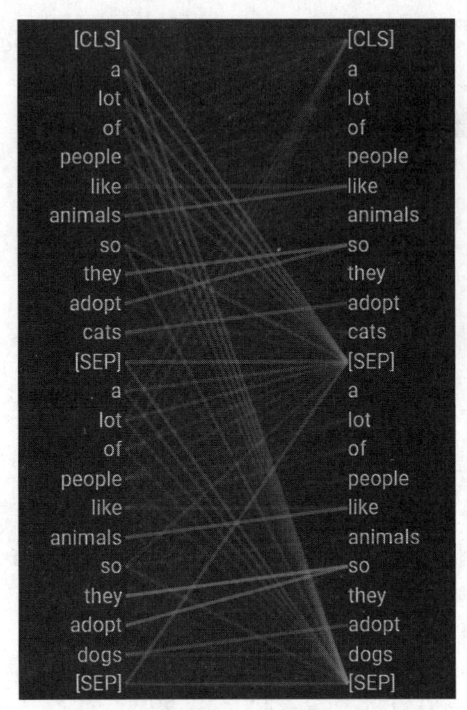

图 14.6 单击模型视图的其中一格得出注意力头视图

我们发现，有时会在分隔符[SEP]和词元之间建立连接，这没有太多意义。有时在每个层的每个注意力头中，并不是所有词元都有连接。此外，Transformer 模型的训练水平也限制了解释的质量。

尽管具有以上缺陷，BertViz 仍然是 Transformer 模型一个有趣的教学工具和可解释性工具。

接下来我们讲述直观的 LIT 工具。

14.2 LIT

LIT 的可视化界面可以帮助你找到被模型错误处理的样本，并深入研究类似的样本，观察改变上下文时模型的行为，以及与 Transformer 模型相关的其他语言问题。

与 BertViz 不同，LIT 不展示注意力头的活动。不过 LIT 依然是一个很有价值的分析为什么出错并尝试找到解决方案的工具。

可选择使用 Uniform Manifold Approximation and Projection(UMAP)可视化或 PCA 投影表示。PCA 会在特定方向和大小上进行更线性的投影。UMAP 会将其投影分解为聚类。不管你对模型输出进行分析的深度如何，这两种方法都很有用。可同时使用这两种方法，以从不同视角分析同一个模型和样本。

本节将使用 PCA 来运行 LIT。先简要介绍一下 PCA 的工作原理。

14.2.1　PCA

PCA(Principal Component Analysis，主成分分析)是一种数据降维技术，用于将数据表示为更高层次的形式。

想象一下你在厨房里。你的厨房是一个三维笛卡儿坐标系。厨房里的物品都有一个(x, y, z)坐标。

你想要做一道菜，你将所需的食材放在厨房餐桌上。现在厨房的餐桌就是你厨房中菜谱更高层次的表示。

餐桌上的食材和食谱一一对应，当你把食材从整个厨房提取出来放在餐桌上，这个动作就是 PCA。因为你展示了组成菜谱的主要成分。

同样的表示方法也可以应用于 NLP。例如，词典是单词的一个列表(对应厨房里的所有物品)。然后从词典里面提取部分单词构成了一句话的主要成分表示。

通过 LIT 得出序列的 PCA 表示将有助于可视化 Transformer 的输出。

获得 NLP PCA 表示的主要步骤如下。

- 计算方差：数据集中单词的数值方差，例如其频率和含义的频率。
- 计算协方差：当分析文本数据时，某些单词的出现可能与其他单词的出现有一定的相关性。协方差是用来度量这种相关性的统计量，表示两个变量(在此处指代不同的单词)之间的变化趋势是相似还是相反。具体而言，对于给定的数据集，协方差告诉我们一个单词的方差如何随着另一个单词的变化而变化。如果两个单词的协方差为正数，说明它们的变化趋势是相似的；如果协方差为负数，则表示它们的变化趋势相反；如果协方差接近零，则表示它们之间没有明显的线性关系。协方差的计算可以帮助我们了解不同词汇之间的关系，从而更好地理解和处理文本数据。
- 计算特征值和特征向量：为在笛卡儿坐标系中表示数据，我们使用协方差的特征向量作为坐标轴的方向，使用特征值作为对应特征向量的模长。通过这种方式，可将数据映射到新的坐标系中，并保留数据的重要信息。特征向量确定了坐标轴的方向，而特征值确定了该方向上的变化幅度或重要程度。
- 推导数据：最后一步通过将行特征向量乘以行数据，将特征向量应用于原始数据集，要展示的数据 = 行特征向量 * 行数据。

PCA 投影提供了对数据点的线性可视化分析。

现在我们运行 LIT。

14.2.2　运行 LIT

可以在线运行 LIT，也可以在 Google Colab 笔记本中打开它。LIT 的链接是：

- https://pair-code.github.io/lit/

LIT 的教程页面包含了几种要分析的 NLP 任务：

- https://pair-code.github.io/lit/tutorials/

本节将在线运行 LIT 以探索情绪分析分类：

- https://pair-code.github.io/lit/tutorials/sentiment/

单击 Explore this demo yourself，将看到直观的 LIT 界面。这里我们使用了一个小型 Transformer 模型，如图 14.7 所示。

可以单击模型来更改模型。可直接在 Hugging Face 的托管 API 页面上测试该模型和类似的模型：https://huggingface.co/sshleifer/tiny-distilbert-base-uncased-finetuned-sst-2-english。

LIT 在线版本中的 NLP 模型可能根据后续更新而变化。不过总体思想是不变的，只是模型会变而已。

首先选择 PCA 投影方法和情绪分析的标注类型，如图 14.8 所示。

图 14.7 选择模型

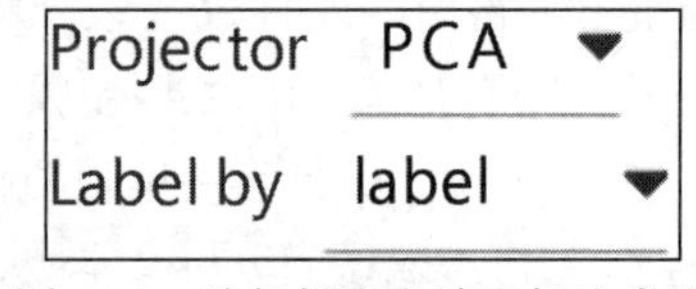

图 14.8 选择投影方法和标注类型

然后进入 Data Table，单击一个句子及其分类标注，如图 14.9 所示。

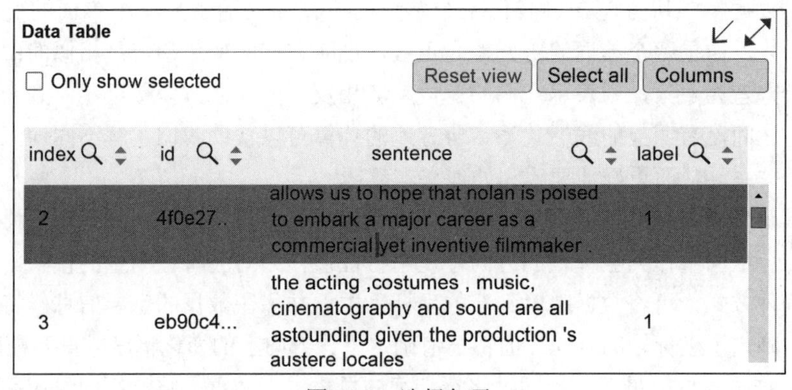

图 14.9 选择句子

该算法是随机的，因此输出可能每次运行都不一样。

所选中的句子将出现在 Datapoint Editor 中，如图 14.10 所示。

可在 Datapoint Editor 更改句子的上下文。例如，你可能想要找出反事实分类出问题的原因，该分类本应属于一个类，最终却在另一个类中。可更改句子的上下文，直到它出现在正确的类中，以了解模型的工作原理以及它出错的原因。

这句话以及其分类将出现在 PCA 投影中，如图 14.11 所示。

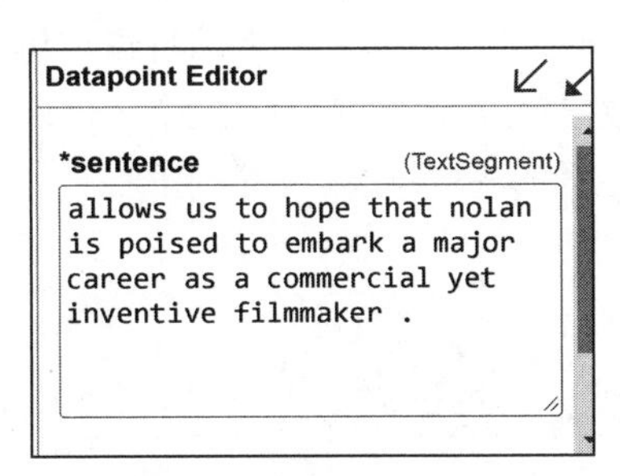

图 14.10　Datapoint Editor

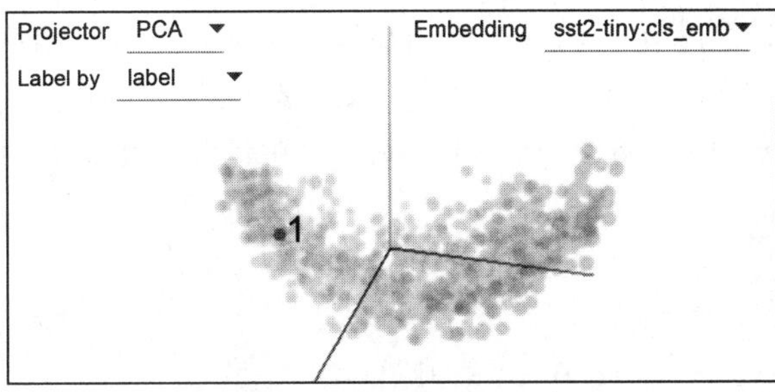

图 14.11　正类聚类的 PCA 投影

可以单击 PCA 投影的数据点，单击之后该数据点的相关句子将展示在 Datapoint Editor。然后你就可以比较结果。

此外，LIT 还包含了很多交互功能，可以慢慢探索和使用。

虽然从 LIT 获得的结果并不总是令人信服。但 LIT 在很多时候提供了有价值的见解。此外，了解这些新兴工具和技术也是很重要的。

接下来我们使用字典学习来可视化 Transformer 层。

14.3　使用字典学习可视化 Transformer

通过字典学习，可将 Transformer 的因子表示成可视化形式。

14.3.1　Transformer 因子

Transformer 因子是指包含了上下文信息的单词的嵌入向量。一个没有上下文的单词可以有很多含义，从而产生多义性问题。例如，单词 separate 可以是动词或形容词。此外，separate 还可以表示断开、区分、散开等多个定义。

因此 Yun et al., 2021 创建了一个包含上下文信息的单词的嵌入向量。我们可使用稀疏线性方法来构建词嵌入向量。例如，根据数据集中句子的上下文，separate 可以表示为：

```
separate=0.3" keep apart"+"0.3" distinct"+ 0.1 "discriminate"+0.1 "sever" +
0.1 "disperse"+0.1 "scatter"
```

为保持线性表示的稀疏性，我们将不添加会产生大量 0 值的因子。因此，不包括无用的信息，如：

```
separate= 0.0"putting together"+".0" "identical"
```

目的是通过强制因子的系数大于 0 来保持表示的稀疏性。

在 Transformer 模型中，每个单词都有对应的隐藏状态。这些隐藏状态存在于不同的层中，且随着模型对数据集中词语表示的理解逐渐进展，隐藏状态之间将建立起潜在的依赖关系。我们将隐藏状态通过一个稀疏系数向量进行线性组合。这个稀疏系数向量可看作一个字典矩阵，其中包含一组需要被推理的稀疏系数：

$$\boldsymbol{\varphi} R^{dxm} \boldsymbol{\alpha}$$

其中：

- $\boldsymbol{\varphi}$ (phi)表示字典矩阵。
- $\boldsymbol{\alpha}$ 表示需要推理的稀疏系数向量。

Yun et al., 2021 还添加了高斯噪声样本 ε，以促使算法搜索更深层次的表示。

此外，为保持表示的稀疏性，等式必须写成 $st\boldsymbol{\alpha}>0$。

作者将 $\boldsymbol{X}$ 指代为层的隐藏状态集合，将 $\boldsymbol{X}$ 指代为属于 $\boldsymbol{X}$ 的 Transformer 因子的稀疏线性叠加。

最后将稀疏字典学习模型总结为：

$$\boldsymbol{X} = \boldsymbol{\varphi}\alpha + \varepsilon st\boldsymbol{\alpha} > 0$$

在字典矩阵中，$\boldsymbol{\varphi}:,c$ 是指字典矩阵的一列(包含一个 Transformer 因子)。

$\boldsymbol{\varphi}:,c$ 将分为三个级别：

- 低级 Transformer 因子用于通过单词级消歧解决多义性问题。
- 中级 Transformer 因子将我们带入句子级模式，为低级提供重要的上下文。
- 高级 Transformer 模式有助于理解长距离依赖关系。

这种方法是创新的，令人兴奋的，且似乎很有效。但是，至此还没有可视化功能。因此，Yun et al., 2021 为了将以上成果可视化，使用了一种名为 LIME 的可解释 AI 方法。他们通过应用 LIME 方法来实现对 Transformer 模型的可视化展示。接下来我们介绍一下 LIME。

14.3.2　LIME

LIME 是 Local Interpretable Model-Agnostic Explanations(局部可解释模型无关解释)的简称。这个方法的名称已经说明了它的特点，它是与模型无关的。因此，我们可得出以下关于通过字典学习进行 Transformer 可视化的方法的直接结论：

- 这种方法不涉及 Transformer 层的矩阵、权重和矩阵乘法。
- 这种方法不解释 Transformer 模型的工作原理(参见第 2 章)。
- 本章将使用这种方法窥探由 Transformer 因子的稀疏线性叠加提供的数学输出。

LIME 不会尝试解析数据集中的所有信息。相反，LIME 通过检查预测周围的特征来确定模型是否具有局部可靠性。

LIME 不适用于全局模型。它侧重于预测的局部环境。

这在处理 NLP 时尤其有效，因为 LIME 探索单词的上下文，提供有关模型输出的宝贵信息。

在通过字典学习进行可视化时，实例 $\boldsymbol{x}$ 可以表示为：

$$\boldsymbol{x} \in \mathrm{R}^{\mathrm{d}}$$

这个实例的可解释表示是一个二进制向量：

$$\boldsymbol{x}' \in \{0,1\}^{\mathrm{d}'}$$

目标是确定一个或多个特征的局部存在或缺失。在 NLP 中，这些特征是可以重构为单词的词元。

LIME 使用 g 表示 Transformer 模型或任何其他机器学习模型。使用 G 表示一组包含 g 的 Transformer 模型或其他模型：

$$g \in G$$

因此，LIME 的算法可以应用于任何 Transformer 模型。

到目前为止，我们知道：

- LIME 通过选择一个单词，并搜索其周围的上下文单词进行解释。
- LIME 通过一个单词的局部上下文来解释为什么模型在预测时选择了这个单词而不是其他单词。

深入探讨 LIME 之类的可解释 AI 知识超出了本书的范围。如果你想了解 LIME 的更多信息，请参阅“参考资料”。

接下来我们看看 LIME 如何适配通过字典学习进行 Transformer 可视化的方法。

我们现在看看可视化界面。

14.3.3　可视化界面

我们将访问以下站点以访问交互式 Transformer 可视化页面：https://transformervis.github.io/transformervis/。

这个可视化界面提供了直观的说明，只需要单击一次即可开始分析特定层的 Transformer 因子，如图 14.12 所示。

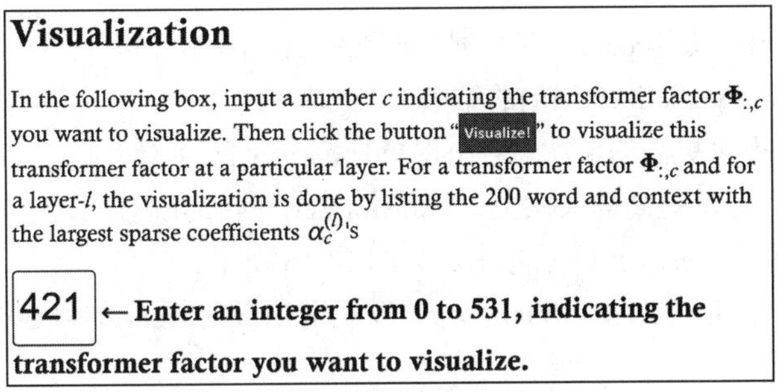

Visualization

In the following box, input a number c indicating the transformer factor $\Phi_{:,c}$ you want to visualize. Then click the button "Visualize!" to visualize this transformer factor at a particular layer. For a transformer factor $\Phi_{:,c}$ and for a layer-l, the visualization is done by listing the 200 word and context with the largest sparse coefficients $\alpha_c^{(l)}$'s

421 ← **Enter an integer from 0 to 531, indicating the transformer factor you want to visualize.**

图 14.12　选择 Transformer 因子

选择因子后，可以单击要可视化该因子的层，如图 14.3 所示。

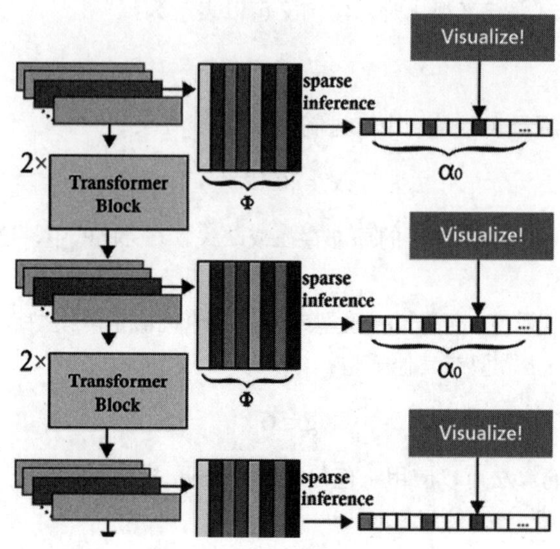

图 14.13 可视化该因子的层

然后将展示因子对每层的重要性，如图 14.14 所示。

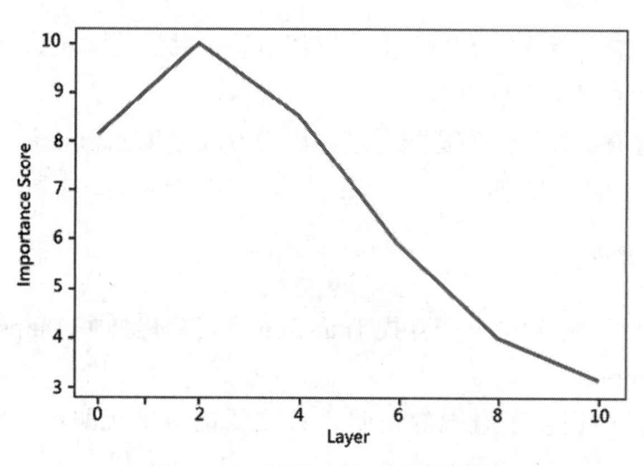

图 14.14 因子对每层的重要性

因子 421 关注的是 separate 这个词的词汇领域，图 14.15 所示的是第 2 层(单击从上到下数的第 2 个 Visualize!按钮)的结果。

随着我们可视化更高的层次，会出现更长范围的表示。因子 421 开始时关注的是 separate 的表示，但在更高的层次上，Transformer 开始形成对该因子的更深层次的理解，并将 separate 与 distinct 联系起来，如图 14.16 所示。

可尝试可视化几个 Transformer 因子，以观察 Transformer 如何逐层扩展其对语言的感知和理解。

• music, and while the band initially kept these releases separate, alice in chains' self@-@
• and o. couesi were again regarded as separate as a result of further work in texas,
• in july 2014, and changed to read" a separate moh is presented to an individual for each
• without giving it proper structure or establishing it as a separate doctrine.
• those species, and is now considered to form a separate, monotypic genus – homarinus.
•rp, each npc is typically played by a separate crew member.
•," abzug" is presented as a separate track.

图 14.15 separate 在第 2 层的表示

• cigarette smoking; it was not even recognized as a distinct disease until 1761.
• the australian freshwater himantura were described as a separate species, h. dalyensis, in 2008
• japan, judo and jujutsu were not considered separate disciplines at that time.
• though during the episodes, the scenes took place in separate parts of the episode.
• triaenops in 1947, retained both as separate species; in another review, published in 1982
•ycoperdon< unk>), but separate from l. pyriforme.
• although it is a separate award, its appearance is identical to its british
•ted upper atmosphere in which the gods dwell, as distinct from the

图 14.16 Transformer 因子的更高层次表示

你会发现许多好的例子，也会有一些不好的例子。观察好的例子可以理解 Transformer 学习语言的方式。观察不好的例子可以理解为什么会出错。此外，可视化界面使用的 Transformer 模型并不是最强大或训练最充分的模型，所以会有一些不好的例子，这是很正常的事情。

无论如何，建议你参与其中并保持对这个不断发展的领域的关注！

例如，可探索本书配套 GitHub 代码库 Chapter14 目录中的 Understanding_GPT_2_models_with_Ecco.ipynb。它展示了 Transformer 在选择一个词元之前是如何生成候选项的。它是自解释的。

本节我们看到了 Transformer 如何逐层学习单词的含义。Transformer 在做出选择前会生成候选项。如笔记本所示，Transformer 模型是随机的，因此会在几个概率最高的候选项中进行选择。以下面的句子为例：

```
"The sun rises in the_____."
```

你会在填空处选择什么词？我们人类都会犹豫不决。Transformer 也是如此！

这次运行 GPT-2 模型选择了单词 sky，如图 14.17 所示。

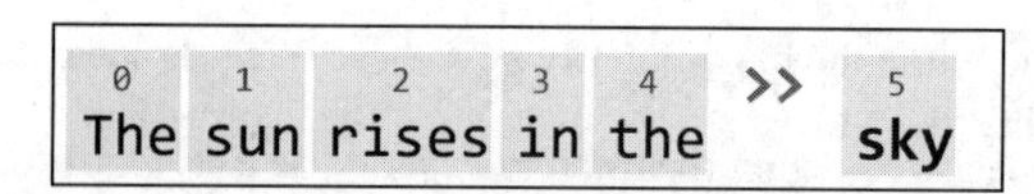

图 14.17 完成序列

但 GPT-2 模型可能在另一次运行中选择其他候选项，如图 14.18 所示。

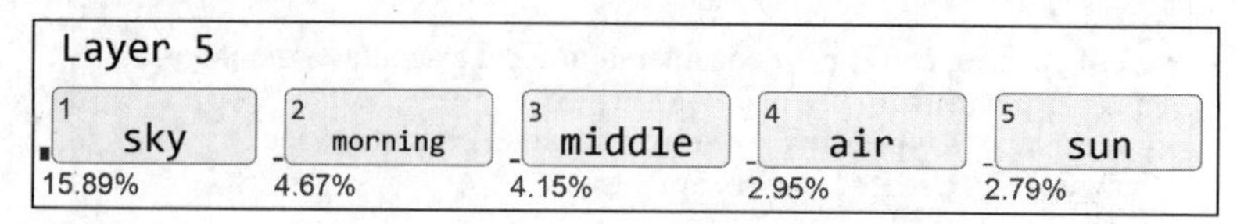

图 14.18 另一次运行中选择其他候选项

可看到 sky 排名第一，morning 排名第二，因此下一次运行可能会选中 morning。所以如果我们运行模型多次，可能会获得不同的输出，因为模型是随机的。

前面讲述的模型都是离线模型，我们可以使用工具观察它们。

接下来探索我们无法访问的那些在线模型，如 OpenAI 的 GPT-3 模型。

14.4 探索我们无法访问的模型

本章探索的可视化界面非常有趣。然而，这些可视化界面并非万能的。

例如这些可视化界面就无法解释 OpenAI 的 GPT-3 模型。因为我们无法访问软件即服务(SaaS)类别的 Transformer 模型的权重。SaaS 类别的 Transformer 模型可能在未来几年内越来越多。在研究和算力上花费了数百万美元的公司将倾向于提供 SaaS 服务，而不是把它们的成果开源。

即使我们可以访问GPT-3 模型的源代码或输出权重，使用可视化界面来分析 9216 个注意力头(96 层×96 头)仍然是一件非常难的事情。

许多情况下，仍然需要人类参与才能找出问题所在。

以英法翻译中的单词 coach 多义性问题为例。coach 在英语中既可以表示教练，也可以表示公共汽车。而在法语中只有教练这一种意思。

如果你打开 OpenAI AI GPT-3 playground(https://openai.com/)并翻译包含单词 coach 的句子，你可能得到混合的结果。

OpenAI 正确翻译了第 1 句：

```
English: The coach broke down, and everybody complained.
French: Le bus a eu un problème et tout le monde s'est plaint.
```

coach 被翻译为公共汽车，这是正确的。可能是因为有足够的背景信息。

注意，输出是随机的，因此可能这一次翻译正确了，但是下一次翻译可能就出错了。

然后第 2 句翻译错误了：

```
English: The coach was dissatisfied with the team and everybody
complained.
French: Le bus était insatisfait du équipe et tout le monde s'est plaint.
```

这一次，GPT-3 引擎没有意识到 coach 是指教练而不是公共汽车。注意，输出是随机的，所以输出是不稳定的。

如果添加上下文来修改句子 2，将获得正确的翻译：

```
English: The coach of the football team was dissatisfied and everybody
complained.
French: Le coach de l'équipe de football était insatisfait et tout le
monde s'est plaint.
```

现在的翻译包含了法语单词 coach，与源句子的英语单词 coach 具有相同的定义。因为这次我们给予了足够的背景信息。

OpenAI 的解决方案以及 AI(特别是 Transformer 模型)都在不断进步。此外，大多数工业 4.0 AI 驱动的微决策并没有复杂到像 NLP 或翻译任务这种程度，所以 Transformer 模型还是相当有效的。

然而，在相当长的一段时间内，云 AI API 级别的设计和开发仍然是需要人类参与的！

14.5　本章小结

Transformer 模型被训练用于词级多义消歧，以及处理低级、中级和高级依赖关系。这个过程通过连接训练百万到万亿参数的模型来实现。解释这些巨大模型的任务似乎是一件十分困难的事情。然而，现在有一些工具可以解释这些模型。

我们首先安装和运行了 BertViz。我们学习了如何通过交互界面解释注意力头的计算。我们看到了每一层中单词与其他单词的相互作用。

本章继续定义了探测和非探测任务的范围。探测任务如命名实体识别(NER)可以揭示 Transformer 模型如何表示语言。非探测方法分析模型是如何进行预测的。例如，LIT 通过 PCA 投影和 UMAP 表示来解释 BERT Transformer 模型的输出。然后我们可以分析输出的聚类来看它们是如何拟合在一起的。

最后，我们通过字典学习运行了 Transformer 可视化。用户可以选择一个 Transformer 因子来分析和可视化其在 Transformer 的较低层到较高层的表示的演变。因子将逐渐从多义消歧转变为句子上下文分析，最后到长期依赖关系。

本章的工具将随着其他技术的发展而演变。然而，本章的中心思想是 Transformer 模型的活动可以用户友好的方式进行可视化和解释。下一章将讲述新的 Transformer 模型。我们还将通过风险管理方法选择最佳的 Transformer 模型项目实现方式。

14.6 练习题

1. BertViz 仅展示 BERT 模型最后一层的输出。(对|错)
2. BertViz 展示 BERT 模型每一层的注意力头。(对|错)
3. BertViz 展示了词元之间的相互关系。(对|错)
4. LIT 像 BertViz 那样展示了注意力头的内部运作。(对|错)
5. 探测是算法预测语言表示的一种方式。(对|错)
6. NER 是一项探测性任务。(对|错)
7. PCA 和 UMAP 是非探测性任务。(对|错)
8. LIME 是模型无关的。(对|错)
9. Transformer 层层深挖词元的关系。(对|错)
10. 可视化 Transformer 模型解释为可解释 AI 增加了一个新的维度。(对|错)

第 15 章 从NLP到计算机视觉

到目前为止，我们已经研究了原始 Transformer 模型的各种变体，包括同时带有编码器和解码器层的模型，以及纯编码器或纯解码器层的模型。此外，层和参数的大小也有所增加。然而不管怎么变，这些模型仍然保持 Transformer 的基本架构，具有相同的层和注意力头以执行并行计算。

本章将探索一些创新的 Transformer 模型，这些模型依然遵循原始 Transformer 的基本结构，但做了一些重大改变。

首先讲述如何选择 Transformer 模型和生态系统。

然后，我们将了解 Reformer 模型中的局部敏感哈希(LSH)桶和分块。接下来，将学习 DeBERTa 模型中的解缠。DeBERTa 还引入了一种在解码器中管理位置的替代方法。DeBERTa 的高性能 Transformer 模型超过了人类基准。

最后讲述强大的计算机视觉 Transformer 模型，如 ViT、CLIP 和 DALL-E。CLIP 和 DALL-E 与 OpenAI GPT-3 和 Google BERT(由 Google 训练)一样，都属于基础模型。

这些强大的基础模型证明了 Transformer 是任务无关的。Transformer 可以学习视觉序列、声音序列和任何以序列形式表示的数据。

图像也是与文字类似的数据序列。ViT、CLIP 和 DALL-E 模型就是基于这一理念来学习图像的。这一理念将视觉模型推向创新的水平。

通过本章的学习，你将看到任务无关的 Transformer 世界已演变成一个充满想象力和创造力的宇宙。

本章涵盖以下主题：

- 如何选择 Transformer 模型
- Reformer Transformer 模型
- 局部敏感哈希(LSH)
- 桶和分块技术
- DeBERTa Transformer 模型
- 解缠注意力
- 绝对位置

- CLIP，一种文本-图像视觉 Transformer 模型
- DALL-E，一种创新的文本-图像视觉 Transformer

首先来了解如何选择模型和生态系统。

15.1 选择模型和生态系统

在选择模型和生态系统时，如果通过将模型下载到本地进行测试则需要消耗不少机器和人力资源。此外，如果一个平台到目前为止还不支持在线沙盒测试，那么只因为要测试几个示例，就需要将模型下载到本地，成本有点高。

那么我们应该怎么做呢？可在 Google Colab 中运行 Hugging Face 模型，而不需要在自己的机器上安装任何东西。我们还可以在线测试 Hugging Face 模型。

我们的主要理念是“不需要安装”即可分析模型。在 2022 年，“不需要安装”可以意味着：

- 在线运行 Transformer 任务。
- 在预安装的 Google Colab VM 上运行 Transformer，该 VM 可以无缝地下载用于任务的预训练模型，然后我们只需要几行代码即可运行它。
- 通过 API 运行 Transformer。

在过去几年中，“安装”的定义越来越广。“在线”的定义也越来越广。可将使用几行代码运行 API 视为一种元在线测试。本节将以广义上的“不需要安装”和“在线”进行讨论。图 15.1 展示了我们应该如何“在线”测试模型。

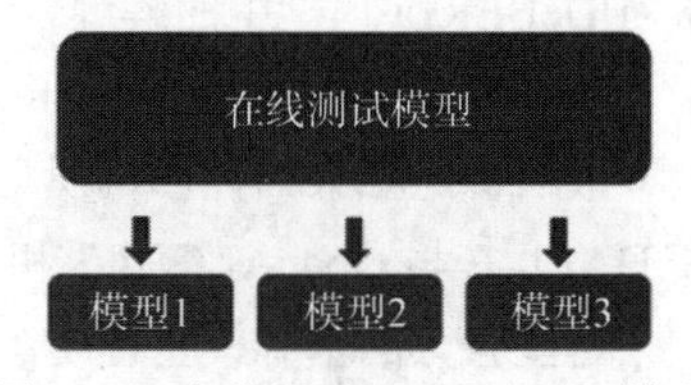

图 15.1 在线测试 Transformer 模型

现在测试变得越来越灵活和高效：

- Hugging Face 托管了 DeBERTa 等 API 模型和其他一些模型。此外，Hugging Face 还提供了一个 AutoML 服务，用于在其生态系统中训练和部署 Transformer 模型。
- OpenAI 的 GPT-3 引擎可使用在线平台运行并提供 API。OpenAI 提供了涵盖许多 NLP 任务的模型。这些模型不需要训练。GPT-3 百亿参数零样本引擎令人印象深刻。它表明具有许多参数的 Transformer 模型总体上可以产生更好的结果。此外，Microsoft Azure、Google Cloud AI、AllenNLP 和其他平台也提供了一些有趣的服务。
- 如果值得的话，可通过阅读论文来分析模型。一个很好的例子是 Google 的 Fedus et al., (2021)：on Switch Transformers，Scaling to Trillion Parameter Models with Simple and Efficient Sparsity。Google 增加了我们在第 8 章研究的基于 T5 的模型的规模。这篇论文证实了像 GPT-3 这样的大型在线模型的策

略是有效的。

然而，最终选择以上哪种解决方案还是取决于你自己的实际情况。你在前期试验平台和模型上花费的时间将有助于后期项目的实施。

可通过图 15.2 所示三种不同方式托管你的应用程序。

- 部署在本地机器上然后调用模型服务的 API。OpenAI、Google Cloud AI、Microsoft Azure AI、Hugging Face 等都提供了很好的 API。应用程序可以部署在本地机器上，而不是在云平台上，然后使用云服务 API。
- 部署在 Amazon Web Services(AWS)或 Google Cloud 等云平台上。这种情况下，本地机器上没有应用程序，一切都在云上。
- 只使用 API(适合万物互联场景)！这种方式可以在本地机器、数据中心 VM 或任何地方使用。这意味着 API 将集成在物理系统(如风车、飞机、火箭或自动驾驶车辆)中。该系统可通过 API 与另一个系统进行永久连接。

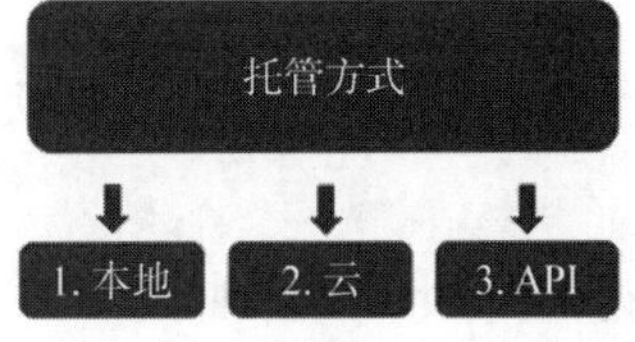

图 15.2　应用程序的托管方式

最终选择哪一种还是取决于你自己的实际情况。请花一点时间测试、分析、计算成本，并倾听团队成员的不同观点。你在前期花费的时间越多，了解得越深入，做出的选择就越好。

接下来将介绍 Reformer，它是原始 Transformer 模型的一种变体。

15.2　Reformer

Reformer 由 Kitaev et al. (2020)设计，旨在解决注意力和内存问题，并在原始 Transformer 模型的基础上添加了一些功能。

Reformer 首先通过局部敏感哈希(Locality Sensitivity Hashing，LSH)桶和分块来解决注意力问题。

LSH 在数据集中搜索最近邻。哈希函数确定如果数据点 q 接近 p，则 hash(q) == hash(p)。这种情况下，数据点为 Transformer 模型注意力头的 key。

LSH 函数将 key 转换为 LSH 桶(图 15.3 中的 B1 到 B4)，这个过程称为 LSH 桶化，就像我们将相似的对象放入同一个排序桶中一样。

排序桶会分成块(图 15.3 中的 C1 到 C4)以并行处理。最后，注意力仅在同一个桶及其前一个桶的块内应用。

LSH 桶化和分块将复杂度从 $O(L^2)$(考虑所有单词对)大大降低到 $O(L\log L)$(只考虑每个桶的内容)。

Reformer 还解决了重新计算每个层的输入而不是存储多层模型信息的内存问题。重新计算是按需进行的，而不是为一些大型多层模型消耗 TB 级内存。

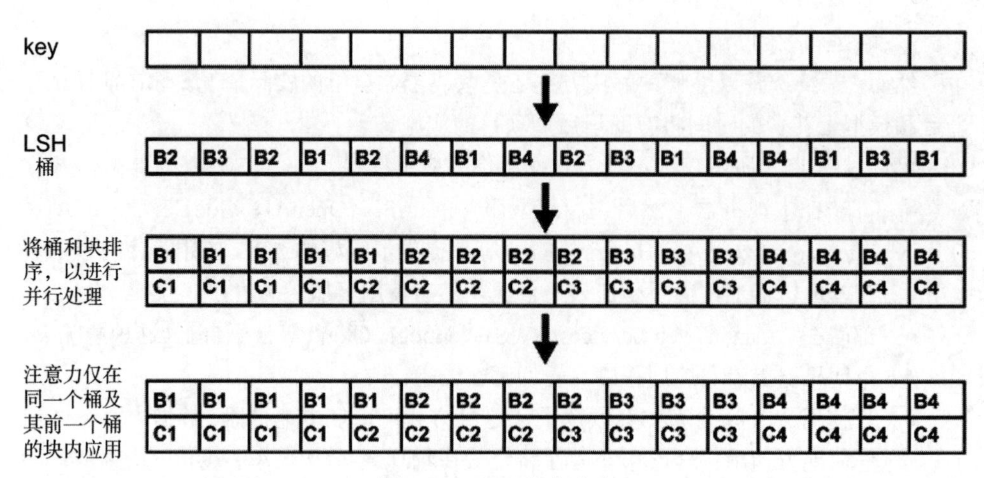

图 15.3　LSH 注意力头

接下来将使用一个在 Fyodor Dostoevsky 的《罪与罚》英文译文上训练的 Reformer 模型。

运行 Reformer 示例

现在直接使用 Hugging Face 推理 API 在线运行以下句子：

```
The student was impoverished and did not know what to do.
```

可直接单击以下链接：

```
https://huggingface.co/google/reformer-crime-and- punishment?text=The+
student+was+impoverished+and+did+not+know+what+to+do
```

然后页面将展示输入句子并自动推理出结果，如图 15.4 所示。

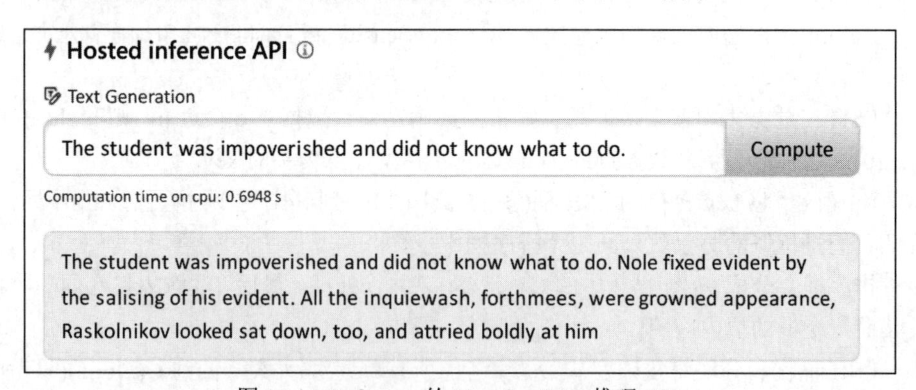

图 15.4　Reformer 的 Hugging Face 推理 API

由于算法是随机的，所以你可能得到与上图不同的回答。虽然 Reformer 经过了合理训练，但毕竟没有像 OpenAI 的 GPT-3 那样拥有数十亿比特的超级计算机算力。

所以 Reformer 的结果并不出彩。要获得更好的结果，还需要进行更多训练和微调。

OpenAI 的 GPT-3 引擎的回答是：

The student was impoverished and did not know what to do. He did not have any one to turn to and could not find a place to stay. He took out a pad from his bag and started writing. He wrote:

```
"My name is XXXXXXXXXX. I am a student at XXXXXXXXXX. I have no family, no
friends, no money."
```

这个结果比前面的 Reformer 结果更好。

注意，与其他 Transformer 模型和大多数深度学习模型一样，OpenAI GPT-3 是基于随机算法的。所以每次运行的结果可能会不一样。

这表明，包含数十亿参数的高度训练有素的 Transformer 模型可以胜过一种创新的 Transformer 模型架构。

所以超级计算机驱动的云 AI 平台是否会逐渐胜过那些托管在本地甚至不那么强大的云平台？在制定解决方案前，你需要做原型来核实这个问题。

Transformer 模型的随机性质在运行时可能产生不同的结果。此外，在线平台不断更改其界面。我们需要接受这一点并适应。

接下来介绍另一种创新架构 DeBERTa。

15.3 DeBERTa

DeBERTa 是另一种基于 Transformer 的创新架构，它的主要特点是使用了解缠 (disentanglement)。解缠指的是从复杂的文本数据中分离出不同的语义因素或信息，并将它们表示为独立组件。目标是使模型能理解和操纵这些独立的因素，而不会与其他因素混淆。当文本数据中存在多个语义因素或相关信息时，解缠可提供很多好处。例如，在对话系统中，解缠可以帮助系统识别和区分用户的不同意图或主题，以更准确地回应用户的需求。在机器翻译中，解缠可以帮助系统分离句子的内容和语言风格，从而获得更精确的翻译结果。DeBERTa 是由 Pengcheng He、Xiaodong Liu、Jianfeng Gao 和 Weizhu Chen 在 DeBERTa: Decoding-enhanced BERT with Disentangled Attention 这篇论文中设计的：https://arxiv.org/abs/2006.03654。

DeBERTa 的两个主要思想如下。

- 将 Transformer 模型中的内容和位置解缠，分别训练这两个向量；
- 在预训练过程中解码器使用绝对位置来预测掩码词元。

作者在 GitHub 上提供了相关代码：https://github.com/microsoft/DeBERTa。

DeBERTa 在 SuperGLUE 排行榜上超过了人类基线，如图 15.5 所示。

	Rank	Name	Model
	1	ERNIE Team - Baidu	ERNIE 3.0
+	2	Zirui Wang	T5 + Meena, Single Model (Meena Team - Google Brain)
+	3	DeBERTa Team - Microsoft	DeBERTa / TuringNLRv4

图 15.5　DeBERTa 在 SuperGLUE 排行榜上的排名

接下来通过 Hugging Face 云平台运行一个 DeBERTa 示例。

运行 DeBERTa 示例

首先单击以下链接：

```
https://huggingface.co/cross-encoder/nli-deberta-base
```

页面将显示如图 15.6 所示的内容。

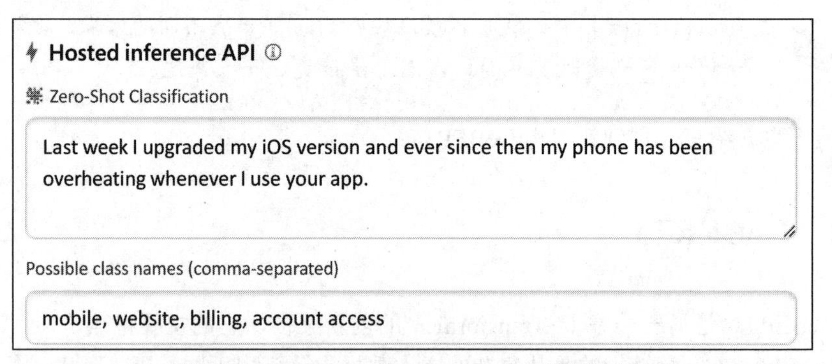

图 15.6　DeBERTa 的 Hugging Face 推理 API

DeBERTa 的预测结果是：mobile, website, billing, and account access。

结果挺不错的。现在将其与 GPT-3 关键词任务进行比较。我们前往 https://openai.com/。

按照关键词任务模板输入内容，然后得到：

Text: `Last week I upgraded my iOS version and ever since then my phone has been overheating whenever I use your app.`

Keywords: `app, overheating, phone`

GPT-3 的预测结果是 app, overheating, phone。

至此我们已经比较过 DeBERTa 和 GPT-3 了。接下来介绍 Transformer 视觉模型。

15.4　Transformer 视觉模型

正如第 1 章所述，基础模型具有两个独特的特性。

- **涌现**——符合基础模型标准的 Transformer 模型可以执行它们未经训练的任务。它们是在超级计算机上训练的大型模型，不是为了学习特定任务而训练的，而是学习如何理解序列的基础模型。
- **同质化**——同一模型可在许多领域中使用相同的基本架构。基础模型可以比其他任何模型更快、更好地通过数据学习新技能。

GPT-3 和 Google BERT(仅指由 Google 训练的 BERT 模型)是与任务无关的基础模型。这些与任务无关的模型直接导致 ViT、CLIP 和 DALL-E 模型的出现。Transformer 具有神奇的序列分析能力。

Transformer 模型的抽象级别导致多模态神经元：

- 多模态神经元通过将图像词元化为像素或图像块来处理图像。换句话说，视觉 Transformer 将图像视为单词处理。对图像编码后，Transformer 模型将这些图像词元视为单词词元来处理，具体如图 15.7 所示。

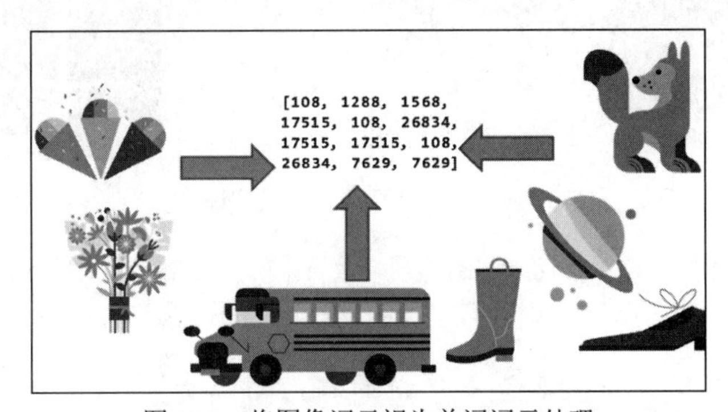

图 15.7　将图像词元视为单词词元处理

本节将介绍：

- ViT，将图像视为单词来处理的视觉 Transformer
- CLIP，对文本和图像进行编码的视觉 Transformer
- DALL-E，使用文本构建图像的视觉 Transformer

先从 ViT 开始，这是一种将图像视为单词来处理的视觉 Transformer。

15.4.1　ViT - Vision Transformer

ViT(Vision Transformers)是一种用于图像识别的 Transformer 架构。Dosovitskiy et al. (2021)在论文标题中总结了 ViT 架构的本质：An Image is Worth 16x16 Words: Transformers for Image Recognition at Scale (一幅图像相当于 16×16 个单词：用于图像

识别的 Transformer)。

是的，ViT 将图像转换为 16×16 个图块。

先看一下 ViT 的架构。

ViT 的基本架构

ViT 将图像视作单词来处理。整个过程主要包括三个步骤：

(1) 将图像拆分为图块

(2) 对图块进行线性投影

(3) 嵌入图块序列

步骤 1 是将图像拆分为大小相等的图块。

步骤 1：将图像拆分为图块

首先将图像拆分为如图 15.8 所示的 $n \times n$ 个图块。这里的 n 并没有规定大小，只需要长宽相等即可，例如 16×16；如图 15.8 所示。

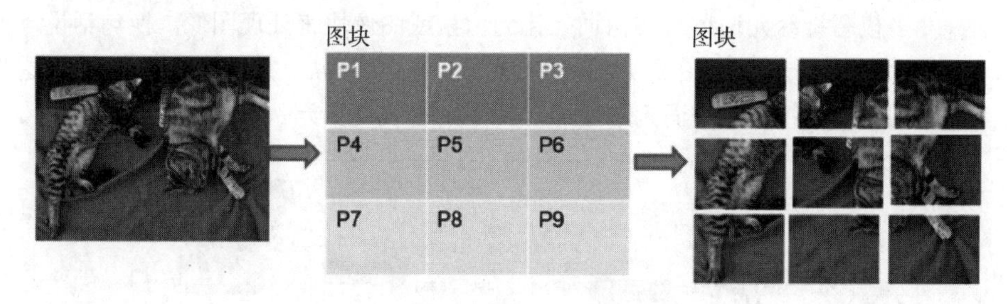

图 15.8 将图像拆分为图块

现在这些图块就相当于句子中的单词。接下来的问题是如何处理这些图块。这就是接下来步骤 2 的内容了，注意，不同类型的 Vision Transformer 的处理方法是不同的。

本节和后续章节中使用的猫的图像由 DocChewbacca 拍摄：https://www.flickr.com/photos/st3f4n/，拍摄于 2006 年。使用了 Flickr 的自由许可证：https://creativecommons.org/licenses/by-sa/2.0/。有关详细信息，请参阅 Flickr 上的 DocChewbacca 的图像：https://www.flickr.com/ photos/st3f4n/210383891。

步骤 2 对图块进行线性投影。

步骤 2：对图块进行线性投影

步骤 1 将图像转换为长宽相等的图块。这么做的目的是避免逐像素处理图像。在传统的计算机视觉任务中，常常需要对图像进行逐像素处理，例如使用卷积操作来提取特征。然而，这种逐像素处理的方式可能导致计算量过大和参数量过多的问题。ViT 引入了图块的概念，将图像分成一系列固定大小的图块，并将每个图块视为一个独立的输入单元。每个图块都被转换成向量表示后，通过 Transformer 模型进行编码和处理。这样做的好处是可以避免逐像素处理，减少了计算量，并能在全局范围内建模图像。通过以图块为单位进行处理，ViT 能够更好地捕捉图像中不同位置之间的关系，同时具备处理长距离上下文信息的能力。因此，使用图块作为输入单位是 ViT 架构成功的关键之一，使 ViT 能在计算机视觉任务中取得出色的性能。

现在我们已经讲述了将图像转换为长宽相等的图块的优势了，问题是如何处理这些图块。Google Research 团队采用了这种方式：对图块进行线性投影，具体如图 15.9 所示。

图 15.9　对图块进行线性投影

现在我们获得了图块序列。接下来讨论如何嵌入这个图块序列。

步骤 3：嵌入图块序列

现在我们已经获得类似于文字序列的图块序列来交给 Transformer 处理了。现在的问题是它们仍然还是图像！所以我们需要嵌入这个图块序列，Google Research 团队的处理方式如图 15.10 所示。

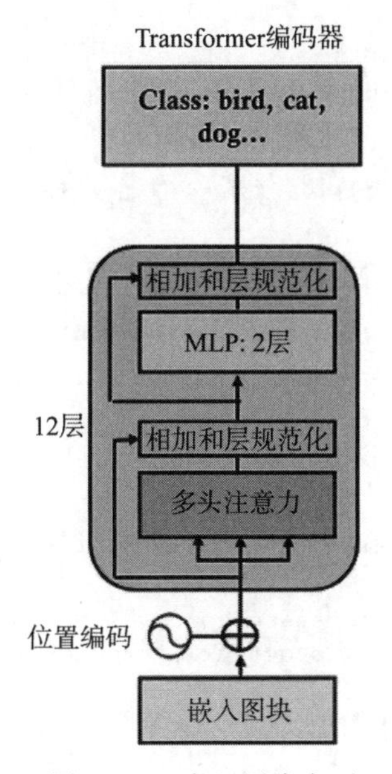

图 15.10　嵌入图块序列

- 添加一个卷积网络来嵌入图块的线性投影
- 添加位置编码以保留原始图像的结构
- 然后使用标准的原始 Transformer 架构的类 BERT 的编码器来处理嵌入输入

至此，我们已经介绍完 Google Research 团队将 NLP Transformer 模型转换为 Vision

Transformer 模型的聪明方法。接下来我们使用示例代码讲述一下如何使用 Vision Transformer 模型。

Vision Transformer 示例代码

本节将使用示例代码讲述一下如何使用 Vision Transformer 模型。

打开本书配套 GitHub 代码存储库 chapter15 目录下的 Vision_Transformers.ipynb。Google Colab VM 预装了许多软件包，如 torch 和 torchvision。可通过取消笔记本第一个单元格中的注释命令来展示预装了哪些软件包：

```
#Uncomment the following command to display the list of pre-installed
modules
#!pip list -v
```

然后转到笔记本的 Vision Transformer (ViT)单元格。笔记本首先安装 Hugging Face transformers 库然后导入所需要的模块：

```
!pip install transformers
from transformers import ViTFeatureExtractor, ViTForImageClassification
from PIL import Image
import requests
```

在撰写本书时，Hugging Face 提醒我们，由于技术不断发展，代码可能不稳定。然而，这并不应该阻止我们去探索 ViT 模型，因为探索新领域和技术是推动前沿技术取得进步的关键！

然后，我们将从 COCO 数据集选择一幅图像。如果你想试验更多图像，可在网站上找到完整的数据集语料库：https://cocodataset.org/。

这里我们下载 VAL2017 数据集。下载过程可以参照 COCO 数据集网站的指引。

VAL2017 包含 5000 幅图像，我们将从中选择一幅来测试 ViT 模型。当然，你也可以选择这 5000 幅图像中的任何一幅。

这里使用猫的图像进行测试。我们通过图像 URL 来检索：

```
url = 'http://images.cocodataset.org/val2017/000000039769.jpg'
image = Image.open(requests.get(url, stream=True).raw)
```

然后下载 Google 的特征提取器和分类模型：

```
feature_extractor = ViTFeatureExtractor.from_pretrained('google/vit-base-
patch16-224')
model = ViTForImageClassification.from_pretrained('google/vit-base-
patch16-224')
```

该模型使用了 224×244 分辨率的图像进行训练，但在特征提取和分类时使用了 16×16 图块。我们将运行模型并进行预测：

```
inputs = feature_extractor(images=image, return_tensors="pt")
outputs = model(**inputs)
logits = outputs.logits
# model predicts one of the 1000 ImageNet classes
predicted_class_idx = logits.argmax(-1).item()
print("Predicted class:",predicted_class_idx,": ", model.config.
id2label[predicted_class_idx])
```

输出为：

```
Predicted class: 285 : Egyptian cat
```

然后可以探索一下后面的代码，这些代码为我们提供了低层次的信息，其中包括：

- model.config.id2label，它将列出类的标注。这多达 1000 个的标注分类解释了为什么我们得到的是一个类别而不是详细的文本描述(因为太多了)：

```
{0: 'tench, Tinca tinca',1: 'goldfish, Carassius auratus', 2: 'great
white shark, white shark, man-eater, man-eating shark, Carcharodon
carcharias',3: 'tiger shark, Galeocerdo cuvieri',...,999: 'toilet
tissue, toilet paper, bathroom tissue'}
```

- model，将展示模型的架构，该架构从前述的以卷积输入子层的混合使用开始：

```
 (embeddings): ViTEmbeddings(
   (patch_embeddings): PatchEmbeddings(
      (projection): Conv2d(3, 768, kernel_size=(16, 16), stride=(16,
16))
   )
```

卷积输入嵌入子层之后是一个类 BERT 编码器模型。

请你花点时间探索一下这种从 NLP Transformer 到图像 Transformer 的创新举措，从而能够举一反三，迅速领会所有其他事物的 Transformer。

接下来我们看看另一个计算机视觉模型，CLIP。

15.4.2　CLIP

CLIP(Contrastive Language-Image Pre-Training，对比语言图像预训练)是一种遵循 Transformer 理念的模型。与传统的文本对不同，CLIP 模型输入的是文本-图像对。对数据进行词元化、编码和嵌入后，CLIP 这个与任务无关的模型就够像处理其他数据序列一样学习文本-图像对。

CLIP 使用了对比方法，即寻找图像特征之间的对比。这就像我们在一些杂志游戏中寻找两幅图片之间的差异和对比一样。

在深入了解代码前，我们先看一下 CLIP 的基本架构。

CLIP 基本架构

CLIP 的基本架构是对比：通过寻找差异和相似性，从而学习图像和文字是如何适配在一起的。通过预训练阶段中的文本和图像的对比学习，CLIP 使得图像与其相应的标题更加接近。完成预训练后，CLIP 可用来学习新的任务，即根据不同的输入实例执行推理或分类等任务。

CLIP 是一个具有可迁移性的模型。它可以学习新的视觉概念，例如在视频序列中识别动作，就像 GPT 模型一样。通过使用标题信息，CLIP 可以被引导用于无限的应用领域。这表明 CLIP 模型在处理不同类型的视觉任务时具有广泛的适用性和灵活性。

ViT 将图像拆分为类似单词的图块。CLIP 是一种联合训练模型，通过同时训练文本编码器和图像编码器，并最大化余弦相似度来使文本和图像的编码在嵌入空间中更加相似，具体过程如图 15.11 所示。

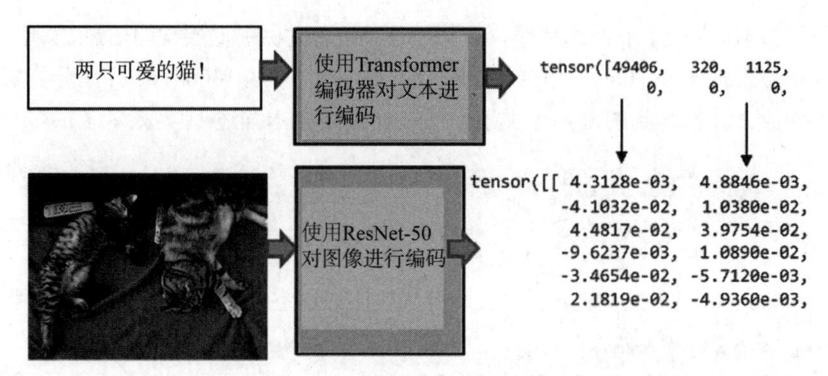

图 15.11 联合训练文本和图像

图15.11展示了CLIP是如何运行标准的Transformer编码器来处理文本输入的，还展示了如何使用ResNet 50 CNN来处理图像。

现在我们讲述完 CLIP 的架构了，接下来看一下代码示例。

CLIP 示例代码

打开本书配套 GitHub 代码存储库 chapter15 目录下的 Vision_Transformers.ipynb，然后转到该笔记本的 CLIP 单元格。

首先安装 PyTorch 和 CLIP：

```
!pip install ftfy regex tqdm
!pip install git+https://github.com/openai/CLIP.git
```

然后导入所需模块(其中 CIFAR-100 用于访问图像)：

```
import os
import clip
import torch
from torchvision.datasets import CIFAR100
```

现在我们有 10000 幅图像可用(索引从 0 到 9999)。所以我们需要选择要运行预测的图像，如图 15.12 所示。

Select an image index between 0 and 9999

index: 15

图 15.12　选择图像索引

使用 GPU (如果可用)或 CPU 加载模型：

```
# Load the model
device = "cuda" if torch.cuda.is_available() else "cpu"
model, preprocess = clip.load('ViT-B/32', device)
```

下载图像：

```
# Download the dataset
cifar100 = CIFAR100(root=os.path.expanduser("~/.cache"), download=True,
train=False)
```

对输入进行预处理：

```
# Prepare the inputs
image, class_id = cifar100[index]
image_input = preprocess(image).unsqueeze(0).to(device)
text_inputs = torch.cat([clip.tokenize(f"a photo of a {c}") for c in
cifar100.classes]).to(device)
```

对所选择的输入进行可视化：

```
import matplotlib.pyplot as plt
from torchvision import transforms
plt.imshow(image)
```

输出展示索引 15 的图像是一头狮子，如图 15.13 所示。

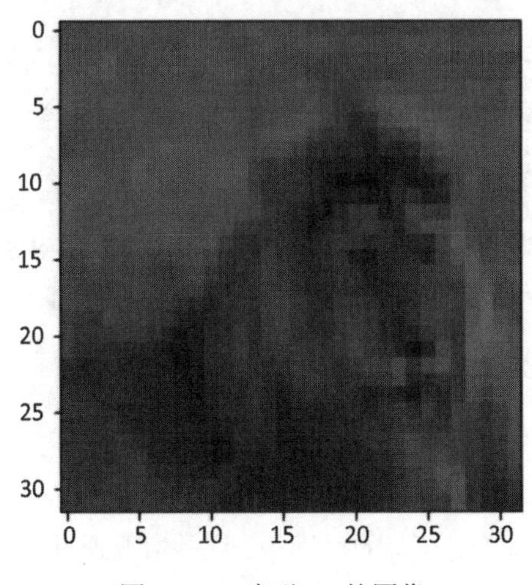

图 15.13　索引 15 的图像

本节的图像来自 Learning Multiple Layers of Features from Tiny Images, Alex Krizhevsky, 2009: https://www.cs.toronto.edu/~kriz/learningfeatures-2009-TR.pdf。它们是 CIFAR-10 和 CIFAR-100 数据集(toronto.edu)的一部分: https://www.cs.toronto.edu/~kriz/cifar.html。

我们知道这是一头狮子，因为我们是人类。现在轮到让最初为 NLP 设计的 Transformer 模型来学习这幅图像是什么。我们看看它表现如何。

以下代码展示了在计算特征时是如何将图像输入和文本输入分开的：

```
# Calculate features
with torch.no_grad():
     image_features = model.encode_image(image_input)
     text_features = model.encode_text(text_inputs)
```

然后使用 CLIP 进行预测并展示前五个预测结果：

```
# Pick the top 5 most similar labels for the image
image_features /= image_features.norm(dim=-1, keepdim=True)
text_features /= text_features.norm(dim=-1, keepdim=True)
similarity = (100.0 * image_features @ text_features.T).softmax(dim=-1)
values, indices = similarity[0].topk(5)

# Print the result
print("\nTop predictions:\n")
for value, index in zip(values, indices):
   print(f"{cifar100.classes[index]:>16s}: {100 * value.item():.2f}%")
```

可以根据需要修改 topk(5)来获取更多或更少的预测结果：

```
Top predictions:

            lion: 96.34%
           tiger: 1.04%
           camel: 0.28%
      lawn_mower: 0.26%
         leopard: 0.26%
```

CLIP 找到了狮子，它展示了 Transformer 架构的灵活性。

然后我们展示一下类别：

```
cifar100.classes
```

通过查看类别，可以看到当给定数据集中每个类别只有一个标注时，CLIP 可准确地将输入图像或文本分类到正确的类别中。这种情况通常被认为是相对简单的分类问题，因为每个样本都只属于一个类别，模型只需要提供正确的分类预测即可：

```
[...,'kangaroo','keyboard','lamp','lawn_mower','leopard','lion',
'lizard', ...]
```

除此之外，笔记本还包含了其他几个单元格，可以用它们来探索 CLIP 的架构和配置。

model 单元格特别有趣，可以看到视觉编码器从卷积嵌入开始(类似于 ViT 模型)，然后使用标准的大小为 768 的 Transformer 模型进行多头注意力计算：

```
CLIP(
  (visual): VisionTransformer(
    (conv1): Conv2d(3, 768, kernel_size=(32, 32), stride=(32, 32),
bias=False)
  (ln_pre): LayerNorm((768,), eps=1e-05, elementwise_affine=True)
  (transformer): Transformer(
    (resblocks): Sequential(
      (0): ResidualAttentionBlock(
        (attn): MultiheadAttention(
          (out_proj): NonDynamicallyQuantizableLinear(in_features=768,
out_features=768, bias=True)
        )
        (ln_1): LayerNorm((768,), eps=1e-05, elementwise_affine=True)
        (mlp): Sequential(
          (c_fc): Linear(in_features=768, out_features=3072, bias=True)
          (gelu): QuickGELU()
          (c_proj): Linear(in_features=3072, out_features=768,
bias=True)
        )
        (ln_2): LayerNorm((768,), eps=1e-05, elementwise_affine=True)
      )
```

model 单元格的另一个有趣之处是查看与图像编码器同时运行的大小为 512 的文本编码器：

```
(transformer): Transformer(
    (resblocks): Sequential(
      (0): ResidualAttentionBlock(
        (attn): MultiheadAttention(
          (out_proj): NonDynamicallyQuantizableLinear(in_features=512,
out_features=512, bias=True)
        )
        (ln_1): LayerNorm((512,), eps=1e-05, elementwise_affine=True)
        (mlp): Sequential(
          (c_fc): Linear(in_features=512, out_features=2048, bias=True)
          (gelu): QuickGELU()
          (c_proj): Linear(in_features=2048, out_features=512, bias=True)
        )
        (ln_2): LayerNorm((512,), eps=1e-05, elementwise_affine=True)
      )
```

通过查看以上描述架构、配置和参数的单元格，我们可以了解到 CLIP 是如何表示数据的。

至此我们展示了与任务无关的 Transformer 模型如何将图像-文本对处理为文本-文本对。以此类推，我们可将任务无关模型应用于音乐-文本、声音-文本、音乐-图像以及任何类型的数据对。

接下来我们将讲述 DALL-E，这是另一个与任务无关的 Transformer 模型，可以处理图像和文本。

15.4.3 DALL-E

DALL-E 是一个与 CLIP 类似的任务无关模型。CLIP 处理文本-图像对，而 DALL-E 以不同方式处理文本和图像词元。DALL-E 的输入是一个包含 1280 个词元的文本和图像的单一流。其中 256 个词元用于文本，1024 个词元用于图像。DALL-E 和 CLIP 一样是一个基础模型。

DALL-E 的命名灵感来自萨尔瓦多·达利和皮克斯的《机器人总动员》。DALL-E 的用法是输入一个文本提示然后生成一幅图像。然而，DALL-E 首先必须学习如何用文本生成图像。

DALL-E 是 OpenAI 基于 GPT-3 开发的一种新型神经网络。它是 GPT-3 的一个小版本，使用了 120 亿参数，而不是 1750 亿参数。

DALL-E 使用文本-图像对的数据集，根据文本描述生成图像。

DALL-E 基本架构

DALL-E 基本架构是这样的：与 CLIP 不同，DALL-E 将最多 256 个 BPE 编码的文本词元与 32×32=1024 个图像词元进行连接。如图 15.14 所示。

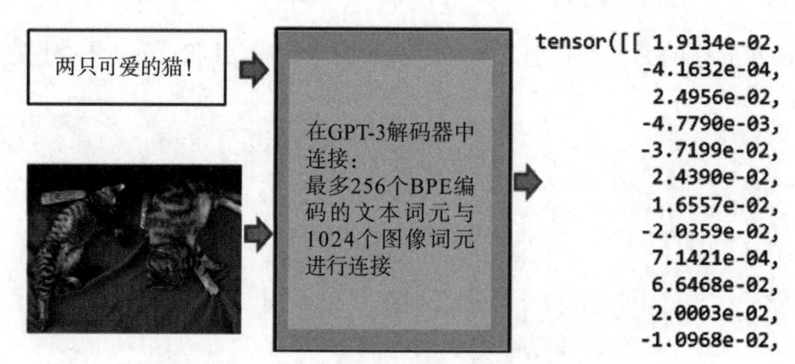

图 15.14　DALL-E 连接文本和图像输入

从图 15.14 可以看到，猫图像与输入文本连接在一起了。

DALL-E 使用了编码器和解码器堆叠，采用了将卷积函数融入 Transformer 模型的混合架构。

接下来我们看看 DALL-E 的相关示例代码。

DALL-E 示例代码

本节我们将看到 DALL-E 是如何重构图像的。

打开 Vision_Transformers.ipynb，转到 DALL-E 单元格。我们首先安装 OpenAI DALL-E 库：

```
! pip install DALL-E
```

然后下载图像并对图像进行处理：

```
import io
import os, sys
import requests
import PIL

import torch
import torchvision.transforms as T
import torchvision.transforms.functional as TF

from dall_e import map_pixels, unmap_pixels, load_model
from IPython.display import display, display_markdown

target_image_size = 256

def download_image(url):
    resp = requests.get(url)
    resp.raise_for_status()
    return PIL.Image.open(io.BytesIO(resp.content))

def preprocess(img):
    s = min(img.size)

    if s < target_image_size:
      raise ValueError(f'min dim for image {s} < {target_image_size}')
    r = target_image_size / s
    s = (round(r * img.size[1]), round(r * img.size[0]))
    img = TF.resize(img, s, interpolation=PIL.Image.LANCZOS)
    img = TF.center_crop(img, output_size=2 * [target_image_size])
    img = torch.unsqueeze(T.ToTensor()(img), 0)
    return map_pixels(img)
```

然后加载 OpenAI DALL-E 编码器和解码器：

```
# This can be changed to a GPU, e.g. 'cuda:0'.
dev = torch.device('cpu')

# For faster load times, download these files locally and use the local
paths instead.
enc = load_model("https://cdn.openai.com/dall-e/encoder.pkl", dev)
dec = load_model("https://cdn.openai.com/dall-e/decoder.pkl", dev)
```

这里处理的图像是 mycat.jpg。该图像位于本书配套 Github 代码存储库的 Chapter15 目录中，以下代码将下载并处理这幅图像：

```
x=preprocess(download_image('https://github.com/Denis2054/AI_Educational/
blob/master/mycat.jpg?raw=true'))
```

最后显示原始图像：

```
display_markdown('Original image:')
display(T.ToPILImage(mode='RGB')(x[0]))
```

输出显示原始图像，如图 15.15 所示。

图 15.15　猫的图像

接下来我们将重构这幅图像：

```
import torch.nn.functional as F

z_logits = enc(x)
z = torch.argmax(z_logits, axis=1)
z = F.one_hot(z, num_classes=enc.vocab_size).permute(0, 3, 1, 2).float()

x_stats = dec(z).float()
x_rec = unmap_pixels(torch.sigmoid(x_stats[:, :3]))
x_rec = T.ToPILImage(mode='RGB')(x_rec[0])

display_markdown('Reconstructed image:')
display(x_rec)
```

重构后的图像看起来与原始图像非常相似，如图 15.16 所示。

图 15.16　DALL-E 重构的猫的图像

结果令人印象深刻。DALL-E 学会了如何生成图像。

目前，DALL-E 的完整源代码在本书编写时尚不可用，可能永远不会公开。OpenAI 尚未上线用于根据文本提示生成图像的 API。但请保持关注！说不定明天就上线了。

除了像上面这样使用 API 外，还可在 OpenAI 官网了解 DALL-E：https://openai.com/blog/dall-e/。

打开该页面后，向下滚动查看官方提供的示例。这里选择了一幅旧金山阿拉莫广场的照片作为提示，如图 15.17 所示。

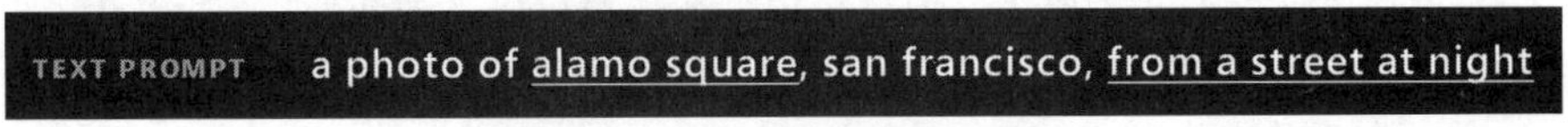

TEXT PROMPT
a photo of alamo square, san francisco, from a street at night

图 15.17 旧金山阿拉莫广场的提示

然后可将 at night 改为 in the morning，如图 15.18 所示。

at night
at night
in the afternoon
in the morning

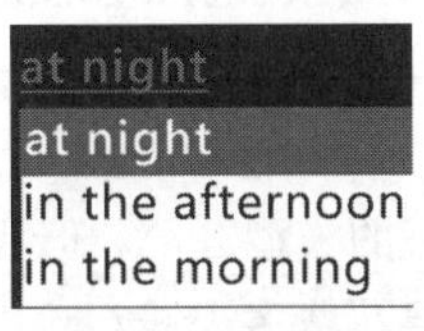

图 15.18 修改提示

再使用 DALL-E 生成许多由以上提示文本生成的图像，如图 15.19 所示。

AI-GENERATED IMAGES

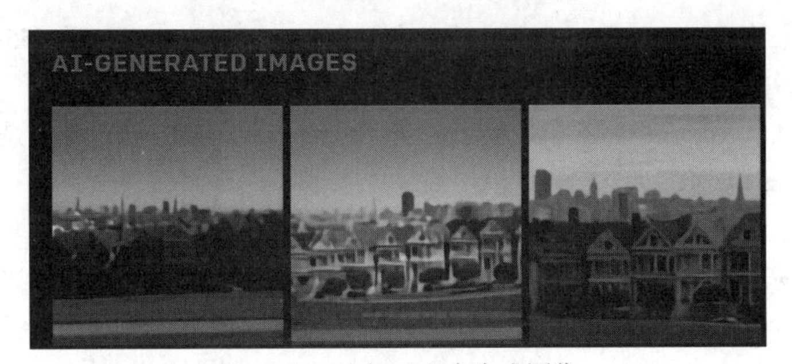

图 15.19 由提示文本生成图像

至此，我们已经讲述了 ViT、CLIP 和 DALL-E 等三个视觉 Transformer。在本章结束之前，我们再介绍一下其他模型。

15.5 不断扩大的模型宇宙

新的 Transformer 模型，就像新的智能手机一样，几乎每周都有出现。其中一些模型对于项目经理来说既令人兴奋又具有挑战性：

- **ERNIE** 是一个持续预训练框架，它在语言理解方面取得了令人印象深刻的结果。
  相关论文：https://arxiv.org/abs/1907.12412。
  挑战：Hugging Face 上面有该模型。但是 Hugging Face 的这个模型是一个完整的模型吗？它是否就是百度在 SuperGLUE 排行榜(2021 年 12 月)上超越人类基准的那个版本？通过 Hugging Face 我们是否可以访问到这个模型的最好版本，还是这个版本只是提供给我们玩玩而已？我们是否可以在百度平台或类似平台上获得它？需要花费多少钱？

- **SWITCH**：一个使用稀疏建模优化的万亿参数模型。

  相关论文：https://arxiv.org/abs/2101.03961。

  挑战：这篇论文太棒了。但这个模型在哪里可以下载或使用？我们是否能够访问到那个真正经过完全训练的版本而不是一个只是提供给我们玩玩而已的版本？需要花费多少钱？

  Megatron-Turing：一个 5000 亿参数的 Transformer 模型。

  博客：https://developer.nvidia.com/blog/using-deepspeed-and-megatron-to-train-megatron-turing-nlg-530b-the-worlds-largest-and-most-powerful-generative-language-model/。

  挑战：自称是市场上最好的模型之一。但我们可通过 API 访问它吗？它会是一个成熟的模型吗？需要花费多少钱？

- **XLNET** 像 BERT 一样进行预训练，但作者声称它在性能上超越了 BERT 模型。

  相关论文：https://proceedings.neurips.cc/paper/2019/file/dc6a7e655d7e5840e66733e9ee67cc69-Paper.pdf。

  挑战：XLNET 真的在性能上超越了 Google BERT 吗？我们是否可以访问 Google BERT 或 XLNET 模型的最佳版本？

这里我们无法列完这个列表，并且这个列表还在增长中！

要测试完所有这些模型是一个难题，且难度超越了之前提到的所有问题。值得一提的是，只有少数 Transformer 模型符合基础模型的要求。基础模型必须具备以下特点：

- 能够运行各种任务。
- 不需要微调即可执行未经训练的任务，因为它具备了独特的自然语言理解能力。
- 足够大，以保证相对准确的结果，例如 OpenAI GPT-3。

许多网站提供的 Transformer 模型可能只能满足教学要求，尚未达到基础模型的标准。

你想成为工业 4.0 AI 专家的最好方法就是尽可能深入地了解 Transformer 模型。只要你在这条路坚持下去，总有一天，你会成为一名专家，那时，你选择合适的 Transformer 模型就像选择一部智能手机那样容易。

15.6 本章小结

市场上不断涌现新的 Transformer 模型。因此，通过阅读出版物和书籍并测试一些模型来跟上前沿研究是一种很好的做法。这就是本章的意义所在。

我们不可能花几个月的时间去探索市场上出现的每个模型。如果一个项目已经投入生产了，我们不可能每个月更换一个模型。

要将所有模型都学习完也是不可能的。但是，我们可通过加深我们对 Transformer 模型的了解来快速理解新模型。

Transformer 模型的基本结构是保持不变的。编码器和/或解码器堆叠的层保持相同。注意力头可以并行化以优化计算速度。

Reformer 模型应用了 LSH 桶和分块。它还重新计算每个层的输入，而不是存储信息，从而优化了内存问题。然而，像 GPT-3 这样的十亿参数模型比 Reformer 模型效果更好，这表明，包含数十亿参数的高度训练有素的 Transformer 模型可以胜过一种创新的 Transformer 模型架构。

DeBERTa 模型将内容和位置解缠，使训练过程更加灵活。所生成的结果令人印象深刻。然而，像 GPT-3 这样的十亿参数模型可以与 DeBERTa 的输出相媲美，再次表明，包含数十亿参数的高度训练有素的 Transformer 模型可以胜过一种创新的 Transformer 模型架构。

ViT、CLIP 和 DALL-E 将我们带入了与任务无关的文本图像视觉 Transformer 模型的迷人世界。我们看到，将文字和图像结合起来可以产生新的和富有成效的信息。

下一章我们将讲述 AI 是如何充当好人类的助理(Copilot)。

15.7　练习题

1. Reformer Transformer 模型不包含编码器。(对|错)
2. Reformer Transformer 模型不包含解码器。(对|错)
3. 输入逐层存储在 Reformer 模型中。(对|错)
4. DeBERTa Transformer 模型解缠内容和位置。(对|错)
5. 在为项目选择最终 Transformer 模型之前，有必要测试数百个预训练 Transformer 模型。(对|错)
6. 最新的 Transformer 模型永远是最好的。(对|错)
7. 每个 NLP 任务最好都有一个 Transformer 模型，而不是一个多任务 Transformer 模型对应多个 NLP 任务。(对|错)
8. Transformer 模型始终需要微调。(对|错)
9. OpenAI GPT-3 引擎可以执行广泛的 NLP 任务，而不需要微调。(对|错)
10. 在本地服务器上实现 AI 算法总是更好的。(对|错)

第 16 章

AI助理

当工业 4.0(I4.0)达到成熟阶段时，万物互联，主要工作将变为机器对机器的连接、通信和决策。AI 将通过即用即付的云 AI 方式来提供服务。大型科技公司将吸纳最有才华的 AI 专家来创建云 AI 的 API、接口和集成工具。

AI 专家将从纯粹的写代码转向设计，成为架构师、集成商和云 AI 流水线管理员。因此，以后的 AI 专家更多要成为咨询师而不仅是程序员。

第 1 章介绍了基础模型，即可以执行未经训练的 NLP 任务的 Transformer 模型。第 15 章将 Transformer 基础模型扩展为可以执行视觉任务、NLP 任务等任务无关模型。

本章将把任务无关的 OpenAI GPT-3 模型扩展到各种 AI 助理(copilot)任务里面去。新一代的 AI 专家和数据科学家需要学习如何与 AI 助理一起工作，帮助他们自动生成源代码并做出决策。

本章首先详细讲述提示工程。我们将使用一个将对话记录转换为摘要的示例任务来讲述提示工程。从这个示例任务我们可以看到，Transformer 确实能够提高生产效率，但也有局限性，很多地方还处理不好。

将讲述 GitHub Copilot 是如何通过自动生成代码来帮助程序员的。

我们将使用特定领域的 GPT-3 引擎来发现新的 AI 方法。本章将展示如何生成具有 12288 个维度的嵌入，并将其插入机器学习算法中。然后将讲述如何让 AI 生成一系列操作指示。

我们将讲述如何过滤有偏见的输入和输出。2020 年代的 AI 必须要讲道德。

推荐系统已经渗透到每个社交媒体平台，以建议我们可能想要消费的视频、帖子、消息、书籍和其他许多产品。我们将在本章使用 Transformer 构建一个推荐系统。

Transformer 模型可以分析序列。它们最初用于 NLP，但已成功扩展到计算机视觉。我们将讲述一个使用了 Jax 的基于 Transformer 的计算机视觉程序。

最后我们将展望：可将本书的 Transformer 工具与新兴的元宇宙技术结合起来，带领人类进入另一个世界。

本章涵盖以下主题：

- 提示工程

- GitHub Copilot
- 对数据集进行嵌入
- 嵌入驱动的机器学习
- 指令系列
- 过滤模型的输入和输出
- 基于 Transformer 的推荐系统
- 将 NLP 序列学习扩展到行为预测
- 通过 JAX 使用 Transformer 模型
- 将 Transformer 模型应用于计算机视觉

我们先从提示工程开始，这是一项十分关键的能力。

16.1　提示工程

提示工程(Prompt engineering)是指在使用 Transformer 模型进行自然语言处理时，设计和构建输入提示(prompt)的过程。在使用 Transformer 模型时，我们需要通过合适的输入提示来引导模型生成我们期望的输出结果。

会说一种语言这项能力并非靠遗传获得的。我们的大脑中没有一个语言中心包含了我们父母的语言。我们的大脑是通过神经元的连接来学习说、读、写和理解语言，而不是通过遗传方式获得语言能力。每个人的语言回路(language circuitry)都不同，这取决于他们的文化背景和早年接触语言的方式。

随着我们的成长，我们发现听到的大部分内容都是混乱的：省略句、语法错误、词语用法错误、发音错误等等。

我们使用语言来传达信息。我们很快发现，需要根据与之交流的人或受众来调整语言。可能需要提供额外的“输入”或“提示”才能获得我们期望的“输出”结果。GPT-3 等 Transformer 基础模型可以各种方式执行数百种任务。我们必须像学习任何其他语言一样学习 Transformer 模型的提示和响应语言。在与人或者接近人类水平的 Transformer 模型进行有效交流时，我们希望提供尽可能少的信息就能获得最好的结果。将获得结果所需的最小输入信息量表示为 min$I$，系统的最大输出信息量表示为 max$R$。

可将这个通信链表示为：

$$\min I(input) \rightarrow \max R(output)$$

将这里的 input 替换为 prompt，以显示输入是如何影响模型的输出的。输出表示为 response。然后与 Transformer 的对话可以表示为 $d(T)$：

$$d(T) = \min I(prompt) \rightarrow \max R(response)$$

当 min$I$(prompt)→1 时，max$R$(response)概率→1。

当 min$I$(prompt)→0 时，max$R$(response)概率→0。

$d(T)$的质量取决于我们如何定义 min$I$(prompt)。

可见你的提示是影响内容概率的一部分！因为 Transformer 模型会将提示和响应包括在概率估计中。

无论是儿童还是成年人，学习一门语言都需要很多年的时间。同样，学习 Transformer 模型的语言以及如何有效地设计 min$I$(prompt)也需要相当长的时间。我们需要了解它们，包括它们的架构以及算法是如何计算预测的。然后，我们需要花费相当多的时间来理解如何设计输入(即提示)，以使 Transformer 模型按照我们的期望运行。

本节将使用 7 个场景将两个人之间的非正式对话转换为摘要。因为是非正式对话，所以对话内容是非结构化的。

我们将从具有有意义上下文的非正式英语开始。

16.1.1　具有有意义上下文的非正式英语

非正式英语的句子较短，词汇量有限。

现在我们使用 OpenAI GPT-3 执行“对话摘要”任务。打开 www.openai.com，登录或注册。然后转到 Examples 页面并选择 Notes to summarize。

首先需要提供给 GPT-3 所有需要的信息，这样它才能总结 Jane 和 Tom 之间的非正式对话；Jane 和 Tom 是两个刚开始工作的程序员。Tom 想给 Jane 咖啡，但 Jane 拒绝了。

这里将 min$I$(prompt)设置为 1，因为我们提供了十分完整的输入信息，如图 16.1 所示。

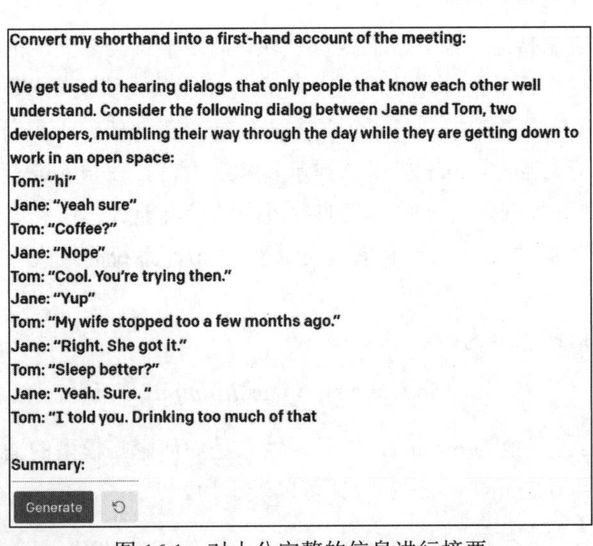

图 16.1　对十分完整的信息进行摘要

然后单击 Generate 按钮，我们得到一个令人惊讶的好答案，如图 16.2 所示。

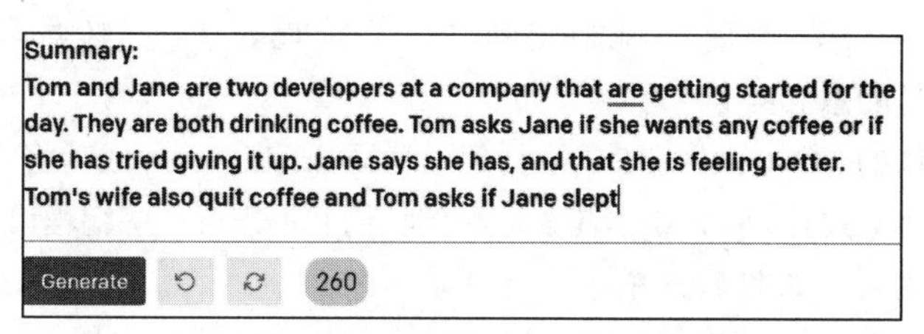
Summary:
Tom and Jane are two developers at a company that are getting started for the day. They are both drinking coffee. Tom asks Jane if she wants any coffee or if she has tried giving it up. Jane says she has, and that she is feeling better. Tom's wife also quit coffee and Tom asks if Jane slept
Generate
260

图 16.2 GPT-3 提供一个可接受的摘要

现在能否得出结论，AI 能在我们随机的日常对话、会议和无目的的闲聊中找到结构呢？这个问题并不容易回答。现在，我们将通过添加转喻成分复杂化输入。

16.1.2 转喻和多义

前面 Tom 提到了咖啡这个词，从而让 GPT-3 走上正轨。但是，如果 Tom 用 java 这个词而不是咖啡呢？咖啡指的是饮料，而 java 是一种来自爪哇岛的咖啡。转喻是指我们使用一个物体的属性来代替它，如用 java 代替咖啡。Java 也是一种编程语言，其 logo 就是一杯咖啡。

现在我们面临着三种可能的 java 定义：咖啡的成分(通过转喻指代咖啡)、爪哇岛以及一种编程语言的名称。GPT-3 现在面临着一个多义性(同一个词有多个意思)问题。

人类能很好地处理多义词，能根据上下文学习到单词的不同含义。回到我们的例子，Jane 和 Tom 都是程序员，这使情况变得复杂了。他们谈论的是咖啡还是编程语言？

这点对于人类来说很容易，因为 Tom 接着谈到了他的妻子，她不再喝咖啡了。而 GPT-3 被这种多义性所困惑，产生了一个错误的答案，如图 16.3 所示。

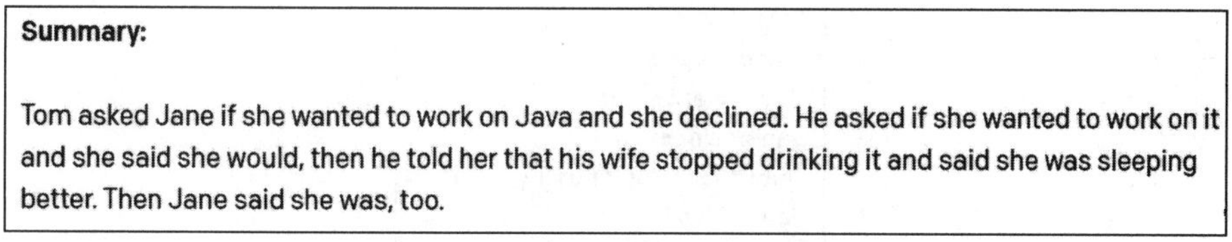

Summary:

Tom asked Jane if she wanted to work on Java and she declined. He asked if she wanted to work on it and she said she would, then he told her that his wife stopped drinking it and said she was sleeping better. Then Jane said she was, too.

图 16.3 GPT-3 无法处理多义性

因此，我们认为当 $\min I(\text{prompt}) \to 0$ 时，$\max R(\text{response})$的概率$\to 0$。

如果对句子进行省略，人类对话可能变得更加难以分析。

16.1.3 省略

对句子进行省略后，情况变得更复杂了。假设 Tom 正在喝一杯咖啡；Jane 看着 Tom 和那杯咖啡，她漫不经心地向 Tom 打招呼。

Tom 没有问 Jane 是要咖啡还是 Java，而是说：

```
"Want some?"
```

Tom 省略了咖啡这个词，所以这是一个省略句。Jane 看着 Tom 拿着一杯咖啡，还是能明白他的意思。然而 OpenAI GPT-3 看不到 Tom 拿着一杯咖啡，那么 OpenAI GPT-3 能明白他的意思吗？

答案是可以的！OpenAI GPT-3 检测到了动词 drinking，并成功将它与问题“Want some?”联系起来，并且 OpenAI GPT-3 检测到我们并不需要一些编程语言。最后 GPT-3 生成了正确的摘要，如图 16.4 所示。

Summary:

Tom and Jane are two developers that are talking to each other about their day. Jane doesn't drink coffee, but Tom is giving it away for free. Tom's wife also stopped drinking coffee, and is sleeping better. Tom also tells Jane that he told her that she was drinking too much coffee.

图 16.4　GPT-3 生成了正确的摘要

现在我们看看 AI 能否正确处理人类可以理解的模糊上下文。

16.1.4　模糊上下文

如果我们更进一步，把 Tom:“My wife stopped too a few months ago”这句删掉，Jane 作为人类还是能够理解他在说什么，因为 Jane 看到 Tom 手里拿着一杯咖啡。然而 OpenAI GPT-3 看不到 Tom 拿着一杯咖啡，那么 OpenAI GPT-3 是否还能够像上一节那样明白他的意思呢？

现在我们把 Tom:“My wife stopped too a few months ago”和 Tom: “I told you. Drinking too much of that”这两句都删掉，如图 16.5 所示。

Tom: "hi"
Jane: "yeah sure"
Tom: "Want some?"
Jane: "Nope"
Tom: "Cool. You're trying then."
Jane: "Yup"
Tom: "Sleep better?"
Jane: "Yeah. Sure. "

图 16.5　模糊的输入上下文

输出明显体现出对话的混乱，如图 16.6 所示。

Summary: Tom and Jane are discussing the meeting they had with the team yesterday. Tom is telling Jane that she's in charge of getting the team to try to sleep better, and Jane is telling Tom that she slept well.

图 16.6　GPT-3 响应不佳

提示过于模糊，导致了不充分的响应，我们可以总结为：

$d(T) \rightarrow 0$，因为当 $\min I(\text{prompt}) \rightarrow 0$，$\max R(\text{response})$的概率$\rightarrow 0$。

当人们交流时，会将自己的文化、过去的关系、视觉情境和其他不可见因素带入对话中。对于第三方(GPT-3)来说，是看不见这些不可见因素的，从而导致：

- 在没有看到人们的行为、面部表情、肢体语言等的情况下阅读文本
- 听到人们提到我们不了解的事物(电影、体育、工厂问题等)
- 来自另一个地域的不同文化事件

这个列表是无穷无尽的！

我们可以看到，这些不可见因素使得 AI 变得盲目。

现在引入传感器来改变这种情况。

16.1.5 引入传感器

在这个思维实验中，将视频传感器引入房间中。想象一下，我们可以使用图像字幕与视频源，并在对话开始时提供一些背景信息，比如人们有时会生成只有彼此非常了解的人才能理解的对话。然后请思考一下 Jane 和 Tom 之间的对话。视频源产生的图像字幕展示 Tom 正在喝咖啡，Jane 正使用键盘打字。Jane 和 Tom 是两个程序员，在一个开放的空间里一边工作一边嘟哝着度过一天。

然后提供以下随机的聊天作为提示：

```
Tom: "hi" Jane: "yeah sure" Tom: "Want some?" Jane: "Nope" Tom: "Cool. You're
trying then." Jane: "Yup" Tom: "Sleep better?" Jane: "Yeah. Sure. "
```

GPT-3 的输出是可以接受的，尽管在开始时缺少重要的语义词：

```
Summarize: A developer can be seen typing on her keyboard. Another
developer enters the room and offers her a cup of coffee. She declines,
but he insists. They chat about her sleep and the coffee.
```

每次运行的结果可能会不一样。GPT-3 会查看最高概率并选择其中最好的一个。GPT-3 之所以能通过这个实验，是因为图像字幕提供了上下文。

然而，如果 Tom 没有拿着一杯咖啡，剥夺了 GPT-3 的视觉上下文，会怎么样呢？

16.1.6 有传感器但没有可见上下文

对于 AI 来说，最困难的情况是平日里 Tom 每天都有一个事件，但今天却没有。假设 Tom 每天早上拿着一杯咖啡进来。现在他进来了(但没有拿咖啡)，问 Jane 是否想要咖啡，然后再去拿咖啡。我们进行了思维实验，想象所有可能的情况。这种情况下，我们思维实验中的视频监控将发现不了这一点，我们又回到了混乱状态。此外，通过视频监控无法看出他们是程序员，还是会计师或顾问。因此，我们将该上下文部分剔除，只保留以下上下文。嗯，让我们进一步。对话中只包含“Tom:”和“Jane:”

(把所有上下文都去掉)。嗯，现在我们只剩下以下内容了：

```
Tom: "hi" Jane: "yeah sure" Tom: "Want some?" Jane: "Nope" Tom: "Cool. You're
trying then." Jane: "Yup" Tom: "Sleep better?" Jane: "Yeah. Sure."
```

输出非常惊人。Jane 和 Tom 使用的随意语言导致 GPT-3 得出荒谬的结论。记住，GPT-3 是一种随机算法。输入的最微小变化都可能导致完全不同的输出。GPT-3 正试图猜测他们在说什么。GPT-3 检测到对话是关于消费某些东西的。他们随意的语言导致了对非法物质的荒谬预测，出于道德原因，我不会把这些预测结果显示在这里。

GPT-3 可以判断出当前使用的语言水平，并将其与相关情境相联系。

如果用正式英语重现同样的经历，会发生什么？

16.1.7 没有上下文的正式英语会话

现在将所有的上下文信息都排除在外，使用正式英语进行对话。正式英语包含更长的句子、良好的语法和礼貌。具体如下：

```
Tom: "Good morning, Jane" Jane: "Good morning, Tom" Tom: "Want some as well?"
Jane:
"No, thank you. I'm fine." Tom: "Excellent. You are on the right track!" Jane:
"Yes, I am" Tom: "Do you sleep better these days?" Jane: "Yes, I do. Thank
you. "
```

对于这种英语水平和礼貌，GPT-3 能很自然地理解 Tom 所说的 drinking 指的是什么。输出相当令人满意：

```
Summarize: Tom says "good morning" to Jane. Tom offers her some of what he's
drinking.
Jane says "no, thank you. I'm fine." Tom says "excellent" and that she is
on the
right track. Jane says, "yes, I am." Tom asks if she sleeps better these days.
```

现在让我们总结一下这些实验。

16.1.8 提示工程训练

人类如果不经过认真思考，所表达出的思想往往是混乱的。人类使用许多方法来重建非结构化句子。人类通常需要提出额外的问题来理解某人在说什么。与经过训练的 Transformer(如 OpenAI GPT-3)交互时，你需要接受这一点。

记住，与 Transformer 的对话 $d(T)$ 和响应 $\max R(\text{response})$ 取决于输入的质量 $\min I(\text{prompt})$，如本节开头所示：

$$d(T)=\min I(\text{prompt})\ \max R(\text{response})$$

当 $\min I(\text{prompt}) \rightarrow 1$ 时，$\max R(\text{response})$ 概率 $\rightarrow 1$。

当 $\min I(\text{prompt}) \rightarrow 0$ 时，$\max R(\text{response})$ 概率 $\rightarrow 0$。

请练习提示工程并及时度量进度。提示工程是一项新技能，它将带你进入 AI 的下一个水平。

如果你掌握了提示工程，你将能掌握 Copilot。

16.2　Copilot

Copilot 是指可以在 IDE(如 Visual Studio Code、PyCharm 等)中使用的 AI 驱动开发助手。

GitHub Copilot

先从 GitHub Copilot 开始：

```
https://github.com/github/copilot-docs
```

本节使用 GitHub Copilot 和 PyCharm (JetBrains)：

```
https://github.com/github/copilot-docs/tree/main/docs/jetbrains
```

按照文档中的说明安装 JetBrains 并在 PyCharm 中激活 OpenAI GitHub Copilot。

使用 GitHub Copilot 的过程分为四个步骤(参见图 16.7)：

- OpenAI Codex 使用互联网上的公开代码和文本进行训练得出模型。
- 将训练好的模型嵌入 GitHub Copilot 服务中。
- GitHub 服务管理我们在编辑器(本例为 PyCharm)中编写的代码与 OpenAI Codex 之间的交互。GitHub 服务管理器提供建议，并将交互发回以改进模型。
- 照旧使用代码编辑器进行编程。

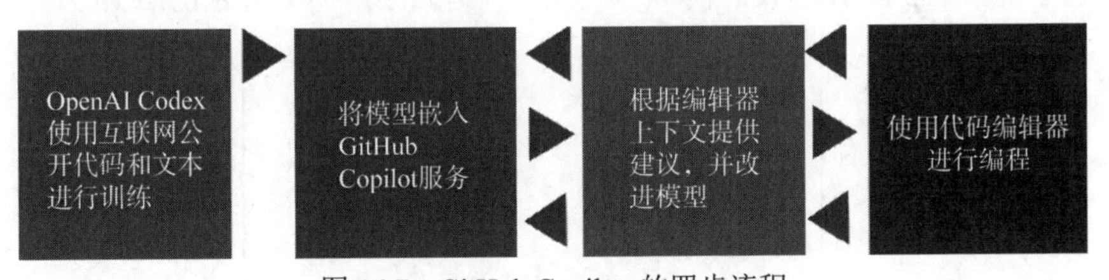

图 16.7　GitHub Copilot 的四步流程

可按 GitHub Copilot 提供的说明，在 PyCharm 中登录 GitHub。如果遇到任何问题，请阅读 https://copilot.github.com/#faqs。

在 PyCharm 编辑器中完成所有设置后，只需要输入以下代码：

```
import matplotlib.pyplot as plt
def draw_scatterplot
```

然后打开 OpenAI GitHub 建议窗格，就可以看到 AI 给出的如图 16.8 所示的建议。

```
def draw_scatterplot(x, y):
    plt.scatter(x, y)
    plt.show()

Accept solution 2
def draw_scatterplot(x, y):
    plt.scatter(x, y)
    plt.xlabel('x')
    plt.ylabel('y')
    plt.show()

Accept solution 3
def draw_scatterplot(x, y, xlabel, ylabel, title):
    plt.scatter(x, y)
    plt.xlabel(xlabel)
    plt.ylabel(ylabel)
    plt.title(title)
    plt.show()
```

图 16.8 针对你输入的代码的建议

选择你喜欢的 Copilot 建议后，它将出现在编辑器中。可以使用 Tab 键确认建议。你还可以等待 AI 服务器返回其他建议，如绘制散点图：

```
import matplotlib.pyplot as plt
def draw_scatterplot(x, y):
   plt.scatter(x, y)
   plt.xlabel('x')
   plt.ylabel('y')
   plt.show()



draw_scatterplot([1, 2, 3, 4, 5], [1, 4, 9, 16, 25])
```

运行以上 Copilot 所建议的代码(不需要做任何修改)，即可展示出图 16.9。

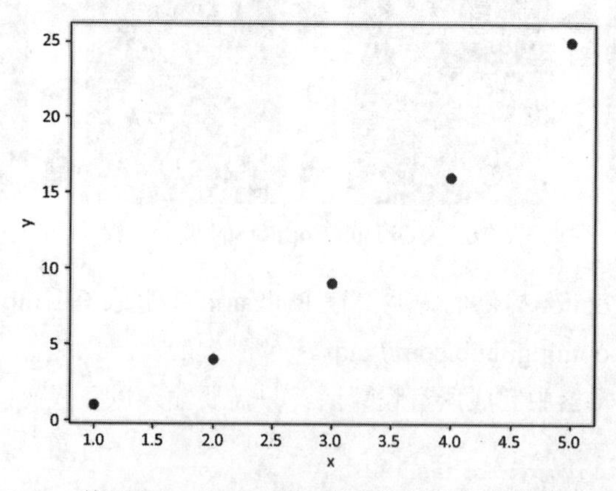

图 16.9 使用 GitHub Copilot 所建议的代码生成的散点图

可以使用位于本书配套 GitHub 存储库的 Chapter16 文件夹中的 GitHub_Copilot.py，

在你的计算机上运行，以获得以上结果。

这项技术是无缝、透明的，并将逐步扩展到开发的各个领域。该系统包含 GPT-3 功能以及其他流水线。该技术适用于 Python、JavaScript 等多种编程语言。

要想熟悉使用由 OpenAI Codex 驱动的 GitHub Copilot，你可能需要进行上一节提到的提示工程方面的一些训练。

OpenAI 是一个有助于使用 Copilot 进行训练的良好平台。

2023 年 3 月，Microsoft GitHub Copilot 仍提供 Codex 的使用和支持。但从 3 月 23 日开始，OpenAI 停止了对 Codex 的支持，并推荐使用 GPT 3.5-turbo 和 GPT-4。第 17 章将介绍 GPT-3.5-turbo 和 GPT-4 以及 OpenAI 的 ChatGPT 和 GPT-4 的超人类 Transformer 的整合。OpenAI 的领域特定引擎可以提供有价值的输出，以提高项目的性能。

16.3　可以执行领域特定任务的 GPT-3 引擎

本节介绍了可以执行领域特定任务的 GPT-3 引擎。我们将在本节的三个子部分中运行三个模型：

- Embedding2ML：使用 GPT-3 为 ML 算法提供嵌入
- Instruct series：要求 GPT-3 为任何任务提供指令
- Content filter：过滤带有偏见的输入和输出，过滤任何形式的不可接受的输入和输出

打开 Domain_Specific_GPT_3_Functionality.ipynb。

将从 embedding2ML(为 ML 算法提供嵌入)开始。

16.3.1　为 ML 算法提供嵌入

OpenAI 已经训练了几个具有不同维度和不同能力的嵌入模型：

- Ada(1024 维)
- Babbage(2048 维)
- Curie(4096 维)
- Davinci(12288 维)

有关每个引擎的更多解释，请参阅 OpenAI 网站：

`https://beta.openai.com/docs/guides/embeddings` 。

Davinci 模型提供了 12288 维的嵌入。本节将利用 Davinci 的强大功能生成供应链数据集的嵌入。但我们不会将嵌入发送到 Transformer 的嵌入子层！

我们将使用 scikit-learn 库将嵌入发送到聚类机器学习程序，整个过程分为六个步骤：

- 步骤 1：安装和导入 OpenAI，并输入 API 密钥
- 步骤 2：加载数据集
- 步骤 3：组合列
- 步骤 4：运行 GPT-3 嵌入
- 步骤 5：使用嵌入进行聚类(k-means)
- 步骤 6：可视化聚类(t-SNE)

该过程的概要如图 16.10 所示。

图 16.10　将嵌入发送到聚类分析算法的六步过程

使用 Google Colab 打开 Domain_Specific_GPT_3_Functionality.ipynb，并转到该笔记本的 Embedding2ML with GPT-3 engine 部分。

本节中描述的步骤与笔记本单元格相匹配。

步骤 1：安装和导入 OpenAI

我们从以下子步骤开始：

(1) 运行代码块

(2) 重新启动运行时

(3) 再次运行代码块，以确保在重新启动运行时之后运行：

```
try:
  import openai
except:
  !pip install openai
  import openai
```

(4) 输入 API 密钥。

```
openai.api_key="[YOUR_KEY]"
```

接下来我们加载数据集。

步骤 2：加载数据集

在运行本步骤代码块前，请先上传文件。这里使用了 tracking.csv(可在本书配套 GitHub 代码存储库中找到)，其中包含 SCM 数据：

```
import pandas as pd
df = pd.read_csv('tracking.csv', index_col=0)
```

数据包含了七个字段：

- Id
- Time
- Product
- User
- Score
- Summary
- Text

我们使用以下命令打印前几行：

```
print(df)
```

```
Time Product User Score Summary Text
Id
1     01/01/2016 06:30    WH001   C001      4          on time    AGV1
2     01/01/2016 06:30    WH001   C001      8             late      R1  NaN
3     01/01/2016 06:30    WH001   C001      2            early     R15  NaN
4     01/01/2016 06:30    WH001   C001     10  not delivered     R20  NaN
5     01/01/2016 06:30    WH001   C001      1          on time      R3  NaN
...                ...      ...    ...    ...            ...     ...  ...
1049  01/01/2016 06:30    WH003   C002      9          on time    AGV5  NaN
1050  01/01/2016 06:30    WH003   C002      2             late   AGV10  NaN
1051  01/01/2016 06:30    WH003   C002      1            early    AGV5  NaN
1052  01/01/2016 06:30    WH003   C002      6  not delivered    AGV2  NaN
1053  01/01/2016 06:30    WH003   C002      3          on time    AGV2  NaN

[1053 rows x 7 columns]
```

接下来组合列来构建我们想要的聚类。

步骤 3：组合列

可将 Product 列与 Summary 列组合成一个新列 combined，以获得产品及其交付状态的视图。记住，这只是一个实验性练习。在实际项目中，请仔细分析和决定你希望组合的列。

可根据你的实际项目替换以下示例代码：

```
df['combined'] = df.Summary.str.strip()+ "-" + df.Product.str.strip()
print(df)
```

现在我们可以看到一个名为 combined 的新列：

```
                    Time Product User ... Text                  combined
Id ...
1     01/01/2016 06:30 WH001  C001 ... AGV1                  on time-WH001
2     01/01/2016 06:30 WH001  C001 ... R1 NaN                  late-WH001
3     01/01/2016 06:30 WH001  C001 ... R15 NaN                early-WH001
4     01/01/2016 06:30 WH001  C001 ... R20 NaN        not delivered-WH001
5     01/01/2016 06:30 WH001  C001 ... R3 NaN               on time-WH001
...              ...     ...    ...   ... ... ...                          ..
.
1049  01/01/2016 06:30 WH003  C002 ... AGV5 NaN             on time-WH003
1050  01/01/2016 06:30 WH003  C002 ... AGV10 NaN              late-WH003
1051  01/01/2016 06:30 WH003  C002 ... AGV5 NaN               early-WH003
1052  01/01/2016 06:30 WH003  C002 ... AGV2 NaN       not delivered-WH003
1053  01/01/2016 06:30 WH003  C002 ... AGV2 NaN             on time-WH003

[1053 rows x 8 columns]
```

接下来将对 combined 列运行 GPT-3 嵌入。

步骤 4：运行 GPT-3 嵌入

现在将对 combined 列运行 davinci-similarity 模型，最终获得 combined 列的 12288 维向量表示：

```
import time
import datetime
# start time
start = time.time()
def get_embedding(text, engine="davinci-similarity"):
   text = text.replace("\n", " ")
   return openai.Engine(id=engine).embeddings(input = [text])['data'][0]
['embedding']

df['davinci_similarity'] = df.combined.apply(lambda x: get_embedding(x,
engine='davinci-similarity'))

# end time
end = time.time()
etime=end-start
conversion = datetime.timedelta(seconds=etime)
print(conversion)
print(df)
```

具体结果如下，现在我们有了 combined 列的 12288 维向量表示：

```
0:04:44.188250
                    Time    ...                              davinci_
similarity
Id                          ...
1     01/01/2016 06:30    ...  [-0.0047378824, 0.011997132, -0.017249448,
-0....
2     01/01/2016 06:30    ...  [-0.009643857, 0.0031537763, -0.012862709,
-0....
3     01/01/2016 06:30    ...  [-0.0077407444, 0.0035147679, -0.014401976,
-0...
4     01/01/2016 06:30    ...  [-0.007547746, 0.013380095, -0.018411927,
-0.0...
5     01/01/2016 06:30    ...  [-0.0047378824, 0.011997132, -0.017249448,
-0....
...                 ...   ...
...
1049  01/01/2016 06:30    ...  [-0.0027823148, 0.013289047, -0.014368941,
-0....
1050  01/01/2016 06:30    ...  [-0.0071367626, 0.0046446105, -0.010336877,
0....
1051  01/01/2016 06:30    ...  [-0.0050991694, 0.006131069, -0.0138306245,
-0...
1052  01/01/2016 06:30    ...  [-0.0066779135, 0.014575769, -0.017257102,
-0....
1053  01/01/2016 06:30    ...  [-0.0027823148, 0.013289047, -0.014368941,
-0....

[1053  rows x 9 columns]
```

现在需要将结果转换为 numpy 矩阵：

```
#creating a matrix
import numpy as np
matrix = np.vstack(df.davinci_similarity.values)
matrix.shape
```

现在该矩阵的形状为 1053 条记录×12288 个维度：

```
(1053, 12288)
```

现在已经拥有了可发送给 scikit-learn 机器学习聚类算法的矩阵了。

步骤 5：使用嵌入进行聚类(k-means)

通常，我们将传统数据集发送给 k-means 聚类算法。将向 ML 算法发送一个 12288 维的数据集，而不是发送到 Transformer 的下一子层。

首先从 scikit-learn 导入 k-means：

```
from sklearn.cluster import KMeans
```

然后使用 12288 维数据集运行传统的 k-means 聚类算法：

```
n_clusters = 4
kmeans = KMeans(n_clusters = n_clusters,init='k-means++',random_state=42)
```

```
kmeans.fit(matrix)
labels = kmeans.labels_
df['Cluster'] = labels
df.groupby('Cluster').Score.mean().sort_values()
```

输出是四个我们所需的聚类：

```
Cluster
2    5.297794
0    5.323529
1    5.361345
3    5.741697
```

可以打印数据集内容的标注：

```
print(labels)
```

输出为：

```
[2 3 0 ...0 1 2]
```

接下来我们使用 t-SNE 可视化聚类。

步骤 6：可视化聚类(t-SNE)

t-SNE 算法通过保留局部相似性进行降维，而 PCA 算法则通过最大化大的成对距离进行降维。本例将使用 t-SNE。

我们将使用 matplotlib 来展示 t-SNE：

```
from sklearn.manifold import TSNE
import matplotlib
import matplotlib.pyplot as plt
```

在可视化前，我们需要运行 t-SNE 算法：

```
#t-SNE
tsne = TSNE(n_components=2, perplexity=15, random_state=42, init='random',
learning_rate=200)
vis_dims2 = tsne.fit_transform(matrix)
```

然后使用 matplotlib 展示结果：

```
x = [x for x,y in vis_dims2]
y = [y for x,y in vis_dims2]

for category, color in enumerate(['purple', 'green', 'red', 'blue']):
    xs = np.array(x)[df.Cluster==category]
    ys = np.array(y)[df.Cluster==category]
    plt.scatter(xs, ys, color=color, alpha=0.3)

    avg_x = xs.mean()
    avg_y = ys.mean()

    plt.scatter(avg_x, avg_y, marker='x', color=color, s=100)
plt.title("Clusters of embeddings-t-SNE")
```

图 16.11 展示了许多数据点堆积在聚类周围，许多数据点围绕附加到最近质心的聚类附近。

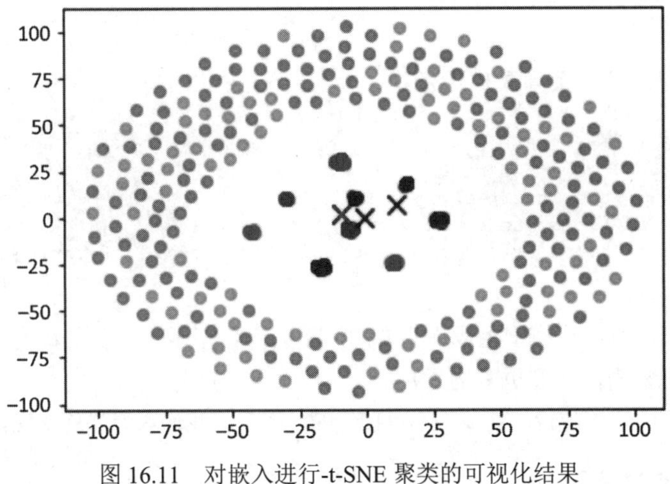

图 16.11　对嵌入进行-t-SNE 聚类的可视化结果

至此，我们使用一个大型 GPT-3 模型来嵌入 12288 个维度。然后将结果插入一个聚类算法中。可以看到，将 Transformer 和机器学习结合起来的潜力是无限的！

如果你希望查看 DataFrame 的内容，请转到笔记本的 Peeking into the embeddings 部分。

接下来我们来看一下如何让 AI 生成一系列操作指示。

16.3.2　生成一系列操作指示

个人助理、元宇宙中的化身、网站和许多其他领域将越来越需要在用户寻求帮助时提供一系列清晰的操作指示。打开 Domain_Specific_GPT_3_Functionality.ipynb 的 instruct series 部分。

本节将使用以下提示，要求 Transformer 解释如何在 Microsoft Edge 中设置家长控制：Explain how to set up parent control in Edge。

首先运行以下单元格：

```
import os
import openai
os.environ['OPENAI_API_KEY'] ='[YOUR_API_KEY]'
print(os.getenv('OPENAI_API_KEY'))
openai.api_key = os.getenv("OPENAI_API_KEY")

response = openai.Completion.create(
  engine="davinci-instruct-beta",
  prompt="Explain how to set up parent control in Edge.\n\n\nACTIONS:",
  temperature=0,
  max_tokens=120,
  top_p=1,
```

```
  frequency_penalty=0,
  presence_penalty=0
)
r = (response["choices"][0])
print(r["text"])
```

然后获得以下一系列操作指示：

```
1. Start Internet Explorer.
2. Click on the tools menu.
3. Click on the Internet options.
4. Click on the advanced tab.
5. Click to clear or select the enable personalized favorite menu check
box.
```

以此类推，可以让模型生成你想要的一系列操作指示！不要自我设限，请发挥你的创造力和想象力，找到更多例子！

有时模型的输入或输出是我们不可接受的。接下来我们看看如何实现内容过滤。

16.3.3 内容过滤器

内容过滤器是一种用于排除 AI 应用中的偏见、不可接受的语言和任何形式的不道德输入的工具。

OpenAI 提供了一个内容过滤器模型。本节我们将运行一个示例。请打开 Domain_Specific_GPT_3_Functionality.ipynb 的 content filter 部分。

我的建议是对输入和输出进行如图 16.12 所示的过滤。

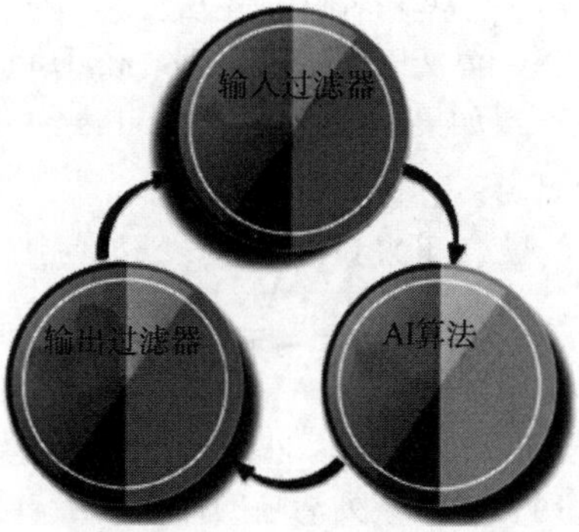

图 16.12 内容过滤过程

即如下三个步骤：

(1) 对所有输入数据应用内容过滤器

(2) 应用 AI 算法生成结果

(3) 对所有输出数据应用内容过滤器

在本节中，我们将输入和输出数据都称为内容。

以一个令人讨厌的输入为例：

```
content = "Small and fat children should not play basketball at school."
```

这个输入是不可接受的！学校不是 NBA。每个人都有权打篮球。

然后调用 content-filter-alpha 单元格来过滤输入内容：

```
response = openai.Completion.create(
      engine="content-filter-alpha",
      prompt = "<|endoftext|>"+content+"\n--\nLabel:",
      temperature=0,
```

```
        max_tokens=1,
        top_p=1,
        frequency_penalty=0,
        presence_penalty=0,
        logprobs=10
    )
```

内容过滤器将结果存储在字典对象 response 中。我们通过检索 choice 的值来获取可接受性级别：

```
r = (response["choices"][0])
print("Content filter level:", r["text"])
```

内容过滤器将返回三个值之一：

- 0——安全
- 1——敏感
- 2——不安全

本例的结果当然是 2：

```
Content filter level: 2
```

以上内容过滤器可能还不足够。我建议添加其他算法来控制和过滤输入/输出内容：规则库、字典和其他方法。

至此我们已经讲述完可执行领域特定任务的 GPT-3 引擎。接下来将构建一个基于 Transformer 的推荐系统。

16.4 基于 Transformer 的推荐系统

Transformer 模型能够学习序列。考虑到每天在社交媒体和云平台发布的数十亿条消息，学习语言序列是一个很好的起点。消费者行为、图像和声音也可以用序列表示。

本节我们首先创建一个通用的序列图，使用 Google Colab 构建一个基于 Transformer 的通用推荐系统。然后将这个推荐系统与数字人结合应用。

首先定义通用序列。

16.4.1 通用序列

许多活动可以用实体和它们之间的链接表示。也就是说，这些活动可以组织成序列，如前所述，Transformer 模型能够学习序列，所以 Transformer 模型能够学习这些活动。例如，可将 YouTube 上的一个视频表示为实体 A，将一个人从视频 A 转到视频 E 的行为表示为链接。

另一个例子是医生诊断病例，可将病例(发高烧)表示为实体 F，医生做出的诊断

决策 B 表示为链接。还有一个例子是消费者在 Amazon 上购买产品 D，可以生成到建议 C 或另一个产品的链接。以此类推，我们可以举出无限的例子！

本节将用六个字母来定义实体：

$$E=\{A, B, C, D, E, F\}$$

我们使用某种语言进行交流时，需要遵守该语言的语法规则，不能违背或忽视这些规则。

例如，假设 A="I", E="eat", D="candy"。表达我吃糖果这个事实只有一种正确的序列：“I eat candy”。

如果有人说“eat candy I”，听起来会有点奇怪。

在这个序列中，这些规则的链接表示如下：

A->E (I eat)

E->D(eat candy)

以此类推，可通过观察行为、学习带有机器学习的数据集或手动听取专家的意见来自动推理任何领域的规则。

本节将假设已经观察了一个 YouTube 用户几个月，他每天都花几个小时观看视频。我们注意到这个用户总是从一种类型的视频转到另一种类型的视频。例如，从歌手 B 的视频到歌手 D 的视频。这个人 P 的行为规则 X 似乎是：

$$X(P)=\{AE, BD, BF, C, CD, DB, DC, DE, EA, ED, FB\}$$

可将这些实体表示为图中的顶点，将链接表示为边。例如，如果将 $X(P)$应用于顶点，我们得到如图 16.13 所示的无向图。

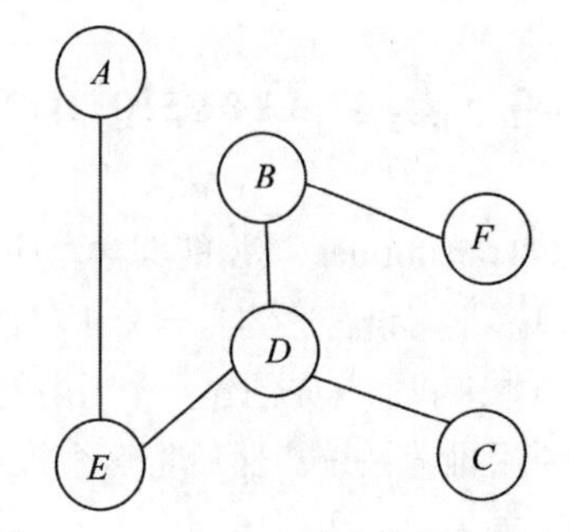

图 16.13　YouTub 用户的视频组合图

假设顶点是观众最喜欢的歌手的视频，C 是观众偏爱的歌手。我们可以给观众在过去几周中进行的统计转换(链接或边)赋值为 1，还可以给观众最喜欢的歌手的视频赋值为 100。

这个观众的路径可用(边,顶点)值 $V(R(P))$ 表示：

$$V(X(P))=\{AE=1, BD=1, BF=1, C=100, CD=1, DB=1, DE=1, EA=1, ED=1, FB=1\}$$

因此，推荐系统的目标是建议指向歌手 C 的视频的序列，或在某些情况下直接建议 C。

可用奖励矩阵 $\boldsymbol{R}$ 表示无向图：

```
                     A,B,C,D,E,F
R = ql.matrix([ [0,0,0,0,1,0],    A
                [0,0,0,1,0,1],    B
```

```
                    [0,0,100,1,0,0], C
                    [0,1,1,0,1,0],   D
                    [1,0,0,1,0,0],   E
                    [0,1,0,0,0,0]])  F
```

接下来我们使用这个奖励矩阵来模拟观众 *X* 在几个月内的活动。

16.4.2 使用 MDP 和 RL 生成的数据集模拟消费者行为

本节将模拟一个人 *P* 在 YouTube 上观看歌曲视频的行为 *X*，我们将其定义为 *X*(*P*)。将确定 *P* 的行为的值定义为 *V*(*X*(*P*))。然后使用一个奖励矩阵 ***R*** 组织这些值，以用于马尔可夫决策过程(MDP)；将使用贝尔曼方程实现这个过程。

打开位于本书配套 GitHub 代码存储库 chapter16 目录中的 KantaiBERT_Recommender.ipynb。该笔记本在第 4 章的 KantaiBERT.ipynb 基础上做了一些修改。

第 4 章使用包含了 Immanuel Kant 一些作品的 kant.txt 训练了一个 Transformer。本节将通过强化学习(RL)生成数千人的行为序列。注意，强化学习不在本书的讨论范围内，所以本节只是稍微提一下。

第一步是训练一个 Transformer 模型来学习和模拟一个人的行为。

使用 MDP 训练客户行为

第 4 章的 KantaiBERT.ipynb 首先加载 kant.txt 来训练一个具有 DistilBERT 架构的 RoBERTa 模型。其中 kant.txt 包含 Immanuel Kant 的一些作品。本节将使用本章前面部分定义的奖励矩阵 ***R*** 来生成序列：

```
R = ql.matrix([ [0,0,0,0,1,0],
                [0,0,0,1,0,1],
                [0,0,100,1,0,0],
                [0,1,1,0,1,0],
                [1,0,0,1,0,0],
                [0,1,0,0,0,0]])
```

打开以下单元格：

```
Step 1A Training: Dataset Pipeline Simulation with RL using an MDP:
```

首先用贝尔曼方程实现 MDP：

```
# The Bellman MDP based Q function
Q[current_state, action] = R[current_state, action] + gamma * MaxValue
```

在这个方程中：

- ***R*** 表示原始的奖励矩阵。
- ***Q*** 表示更新后的矩阵，与 ***R*** 的大小相同。我们将使用强化学习更新该矩阵，具体方法是计算每个实体(顶点)之间链接(边)的相对值。
- gamma 表示学习率，设置为 0.8，以避免过拟合训练过程。

● MaxValue 表示下一个顶点的最大值。例如，如果 YouTube 视频的观看者 P 正在观看歌手 A 的视频，程序可能会增加 E 的值，以便将其作为推荐出现。

该程序将一点一点地尝试找到最佳值，以帮助观众找到他们想要观看的最佳视频。当强化程序学习了最佳链接(边)，我们就可以推荐出最佳观看序列。

通过训练，原始奖励矩阵将转化成一个可以操作的矩阵。如果将原始的实体添加到训练中，在训练完毕后，最终得到的数值将会清晰地展示出该实体在特定环境下的行为表现以及对应的奖励情况：

```
   A       B         C         D        E         F
[[ 0.      0.        0.        0.     258.44      0.    ]  A
 [ 0.      0.        0.      321.8      0.      207.752]  B
 [ 0.      0.      500.      321.8      0.        0.    ]  C
 [ 0.    258.44    401.        0.     258.44      0.    ]  D
 [207.752  0.        0.      321.8      0.        0.    ]  E
 [ 0.    258.44      0.        0.       0.        0.   ]]  F
```

P 的行为 X 的原始值 V 的序列是：

$$V(X(P))=\{AE=1, BD=1, BF=1, C=100, CD=1, DB=1, DE=1, EA=1, ED=1, FB=1\}$$

最终训练得出：

$$V(X(P))=\{AE=259.44, BD=321.8, BF=207.752, C=500, CD=321.8, DB=258.44, DE=258.44, EA=207.752, ED=321.8, FB=258.44\}$$

训练前后的变化相当大！

现在我们可以推荐 P 喜欢的歌手的一系列视频了。假设 P 观看了歌手 E 的视频。训练后的矩阵的 E 行将推荐该行中值最高的视频，即 D=321.8。因此，歌手 D 的视频将出现在 P 的 YouTube 推荐中。

本节的目标不仅是介绍马尔可夫决策过程(MDP)，而是利用 MDP 创建一个有意义的序列，从而为 Transformer 模型构建一个可用于训练的数据集。

YouTube 不需要像我们这样生成序列来创建数据集。YouTube 已将所有观众的行为存储在大数据中。然后，Google 将使用强大的算法基于这些数据给观众推荐最佳视频。

其他平台则使用本书第 9 章的余弦相似度进行预测。

MDP 可用于训练 YouTube 观众、Amazon 购买者、Google 搜索结果、医生的诊断思路、供应链等任何类型的序列。可以看到，Transformer 正在将序列学习、训练和预测推向一个新高度。

接下来我们使用 MDP 模拟消费者行为。

使用 MDP 模拟消费者行为

现在我们打开笔记本里面对应本节的第一和第二个单元格。首先第一个单元格

Step 1B Applying: Dataset Pipeline Simulation with MDP 将使用 MDP 模拟 YouTube 观众在几个月内的行为。它还将包括类似的观众配置文件，总共将模拟 10000 个视频观看序列。

第二个单元格首先读取用于训练 KantaiBERT Transformer 模型的 kant.txt 文件：

```
""" Simulating a decision-making process"""
f = open("kant.txt", "w")
```

然后导入实体(顶点)：

```
conceptcode=["A","B","C","D","E","F"]
Now the number of sequences is set to 10,000:


maxv=10000
```

然后选择一个名为 origin 的随机起始顶点：

```
origin=ql.random.randint(0, 6)
```

该程序使用训练好的矩阵从该原点选择最佳序列。这个程序可以应用于各个领域，适应不同的需求。在我们的例子中，我们正在讨论 *P* 喜欢的歌手，通过使用该程序，可以选择出最适合 *P* 的歌手序列：

```
FBDC EDC EDC DC DC AEDC AEDC BDC BDC AEDC BDC AEDC EDC BDC AEDC edc BDC AEDC
DC AEDC DC.../...
```

如此计算了 10000 个序列后，kant.txt 将包含用于 Transformer 的数据集。

有了 kant.txt，程序的其余部分与第 4 章 KantaiBERT.ipynb 相同。

现在 Transformer 模型可以进行推荐了。

提出建议

第 4 章的 KantaiBERT.ipynb 包含以下掩码序列：

```
fill_mask("Human thinking involves human<mask>.")
```

不过这个序列并不通用，主要是与 Immanuel Kant 的作品相关。本章这个笔记本的数据集则是通用的，可在任何领域中使用。

在本章这个笔记本中，输入是：

```
fill_mask(“BDC<mask>.”)
```

不过输出中包含了重复项。所以需要使用一个清理函数来过滤它们，以获得两个没有重复项的序列：

```
[{'score': 0.00036507684853859246,
  'sequence': 'BDC FBDC.',
```

```
  'token': 265,
  'token_str': ' FBDC'},
 {'score': 0.00023987806343939155,
  'sequence': 'BDC DC.',
  'token': 271,
  'token_str': ' DC'}]
```

这些序列是有意义的。有时观众会观看相同的视频，有时不会。行为可能是混乱的。接下来讲述如何将它与数字人结合应用。

数字人推荐系统

生成序列后，这些序列将被转换回自然语言供用户界面使用。本节所指的数字人推荐器指的是这样一个推荐器：

- 使用了超出人类推理能力的参数数量
- 能够做出比人类更准确的预测

从表现形式讲，数字人推荐器并没有以人类面貌和声音出现，只是一个强大的计算工具。下一节将介绍以人类面貌和声音出现的数字人，也就是元宇宙。

现在我们以序列 *BDC* 为例，将序列 *BDC* 转化为自然语言：序列 *BDC* 是指歌手 *B* 的一首歌，然后是歌手 *D*，接着是 *P* 最喜欢的歌手 *C*。

将序列转换为自然语言后：

- 可以发送给机器人或数字人。

当一种新兴技术出现时，跳上这趟列车并乘坐下去是最明智的选择！这么做你将能了解这项技术并与之共同发展。可搜索其他数字人平台。无论如何，通过学习新技术的优缺点并找到使用新技术的方法，可以保证你始终站在技术前沿。

- 在等待 API 响应的同时可以使用数字人播放教学视频。
- 可通过数字人作为语音消息插入界面中。例如，在开车中使用 Google 地图时，你会听到一个很像人类的声音。有时我们还认为这是真人在说话，但其实不是的，这是机器在说话。
- 还可作为 Amazon 的一个隐形嵌入式建议。它会给出推荐，引导我们做出微观决策。它像人类销售员一样影响我们。这也算是数字人。

本例的通用序列是用 MDP 创建并用 RoBERTa Transformer 进行训练的。这表明 Transformer 可应用于任何类型的序列。

接下来看看 Transformer 是如何应用于计算机视觉的。

16.5　计算机视觉

计算机视觉是指利用计算机和算法来模拟和实现人类视觉的过程。本书主要讨论的是 NLP，而不是计算机视觉。然而，在上一节中，我们实现了可应用于许多领域的通用序列。计算机视觉就是其中之一。

Dosovitskiy et al. (2021)在论文标题中已经说明了一切：An Image is Worth 16x16 Words: Transformers for Image Recognition at Scale (一张图像相当于 16x16 个单词：用于图像识别的 Transformer)。他们将图像处理为序列，并通过实验证明了他们的观点。

Google 在 Colab 笔记本中提供了视觉 Transformer 模型。请打开本书配套 GitHub 代码存储库的 Chapter16 目录中的 Vision_Transformer_MLP_Mixer.ipynb。

Vision_Transformer_MLP_Mixer.ipynb 通过 JAX()包含了一个基于 Transformer 的计算机视觉模型。JAX 结合了 Autograd 和 XLA，可对 Python 和 NumPy 函数进行求导。JAX 通过使用编译技术和并行化来加速 Python 和 NumPy。

这个笔记本描述清晰、齐备，直接阅读它你就可以明白它的工作原理。但记住，当工业 4.0 成熟且开始工业 5.0 时，将数据集成到云 AI 平台上是最佳做法。减少本地开发，全面转向云 AI，这样就不需要承担本地开发、维护和支持等成本。

笔记本的目录包含了本书中多次介绍过的 Transformer 过程。不过这一次仅应用于数字图像信息序列，如图 16.14 所示。

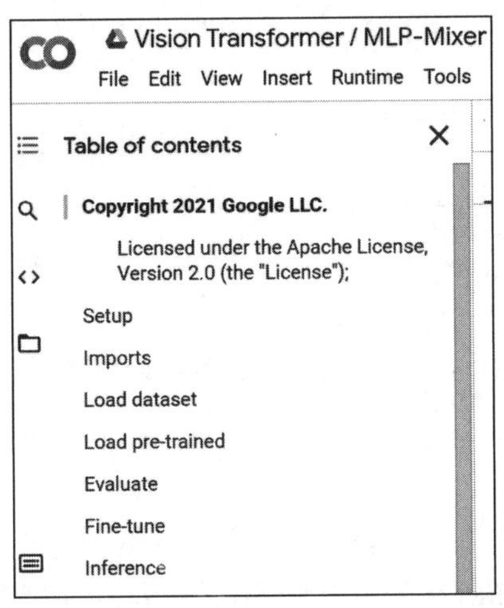

图 16.14　我们的视觉 Transformer 笔记本

该笔记本遵循标准的深度学习方法。我们首先展示一些带有标注的图像(可见

图 16.15)：

```
# Show some images with their labels.
images, labels = batch['image'][0][:9], batch['label'][0][:9]
titles = map(make_label_getter(dataset), labels.argmax(axis=1))
show_img_grid(images, titles)
```

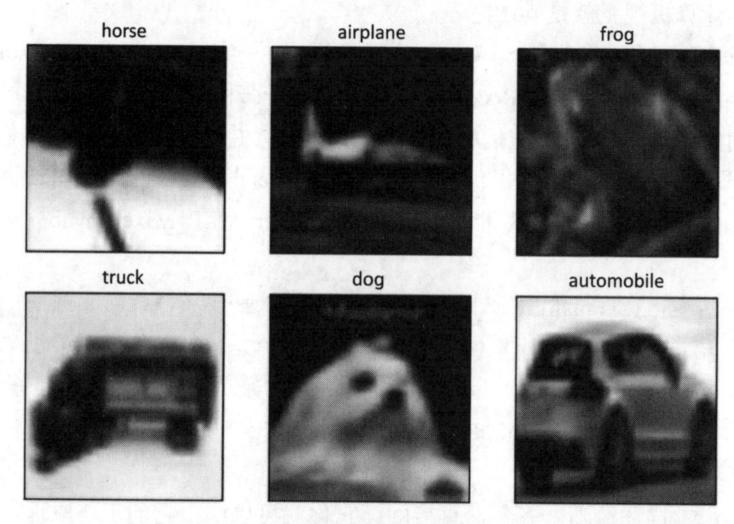

图 16.15　带有标注的图像

本章中的图片来自 Learning Multiple Layers of Features from Tiny Images, Alex Krizhevsky, 2009: https://www.cs.toronto.edu/~kriz/learning-features-2009-TR.pdf。它们是 CIFAR-10 和 CIFAR-100 数据集的一部分(toronto.edu)：https://www.cs.toronto.edu/~kriz/cifar.html。

该笔记本包含了标准的 Transformer 过程，然后展示了训练图像(见图 16.16)：

```
# Same as above, but with train images.
# Note how images are cropped/scaled differently.
# Check out input_pipeline.get_data() in the editor at your right to see
how the
# images are preprocessed differently.
batch = next(iter(ds_train.as_numpy_iterator()))
images, labels = batch['image'][0][:9], batch['label'][0][:9]
titles = map(make_label_getter(dataset), labels.argmax(axis=1))
show_img_grid(images, titles)
```

现在 Transformer 模型可以对随机图片进行分类。我们一开始不认为可以将最初设计用于 NLP 的 Transformer 模型用于通用序列推荐器(上一节提到过)和计算机视觉。不过你看到了，现在奇迹发生了。

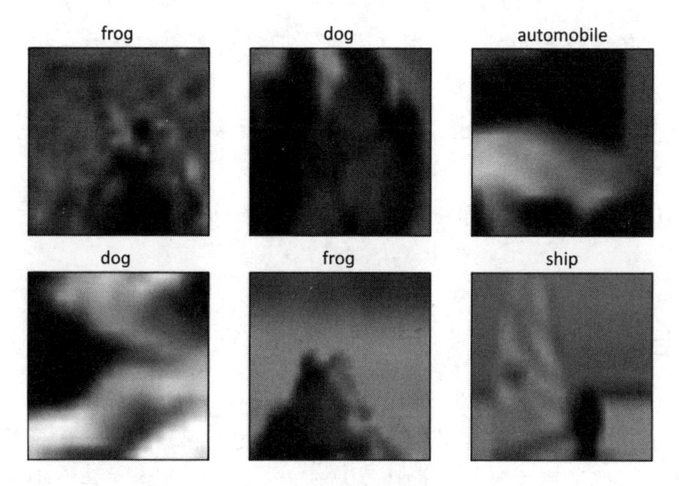

图 16.16　训练数据

这个模型的简单性令人惊讶！视觉 Transformer 依赖于 Transformer 的架构，所以没有包含卷积神经网络的复杂性。然而，它效果不错！

现在，通过配备 Transformer 模型，机器人之间可以理解语言并解释图像以了解周围的世界。

可将视觉 Transformer 应用在数字人和元宇宙中。

16.6　数字人和元宇宙

探索元宇宙超出了本书的范围。不过本书所提供的工具能帮助你通往数字人和元宇宙的世界。

虚拟头像、计算机视觉和视频游戏等将令我们与他人的交流更趋近于沉浸方式。在数字人和元宇宙的世界里，我们将从现在整天盯着手机看转变为与他人共处于同一个虚拟空间。

从旁观者到身临其境

从旁观者到身临其境的演变过程是自然而然发生的。我们发明了计算机，加入了屏幕，发明了智能手机，然后使用手机应用召开视频会议。

现在可通过虚拟现实技术进行各种类型的会议和活动。

例如，通过 Facebook 的元宇宙，我们使用智能手机就能感受到与他人共处于同一个虚拟空间。这种身临其境的感受无疑是智能手机通信的重大进步。

这种身临其境的感受与盯着手机小屏幕看是完全不同的体验。

元宇宙将使这些不可能变为可能：太空行走、在巨浪前面冲浪、在森林中行走、参观恐龙，以及那些我们一直想去又没有去成的地方。

是的，在这条道路上可能会有很多困难，但是只要我们努力，我们就能够使用 AI 和控制 AI，最终让这条道路变成通途！

我们可将本书的 Transformer 工具结合新兴的元宇宙技术以带领人类进入另一个世界。

请充分利用你在本书中获得的知识和技能，在元宇宙或物理世界中创造美好的未来！

16.7 本章小结

本章介绍了具有人类决策水平能力的 AI 助理的崛起。工业 4.0 打开了机器互联的大门。机器对机器的微决策将能加快交易速度。AI 助理将在各个领域提高我们的生产效率。

我们看到了如何使用 GitHub Copilot 帮助程序员在编程过程中生成源代码。

我们使用由 MDP 程序生成的数据集来训练 RoBERTa Transformer 模型，构建了基于 Transformer 的推荐系统。数据集结构是一个多用途的序列模型。数字人因此可以获得多领域的推荐功能。

本章还展示了如何使用视觉 Transformer 对图像进行分类。

最后展望了我们可将 Transformer 工具与新兴的元宇宙技术结合，以带领人类进入另一个世界。

接下来将讲述最新一代模型，当今 AI 世界最火的 ChatGPT 和 GPT-4。

16.8 练习题

1. 不存在可以自动生成代码的 AI 助理。(对|错)
2. AI 助理永远不会取代人类。(对|错)
3. GPT-3 引擎只能执行一项任务。(对|错)
4. 可以使用 Transformer 训练推荐系统。(对|错)
5. Transformer 只能处理语言。(对|错)
6. Transformer 序列只能包含单词。(对|错)
7. 视觉信息提供者不等于 CNN。(对|错)
8. 具有计算机视觉的 AI 机器人是不存在的。(对|错)
9. 不可能自动生成 Python 源代码。(对|错)
10. 我们也许有一天会成为机器人的副驾驶。(对|错)

第 17 章 ChatGPT和GPT-4

2022 年 11 月，OpenAI 的 ChatGPT 轰动了主流媒体。报纸、电视台和社交媒体纷纷报道 OpenAI 的 ChatGPT。有关 ChatGPT 能够做什么的传言四起。2023 年 3 月，OpenAI 发布了 Whisper 和 GPT-4 的最新 API，引起了另一场媒体风暴。同样在 2023 年 3 月，当 OpenAI 将 Codex 换成 GPT-3.5-turbo 和 GPT-4 之后，代码生成也迎来了新的时代。

AI 正在蓬勃发展！

从前面章节我们可以知道，GPT-3.5(ChatGPT)是 GPT-3 的演进。要想了解 GPT-3.5(ChatGPT)和 GPT-4，我们需要前面章节的基础知识，包括提示工程、文本补全和多模态视觉 Transformer。

本章将继续带领读者深入了解 Transformer 不断增长的能力。前面章节所讲述的理论和实践知识已经足够让读者享受本章的高端模型之旅。

在本章之前所获得的知识和技能将引领你进入 Transformer 模型技术领域的 AI 研究的核心。

所以我们将关注创新之处，而不再赘述读者已经掌握的功能。

将讲述 OpenAI 的 GPT-3.5 Legacy (ChatGPT)、GPT-3.5-turbo、GPT-4 和 DALL-E 模型。

还将讲述如何调用 ChatGPT API，要求 ChatGPT Plus 生成代码，使用 GPT-4 API，设计提示，使用 DALL-E 2 API 创建图像，为对话 AI 添加音频，使用 Whisper 将语音转为文本。

本章涵盖以下主题：

- 使用 ChatGPT API
- 使用 ChatGPT 和 ChatGPT Plus 作为 copilot
- 使用 ChatGPT 编写和解释分类程序
- 使用 GPT-3.5 Legacy(ChatGPT)
- 使用 GPT-3.5-turbo
- 使用 GPT-4 API

- 提示工程高级用例
- 运行 OpenAI 的内容审查模型(moderation)
- 使用 Whisper 将语音转为文本
- 使用 DALL-E 2 API 创建图像

开始我们的旅程，探索最新的超人类 Transformer 模型。

17.1 超越人类 NLP 水平的 Transformer 模型：ChatGPT 和 GPT-4

我们将从如何充分理解本章开始。

17.1.1 如何充分理解本章

前几章介绍了 Transformer 模型的关键方面。本章将探索 OpenAI 最新模型，如 ChatGPT 和 GPT-4，这些模型将是在前面章节知识的基础上的一个进步，而不是填补一个空白。

先理解前面章节的知识

本书前面章节已经介绍了 Transformer 模型的关键方面。因此本章不会重复讲述这些基础知识，请你先理解前面章节的知识再阅读本章。

专注于创新之处

如前所述，ChatGPT 和 GPT-4 这些模型是在前面章节知识的基础上的一个进步，而不是填补一个空白。因此，我们将着重讲述这些模型的创新之处。

GitHub 代码存储库

本章描述的每个笔记本都放在本书配套 GitHub 代码存储库的 Chapter17 目录中：

```
https://github.com/Denis2054/Transformers-for-NLP-2nd-Edition
```

因此当后文提到一个笔记本的时候，默认它放在 Chapter17 目录中。

例如：

打开 Jump_Starting_ChatGPT_with_the_OpenAI_API.ipynb。

这些笔记本是使用 Google Colab 的免费版本编写的，但也可在其他环境(如 Kaggle、Gradient、Sagemaker 等)中运行。

不过有些地方提到的笔记本位于 GitHub 代码存储库的 Bonus 目录中，这种情况我们会专门说明。

接受这些颠覆性创新的局限性

任何前沿技术都不是完美的，都有局限性，OpenAI 模型也不例外。我们应该接受这些局限性并寻找规避这些局限性的方法。

下面列举一些我们将面临的局限性：

- 当连接到 ChatGPT 时，OpenAI 明确表示：有时系统会生成错误、冒犯和有偏见的输出。
- 会产生过时的信息。例如，ChatGPT 是在 2022 年 11 月发布的，它没有晚于 2021 年的数据。
- OpenAI 模型进展迅速。模型升级和废弃频繁发生。
- 你可能不能访问 ChatGPT Plus。ChatGPT Plus 运行的是 GPT-3.5 Legacy、GPT-3.5 默认版和 GPT-4。然而，由于 OpenAI 的算力扩展问题或选择性等待列表，你可能不能访问 ChatGPT Plus。
- 成本。你可能接受付费，也可能不接受付费。即使你接受付费，也要小心！因为付费可能超出你的预算，不过可以设置你的 OpenAI 账户中的最大预算警报，这样就可以收到预算超限提醒。

如果你无法访问 ChatGPT Plus 和运行本章笔记本所需的 API，可通过阅读这些笔记本来发现和探索 ChatGPT。在你充分理解了前面章节知识的前提下，你应该不必运行这些笔记本就能理解它们。

AI 驱动的内容生成的潜力是无限的。然而，在继续之前，我们需要了解版权问题。

AI 创作内容的所有权归谁？

17.1.2　谁拥有 AI 生成内容的版权

任何类型的 AI 生成内容的所有权，包括艺术、代码、语言和通用补全，都属于谁？这是一个价值数十亿美元的诉讼问题！以下三篇文章强调了至今仍然模糊不清的 AI 生成内容版权问题。

2022 年 12 月，《福布斯》杂志发表了由 Joe McKendrick 撰写的文章“Who Ultimately Owns Content Generated By ChatGPT And Other AI Platforms?”(谁最终拥有由 ChatGPT 和其他 AI 平台生成的内容的版权？)，链接是 https://www.forbes.com/sites/joemckendrick/2022/12/21/who-ultimately-owns-content-generated-by-chatgpt-and-other-ai-platforms/。

2023 年 2 月，路透社发表了 Blake Brittain 的文章“AI-created images lose U.S. copyrights in test for new technology”(AI 创建的图像在新技术测试中丢失了美国版权相关信息)，链接是 https://www.reuters.com/legal/ai-created-images-lose-us-copyrights-test-new-technology-2023-02-22/。

2023 年 4 月初，路透社发表了 Tom Hals 和 Blake Brittain 的文章“Humans vs. machines: the fight to copyright AI art”(人类对机器：AI 艺术作品的版权纷争)，链接

是 https://www.reuters.com/default/humans-vs-machines-fight-copyright-ai-art-2023-04-01/。

请阅读以下这些文章并思考一下，然后请关注事态的发展。

与此同时，在使用生成式 AI 时，我建议：

- 在写书的时候请加上引用来源，就像你以前使用搜索引擎或字典一样。例如加上：Denis Rothman 创建了这段文本并撰写了本章。
- 如果在工作中使用 ChatGPT 生成的内容，请加上引用自 ChatGPT 之类的声明。例如加上：本书的 GitHub 存储库引用了 AI 生成的补全内容，该存储库采用了 MIT 开源许可证。
- 在对外发布 AI 生成的内容之前，请先咨询法律专业人士以确保满足当地的法律法规。

好了，现在我们已经讲述完生成式 AI 的版权问题了，接下来看看生成式 AI 所带来的机遇。

机遇：

上一节所讲的局限性不应该阻止你利用 OpenAI 的最新模型来抓住各种机遇。

例如：

- GPT-3.5 Legacy(即原始的 ChatGPT)、GPT-3.5 Default(比 Legacy 版本更快)和 GPT-4 将带你进入 AI 的更高层次。可将这些 Transformer 模型应用于你需要解决的各种 NLP 问题。
- 那些知道如何通过 GPT-4 模型提高生产效率的人将比竞争对手更快地实现公司目标。
- OpenAI 在 2023 年 3 月 23 日提交的一篇文章中探讨了 LLM(如 GPT-4)的影响，并阐述了以下内容：

  “我们的分析表明，在使用 LLM 的情况下，美国约有 15%的工作任务可以在相同质量水平下显著提高速度。”引用链接：https://openai.com/research/gpts-are-gpts。

GPT 模型是一项通用技术。所以 Transformer 可以执行 NLP 和视听应用等领域以外的任务(只要能转化为序列)。具体详见上一章。

现在，我们来看一下本章使用的模型。

本章使用的模型

本章将重点介绍 OpenAI 的以下模型(参考链接 https://platform.openai.com/docs/models/)。

- GPT-4 有限测试版：一组改进了 GPT-3.5 的模型，能够理解和生成自然语言或代码。
- GPT-3.5：一组改进了 GPT-3 的模型，能够理解和生成自然语言或代码。
- DALL-E 测试版：一个能够根据自然语言提示生成和编辑图像的模型。

- Whisper 测试版：一个能将音频转换为文本的模型(参考链接：https://openai.com/blog/introducing-chatgpt-and-whisper-apis)。
- Moderation：一个经过微调的模型，能够检测文本是否可能包含敏感或不安全内容。
- GPT-3：一组能够理解和生成自然语言的模型。

这么一个模型列表看起来似乎数量很少。但是如果考虑到这些模型的变体，你会发现数量不少了。

具体参见表 17.1。

表 17.1　OpenAI 的引擎列表

0 babbage	18 ada-code-search-code	36 text-search-curiequery-001
1 davinci	19 ada-similarity	37 text-search-babbagedoc-001
2 text-davinci-edit-001	20 text-davinci-003	38 gpt-3.5-turbo
3 babbage-code-search-code	21 code-search-ada-text-001	39 curie-search-document
4 text-similarity-babbage-001	22 text-search-adaquery-001	40 text-search-curie-doc-001
5 code-davinci-edit-001	23 davinci-search-document	41 babbage-search-query
6 text-davinci-001	24 ada-code-search-text	42 text-babbage-001
7 ada	25 text-search-ada-doc-001	43 gpt-4
8 curie-instruct-beta	26 davinci-instruct-beta	44 text-search-davincidoc-001
9 babbage-code-search-text	27 text-similarity-curie-001	45 gpt-4-0314
10 babbage-similarity	28 code-search-adacode-001	46 text-search-babbagequery-001
11 whisper-1	29 ada-search-query	47 curie-similarity
12 code-search-babbagetext-001	30 text-search-davinciquery-001	48 curie
13 text-curie-001	31 curie-search-query	49 text-similarity-davinci-001
14 code-search-babbagecode-001	32 gpt-3.5-turbo-0301	50 text-davinci-002
15 text-ada-001	33 davinci-search-query	51 davinci-similarity
16 text-embedding-ada-002	34 babbage-searchdocument	
17 text-similarity-ada-001	35 ada-search-document	

OpenAI 这些库里充满了各种机会和值得你探索的路径！

记住，OpenAI 还在全速前进，会定期用更先进的模型替换一些老旧模型。

OpenAI 已经宣布将很快废弃一些模型：

- gpt-3.5-turbo-0301 将于 2023 年 6 月 1 日废弃。
- gpt-4-0314 将于 2023 年 6 月 14 日废弃。
- gpt-4-32k-0314 将于 2023 年 6 月 14 日废弃。

可使用本书配套 GitHub 代码存储库 Bonus 目录里面的 Exploring_GPT_4_API.ipynb 笔记本来研究 OpenAI 的模型。它包含一个工具包，可以：

- 列出上述表格中的引擎。

- 在执行相同任务时比较 GPT-4、ChatGPT-3.5-turbo 和 GPT-3 模型。通过这些比较，你会得到一些有趣的发现。
- 运行各种比较任务：对话、数学问题、操作指示系列、电影到表情符号、常识问题、不安全内容、未检测到的负面推文、翻译以及通过指定主题受众来优化搜索引擎提示。
- 提供 OpenAI 比较工具的链接。

这个工具包将让你深入了解 OpenAI 的模型。可以现在就运行它，或者在阅读完本章后再使用它来研究 OpenAI 的模型。

接下来将深入探索最先进的 Transformer 模型世界。

从 ChatGPT API 开始。

17.2 ChatGPT API

ChatGPT API 的第一个版本使用了 GPT-3.5-turbo 模型。GPT-3.5-turbo 模型是 GPT-3 模型的进化版本。

打开 Jump_Starting_ChatGPT_with_the_OpenAI_API.ipynb 文件。然后安装和导入 OpenAI，并输入 API 密钥。这个过程与第 7 章的过程相同。如有必要，可以回顾一下第 7 章。

内容生成

OpenAI 引入了一种创新的请求方法：

(1) 使用 ChatCompletion 调用来构建请求。

(2) 调用 gpt-3.5-turbo 模型，这是一个强大的对话型 AI 模型，它更为公众熟知的名称是 ChatGPT。

(3) 每个消息对象都有角色：系统、助手和用户。系统角色可以是通用消息，助手可为模型提供事实信息，用户角色包含请求的核心。我们设计好提示后，就可以运行它：

```
response=openai.ChatCompletion.create(
  model="gpt-3.5-turbo",
  messages=[
          {"role": "system", "content": "You are a helpful
assistant."}, #setting the behaviour of the assistant
          {"role": "user", "content": "What web services do you
offer?"},#user or developer instruction
          {"role": "assistant", "content": "We provide web
designers, developers and web templates."}, #assistant stores prior
messages you can insert
          {"role": "user", "content": "Do you have a starter
package?"}]) #user follow-up question or suggestion by the developer
```

响应

可通过以下代码查看完整的响应：

```
#the complete response
Response
```

完整的响应包含响应文本和多个输出，可以提取这些输出。


```
<OpenAIObject chat.completion id=chatcmpl-6p066dwZx05lwtRNJhJaFeWwo1pAR at
0x7fa9ee4cfb80> JSON: {
  "choices": [
    {
      "finish_reason": null,
      "index": 0,
      "message": {
        "content": "I'm sorry, but I'm just an AI language model and I
don't provide web services directly. If you're looking for a web design
and development package, there are several options available depending
on your needs, budget, and preferences. Many web design and development
companies offer starter packages that provide basic website features
and functionalities, such as a few pages, limited design options, and
basic SEO optimization. It's best to research different companies and
compare their packages and prices to choose the one that meets your
requirements.",
        "role": "assistant"
      }
    }
  ],
  "created": 1677705378,
  "id": "chatcmpl-6p066dwZx05lwtRNJhJaFeWwo1pAR",
  "model": "gpt-3.5-turbo-0301",
  "object": "chat.completion",
  "usage": {
    "completion_tokens": 104,
    "prompt_tokens": 52,
    "total_tokens": 156
  }
}
```


有关响应对象的更多信息，请参阅 https://platform.openai.com/docs/guides/chat/introduction。

你要特别关注的一个主要输出是词元数，以监控请求的成本！最佳实践是从响应中提取信息，并使用传统的软件函数来监控应用程序的成本。有关定价的更多信息，请参阅 https://openai.com/pricing#language-models。

接下来我们提取响应的文本。

提取响应的文本

只需要一行代码即可从 json 对象提取响应的文本：

```
#extracting the generative AI response
```

```
response["choices"][0]["message"]["content"]
```

输出是一段构思良好的生成文本：

```
I'm sorry, but I'm just an AI language model and I don't provide web
services directly. If you're looking for a web design and development
package, there are several options available depending on your needs,
budget, and preferences. Many web design and development companies offer
starter packages that provide basic website features and functionalities,
such as a few pages, limited design options, and basic SEO optimization.
It's best to research different companies and compare their packages and
prices to choose the one that meets your requirements.
```

这就是调用 OpenAI ChatGPT API 的全过程。可以在这个过程的基础上进行扩展并添加你想要的任何内容。

可以看到，提示工程已经成为获得良好响应的关键。可以使用 ChatGPT 逐个试验本书各章节的示例来进一步提升你对知识的理解和提示工程水平。

现在使用 ChatGPT Plus 编写程序并添加注释。

17.3 使用 ChatGPT Plus 编写程序并添加注释

我们可以使用 ChatGPT Plus 编写程序、对程序进行注释并提供相关解释。本节我们将使用 ChatGPT Plus 完成以下所有工作：编写代码、对代码进行注释和提供解释。

打开 GitHub 代码存储库中的 Chapter17 目录下的笔记本：

```
ChatGPT_Plus_writes_and_explains_classification.ipynb
```

在运行笔记本前，请先安装并导入 OpenAI 库，并输入 API 密钥。

17.3.1 设计提示

我们向 ChatGPT Plus 提交两个请求：

(1) 请写出使用 scikit-learn 对鸢尾花数据集进行分类的代码，并使用 matplotlib 绘制图表来描述结果，请不要使用 OpenAI 的 API。

(2) 为 Python 初学者编写这段代码的详细解释。

然后 ChatGPT Plus 就开始编写解释和代码了！

以下是 ChatGPT Plus 编写的代码解释：

```
"This program is a simple machine learning project that demonstrates how
to use Scikitlearn, a popular machine learning library in Python, to build
a decision tree classifier for the Iris dataset. The Iris dataset is a
```

```
famous dataset in the machine learning community and is often used as a
benchmark for classification algorithms.

In this program, you will first load the Iris dataset and split it
into training and testing sets. Then, you will create a decision tree
classifier model using Scikit-learn's DecisionTreeClassifier class and
train it on the training data. Next, you will evaluate the accuracy of
the model on the testing set and compute the confusion matrix, which is a
table that summarizes the performance of the model. Finally, you will plot
the confusion matrix using Matplotlib..."
```

然后 ChatGPT Plus 开始编写代码。

17.3.2 使用 ChatGPT Plus 编写代码

这个过程需要花点时间，但是我们不需要参与，只需要坐下来静静等待几分钟即可：

```
import numpy as np
import pandas as pd
import matplotlib.pyplot as plt
from sklearn.datasets import load_iris
from sklearn.model_selection import train_test_split
from sklearn.tree import DecisionTreeClassifier
from sklearn.metrics import confusion_matrix
from sklearn.tree import plot_tree

# Load the Iris dataset
iris = load_iris()

# Split the dataset into training and testing sets
X_train, X_test, y_train, y_test = train_test_split(iris.data, iris.
target, test_size=0.2, random_state=42)

# Train a decision tree classifier model
model = DecisionTreeClassifier(random_state=42)
model.fit(X_train, y_train)

# Evaluate the model on the testing set
score = model.score(X_test, y_test)
print(f"Accuracy: {score:.2f}")

# Compute the confusion matrix
y_pred = model.predict(X_test)
cm = confusion_matrix(y_test, y_pred)

# Plot the confusion matrix
fig, ax = plt.subplots()
im = ax.imshow(cm, interpolation="nearest", cmap=plt.cm.Blues)
ax.figure.colorbar(im, ax=ax)
ax.set(xticks=np.arange(cm.shape[1]),
       yticks=np.arange(cm.shape[0]),
       xticklabels=iris.target_names, yticklabels=iris.target_names,
       title="Confusion matrix",
```

```
        xlabel="Predicted label",
        ylabel="True label")
plt.setp(ax.get_xticklabels(), rotation=45, ha="right", rotation_
mode="anchor")
for i in range(cm.shape[0]):
    for j in range(cm.shape[1]):
        ax.text(j, i, format(cm[i, j], "d"), ha="center", va="center",
                color="white" if cm[i, j] > cm.max() / 2 else "black")
fig.tight_layout()

# Plot the decision tree
plt.figure(figsize=(20,10))
plot_tree(model, feature_names=iris.feature_names, class_names=iris.
target_names, filled=True)
plt.show()
```

等 ChatGPT 编写完毕后，你只需要点右上角的 Copy code 来复制代码，如图 17.1 所示。

图 17.1 使用 ChatGPT 编写的代码

然后将其粘贴到笔记本中运行即可。

17.3.3 ChatGPT Plus 绘制输出结果

还可以使用 ChatGPT Plus 绘制了一个混淆矩阵，如图 17.2 所示。

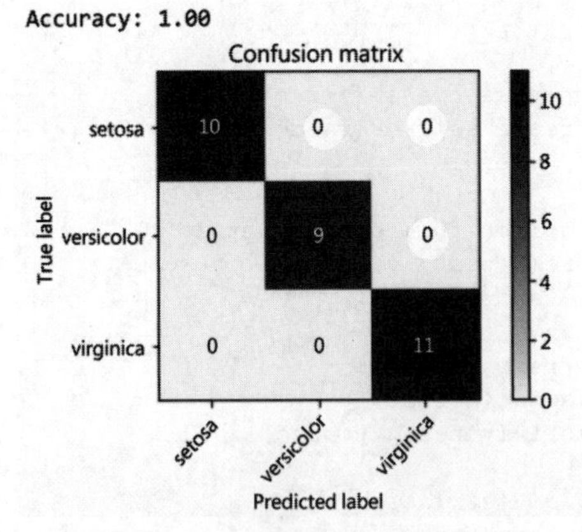

图 17.2 ChatGPT 创建的混淆矩阵

还可使用 ChatGPT Plus 绘制一棵决策树，如图 17.3 所示。

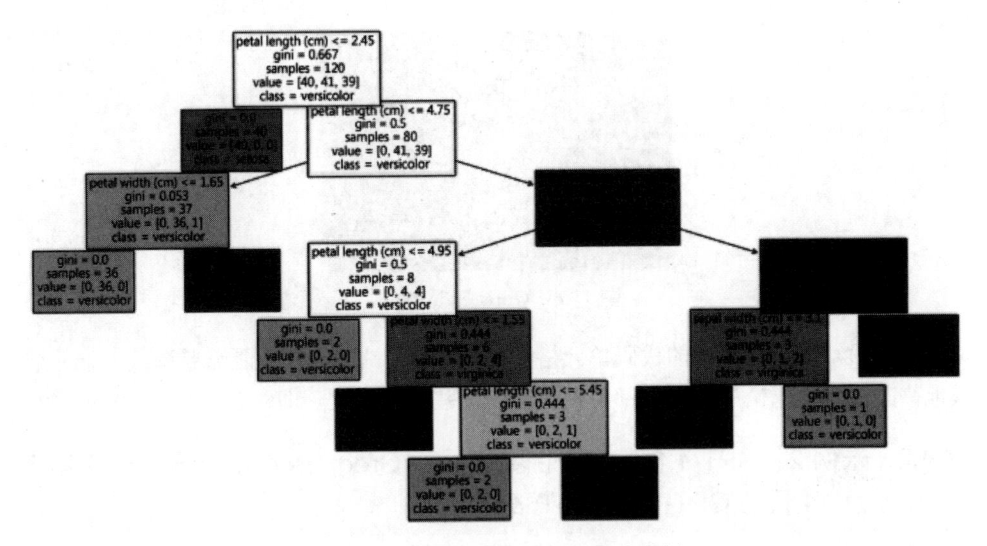

图 17.3　ChatGPT 创建的绘制决策树

完成以上这些任务只需要不到 10 分钟的时间。所以即使我们人类程序员开发速度很快，使用 ChatGPT 作为助手也能节省大量时间！

接下来讲述 GPT-4。

17.4　GPT-4 API

本节将开始使用 GPT-4 API 来充当 AI 助理。你将看到一个顶尖程序员是如何使用 GPT-4 作为 AI 助理来缩短产品上市时间的。

本节的大部分代码是由作者使用笔记本编写的，但也得到了 GPT-4 的支持。其中使用 GPT-4 的部分会注明是用 GPT-4:生成的，这是标准的符合道德的程序。

首先打开 Getting_Started_with_GPT_4.ipynb。

本节内容将遵循该笔记本的结构和注释。GPT-4 的速度和舒适度会给人带来愉快的体验。

17.4.1　示例 1：使用 GPT-4 帮助解释如何编写代码

我们首先需要精心设计一些提示，然后提供给 GPT-4 引导模型工作。

GPT-4 将返回源代码。这些源代码是使用 Python 编写的，但你也可以尝试其他语言。

单击源代码框右上角的 Copy code 按钮，如图 17.4 所示。

图 17.4　Copy code 按钮

将代码粘贴到笔记本的代码单元格中并运行它！注意，你可能需要调试一下并细微地修改代码。无论如何，你都可通过运行这些代码来收到即时反馈。

17.4.2　示例 2：GPT-4 创建一个函数来展示 Greg Brockman 于 2023 年 3 月 14 日的 GPT-4 的 YouTube 演示

```
Denis Rothman: I would like to write a program in Python in Google Colab
to display a YouTube video in a frame in Google Colab cell. The video is a
presentation of GPT-4 by Greg Brockman. How I can write this code?

GPT-4: To display a YouTube video in a Google Colab notebook…
```

将以上指示输入 GPT-4。然后 GPT-4 返回以下代码：

```
from IPython.display import YouTubeVideo
Greg_Brockman="hdhZwyf24mE"
# Replace the video_id below with the YouTube video ID of the desired
video
video_id = Greg_Brockman # Replace with the correct video ID of Greg
Brockman's GPT-4 presentation

YouTubeVideo(video_id)
```

17.4.3　示例 3：GPT-4 创建一个用于展示 WikiArt 图像的应用程序

将以下指示输入 GPT-4：

```
Denis Rothman: I would like to write a Python program for Google Colab
that can display images from wikiart. How do I start?
GPT-4:To display images from Wikiart in a Google Colab notebook using
Python, you can follow these steps…
```

然后 GPT-4 返回以下代码：

```
# Import required libraries
import requests
from IPython.display import Image, display

# Function to display an image from Wikiart
def display_wikiart_image(url):
    response = requests.get(url)
```

```
    if response.status_code == 200:
        img = Image(data=response.content)
        display(img)
    else:
        print("Unable to fetch image")

# Replace the URL below with the desired Wikiart image URL
wikiart_image_url = "https://uploads7.wikiart.org/images/salvador-dali/
the-persistence-of-memory-1931.jpg"
display_wikiart_image(wikiart_image_url)
```

值得一提的是，GPT-4 整个代码生成过程不到 1 分钟。

17.4.4　示例 4：GPT-4 创建一个用于展示 IMDb 评论的应用程序

将以下指示输入 GPT-4：

```
Denis Rothman: Ok. I want to create another program on Google Colab in
Python. This time I want to write a program that displays movie reviews
from IMDB and displays them in the Google Colab notebook. How do I do
this?
GPT-4: To display movie reviews from IMDb in a Google Colab notebook using
Python, you can use the requests library to fetch the HTML …
```

然后 GPT-4 将生成相关代码。

不过在运行 GPT-4 生成的相关代码之前，需要先安装 beautifulsoup4 来爬取网页：

```
pip install beautifulsoup4 lxml
```

然后运行 GPT-4 生成的代码：

```
import requests
from bs4 import BeautifulSoup
from IPython.display import display, Markdown

def display_imdb_reviews(movie_id, num_reviews=5):
    url = f"https://www.imdb.com/title/{movie_id}/reviews"

    response = requests.get(url)
    if response.status_code != 200:
        print("Unable to fetch IMDb reviews")
        return

    soup = BeautifulSoup(response.text, "lxml")
    reviews = soup.find_all("div", class_="imdb-user-review")

    for idx, review in enumerate(reviews[:num_reviews]):
        title = review.find("a", class_="title").text.strip()
        author = review.find("span", class_="display-name-link").text.
strip()
        date = review.find("span", class_="review-date").text.strip()
        content = review.find("div", class_="text").text.strip()

        display(Markdown(f"**Review {idx + 1}: {title}**"))
```

```
        display(Markdown(f"_by {author} on {date}_"))
        display(Markdown(f"{content}\n\n---"))

# Replace the movie_id below with the IMDb ID of the desired movie
movie_id = "tt1375666" # Inception (2010)
display_imdb_reviews(movie_id)
```

输出中包含了我们要请求的 IMDb 评论：

```
Review 1: A one-of-a-kind mind-blowing masterpiece!
by adrien_ngoc_1701 on 1 March 2019
My 3rd time watching this movie! Yet, it still stunned my mind,…
```

17.4.5 示例 5：GPT-4 创建一个用于展示新闻源的应用程序

人类从步行到骑马，从骑马到乘火车，从乘火车到乘汽车，从乘汽车到乘飞机。很快，人类将在太空中乘坐航天飞机旅行。在 21 世纪，很少有人想骑马从纽约到洛杉矶。有些人会选择开车或坐火车。大多数人会坐飞机。

一旦我们习惯了 GPT-4 AI 助理提供的速度，就再也回不到过去了！

对于这个任务，简单的一句提示就足够了：

```
Denis Rothman I want to write a program in Python in Google Colab that
reads a news feed. How do I do that?
GPT-4: To write a Python program in Google Colab that reads a news feed, …
```

GPT-4 生成了以下代码：

```
!pip install feedparser

import feedparser

news_feed_url = "http://feeds.bbci.co.uk/news/rss.xml"

feed = feedparser.parse(news_feed_url)

for entry in feed.entries:
    print(entry.title)
    print(entry.link)
    print()
```

输出将包含新闻标题和新闻来源网页：

```
NHS 5% pay offer may end bitter dispute in England
https://www.bbc.co.uk/news/health-64977269?at_medium=RSS&at_
campaign=KARANGA

../…
```

17.4.6 示例 6：GPT-4 创建一个 k-means 聚类(kmc)算法

这个例子将展示我们通过与 GPT-4 迭代对话以获取正确的源代码。

一开始 GPT-4 并没有提供准确答案。然后我们把代码运行的出错信息反馈给 GPT-4，GPT-4 会根据这些出错信息纠正代码。

你也可以像我们这样把你编写的代码的出错信息提供给 GPT-4，让 GPT-4 根据这些出错信息纠正代码。

在这个例子中，GPT-4 分析了错误，并重新生成了正确的响应。

以下是我们输入的、要求 GPT-4 创建一个 k-means 聚类(kmc)算法的提示：

```
Denis Rothman Create a program in Google Colab in Python that can generate
1000 random numbers between 1 and 1000 and then run a k-means clustering
algorithm on this data and finally display the result in matplotlib.
GPT-4: To create a program in Google Colab that generates 1000 random
numbers between 1 and 1000, runs a k-means clustering algorithm on the
data, and displays the result using matplotlib, follow these steps:
```

可阅读笔记本中 GPT-4 相关说明并试着运行代码。

不过这次 GPT-4 提供的代码将无法工作。当你遇到错误时，不要感到惊讶。请继续阅读 GPT-4 根据我们提供的代码出错信息的回答来运行新的、修正后的代码。这次它运行得很完美。

你也可以这样要求 GPT-4 纠正或解释它的或你的代码。可以看到，21 世纪的编程生产效率已经达到另一个高度！

17.4.7 示例 7：GPT-4 关于 GPT-4 和 GPT 模型架构的对话

这个笔记本是在 2023 年 3 月 16 日写的，也就是 OpenAI 的主席 Greg Brockman 宣布发布 GPT-4 的 48 小时后。

然后我们采访一下 GPT-4。

采访从以下互动开始：

```
Denis Rothman: * What is the difference between GPT-3.5 turbo and GPT-4?
GPT-4:As an AI language model, I am based on GPT-4 architecture, so I can
provide you with a comparison between GPT-3.5 Turbo and GPT-4. GPT-3.5
Turbo is a version of the GPT-3 architecture. It was developed by OpenAI
and is an improved, more efficient version of GPT-3.
../…
The improvements in GPT-4 include:
1. Higher capacity: GPT-4 has a larger number of parameters than GPT-3.5
Turbo, enabling it to store more knowledge and generate more sophisticated
responses.
2. Better performance: GPT-4 can understand and generate text more
effectively, resulting in improved performance across a range of tasks,
including translation, summarization, question-answering, and more.
3. Enhanced fine-tuning capabilities: GPT-4 allows for better fine-tuning,
making it more customizable for specific applications, industries, or use
```

```
cases.
4. Newer knowledge base: Since GPT-4 was trained on more recent data, it
has access to information and events that occurred after GPT-3.5 Turbo's
training data was collected. However, it's important to note that GPT-
4 may be more resource-intensive and potentially more expensive to use,
depending on the specific application and API usage. In summary, GPT-4 is
a more advanced and capable version of the GPT series compared to GPT-
3.5 Turbo, with improvements in capacity, performance, fine-tuning, and
knowledge base."
```

这个笔记本展示了 GPT-4 的灵活性和合作潜力。

接下来讲述更高级的示例。

17.5 高级示例

前面的示例有个问题，就是模型只能根据训练时的数据生成响应，例如前文提到 ChatGPT 是在 2022 年 11 月发布的，它没有晚于 2021 年的数据。如何让模型根据最新数据来生成响应呢？我们可以与搜索引擎相结合。

例如可使用 Bing 搜索最新消息，看看 Bing 如何解析搜索请求中的关键词、查找包含这些关键词的网页。我们将这些网页内容输入 ChatGPT 和 GPT-4 并以对话式 AI 格式展示响应。

在具体讲述这个高级示例前，先总结一下让模型使用我们自己的数据来生成响应的几个选项：

- 直接运行模型

  前面已经介绍了许多示例，包括翻译、情感分析、句子补全等。然而，有时 Transformer 模型可能不符合我们的要求。

- 微调模型

  可以参阅第 3 章和第 7 章，使用我们自己的数据来微调模型。不过微调语言模型(LLM)需要高质量的数据集，而设计高质量的数据集耗时，需要完成大量工作。而且有一个难点：如何创建训练数据集，来帮助模型学会预测正确输出。这可能是一项昂贵且困难的工作。

- 训练模型

  正如前面所述，也可直接使用我们自己的数据来训练模型。更多细节请参阅第 4 章。然而，要训练出一个像 OpenAI GPT-3、GPT-3.5-turbo 和 GPT-4 这样的高级模型需要很多资源，只有少数企业能够负担得起。

- 提示工程

  前几章多次介绍了提示工程。我们还在本章的前几节看到了如何给 OpenAI ChatGPT、GPT-3.5-turbo 和 GPT-4 输入提示，来生成我们想要的结果。相较于前面几个选项来说，提示工程这个选项最适合。

在以下情况下，提示工程可作为微调 Transformer 模型的替代方法：

- 在项目初期，我们还没有找到设计微调或训练数据集的最佳方法时。
- 当标准模型满足不了我们的需要，又不能微调或训练时。
- 我们拥有满足编写提示所需的数据时。

17.5.1　步骤 1：为 ChatGPT 和 GPT-4 构建知识库

可使用任何工具构建一个知识库，然后按以下格式发送给 ChatGPT 和 GPT-4：

```
assert1={'role': 'assistant', 'content': 'Opening hours of Rothman
Consulting :Monday through Friday 9am to 5pm. Services :expert systems,
rule-based systems, machine learning, deep learning, transformer models.'}
assert2={'role': 'assistant', 'content': 'Services :expert systems, rulebased
systems, machine learning, deep learning, transformer models.'}
assert3={'role': 'assistant', 'content': 'Services :Fine-tuning OpenAI
GPT-3 models, designing datasets, designing knowledge bases.'}
assertn={'role': 'assistant', 'content': 'Services:advanced prompt
engineering using a knowledge base and SEO keyword methods.'}
#Using the knowledge base as a dataset:
kbt = []
kbt.append(assert1)
kbt.append(assert2)
kbt.append(assert3)
kbt.append(assertn)
```

17.5.2　步骤 2：添加关键词和解析用户请求

然后可按以下格式添加关键词：

```
assertkw1="open"
assertkw2="expert"
assertkw3="services"
assertkwn="prompt"
```

然后可构建一个解析器，扫描用户的请求或设计其他任何函数来搜索知识库请求的相似度。以下是一种解析用户请求的方法：

```
# This is an example. You can customize this as you wish for your project
def parse_user(uprompt,kbkw,kbt):
  i=0
  j=0
  for kw in kbkw:
    #print(i,kw)
    rq=str(uprompt)
    k=str(kw)
    fi=rq.find(k)
    if fi>-1:
      print(kw,rq,kbt[i])
      j=i
    i+=1
  return kbt[j]
```

17.5.3 步骤 3：构建引导 ChatGPT 的提示

通过步骤(1)，你已经构建了知识库。

通过步骤(2)，你已经解析了用户请求，并找到与知识库匹配的关键词。

现在，可向 GPT-3.5-turbo 或 GPT-4 发送类似于搜索引擎的提示：

```
#convmodel="gpt-3.5-turbo"
convmodel="gpt-4"
def dialog(iprompt):
    response = openai.ChatCompletion.create(
        model=convmodel,
        messages=iprompt
    )
    return response
```

用户请求将加载到一个列表中，以批量执行调用对话函数的请求。

批量请求的输出将加载到一个 pandas DataFrame 中，如图 17.5 所示。

0	{'role': 'user', 'content': 'At what time does...	Rothman Consulting opens on Monday at 9am.	Total Tokens:83
1	{'role': 'user', 'content': 'At what time does...	Rothman Consulting is not open on Saturdays. O...	Total Tokens:97
2	{'role': 'user', 'content': 'Can you create an...	As an AI language model, I'm unable to create ...	Total Tokens:457
3	{'role': 'user', 'content': 'What services doe...	Rothman Consulting offers a wide range of serv...	Total Tokens:347

图 17.5　用户请求列表

注意，这里展示了所消耗的词元总数，以监控花费不会超过我们的预算。OpenAI 将按每批 1k 词元的频率来计费。可按单词数除以 75%来计算出词元数，然后据此构建一个成本监控函数。

按照前面章节所述，我们还需要实现内容审核函数来审核内容。

17.5.4 步骤 4：内容审核和质量控制

我们转到“4. Moderation, quality control”单元格，对示例运行 OpenAI 内容审核 Transformer 模型：

```
text = "I apologize for the confusion in my previous message. Rothman
Consulting is open only from Monday through Friday from 9 AM to 5 PM.
We are closed on weekends, including Saturdays. If you have any further
queries, please let us know."


response = openai.Moderation.create(input=text)
```

将输出一系列值得我们研究的属性：

```
<OpenAIObject at 0x7ff867ff7b30> JSON: {
```

```
    "hate": false,
    "hate/threatening": false,
    "self-harm": false,
    "sexual": false,
    "sexual/minors": false,
    "violence": false,
    "violence/g
```

请花足够的时间阅读这一节相关的代码，以了解如何使用提示来引导先进的 Transformer 模型进行下一代搜索。

17.6 可解释 AI(XAI)和 Whisper 语音模型

可解释 AI(XAI)是指对 AI 的输出进行解释。可以使用 ChatGPT 来帮助解释 AI 的输出，从而将 XAI 添加到你的程序中。ChatGPT 可以解释源代码，并在一定程度上解释自己的输出。

第 14 章介绍了可解释 AI 的一些主要概念。

出于篇幅原因，这里就不展开描述了，如果你想进一步了解如何使用 ChatGPT 来解释 ChatGPT 的输出和其他工具，可运行位于本书配套 GitHub 代码存储库的 Bonus 目录中的 XAI_by_ChatGPT_for_ChatGPT.ipynb。该笔记本运行了一个 ChatGPT XAI 来分析 ChatGPT 的输出，并展示了如何使用 SHAP 解释输出。

这个笔记本包含十分详尽的描述，可以帮助你这位高级读者在该笔记本中的工具基础上构建 XAI。

接下来我们使用 Whisper 将语音转换为文本。

使用 Whisper 将语音转换为文本

这一节我们将使用 Whisper API 和 gTTS(Google Text-to-Speech)运行一个语音转文本模型。这个笔记本提供了与 OpenAI 模型或任何类型的软件进行语音对话的基础。

请打开 Speaking_with_ChatGPT.ipynb。

OpenAI 的安装、导入和 API 密钥代码与其他笔记本相同。

我们从文本转语音开始。

使用 gTTS 将文本转换为语音

当希望程序“说话”时，可使用 Google Text-to-Speech(gTTS)来方便地实现。我们将安装和导入 gTTS 以添加文本转语音的功能。

安装和导入 gTTS

首先安装和导入 gTTS：

```
#3.Importing gTTS
try:
  from gtts import gTTS
except:
  !pip install gTTS
  from gtts import gTTS
  from IPython.display import Audio
Preparing the prompt
```

这里可使用 Windows 的语音转文本功能或改成其他任何你希望使用的模块。

如果你想了解如何使用 Windows 的语音转文本功能，可以在 Windows 上使用 Ctrl + H，或阅读 Microsoft 的文档以获取更多信息：https://support.microsoft.com/en-us/windows/dictate-text-using-speech-recognition-854ef1de-7041-9482-d755-8fdf2126ef27。

注意，请在你完成请求后按 Enter 键。

可根据需要使用定时输入函数 (https://pypi.org/project/pytimedinput/#:~:text=timedInput(),if%20the%20user%20goes%20idle)，这样如果用户长时间没有操作，则返回默认值。或者改用其他方法。

本节笔记本将使用 prepare_message()函数作为输入消息函数，请在完成请求后按 Enter 键：

```
#Speech to text. Use OS speech-to-text app. For example, Windows: press
Windows Key+H
def prepare_message():
  #enter the request with a microphone or type it if you wish
  # example: "Where is Tahiti located?"
  print("Enter a request and press ENTER:")
  uinput = input("")
```

我们将使用示例“Where is Tahiti located?”。

然后 AI 代理将为请求 API 消息的用户对象准备提示：

```
  #preparing the prompt for OpenAI
  role="user"
  #prompt="Where is Tahiti located?" #maintenance or if you do not want to
use a microphone
  line = {"role": role, "content": uinput}
    line = {"role": role, "content": prompt}
```

可为 OpenAI messages 对象的每个部分创建变量。

如果你想了解有关 OpenAI messages 对象的每个部分的更多信息，可以运行 Prompt_Engineering_as_an_alternative_to_fine_tuning.ipynb。

现在可创建完整的消息对象并返回提示：

```
#creating the message
  assert1={"role": "system", "content": "You are a helpful assistant."}
  assert2={"role": "assistant", "content": "Geography is an important topic
if you are going on a once in a lifetime trip."}
  assert3=line
  iprompt = []
  iprompt.append(assert1)
  iprompt.append(assert2)
  iprompt.append(assert3)

  return iprompt
```

运行 GPT-3.5-turbo 请求

提示消息对象已准备好。现在我们可使用选择的对话模型进行完整的请求。这里将运行 GPT-3.5-turbo：

```
response=openai.ChatCompletion.create(
  model="gpt-3.5-turbo",
  messages=iprompt)
```

然后从 response 提取 text：

```
#extracting the generative AI response
text=response["choices"][0]["message"]["content"]
text
```

具体的 text 值如下(每次运行的结果可能会不一样)：

```
Tahiti is an island located in the South Pacific Ocean. It is part of
French Polynesia and is located approximately 4,000 kilometers (2,500
miles) south of Hawaii, 7,000 kilometers (4,300 miles) east of Australia,
and 5,700 kilometers (3,500 miles) northwest of New Zealand.
```

使用 gTTS 和 IPython 进行从文本到语音的转换

现在已经获得了输出的文本，可使用 Whisper 将输出的文本转换为语音了。我们使用 gTTS 将输出的文本保存为 WAV 文件，然后使用 IPython 音频播放它：

```
from gtts import gTTS
from IPython.display import Audio
tts = gTTS(text)
tts.save('chatgpt.wav')
sound_file = 'chatgpt.wav'
Audio(sound_file, autoplay=True)
```

文件将自动播放，但可以使用如图 17.6 所示的输出界面再次听取它。

图 17.6 播放声音文件

使用 Whisper 转录音频文件

可使用 Whisper 进行语音到文本转录来将音频文件转录为文本，这点适用于许多语言和用途：小型会议、大型峰会、采访等。

首先安装音频处理模块 ffmpeg：

```
!pip install ffmpeg
```

然后转录音频文件。Whisper 会自动检测语言，所以我们不需要指定语言：

```
!whisper 1.wav
```

输出将展示检测到的语言、转录和音频处理时间轴：

```
Detected language: English
[00:00.000 --> 00:04.440] Tahiti is located in the South Pacific Ocean.
[00:04.440 --> 00:06.320] Specifically in French Polynesia.
[00:06.320 --> 00:10.720] It is the largest island in the Windward Group
of Islands in French Polynesi
```

可将输出文本保存为几种文件格式(json、srt、tsv、txt 和 vtt)。

然后从 json 文件中提取 text 对象：

```
import json

with open('1.json') as f:
   data = json.load(f)

text = data['text']
print(text)
```

text 的具体值如下：

```
Tahiti is located in the South Pacific Ocean, specifically in the
archipelago of society islands, and is part of French Polynesia. It is
approximately 4,000 miles, 6,400 km, south of Hawaii and 5,700 miles,
9,200 km, west of Santiago, Chile.
```

现在可将此笔记本扩展到任何你希望的项目中。

接下来使用 DALL-E API 创建图像。

17.7　使用 DALL-E 2 API 入门

第 15 章讲述了文本到图像模型 DALL-E。Transformer 是任务无关的，可执行各种任务。Transformer 还支持多模态(音频、图像、其他信号)。

第 15 章介绍了 DALL-E 的架构。DALL-E 2 是 DALL-E 的新版本。

可在 https://openai.com/product/dall-e-2 在线尝试 DALL-E 2。

本节将介绍如何使用 DALL-E 2 API 来编写程序。该 API 允许我们创建、修改和生成图像的变体。

打开 Getting_Started_with_the_DALL_E_2_API.ipynb。

可根据项目的需要自行实现 DALL-E 2 API。

该笔记本介绍了运行 DALL-E 2 API 的一种方式。

可以逐个单元格运行该笔记本以了解 DALL-E 2 API 提供的功能，或者运行整个笔记本以完成一个场景。

本节分为两个部分：

- 创建新图像
- 创建图像的变体

首先创建一个新图像。

17.7.1　创建新图像

第一个单元格设置了笔记本的目标。可将该单元格用于所有场景。

我们将创建一个新图像，展示一个人在月球附近的餐厅与聊天机器人交谈，并将图像保存到文件中。

```
#prompt
sequence="Creating an image of a person using a chatbot in a restaurant on
a spaceship near the moon."
```

sequence 变量是指示 DALL-E 2 创建图像的文本提示。

在笔记本中运行 OpenAI 的安装、导入和 API 密钥单元格。

转到生成单元格并运行 DALL-E 2 API：

```
#creating an image or images
response = openai.Image.create(
prompt=sequence,
n=2, #number of images to produce
size="1024x1024")
image_url = response['data'][0]['url']
```

请求以 openai.Image.create 开头。prompt 是前面在笔记本第一个单元格中定义的序列。

然后生成图像。可跳过后续单元格，直接转到 Displaying Generation 图像单元格，该单元格使用标准的 PIL 函数：

```
# displaying the image
url = image_url
image = Image.open(requests.get(url, stream=True).raw)
image.save("c_image.png", "PNG")
c_image = Image.open(requests.get(url, stream=True).raw)
c_image
```

将展示你的图像，如图 17.7 所示。

图 17.7　使用 DALL-2 API 创建的图像

注意，每次运行的结果可能会不一样。

保存该图像。

```
image.save("c_image.png", "PNG")
```

接下来我们构建一个图像的变体。

17.7.2　创建图像的变体

前面使用 DALL-E 2 API 创建了一个图像 c_image.png，现在将基于这幅图像创建一个变体。

首先选择一幅图像，然后要求 DALL-E 创建一个类似于原始图像但更有创意的变体：

```
#creating a variation of an image
response = openai.Image.create_variation(
image=open("c_image.png", "rb"),
n=1,
size="1024x1024")
image_url = response['data'][0]['url']
```

然后展示所生成的图像变体：

```
image_url = response['data'][0]['url']
image = Image.open(requests.get(url, stream=True).raw)
v_image = Image.open(requests.get(url, stream=True).raw)
v_image
```

输出可能是一个很好的变体、一个轻微的变体或者没有任何变化。具体取决于我们的提示和我们要求 DALL-E 2 处理的图像，也取决于 OpenAI 在这个领域的进展。

现在介绍完如何使用 DALL-E 2 API 来创建和生成图像的变体了。

希望通过本节知识，你能成为一个 AI 图像艺术家！

是不是很兴奋？接下来把本章前面介绍过的内容整合起来。

17.8　将所有内容整合在一起

现在我们总结一下本章讲过的模型。这一章带你走进了 AI 的前沿，一个像银河系刚诞生一样不断动态发展的地方。

通过 ChatGPT 和一系列新模型(GPT-3.5-turbo、GPT-4、moderation、Whisper 和 DALL-E)了解了 OpenAI 的许多创新。我们还使用了 gTTS。

你已经看到如何使用这些模型构建程序。但还是有很多东西需要消化。

本节将前面这些内容整合在一起来完成一个有趣的场景，以帮助你消化所有这些模型，请打开 ALL-in-ONE.ipynb 笔记本：

(1) 安装 OpenAI 和相关模块。

(2) 输入一个请求。

(3) 使用 Moderation 模型检查内容是否安全。

(4) 备好提供给 GPT 的准备提示。然后我们将使用 ChatGPT 3.5-turbo 讲述一个故事。

(5) 使用 GPT-4 根据这个故事写一首诗。

(6) 使用 DALL-E 2 为这首诗生成一幅插图，如图 17.8。

(7) 使用 gTTS 朗诵这首诗。

(8) 使用 Whisper 将这首诗朗诵转录为文本。

只需要花一点点时间运行该笔记本，你就能回顾关键的前沿 OpenAI 模型。有了这些模型，你将始终站在创新的前沿！

图 17.8 使用 DALL-E 2 为诗所做的插图

请单击 Google Colab 的 Runtime 菜单下的 Run all 按钮，然后享受这个魔法吧！接下来总结一下我们在本章中探索过的内容。

17.9 本章小结

本章在前面章节中获得的知识和专业技能的基础上，介绍了 OpenAI 最先进的 Transformer 模型。你现在掌握的知识使你能从第 7 章已经了解的 GPT-3 模型向前迈出一步。对于那些现在才开始学习 Transformer 的人来说，这将是一个相当漫长的过程。

我们首先使用与第 7 章相同的方法启动了 ChatGPT，不同的是本章使用了对话型 AI 提示。然后讲述了如何使用 ChatGPT Plus 生成一个 k-means 聚类分类程序，绘制输出并提供解释。

列举了多个 GPT-4 示例。介绍了 OpenAI 50 多个 Transformer 模型，包括 davinci、GPT-3.5-turbo 和 GPT-4。

介绍了我们可通过 ChatGPT 解释 Transformer 的输出，为 ChatGPT Plus、GPT-3.5、GPT-4 和 davinci 打开了 OpenAI 的工具箱。

列举了一个高级示例，展示了如何构建一个知识库。

使用 OpenAI 的 Whisper 模型将语音转换为文本。使用 DALL-E 2 根据文本创建图像以及生成图像的变体。

最后将前面所有内容整合成一个用例，以便可以简要地回顾它们。

有了这些知识，可以跟上 LLM 和生成式 AI 的步伐了。可以探索 Bonus 目录中的更高级的 AI 笔记本。你已经具备了创建 Transformer 程序的所有知识了。

请利用你的知识和专业技能来完成精彩的项目吧！

17.10 练习题

1. GPT-4 有自主意识。(对|错)
2. ChatGPT 可以取代人类专家。(对|错)
3. GPT-4 可为任何任务生成源代码。(对|错)
4. 高级提示工程是直观的。(对|错)
5. 最先进的 Transformer 模型(也就是 GPT-4)是目前能够使用的最佳模型。(对|错)
6. 使用 Transformer 开发应用程序不需要训练，因为直接使用像 GPT-4 这样的编程助手就可以完成工作了。(对|错)
7. GPT-4 将是最后一个 OpenAI Transformer 模型，因为它已达到人工智能的极限。(对|错)